2025

Engineer Industrial Safety

산업안전기사 실기
필답형+작업형
4주완성

경국현 저

명인북스
Myungin Books

머/리/말

본서는 산업안전기사 실기를 준비하는 수험생들에게 단기간에 가장 효율적인 학습이 될 수 있도록 구성하였고 수험자가 반드시 알아야 할 중요한 내용을 요약·정리하였으며 엄선된 기출문제를 선정 수록하여 산업안전기사 실기시험에 대비할 수 있도록 최선을 다하였다.

본 교재의 특징

- 핵심이론을 요약하여 시간을 절약할 수 있도록 하였다.
- 수험자가 단기간에 완성할 수 있도록 한국산업인력공단의 출제 기준안에 맞도록 체계적으로 요약 정리하였다
- 연도별 엄선된 기출문제와 함께 상세한 해설을 수록하였다.
- 수험생 스스로 문제를 해결할 수 있도록 기출문제 해설에 최선을 다하였다.

본 교재를 충분히 활용하여 산업안전기사 실기를 준비하는 수험생 모두에게 합격의 영광이 있기를 기원하며 차후 변경되는 출제경향 및 과년도 문제 등을 추가로 수록하여 계속 보완하도록 하겠습니다.

끝으로 본서를 출간함에 있어 도움을 주시고 지도하여 주신 모든 선·후배님들께 감사드립니다.

저자

출제기준(실기)

산업안전기사

직무분야	안전관리	중직무분야	안전관리	자격종목	산업안전기사	적용기간	2024.1.1. ~ 2026.12.31.

○ 직무내용 : 제조 및 서비스업 등 각 산업현장에 소속되어 산업재해 예방계획의 수립에 관한사항을 수행하며, 작업환경의 점검 및 개선에 관한 사항, 사고사례 분석 및 개선에 관한 사항, 근로자의 안전교육 및 훈련 등을 수행하는 직무이다.

○ 수행준거
1. 사업장의 안전한 작업환경을 구성하기 위해 산업안전계획과 재해예방계획, 안전보건관리 규정을 수행할 수 있는 산업안전관리 매뉴얼을 개발할 수 있다.
2. 관련 공정의 특수성을 분석하여, 안전 관리 상 고려사항을 조사하고, 관련자료 및 기계위험에 대한 안전조건 분석 등을 수행할 수 있다.
3. 사업장 내 발생한 사고에 대한 신속한 조치를 통하여 추가 피해를 방지하고, 사고 원인에 대한 분석을 실시하여 향후 발생할 수 있는 산업재해를 예방할 수 있다.
4. 사업장 안전점검이란 안전점검계획 수립과 점검표 작성을 통해 안전점검 을 실행하고 이를 평가하는 능력이다.
5. 근로자 안전과 관련한 안전시설을 관련법령과 기준, 지침에 따라 관리 할 수 있다.
6. 근로자 안전과 관련한 보호구와 안전장구를 관련법령, 기준, 지침에 따라 관리 할 수 있다.
7. 정전기로 인해 발생할 수 있는 전기안전사고를 예방하기 위하여 정전기 위험요소를 파악하고 제거할 수 있다.
8. 전기로 인해 발생할 수 있는 폭발 사고를 방지하기 위해, 사고 위험요소를 파악하고 대응할 수 있다.
9. 작업 중 발생할 수 있는 전기사고로부터 근로자를 보호하기 위해 안전하게 전기작업을 수행하도록 지원하고 예방할 수 있다.
10. 작업장에서 발생할 수 있는 관련 사고를 예방하기 위해 관련 요소를 파악하고 계획을 수립 할 수 있다.
11. 화학물질에 대한 유해·위험성을 파악하고, MSDS를 활용하여 제반 안전활동을 수행 할 수 있다.
12. 화학공정 시설에서 발생할 수 있는 안전사고를 방지하기 위해 안전점검계획을 수립하고 안전점검표에 따라 안전점검을 실행하며 안전점검 결과를 평가할 수 있다.
13. 건설공사와 관련된 특수성을 분석하고 공사와 연관된 안전관리의 고려사항과 기존의 관련공사자료를 활용하여 안전관리업무에 적용할 수 있다.
14. 근로자 안전과 관련한 건설현장 안전시설을 관련법령과 기준, 지침에 따라 관리 할 수 있다.
15. 건설 작업 중 발생할 수 있는 유해·위험요인을 파악하여 감소대책을 수립하고, 평가보고서 작성 후 평가결과를 환류하여 건설현장 내 유해·위험요인을 관리 할 수 있다.

실기검정방법	복합형	시험시간	2시간 30분 정도 (필답형: 1시간 30분, 작업형 : 1시간 정도)

실기과목명	주요항목	세부항목	세세항목
산업안전실무	1. 산업안전관리계획수립	1. 산업안전계획 수립하기	1. 사업장의 안전보건경영방침에 따라 안전관리 목표를 설정할 수 있다. 2. 설정된 안전관리 목표를 기준으로 안전관리를 위한 대상을 설정할 수 있다. 3. 설정된 안전관리 대상별 인력, 예산, 시설 등의 사항을 계획할 수 있다. 4. 안전관리 대상별 안전점검 및 유지 보수에 관한 사항을 계획할 수 있다. 5. 계획된 내용을 보고서로 작성하여 산업안전보건위원회에 심의를 받을 수 있다. 6. 산업안전보건위원회에서 심의된 안전보건계획을 이사회 승인 후 안전관리 업무에 적용할 수 있다.

실기 과목명	주요항목	세부항목	세세항목
산업 안전 실무	1. 산업 안전 관리 계획 수립	2. 산업재해예방계획 수립하기	1. 사업장에서 발생가능한 유해·위험요소를 선정할 수 있다. 2. 유해·위험요소별 재해 원인과 사례를 통해 재해 예방을 위한 방법을 결정할 수 있다. 3. 결정된 방법에 따라 세부적인 예방 활동을 도출할 수 있다. 4. 산업재해예방을 위한 소요 예산을 계상할 수 있다. 5. 산업재해예방을 위한 활동, 인력, 점검, 훈련 등이 포함된 계획서를 작성할 수 있다.
		3. 안전보건관리규정 작성하기	1. 산업안전관리를 위한 사업장의 특성을 파악할 수 있다. 2. 안전보건관리규정 작성에 필요한 기초자료를 파악할 수 있다. 3. 안전보건경영방침에 따라 안전보건관리규정을 작성할 수 있다. 4. 산업안전보건 관련 법령에 따라 안전보건관리규정을 관리할 수 있다.
		4. 산업안전관리 매뉴얼 개발하기	1. 사업장 내 설비와 유해·위험요인을 파악할 수 있다. 2. 안전보건관리규정에 따라 산업안전관리에 필요 절차를 파악할 수 있다. 3. 사업장 내 안전관리를 위한 분야별 매뉴얼을 개발할 수 있다.
	2. 기계작업 공정 특성 분석	1. 안전관리상 고려사항 결정하기	1. 기계작업공정과 관련된 설계도를 검토하여 안전관리 운영 항목을 도출할 수 있다. 2. 기계작업공정에서 도출된 안전관리요소를 검토하여 안전관리 업무의 핵심 내용을 도출할 수 있다. 3. 유관 부서와 협의하고 협조 운영될 수 있는 방안을 검토할 수 있다. 4. 사전예방활동 또는 작업성과의 향상에 기여할 수 있도록 위험을 최소화할 수 있는 안전관리 방안을 결정할 수 있다.
		2. 관련 공정 특성 분석하기	1. 기계작업 공정 안전관리 요소를 도출하기 위하여 기계작업공정의설계도에 따라 세부적인 안전지침을 검토할 수 있다. 2. 작업환경에 따라 안전관리에 적용해야 하는 위험요인을 도출할 수 있다. 3. 특수 작업의 작업조건에 따라 안전관리에 적용해야 하는 위험요인을 도출할 수 있다. 4. 기계작업 공정별 특수성에 따라 위험요인을 도출하여 안전관리방안을 도출할 수 있다.
		3. 유사 공정 안전관리 사례 분석하기	1. 안전관리상 고려사항을 도출하기 위하여 유사 공정 분석에 필요한 정보를 수집할 수 있다. 2. 외부전문가가 필요한 경우 안전관리 분야 전문가를 위촉하여 활용할 수 있다. 3. 외부전문가를 활용한 기계작업 안전관리 사례 분석결과에서 안전관리요소를 도출할 수 있다.
		4. 기계 위험 안전조건 분석하기	1. 현장에서 사용되는 기계별 위험요인과 기계설비의 안전요소를 도출할 수 있다. 2. 기계의 안전장치의 설치 등 기계의 방호장치에 대한 특성을 분석하고 활용할 수 있다. 3. 기계설비의 결함을 조사하여 구조적, 기능적 안전에 대응할 수 있다. 4. 유해위험기계기구의 종류, 기능과 작동원리를 활용하여 안전조건을 검토할 수 있다.

실기 과목명	주요항목	세 부 항 목	세 세 항 목
	3. 산업재해 대응	1. 산업재해 처리 절차 수립하기	1. 비상조치 계획에 의거하여 사고 등 비상상황에 대비한 처리 절차를 수립할 수 있다. 2. 비상대응 매뉴얼에 따라 비상 상황전달 및 비상조직의 운영으로 피해를 최소화 할 수 있다. 3. 비상상태 발생 시 신속한 대응을 위해 비상 훈련계획을 수립할 수 있다.
		2. 산업재해자 응급 조치하기	1. 응급처치 기술을 활용하여 재해자를 안정시키고 인근 병원으로 즉시 이송할 수 있다. 2. 병력과 치료현황이 포함된 재해자 건강검진 자료를 확인하여 사고대응에 활용할 수 있다. 3. 재해조사 조치요령에 근거하여 재해현장을 보존하여 증거자료를 확보할 수 있다.
		3. 산업재해원인 분석하기	1. 작업공정, 절차, 안전기준 및 시설 유지보수 등을 통하여 재해원인을 분석할 수 있다. 2. 사고장소와 시설의 증거물, 관련자와의 면담 등을 통하여 사고와 관련된 기인물과 가해물을 규명할 수 있다. 3. 재해요인을 정량화하여 수치로 표시할 수 있다. 4. 재발 발생 가능성과 예상 피해를 감소시키기 위해 필요한 사항을 추가 조사할 수 있다. 5. 동일유형의 사고 재발을 방지하기 위해 사고조사보고서를 작성할 수 있다.
		4. 산업재해 대책 수립하기	1. 사고조사를 통해 근본적인 사고원인을 규명하여 개선대책을 제시할 수 있다. 2. 개선조치사항을 사고발생 설비와 유사 공정·작업에 반영할 수 있다. 3. 사고보고서에 따라 대책을 수립하고, 평가하여 교육 훈련 계획을 수립할 수 있다. 4. 사업장 내 근로자를 대상으로 비상대응 교육훈련을 실시할 수 있다.
	4. 사업장 안전 점검	1. 산업안전 점검계획 수립하기	1. 작업공정에 맞는 점검 방법을 선정할 수 있다. 2. 안전점검 대상 기계·기구를 파악할 수 있다. 3. 위험에 따른 안전관리 중요도에 대한 우선순위를 결정할 수 있다. 4. 적용하는 기계·기구에 따라 안전장치와 관련된 지식을 활용하여 안전점검 계획을 수립할 수 있다.
		2. 산업안전 점검표 작성하기	1. 작업공정이나 기계·기구에 따라 발생할 수 있는 위험요소를 포함한 점검항목을 도출할 수 있다. 2. 안전점검 방법과 평가기준을 도출할 수 있다. 3. 안전점검계획을 고려하여 안전점검표를 작성할 수 있다.
		3. 산업안전 점검 실행하기	1. 안전점검표의 점검항목을 파악할 수 있다. 2. 해당 점검대상 기계·기구의 점검주기를 판단할 수 있다. 3. 안전점검표의 항목에 따라 위험요인을 점검할 수 있다. 4. 안전점검결과를 분석하여 안전점검 결과보고서를 작성할 수 있다.
		4. 산업안전 점검 평가하기	1. 안전기준에 따라 점검내용을 평가하여 위험요인을 도출할 수 있다. 2. 안전점검결과 발생한 위험요소를 감소하기 위한 개선방안을 도출할 수 있다. 3. 안전점검결과를 바탕으로 사업장내 안전관리 시스템을 개선할 수 있다.

실기 과목명	주요항목	세부항목	세세항목
	5. 기계안전시설 관리	1. 안전시설 관리 계획하기	1. 작업공정도와 작업표준서를 검토하여 작업장의 위험성에 따른 안전시설설치 계획을 작성할 수 있다. 2. 기 설치된 안전시설에 대해 측정 장비를 이용하여 정기적인 안전점검을 실시할 수 있도록 관리계획을 수립할 수 있다. 3. 공정진행에 의한 안전시설의 변경, 해체 계획을 작성할 수 있다.
		2. 안전시설 설치하기	1. 관련법령, 기준, 지침에 따라 성능검정에 합격한 제품을 확인할 수 있다. 2. 관련법령, 기준, 지침에 따라 안전시설물 설치기준을 준수하여 설치할 수 있다. 3. 관련법령, 기준, 지침에 따라 안전보건표지를 설치할 수 있다. 4. 안전시설을 모니터링하여 개선 또는 보수 여부를 판단하여 대응할 수 있다.
		3. 안전시설 관리하기	1. 안전시설을 모니터링하여 필요한 경우 교체 등 조치할 수 있다. 2. 공정 변경 시 발생할 수 있는 위험을 사전에 분석하여 안전 시설을 변경·설치할 수 있다. 3. 작업자가 시설에 위험 요소를 발견하여 신고시 즉각 대응할 수 있다. 4. 현장에 설치된 안전시설보다 우수하거나 선진 기법 등이 개발되었을 경우 현장에 적용할 수 있다.
	6. 산업안전보호장비 관리	1. 보호구 관리하기	1. 산업안전보건법령에 기준한 보호구를 선정할 수 있다. 2. 작업 상황에 맞는 검정 대상 보호구를 선정하고 착용상태를 확인할 수 있다. 3. 사용설명서에 따른 올바른 착용법을 확인하고, 작업자에게 착용 지도할 수 있다. 4. 보호구의 특성에 따라 적절하게 관리하도록 지도할 수 있다.
		2. 안전장구 관리하기	1. 산업안전보건법령에 기준한 안전장구를 선정할 수 있다. 2. 작업 상황에 맞는 검정 대상 안전장구를 선정하고 착용상태를 확인할 수 있다. 3. 사용설명서에 따른 올바른 착용법을 확인하고, 작업자에게 착용 지도할 수 있다. 4. 안전장구의 특성에 따라 적절하게 관리하도록 지도할 수 있다.
	7. 정전기 위험 관리	1. 정전기 발생방지 계획수립하기	1. 정전기 발생원인과 정전기 방전을 파악하여, 정전기 위험장소 점검계획을 수립할 수 있다. 2. 정전기 방지를 위한 접지시설과 등전위본딩, 도전성 향상 계획을 수립할 수 있다 3. 인화성 화학물질 취급 장치·시설과 취급 장소에서 발생할 수 있는 정전기 방지 대책을 수립할 수 있다. 4. 정전기 계측설비 운용 계획을 수립할 수 있다.
		2. 정전기 위험요소 파악하기	1. 정전기 발생이 전격, 화재, 폭발 등으로 이어질 수 있는 위험요소를 파악할 수 있다. 2. 정전기가 발생될 수 있는 장치·시설에 절연저항, 표면저항, 접지저항, 대전전압, 정전용량 등을 측정하여 정전기의 위험성을 판단할 수 있다. 3. 정전기로 인한 재해를 예방하기 위하여 정전기가 발생되는 원인을 파악할 수 있다.
		3. 정전기 위험요소 제거하기	1. 정전기가 발생될 수 있는 장치·시설과 취급 장소에서 접지시설, 본딩시설을 구축하여 정전기 발생 원인을 제거할 수 있다. 2. 정전기가 발생될 수 있는 장치·시설과 취급 장소에 도전성 향상과제전기를 설치하여 정전기 위험요소를 제거할 수 있다. 3. 정전기가 발생될 수 있는 장치·시설의 취급 시 정전기 완화 환경을 구축할 수 있다. 4. 정전기가 발생할 수 있는 작업 환경을 개선하여 정전기를 제거할 수 있다.

실기 과목명	주요항목	세부항목	세 세 항 목
	8. 전기 방폭 관리	1. 사고 예방 계획수립하기	1. 전기 방폭에 영향을 미칠 수 있는 위험요소를 확인하고 점검 계획을 수립할 수 있다. 2. 전기로 인해 발생할 수 있는 폭발사고의 사고원인을 구분하여 전기방폭 방지 계획을 수립할 수 있다. 3. 사고원인에 의해 폭발사고가 발생하는 위험물질의 관리 방안을 수립할 수 있다. 4. 전기로 인해 발생할 수 있는 폭발사고를 예방하기 위해 계측설비운용에 관한 계획을 수립할 수 있다. 5. 전기로 인해 발생할 수 있는 폭발사고사례를 통한 사고원인을 분석하고 전기설비 유지관리를 위한 체크리스트를 작성하여 전기 방폭 관리계획을 수립할 수 있다.
		2. 전기 방폭 결함요소 파악하기	1. 전기로 인해 발생할 수 있는 폭발사고 발생 메커니즘을 적용하여 관련사고의 위험성을 파악할 수 있다. 2. 전기로 인해 발생할 수 있는 폭발사고가 발생할 수 있는 작업조건, 작업장소, 사용물질을 파악할 수 있다. 3. 전기적 과전류, 단락, 누전, 정전기 등 사고원인을 점검, 파악할 수 있다. 4. 전기로 인해 발생할 수 있는 폭발사고가 발생할 수 있는 위험물질의 관리대상을 파악 할 수 있다.
		3. 전기 방폭 결함요소 제거하기	1. 전기로 인해 발생할 수 있는 폭발사고 형태별 원인을 분석하여 사고를 예방할 수 있다. 2. 전기로 인해 발생할 수 있는 폭발사고의 사고원인을 파악하여, 사고를 예방할 수 있다. 3. 전기로 인해 발생할 수 있는 폭발사고를 방지하기 위하여 방폭형전기설비를 도입하여 사고를 예방할 수 있다.
	9. 전기작업 안전 관리	1. 전기작업 위험성 파악하기	1. 전기안전사고 발생 형태를 파악할 수 있다. 2. 전기안전사고 주요 발생 장소를 파악할 수 있다. 3. 전기안전사고 발생 시 피해정도를 예측할 수 있다. 4. 전기안전관련 법령에 따라 전기안전사고를 예방할 목적으로 설치된 안전보호장치의 사용 여부를 확인할 수 있다. 5. 전기안전사고 예방을 위한 안전조치 및 개인보호장구의 적합여부를 확인할 수 있다.
		2. 정전작업 지원하기	1. 안전한 정전작업 수행을 위한 안전작업계획서를 수립할 수 있다. 2. 정전작업 중 안전사고가 우려 시 작업중지를 결정할 수 있다. 3. 정전작업 수행 시 필요한 보호구와 방호구, 작업용 기구와 장치, 표지를 선정하고 사용할 수 있다.
		3. 활선작업 지원하기	1. 안전한 활선작업 수행을 위한 안전작업계획서를 수립할 수 있다. 2. 활선작업 중 안전사고가 우려 시 작업중지를 결정할 수 있다. 3. 활선작업 수행 시 필요한 보호구와 방호구, 작업용 기구와 장치, 표지를 선정하고 사용할 수 있다.
		4. 충전전로 근접작업 안전지원하기	1. 가공 송전선로에서 전압별로 발생하는 정전·전자유도 현상을 이해하고 안전대책을 제공할 수 있다. 2. 가공 배전선로에서 필요한 작업 전 준비사항 및 작업 시 안전대책, 작업 후 안전점검 사항을 작성할 수 있다. 3. 전기설비의 작업 시 수행하는 고소작업 등에 의한 위험요인을 적용한 사고 예방대책을 제공할 수 있다. 4. 특고압 송전선 부근에서 작업 시 필요한 이격거리 및 접근한계거리, 정전유도 현상을 숙지하고 안전대책을 제공할 수 있다. 5. 크레인 등의 중기작업을 수행할 때 필요한 보호구, 안전장구, 각종중장비 사용 시 주의사항을 파악할 수 있다.

실기 과목명	주요항목	세부항목	세세항목
	10. 화재·폭발·누출 사고 예방	1. 화재·폭발·누출 요소 파악하기	1. 화학공장 등에서 위험물질로 인한 화재·폭발·누출로 인한 사고를 예방하기 위하여 현장에서 취급 및 저장하고 있는 유해·위험물의 종류와 수량을 파악할 수 있다. 2. 화학공장 등에서 위험물질로 인한 화재·폭발·누출로 인한 사고를 예방하기 위하여 현장에 설치된 유해·위험 설비를 파악할 수 있다. 3. 유해·위험 설비의 공정도면을 확인하여 유해·위험 설비의 운전방법에 의한 위험 요인을 파악할 수 있다. 4. 유해·위험 설비, 폭발 위험이 있는 장소를 사전에 파악하여 사고 예방활동용의 필요점을 파악할 수 있다.
		2. 화재·폭발·누출 예방 계획수립하기	1. 화학공장 내 잠재한 사고 위험 요인을 발굴하여 위험등급을 결정할 수 있다. 2. 유해·위험 설비의 운전을 위한 안전운전지침서를 개발할 수 있다. 3. 화재·폭발·누출 사고를 예방하기 위하여 설비에 관한 보수 및 유지 계획을 수립할 수 있다. 4. 유해·위험 설비의 도급 시 안전업무 수행실적 및 실행결과를 평가하기 위하여 도급업체 안전관리 계획을 수립할 수 있다. 5. 유해·위험 설비에 대한 변경시 변경요소관리계획을 수립할 수 있다. 6. 산업사고 발생 시 공정 사고조사를 위하여 조사팀 및 방법 등이 포함된 공정 사고조사 계획을 수립할 수 있다. 7. 비상상황 발생 시 대응할 수 있도록 장비, 인력, 비상연락망 및 수행내용을 포함한 비상조치 계획을 수립할 수 있다.
		3. 화재·폭발·누출 사고 예방활동 하기	1. 유해·위험 설비 및 유해·위험물질의 취급시 개발된 안전지침 및 계획에 따라 작업이 이루어지는지 모니터링 할 수 있다. 2. 작업허가가 필요한 작업에 대하여 안적작업허가 기준에 부합된 절차에 따라 작업허가를 할 수 있다. 3. 화재·폭발·누출 사고 예방을 위한 제조공정, 안전운전지침 및 절차 등을 근로자에게 교육을 할 수 있다. 4. 안전사고 예방활동에 대하여 자체 감사를 실시하여 사고 예방 활동을 개선할 수 있다.
	11. 화학물질 안전관리 실행	1. 유해·위험성 확인하기	1. 화학물질 및 독성가스 관련 정보와 법규를 확인할 수 있다. 2. 화학공장에서 취급하거나 생산되는 화학물질에 대한 물질안전보건자료(MSDS: Material Safety Data Sheet)를 확인할 수 있다. 3. MSDS의 유해·위험성에 따라 적합한 보호구 착용을 교육할 수 있다. 4. 화학물질의 안전관리를 위하여 안전보건자료(MSDS: Material Safety Data Sheet)에 제공되는 유해·위험 요소 등을 파악할 수 있다.
		2. MSDS 활용하기	1. 화학공장에서 취합하는 화학물질에 대한 MSDS를 작업현장에 부착할 수 있다. 2. MSDS 제도를 기준으로 취급하거나 생산한 화학물질의 MSDS의 내용을 교육을 실시할 수 있다. 3. MSDS의 정보를 표지판으로 제작 및 부착하여 근로자에게 화학물질의 유해성과 위험성 정보를 제공할 수 있다. 4. MSDS내에 있는 정보를 활용하여 경고 표지를 작성하여 작업현장에 부착할 수 있다.

실기과목명	주요항목	세부항목	세세항목
	12. 화공안전점검	1. 안전점검계획 수립하기	1. 공정운전에 맞는 점검 주기와 방법을 파악할 수 있다. 2. 산업안전보건법령에서 정하는 안전검사 기계·기구를 구분하여 안전점검 계획에 적용할 수 있다. 3. 사용하는 안전장치와 관련된 지식을 활용하여 안전점검 계획을 수립할 수 있다.
		2. 안전점검표 작성하기	1. 공정운전이나 기계·기구에 따라 발생할 수 있는 위험요소를 포함하도록 점검항목을 작성할 수 있다. 2. 공정운전이나 기계·기구에 따라 발생할 수 있는 위험요소를 포함하도록 점검항목을 작성할 수 있다. 3. 위험에 따른 안전관리 중요도 우선순위를 결정할 수 있다. 4. 객관적인 안전점검 실시를 위해서 안전점검 방법이나 평가기준을 작성할 수 있다. 5. 안전점검계획에 따라 공정별 안전점검표를 작성할 수 있다.
		3. 안전점검 실행하기	1. 공정 순서에 따라 작성된 화학 공정별 작업절차에 의해 운전할 수 있다. 2. 측정 장비를 사용하여 위험요인을 점검할 수 있다. 3. 점검주기와 강도를 고려하여 점검을 실시할 수 있다. 4. 안전점검표에 의하여 위험요인에 대한 구체적인 점검을 수행할 수 있다.
		4. 안전점검 평가하기	1. 안전기준에 따라 점검 내용을 평가하고, 위험요인을 산출할 수 있다. 2. 점검 결과 지적사항을 즉시 조치가 필요 시 반영 조치하여 공사를 진행할 수 있다. 3. 점검 결과에 의한 위험성을 기준으로 공정의 가동중지, 설비의 사용금지 등 위험요소에 대한 조치를 취할 수 있다. 4. 점검 결과에 의한 지적사항이 반복되지 않도록 해당 시스템을 개선할 수 있다.
	13. 건설공사 특성분석	1. 건설공사 특수성 분석하기	1. 설계도서에서 요구하는 특수성을 확인하여 안전관리계획 시 반영할 수 있다. 2. 공정관리계획 수립 시 해당 공사의 특수성에 따라 세부적인 안전지침을 검토할 수 있다. 3. 공사장 주변 작업환경이나 공법에 따라 안전관리에 적용해야 하는 특수성을 도출할 수 있다. 4. 공사의 계약조건, 발주처 요청 등에 따라 안전관리상의 특수성을 도출할 수 있다.
		2. 안전관리 고려사항 확인하기	1. 설계도서 검토 후 안전관리를 위한 중요 항목을 도출할 수 있다. 2. 전체적인 공사 현황을 검토하여 안전관리 업무의 주요항목을 도출할 수 있다. 3. 안전관리를 위한 조직을 효율적으로 운영할 수 있는 방안을 도출할 수 있다. 4. 외부 전문가 인력풀을 활용하여 안전관리사항을 검토할 수 있다. 5. 안전관리를 위한 구성원별 역할을 부여하고 활용할 수 있다.
		3. 관련 공사자료 활용하기	1. 시스템 운영에 필요한 정보를 수집하고, 정리하여 문서화할 수 있다. 2. 안전관리의 충분한 지식확보를 위하여 안전관리에 관련한 자료를 수집하고 활용할 수 있다. 3. 기존의 시공사례나 재해사례 등을 활용하여 해당 현장에 맞는 안전자료를 작성할 수 있다. 4. 관련 공사자료를 확보하기 위하여 외부 전문가 인력풀을 활용할 수 있다.

실기과목명	주요항목	세부항목	세세항목
	14. 건설현장 안전시설 관리	1. 안전시설 관리 계획하기	1. 공정관리계획서와 건설공사 표준안전지침을 검토하여 작업장의 위험성에 따른 안전시설 설치 계획을 작성할 수 있다. 2. 현장점검시 발견된 위험성을 바탕으로 안전시설을 관리할 수 있다. 3. 기 설치된 안전시설에 대해 측정 장비를 이용하여 정기적인 안전점검을 실시할 수 있도록 관리계획을 수립할 수 있다. 4. 안전시설 설치방법과 종류의 장·단점을 분석할 수 있다. 5. 공정 진행에 따라 안전시설의 설치, 해체, 변경 계획을 작성할 수 있다.
		2. 안전시설 설치하기	1. 관련법령, 기준, 지침에 따라 안전인증에 합격한 제품을 확인할 수 있다. 2. 관련법령, 기준, 지침에 따라 안전시설물 설치기준을 준수하여 설치할 수 있다. 3. 관련법령, 기준, 지침에 따라 안전보건표지를 설치기준을 준수하여 설치할 수 있다. 4. 설치계획에 따른 건설현장의 배치계획을 재검토하고, 개선사항을 도출하여 기록할 수 있다. 5. 안전보호구를 유용하게 사용할 수 있는 필요 장치를 설치할 수 있다.
		3. 안전시설 관리하기	1. 기 설치된 안전시설에 대해 관련법령, 기준, 지침에 따라 확인하고, 수시로 개선할 수 있다. 2. 측정 장비를 이용하여 안전시설이 제대로 유지되고 있는지 확인하고, 필요한 경우 교체할 수 있다. 3. 공정의 변경 시 발생할 수 있는 위험을 사전에 분석하고, 안전 시설을 변경·설치할 수 있다. 4. 설치계획에 의거하여 안전시설을 설치하고, 불안전 상태가 발생되는 경우 즉시 조치할 수 있다.
		4. 안전시설 적용하기	1. 선진기법이나 우수사례를 고려하여 안전시설을 건설현장에 맞게 도입할 수 있다. 2. 근로자의 제안제도 등을 활용하여 안전시설을 건설현장에 적합하도록 자체개발 또는 적용할 수 있다. 3. 자체 개발된 안전시설이 관련법령에 적합한지 판단할 수 있다. 4. 개발된 안전시설을 안전관계자 또는 외부전문가의 검증을 거쳐 건설현장에 사용할 수 있다.
	15. 건설공사 위험성 평가	1. 건설공사 위험성평가 사전준비하기	1. 관련법령, 기준, 지침에 따라 위험성평가를 효과적으로 실시하기 위하여 최초, 정기 또는 수시 위험성평가 실시규정을 작성할 수 있다. 2. 건설공사 작업과 관련하여 부상 또는 질병의 발생이 합리적으로 예견 가능한 유해·위험요인을 위험성평가 대상으로 선정할 수 있다. 3. 건설공사 위험성평가와 관련하여 이의신청, 청렴의무를 파악할 수 있다. 4. 건설공사 위험성평가와 관련하여 위험성평가 인정기준 등 관련지침을 파악할 수 있다. 5. 건설현장 안전보건정보를 사전에 조사하여 위험성평가에 활용할 수 있다
		2. 건설공사 유해위험요인 파악하기	1. 건설현장 순회점검 방법에 의한 유해·위험요인 선정을 위험성평가에 활용할 수 있다. 2. 청취조사 방법에 의한 유해·위험요인 선정을 위험성평가에 활용할 수 있다. 3. 자료 방법에 의한 유해·위험요인 선정을 위험성평가에 활용할 수 있다. 4. 체크리스트 방법에 의한 유해·위험요인 선정을 위험성평가에 활용할 수 있다. 5. 건설현장의 특성에 적합한 방법으로 유해·위험요인을 선정할 수 있다.

실기 과목명	주요항목	세 부 항 목	세 세 항 목
	15. 건설공사 위험성 평가	3. 건설공사 위험성 결정하기	1. 건설현장 특성에 따라 부상 또는 질병으로 이어질 수 있는 가능성 및 중대성의 크기를 추정할 수 있다. 2. 곱셈에 의한 방법으로 추정할 수 있다. 3. 조합(Matrix)에 의한 방법으로 추정할 수 있다. 4. 덧셈식에 의한 방법으로 추정할 수 있다. 5. 건설공사 위험성 추정 시 관련지침에 따른 주의사항을 적용할 수 있다. 6. 건설공사 위험성 추정결과와 사업장 설정 허용 가능 위험성 기준을 비교하여 위험요인별 허용 여부를 판단할 수 있다. 7. 건설현장 특성에 위험성 판단 기준을 달리 결정할 수 있다.
		4. 건설공사 위험성평가 보고서 작성하기	1. 관련법령, 기준, 지침에 따라 위험성평가를 실시한 내용과 결과를 기록할 수 있다. 2. 위험성평가와 관련한 위험성평가 기록물을 관련법령, 기준, 지침에서 정한 기간 동안 보존할 수 있다. 3. 유해·위험요인을 목록화 할 수 있다. 4. 위험성평가와 관련해서 위험성평가 인정신청, 심사, 사후관리 등 필요한 위험성평가 인정제도에 참여할 수 있다.
		5. 건설공사 위험성 감소대책 수립하기	1. 관련법령, 기준, 지침에 따라 위험수준과 근로자수를 감안하여 감소대책을 수립할 수 있다. 2. 건설공사 위험성 감소대책에 필요한 본질적 안전 확보 대책을 수립할 수 있다. 3. 건설공사 위험성 감소대책에 필요한 공학적 대책을 수립할 수 있다. 4. 건설공사 위험성 감소대책에 필요한 관리적 대책을 수립할 수 있다. 5. 건설공사 위험성 감소대책과 관련하여 최종적으로 작업에 적합한 개인 보호구를 제시할 수 있다.
		6. 건설공사 위험성 감소대책 타당성 검토하기	1. 건설공사 위험성의 크기가 허용 가능한 위험성의 범위인지 확인할 수 있다. 2. 허용 가능한 위험성 수준으로 지속적으로 감소시키는 대책을 수립할 수 있다. 3. 위험성 감소대책 실행에 장시간이 필요한 경우 등 건설현장 실정에 맞게 잠정적인 조치를 취하게 할 수 있다. 4. 근로자에게 위험성평가 결과 남아 있는 유해·위험 정보의 게시, 주지 등 적절하게 정보를 제공할 수 있다.

차/례

PART 01 산업안전실기 요점정리

1. 안전관리 —————————————— 2
   (1) 안전관리조직 ····························· 2
   (2) 안전보건관리 규정 및 계획 ············ 4
   (3) 산업재해발생 및 재해조사 ·············· 6
   (4) 안전점검 및 작업분석 ·················· 12
   (5) 보호구 및 안전표지 ···················· 15

2. 안전교육 및 심리 ———————— 24
   (1) 안전교육 ·································· 24
   (2) 산업심리 ·································· 29

3. 인간공학 및 시스템 위험분석 —— 34
   (1) 인간공학 ·································· 34
   (2) 시스템 위험분석 ························ 41

4. 기계 및 운반안전 ———————— 46
   (1) 기계안전 일반 ··························· 46
   (2) 운반안전 일반 ··························· 59

5. 전기 및 화공안전 ———————— 63
   (1) 감전재해 유해요소 ····················· 63
   (2) 화공안전 일반 ··························· 77
   (3) 작업환경안전 일반 ····················· 86

6. 건설 안전 ———————————— 89
   (1) 산업안전 일반 ··························· 89
   (2) 가설공사 안전 ··························· 96
   (3) 토공사 안전 ···························· 103
   (4) 구조물공사 안전 ······················ 110
   (5) 건설기계·기구 안전 ················· 115
   (6) 사고형태별 안전 ······················ 125

PART 02 실기 필답형 - 산업안전기사

◆ **2013년** 제1회 ···························· 130
   2013년 제2회 ······························ 139
   2013년 제3회 ······························ 145
◆ **2014년** 제1회 ···························· 150
   2014년 제2회 ······························ 156
   2014년 제3회 ······························ 162
◆ **2015년** 제1회 ···························· 167
   2015년 제2회 ······························ 173
   2015년 제3회 ······························ 178

◆ **2016년** 제1회 ···························· 183
   2016년 제2회 ······························ 188
   2016년 제3회 ······························ 195
◆ **2017년** 제1회 ···························· 200
   2017년 제2회 ······························ 207
   2017년 제3회 ······························ 213
◆ **2018년** 제1회 ···························· 219
   2018년 제2회 ······························ 225
   2018년 제3회 ······························ 231

- ◆ 2019년 제1회 ········· 237
- 2019년 제2회 ········· 242
- 2019년 제3회 ········· 249
- ◆ 2020년 제1회 ········· 255
- 2020년 제2회 ········· 261
- 2020년 제3회 ········· 267
- 2020년 제4회 ········· 272
- ◆ 2021년 제1회 ········· 278
- 2021년 제2회 ········· 284
- 2021년 제3회 ········· 290
- ◆ 2022년 제1회 ········· 296
- 2022년 제2회 ········· 303
- 2022년 제3회 ········· 308
- ◆ 2023년 제1회 ········· 314
- 2023년 제2회 ········· 321
- 2023년 제3회 ········· 328
- ◆ 2024년 제1회 ········· 335
- 2024년 제2회 ········· 347
- 2024년 제3회 ········· 354

PART 03 실기 작업형 - 산업안전기사

- ◆ 2013년 제1회(A형) ········· 2
- 2013년 제1회(B형) ········· 7
- 2013년 제1회(C형) ········· 12
- 2013년 제2회(A형) ········· 17
- 2013년 제2회(B형) ········· 22
- 2013년 제3회 ········· 27
- ◆ 2014년 제1회(A형) ········· 32
- 2014년 제1회(B형) ········· 38
- 2014년 제1회(C형) ········· 43
- 2014년 제2회(A형) ········· 48
- 2014년 제2회(B형) ········· 53
- 2014년 제3회(A형) ········· 58
- 2014년 제3회(B형) ········· 62
- 2014년 제3회(C형) ········· 67
- ◆ 2015년 제1회 ········· 72
- 2015년 제2회 ········· 77
- 2015년 제3회 ········· 82
- ◆ 2016년 제1회 ········· 87
- 2016년 제2회 ········· 92
- 2016년 제3회 ········· 97
- ◆ 2017년 제1회 ········· 102
- 2017년 제2회 ········· 107
- 2017년 제3회 ········· 113
- ◆ 2018년 제1회 ········· 118
- 2018년 제2회 ········· 123
- 2018년 제3회 ········· 129
- ◆ 2019년 제1회 ········· 135
- 2019년 제2회 ········· 140
- 2019년 제3회 ········· 145
- ◆ 2020년 제1회 ········· 150
- 2020년 제2회 ········· 155
- 2020년 제3회 ········· 160
- 2020년 제4회 ········· 165
- ◆ 2021년 제1회 ········· 170
- 2021년 제2회 ········· 175
- 2021년 제3회 ········· 181
- ◆ 2022년 제1회 ········· 186
- 2022년 제2회 ········· 191
- 2022년 제3회 ········· 196
- ◆ 2023년 제1회 ········· 201
- 2023년 제2회 ········· 206
- 2023년 제3회 ········· 210
- ◆ 2024년 제1회 ········· 215
- 2024년 제2회 ········· 220
- 2024년 제3회 ········· 227

산업안전기사

작업형 실기시험 수험준비요령

▶ 수험준비 전 수검자 숙지사항(수검자 유의사항)

1. 동영상의 문제 자료화면은 건설기계·기구, 건설공사안전, 안전기준 및 표준 안전작업 지침 분야로 구성되어져 있다.

2. 답안 작성시 유의사항
   - 문제에서 요구한 항목수(예 ~의 작업상황에 대한 위험요인을 3가지만 쓰시오) 이상을 답란에 표기한 경우에는 답란 기재 순으로 요구한 항목 수(가지 수)만 채점만 채점한다. 따라서 답을 작성할 때에는 정확하게 문제에서 요구한 항목 수만 기재한다.
   - 답안 내용은 간단, 명료하게 작성하여야 하며, 답란에 불필요한 낙서나 특이한 기록사항 등 부정의 목적이 있다고 판단될 경우에는 모든 득점이 0점으로 처리된다.
   - 계산문제의 답안작성
     ① 계산문제는 계산식(계산과정)과 답을 동시에 기재하여야 한다(계산식이 없는 답은 0점 처리).
     ② 계산과정에서 소수점 처리는 문제의 요구사항에 따르고 요구사항이 없으면 소수점 이하 셋째자리에서 반올림하여 소수점 둘째자리까지만 표기한다.
     [예] 298.7598 → 298.76
     ③ 계산문제의 요구사항에서 단위가 주어졌을 때는 계산식 및 답에서 단위가 생략되어도 되나, 기타의 경우에는 계산식 및 답란에 단위를 기재하지 않을 경우 오답으로 처리된다.
   - 기타 답안작성 시 유의사항은 시험시작 전에 정확하게 숙지하여 실수하지 않도록 명심한다.

▶ 문제유형(출제경향) 및 문제유형에 따른 학습방법

1. **동영상 화면의 작업상황(작업조건, 재해개요 등)에 대한 위험요인 및 안전대책을 작성하는 문제가 출제된다.**
   (1) 위험요인을 작성하는 문제는 위험의 point(핵심위험요인), 사고(재해) 발생원인, 불안전한 요소 등을 묻는 문제와 같은 유형 또는 비슷한 유형의 문제이며, 안전대책을 작성하는 문제는 안전작업수칙, 안전작업방법, 위험방지조치사항, ~에 대한 준수사항 등을 묻는 문제와 같은 유형 또는 비슷한 유형의 문제이다.
   (2) 학습요령
      ① 동영상 화면도(사진 또는 그림)와 문제에서 작업상황을 충분히 이해하고 무엇을 묻는 문제인지를 정확하게 파악한다.
      ② 동영상 화면에서 눈에 보이는 위험요인과 눈에 보이지 않는 잠재적인 위험요인 등을 다음 조건의 부합 여부를 고려하여 찾아낸다.
         - 작업자(근로자)의 작업방법의 문제점, 불안전한 행동, 안전수칙 미준수 등에 기인한 위험요인 등
         - 안전시설 및 방호장치 등의 설치 및 미설치 여부 등
         - 작업 상황에 대한 위험방지 조치의 소홀, 미흡정도 및 법 규정 준수여부 등
         - 작업자의 보호구 착용 및 미착용 여부
         - 기타
      ③ 위험요인을 작성하는 문제는 작업상황에 대한 문제점의 핵심을 간략하게 쓸 수 있도록 충분히 연습하여야 하며 또한 새로운 문제가 출제되더라도 답안을 작성할 수 있도록 응용력을 키워야 한다.
      ④ 안전대책을 작성하는 문제는 위험요인을 찾으면 그것에 따라 답안을 작성하면 된다.
      ⑤ 위험요인과 안전대책에 관한 문제의 답안작성은 본서의 해답 및 모범답안과 똑같지 않아도 문맥과 의미만 같으면 정답으로 인정된다.

2. **법규(법령·시행령·시행규칙), 안전기준 및 보건기준에 관한 규칙(안전규칙 및 보건규칙), 표준안전작업지침(노동부고시) 등 법 규정에 관한 문제가 출제된다.**
   (1) 법 규정에 관한 문제는 동영상의 화면과 관계가 없는 문제이다(문제지만 보면 동영상의 화면은 관계없이 답안작성이 가능하다.

(2) 학습요령

① 문제의 내용을 충분히 이해하고 무엇을 묻는 문제인지를 정확하게 파악한다.

② 해답(정답)의 내용을 2~3회 정도 꼼꼼히 읽어본 후 반복적으로 쓰면서 완전하게 암기하여 해답을 보지 않고 답안을 작성할 수 있도록 한다.

③ 법 규정 문제의 답안작성은 해답과 똑같이 쓸 수 있도록 하여야 한다.

3. 과목별로 안전공학(기술)적 사항에 관한 이론내용 및 계산문제가 출제된다.

(1) 과목(항목)별로 사고가 많이 발생되는 위험기계·기구 및 설비와 위험한 작업상황에 대한 이론내용의 숙지정도 및 계산문제의 적응도를 묻는 문제 등이 출제된다.

(2) 학습요령

① 동영상 화면을 충분히 이해하고 문제에서 무엇을 묻는 문제인지를 정확하게 파악한다.

② 법 규정에 관한 문제의 학습요령과 같은 방법으로 학습하도록 한다.

③ 계산문제는 공식을 정확하게 암기하고 계산과정 및 소수점처리 및 단위에 유의하여 학습하도록 한다(수검자 유의사항 및 답안지작성요령 참고).

PART 01

산업안전실기 요점정리

안전관리

chapter 01

1. 안전관리조직

01 안전관리조직의 유형별 특징

(1) 라인형(직계형) 조직의 특성

1) 장점
① 안전에 관한 지시나 명령계통이 철저하다.
② 명령과 보고가 상하관계이므로 간단명료하다.
③ 안전대책의 실시가 신속하다.

2) 단점
① 안전에 관한 전문지식이 부족하다.
② 안전의 정보가 불충분하다.
③ 라인에 과중한 책임을 지우기 쉽다.

(2) 스탭형(참모식) 조직의 특징

1) 장점
① 안전전문가가 안전계획을 세워 안전에 관한 전문적인 문제해결 방안을 모색하고 조치한다.
② 경영자에게 조언과 자문역할을 할 수 있다.
③ 안전 정보수집이 빠르다.

2) 단점
① 안전지시나 명령이 작업자에게까지 신속·정확하게 하달되지 못한다.
② 생산부분은 안전에 대한 책임과 권한이 없다.
③ 권한다툼이나 조정 때문에 시간과 노력이 소모된다.

(3) 라인·스탭형(직계·참모식)의 특징

1) 장점
① 안전활동이 생산과 잘 협조가 된다.
② 생산라인의 각 계층에서도 안전업무를 겸임하게 할 수 있다.
③ 안전대책은 staff 부문에서 기획조사, 입안, 연구하고 line을 통하여 실시하도록 한다.
④ 전 근로자가 안전활동에 참여할 기회가 부여된다.

2) 단점
① 명령계통과 조언, 권고적 참여가 혼동되기 쉽다.
② 라인이 스탭에만 의존하거나 또는 활용하지 않는 경우가 있다.
③ 스탭의 월권행위의 경우가 있다.

02 안전관리조직의 업무·직무 등

(1) 안전보건관리책임자의 업무내용
① 산업재해 예방계획의 수립에 관한 사항
② 안전보건관리규정의 작성 및 변경에 관한 사항
③ 근로자의 안전·보건교육에 관한 사항
④ 작업환경측정 등 작업환경의 점검 및 개선에 관한 사항
⑤ 근로자의 건강진단 등 건강관리에 관한 사항
⑥ 산업재해의 원인조사 및 재발방지대책의 수립에 관한 사항
⑦ 산업재해에 관한 통계의 기록 및 유지에 관한 사항
⑧ 안전·보건과 관련된 안전장치 및 보호구 구입 시 적격품 여부 확인에 관한 사항
⑨ 그 밖에 근로자의 유해·위험예방 조치에 관한 사항으로서「고용노동부령으로 정하는 사항」(위험성 평가의 실시에 관한 사항과 안전보건규칙에서 정하는 근로자의 위험 또는 건강장해의 방지에 관한 사항)

(2) 안전관리자의 업무내용
① 산업안전보건위원회 또는 안전·보건에 관한 노사협의체에서 심의·의결한 업무와 해당 사업장의 안전보건관리규정 및 취업규칙에서 정한 업무
② 안전인증대상 기계·기구 등과 자율안전확인대상 기계、기구 등의 구입시 적격품의 선정에 관한 보좌 및 조언·지도
③ 위험성 평가에 관한 보좌 및 지도·조언
④ 해당 사업장 안전교육계획의 수립 및 안전교육 실시에 관한 보좌 및 지도·조언
⑤ 사업장 순회점검·지도 및 조치의 건의
⑥ 산업재해 발생의 원인조사·분석 및 재발방지를 위한 기술적 보좌 및 지도·조언

⑦ 산업재해에 관한 통계의 유지·관리·분석을 위한 기술적 보좌 및 지도·조언
⑧ 법 또는 법에 따른 명령으로 정한 안전에 관한 사항의 이행에 관한 보좌 및 지도·조언
⑨ 업무수행 내용의 기록·유지
⑩ 그 밖에 안전에 관한 사항으로서 고용노동부장관이 정하는 사항

(3) 안전보건총괄책임자의 직무
① 작업의 중지 및 재개
② 도급사업 시의 안전·보건조치
③ 수급인의 산업안전보건관리비의 집행 감독 및 그 사용에 관한 수급인 간의 협의·조정
④ 안전인증대상 기계·기구 등과 자율안전확인대상 기계·기구 등의 사용여부 확인
⑤ 위험성 평가의 실시에 관한 사항

03 산업안전보건위원회의 구성

(1) 근로자위원(10명)
① 근로자대표(노동조합의 대표자 또는 근로자 과반수를 대표하는 사람)
② 근로자대표가 지명하는 1명 이상의 명예감독관
③ 근로자대표가 지명하는 9명 이내의 해당사업장의 근로자(명예감독관 수만큼 제외)

(2) 사용자위원(10명)
① 해당 사업의 대표자(다른 지역에 사업장의 있는 경우 그 사업장의 최고책임자)
② 안전관리자 1명
③ 보건관리자 1명
④ 산업보건의(선임되어 있는 경우로 한정)
⑤ 해당 사업의 대표자가 지명하는 9명 이내의 해당사업장 부서의 장

2. 안전보건관리 규정 및 계획

01 안전보건관리규정

(1) 법상 안전보건관리규정에 포함시켜야 할 사항
① 안전·보건 관리조직과 그 직무에 관한 사항
② 안전·보건 교육에 관한 사항
③ 작업장 안전관리에 관한 사항
④ 작업장 보건관리에 관한 사항
⑤ 사고 조사 및 대책 수립에 관한 사항

⑥ 그 밖에 안전·보건에 관한 사항

(2) 안전관리규정 작성시 유의사항

① 규정된 기준은 법정기준을 상회하도록 할 것
② 관리자층의 직무와 권한, 근로자에게 강제 또는 요청한 부분을 명확히 할 것
③ 관계법령의 개·제정에 따라 즉시 개정되도록 라인활용에 쉬운 규정이 되도록 할 것
④ 작성 또는 개정시에 현장의 의견을 충분히 반영시킬 것
⑤ 규정의 내용은 정상시는 물론, 이상시, 사고시, 재해발생시의 조치와 기준에 관해서도 규정할 것

02 안전·보건개선계획

(1) 법상의 안전·보건개선계획 대상 사업장 18/2 산

① 산업재해율이 같은 업종의 규모별 평균산업재해율보다 높은 사업장
② 안전보건조치 의무를 이행하지 아니하여 중대재해가 발생한 사업장
③ 대통령령으로 정하는 수 이상의 직업성 질병자가 발생한 사업장
④ 유해인자의 노출기준을 초과한 사업장

(2) 법상의 안전보건진단을 받아 개선계획을 수립, 제출해야 되는 사업장

① 사업주가 필요한 안전보건 조치를 이행하지 아니하여 중대재해가 발생한 사업장
② 산업재해율이 같은 업종 평균산업재해율의 2배 이상인 사업장
③ 직업병에 걸린 사람이 연간 2명 이상(상시근로자 1000명 이상은 3명 이상)인 사업장
④ 작업환경불량, 화재·폭발 또는 누출사고 등으로 사업장 주변까지 피해가 확산된 사업장으로서 고용노동부장관이 정하는 사업장

(3) 법상의 안전·보건 개선계획서에 포함해야 되는 내용

① 시설
② 안전·보건교육
③ 안전·보건관리체제
④ 산업재해예방 및 작업환경의 개선을 위하여 필요한 사항

3. 산업재해발생 및 재해조사

01 중대재해·산업재해의 정의 및 발생보고

(1) 중대재해(시행규칙 제2조) 18/2 기

1) 사망자가 1명 이상 발생한 재해
2) 3개월 이상의 요양이 필요한 부상자가 동시에 2명 이상 발생한 재해
3) 부상자 또는 직업성질병자가 동시에 10명 이상 발생한 재해

(2) 산업재해의 정의 및 발생보고 등

1) **산업재해의 정의(법 제2조 제1호)** : 근로자가 업무에 관계되는 건설물·설비·원재료·가스·증기·분진 등에 의하거나 작업 또는 그 밖의 업무로 인하여 사망 또는 부상하거나 질병에 걸리는 것을 말한다.

2) **산업재해 발생보고(시행규칙 제4조)**
   ① 산업재해조사표 작성·제출 : 사망자가 발생하거나 3일 이상의 휴업이 필요한 부상을 입거나 질병에 걸린 사람이 발생한 경우에는 해당 산업재해가 발생한 날부터 1개월 이내에 산업재해조사표를 작성하여 관할 지방고용노동관서의 장에게 제출하여야 한다.
   ② 중대재해 발생시 보고사항 : 중대재해가 발생한 사실을 알게 된 경우 지체없이 다음 각 호의 사항을 관할 지방고용노동관서의 장에게 전화·팩스, 또는 그 밖에 적절한 방법으로 보고하여야 한다.
   　㉠ 발생개요 및 피해상황　　㉡ 조치 및 전망
   　㉢ 그 밖의 중요한 사항

02 재해발생의 메커니즘(3가지 구조적 요소)

① 단순자극형(집중형) : 상호자극에 의해 순간적으로 재해가 발생하는 유형
② 연쇄형 : 하나의 사고요인이 또 다른 요인을 발생시키며 재해를 발생하는 유형
③ 복합형 : 연쇄형과 단순자극형의 복합적인 발생 유형

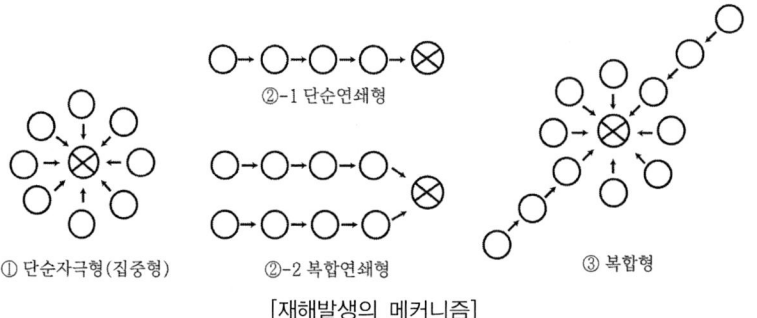

[재해발생의 메커니즘]

03 재해발생시의 조치사항

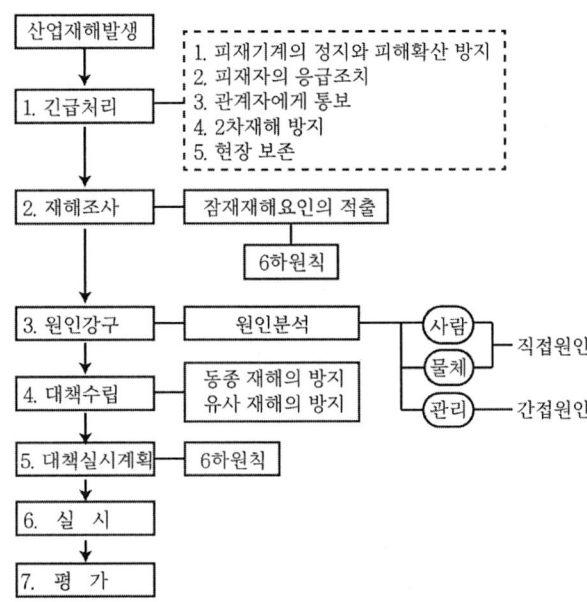

04 재해조사

(1) 재해조사의 목적

① 동종재해 및 유사재해의 재발 방지
② 원인의 규명 및 예방대책 자료 수집

(2) 재해조사시의 유의사항

① 사실을 수집한다. 이유는 뒤에 확인한다.
② 목격자 등이 증언하는 사실 이외의 추측의 말은 참고로만 한다.
③ 조사는 신속하게 행하고 긴급조치하여, 2차재해의 방지를 도모한다.
④ 사람, 기계설비 양면의 재해요인을 모두 도출한다.
⑤ 객관적인 입장에서 공정하게 조사하며, 조사는 2인 이상이 한다.
⑥ 책임추궁보다 재발방지를 우선하는 기본태도를 갖는다.
⑦ 피해자에 대한 구급조치를 우선한다.
⑧ 2차재해의 예방과 위험성에 대한 보호구를 착용한다.

05 사고연쇄성 이론

(1) 하인리히의 사고연쇄성 이론(사고 domino이론)
① 1단계 : 사회적 환경 및 유전적 요소
② 2단계 : 개인적인 결함
③ 3단계 : 불안전한 행동 및 불안전한 상태(사고방지를 위해 중점적으로 배제시켜야 할 단계)
④ 4단계 : 사고
⑤ 5단계 : 재해

(2) 버드의 최신 사고연쇄성 이론(버드의 관리모델)
① 1단계 : 통제부족 – 관리소홀(사고방지를 위해 중점적으로 관리해야 할 단계)
② 2단계 : 기본원인 – 기원
③ 3단계 : 직접원인 – 징후
④ 4단계 : 사고 – 접촉
⑤ 5단계 : 상해 – 손해 – 손실

(3) 아담스의 사고연쇄성 이론
① 1단계 : 관리구조
② 2단계 : 작전적 에러
③ 3단계 : 전술적 에러
④ 4단계 : 사고
⑤ 5단계 : 상해 – 손실

06 재해예방의 4원칙
① 손실우연의 원칙 : 재해손실은 사고발생시 사고대상의 조건에 따라 달라지므로 사고의 결과로서 생긴 재해손실은 우연성에 의해 결정된다.
② 원인계기의 원칙 : 사고와 원인관계는 필연적으로, 재해발생은 반드시 원인이 있다.
③ 예방가능의 원칙 : 재해는 원칙적으로 원인만 제거되면 예방이 가능하다.
④ 대책선정의 원칙 : 재해예방을 위한 안전대책은 반드시 존재한다.

07 (하인리히)사고예방대책의 기본원리 5단계

단계별 과정	내 용
1단계 : 조직	① 경영층의 참여 ② 안전관리자의 임명 ③ 안전의 라인 및 참모조직 구성 ④ 안전활동 방침 및 계획 수립 ⑤ 조직을 통한 안전활동
2단계 : 사실의 발견	① 사고 및 안전활동 기록 검토　② 작업분석 ③ 안전점검 및 안전진단　　　　④ 사고조사 ⑤ 안전회의 및 토의　　　　　　⑥ 근로자의 제안 및 여론조사 ⑦ 관찰 및 보고서의 연구 등을 통하여 불안전요소 발견
3단계 : 분석평가	① 사고보고서 및 현장조사 ② 사고기록 및 인적·물적 조건의 분석 ③ 작업공정 분석 ④ 교육훈련 분석 등을 통하여 사고의 직접원인 및 간접원인을 규명
4단계 : 시정방법의 선정	① 기술적 개선　　　　　② 인사조정 ③ 교육훈련의 개선　　　④ 안전행정의 개선 ⑤ 규정 및 수칙 작업표준 제도의 개선 ⑥ 확인 및 통제체제 개선
5단계 : 시정책의 적용 (SE 적용)	① 기술적(engineering) 대책 ② 교육적(education) 대책 ③ 단속적(enforcement) 대책

08 재해율 등 산정식

(1) 연천인율(年天人率) : 근로자 1,000명당 1년간에 발생하는 사상자수

$$\therefore 연천인율 = \frac{사상자수}{연평균 근로자수} \times 1,000$$

(2) 도수율(Frequency Rate of Injury, FR) : 연근로시간 합계 100만 시간당의 재해발생건수

$$\therefore 도수율 = \frac{재해발생건수}{연근로시간수} \times 10^6$$

(3) 연천인율과 도수율과의 관계

$$\therefore 연천인율 = 도수율 \times 2.4$$

$$\therefore 도수율 = \frac{연천인율}{2.4}$$

(4) 강도율(Severity Rate of Injury, SR) : 연근로시간 1,000시간당 재해에 의해서 잃어버린 근로손실일수

$$\therefore 강도율 = \frac{근로손실일수}{연근로시간수} \times 1,000$$

▶ 근로손실일수의 산정기준(국제기준)
① 사망 및 영구 전노동불능(신체장해등급 : 1 ~ 3) : 7,500일
② 영구 일부노동불능(신체장해등급 : 4~14) : 다음과 같다.

신체장해등급	4	5	6	7	8	9	10	11	12	13	14
근로손실일수	5,500	4,000	3,000	2,200	1,500	1,000	600	400	200	100	50

③ 일시 전노동불능 : 휴업일수 × 300/365

(5) 환산도수율 및 환산강도율

① 환산도수율(FR) = $\dfrac{도수율}{10}$

② 환산강도율(SR) = 강도율 × 100

(6) 종합재해지수(도수강도치, FSI)

∴ 도수강도치(FSI) = $\sqrt{도수율(FR) \times 강도율(SR)}$

(7) Safe T. Score(세이프 티 스코어)

① 뜻 : 과거와 현재의 안전성적을 비교, 평가하는 방법으로 단위가 없으며 계산결과 (+)이면 나쁜 기록, (-)이면 과거에 비해 좋은 기록으로 본다.
② 공식

∴ Safe T. Score = $\dfrac{빈도율(현재) - 빈도율(과거)}{\sqrt{\dfrac{빈도율(과거)}{연간근로시간수(현재)} \times 10^6}}$

③ 판정
  ㉠ +2.00 이상인 경우 : 과거보다 심각하게 나쁘다.
  ㉡ +2.00 ~ −2.00 경우 : 심각한 차이 없음
  ㉢ −2.00 이하 : 과거보다 좋다.

09 재해코스트 산정방식

(1) 하인리히 방식

∴ 총재해 코스트(cost) = 직접비 + 간접비
① 직접비 : 간접비 = 1 : 4
② 직접비 : 법령으로 정한 피해자에게 지급되는 산재보상비(휴업보상비, 장해보상비, 요양보상비, 장의비, 유족보상비, 상병보상연금 등)
③ 간접비 : 재산손실, 생산중단 등으로 기업이 입은 손실(인적 손실, 물적 손실, 생산 손실, 특수 손실 등)

(2) 시몬즈 방식

총재해 코스트(cost)=산재보험 코스트(cost)+비보험 코스트(cost)

비보험 코스트 = (휴업 상해건수 × A) + (통원 상해건수 × B) + (응급조치 건수 × C)
　　　　　　　+ (무상해 사고건수 × D)

A, B, C, D : 재해 정도별 비보험 코스트의 평균치

10 재해구성비율

(1) 하인리히의 재해구성비율

∴ 중상 또는 사망 : 경상(인적·물적손실 수반) : 무상해사고(물적손실, 고장 포함)
　= 1 : 29 : 300

(2) 버드의 재해구성비율

∴ 중상 또는 폐질 : 경상 : 무상해사고 : 무상해무사고(앗차사고) = 1 : 10 : 30 : 600

11 재해사례연구의 진행단계

① 전제조건 : 재해상황의 파악(현상파악)
② 1단계 : 사실의 확인
③ 2단계 : 문제점 발견
④ 3단계 : 근본적 문제점 결정
⑤ 4단계 : 대책의 수립

4. 안전점검 및 작업분석

01 안전점검

(1) 안전점검의 종류
① 수시점검 : 작업 전, 작업 중, 작업 후 등 수시로 실시하는 점검(일상점검)
② 정기점검 : 일정기간마다 정기적으로 실시하는 점검
③ 임시점검 : 이상 발견시 임시로 실시하거나 정기점검과 정기점검 사이에 실시하는 점검
④ 특별점검
    ㉠ 기계·기구 및 설비의 신설·변경 및 수리 등을 할 경우에 실시
    ㉡ 천재지변 발생 후 실시
    ㉢ 안전강조기간 내 실시

(2) 체크리스트 작성시 유의사항
① 사업장에 적합한 독자적인 내용일 것
② 중점도가 높은 것부터 순서대로 작성할 것(위험성이 높은 순이나 긴급을 요하는 순으로 작성)
③ 정기적으로 검토하여 재해방지에 실효성 있게 개조된 내용일 것(관계자 의견 청취)
④ 일정 양식을 정하여 점검 대상을 정할 것
⑤ 점검표의 내용은 이해하기 쉽도록 표현하고 구체적일 것

(3) 안전점검의 순환과정
① 현상의 파악(실상 파악)   ② 결함의 발견
③ 시정대책의 선정
④ 대책의 실시

02 동작경제의 3원칙

(1) 동작능력 활용의 원칙
① 발 또는 왼손으로 할 수 있는 것은 오른손을 사용하지 않는다.
② 양손으로 동시에 작업을 시작하고 동시에 끝낸다.
③ 양손이 동시에 쉬지 않도록 함이 좋다.

(2) 작업량 절약의 원칙
① 적게 움직이게 한다.
② 재료나 공구는 취급하는 부근에 정돈한다.

③ 동작의 수를 줄인다.
④ 동작의 양을 줄인다.
⑤ 물건을 장시간 취급할 경우에는 장구를 사용한다.

(3) 동작 개선의 원칙

① 동작이 자동적으로 이루어지는 순서로 한다.
② 양손은 동시에 반대의 방향으로, 좌우 대칭적으로 운동한다.
③ 관성, 중력, 기계력 등을 이용한다.
④ 작업장의 높이를 적당히 하여 피로를 줄인다.

03 안전인증(산업안전보건법)

(1) 안전인증대상 기계 · 기구

구분	안전인증대상 기계 · 기구	자율안전확인대상 기계 · 기구
기계 · 기구 및 설비	① 프레스 ② 전단기 및 절곡기 ③ 크레인 ④ 리프트 ⑤ 압력용기 ⑥ 롤러기 ⑦ 사출성형기 ⑧ 고소작업대 ⑨ 곤돌라	① 연삭기 또는 연마기(휴대형은 제외) ② 산업용 로봇 ③ 혼합기 ④ 파쇄기 또는 분쇄기 ⑤ 컨베이어 ⑥ 식품가공용기계(파쇄 · 절단 · 혼합 · 제면기만 해당) ⑦ 자동차정비용리프트 ⑧ 인쇄기 ⑨ 공작기계(선반, 드릴기, 평삭 · 형삭기, 밀링만 해당) ⑩ 고정형 목재가공용 기계(둥근톱, 대패, 루타기, 띠톱, 모떼기 기계만 해당)
방호장치	① 프레스 및 전단기 방호장치 ② 양중기용 과부하방지장치 ③ 보일러 압출배출용 안전밸브 ④ 압력용기 압력방출용 안전밸브 ⑤ 압력용기 압력방출용 파열판 ⑥ 절연용 방호구 및 활선작업용 기구 ⑦ 방폭구조 전기기계 · 기구 및 부품 ⑧ 추락 · 낙하 및 붕괴 등의 위험방지 및 보호 필요한 가설기자재로서 고용노동부 장관이 정하여 고시하는 것 ⑨ 충돌 · 협착 등의 위험 방지에 필요한 산업용 로봇 방호장치로서 고용노동부장관이 정하여 고시하는 것	① 아세틸렌 용접장치용 또는 가스집합 용접장치용 안전기 ② 교류아크 용접기용 자동전격 방지기 ③ 롤러기 급정지장치 ④ 연삭기 덮개 ⑤ 목재가공용 둥근톱 반발예방장치 및 날접촉 예방장치 ⑥ 동력식 수동 대패용 칼날접촉 방지장치 ⑦ 추락 · 낙하 및 붕괴 등의 위험방지 및 보호에 필요한 가설기자재로서 고용노동부장관이 정하여 고시하는 것
보호구	① 추락 및 감전 위험방지용 안전모 ② 차광 및 비산물 위험방지용 보안경 ③ 방진마스크 ④ 방독마스크 ⑤ 송기마스크 ⑥ 전동식 호흡보호구 ⑦ 방음용 귀마개 또는 귀덮개 ⑧ 용접용 보안면 ⑨ 안전장갑 ⑩ 안전화 ⑪ 안전대 ⑫ 보호복	① 안전모(추락 및 감전 위험방지용 제외) ② 보안경(차광 및 비산물 위험방지용 제외) ③ 보안면(용접용 제외)

(2) 안전인증심사의 종류 및 내용·심사기간

심사의 종류	심사의 내용	심사기간
1. 예비심사	유해·위험한 기계·기구·설비 등이 안전인증기준에 적합한지를 확인하기 위한 심사	7일
2. 서면심사	종류별 또는 형식별로 설계도면 등 제품 기술과 관련된 문서가 안전인증기준에 적합한지 여부에 대한 심사	15일 (외국에서 제조한 경우는 30일)
3. 기술능력 및 생산체계 심사	안전성능을 지속적으로 유지·보증하기 위하여 사업장에서 갖추어야 할 기술능력과 생산체계가 안전인증기준에 적합한 지에 대한 심사	30일 (외국에서 제조한 경우는 45일)
4. 제품심사 (안전성능이 안전인증기준에 적합한 지에대한 심사)	(1) 개별제품심사 : 서면심사결과가 안전인증기준에 적합할 경우에 모두에 대하여 하는 심사	15일
	(2) 형식별 제품검사 : 서면심사와 기술능력 및 생산체계 심사결과가 안전인증 기준에 적합할 경우에 형식별로 표본을 추출하여 하는 심사	30일 (방호장치 중 방호구조 전기기계·기구 및 부품과 보호구는 60일)

04 안전검사

(1) 안전검사대상 유해·위험기계·설비 등

① 프레스
② 전단기
③ 크레인(정격하중 2톤 미만인 것은 제외)
④ 리프트
⑤ 압력용기
⑥ 곤돌라
⑦ 국소 배기장치(이동식은 제외)
⑧ 원심기(산업용에 한정)
⑨ 롤러기(밀폐형 구조는 제외)
⑩ 사출성형기(형 체결력 294kN 미만은 제외)
⑪ 고소작업대(화물자동차 또는 특수자동차에 탑재한 고소작업대로 한정)
⑫ 컨베이어
⑬ 산업용 로봇

(2) 안전검사대상 유해·위험기계 등의 검사주기(시행규칙 제73조의 3)

① 크레인(이동식크레인은 제외), 리프트(이삿짐 운반용 리프트는 제외) 및 곤돌라 : 사업장에 설치가 끝난 날부터 3년 이내에 최초 안전검사를 실시하되, 그 이후부터 2년마다(건설현장에 사용하는 것은 최초로 설치한 날부터 6개월마다)

② 이동식크레인, 이삿짐운반용 리프트 및 고소작업대 : 신규등록 이후 3년 이내에 최초 안전검사를 실시하되, 그 이후부터 2년마다
③ 프레스, 전단기, 압력용기, 국소배기장치, 원심기, 화학설비 및 그 부속설비, 건조설비 및 그 부속설비, 롤러기, 사출성형기, 컨베이어 및 산업용 로봇(11종) : 사업장에 설치가 끝난 날부터 3년 이내에 최초 안전검사를 실시하되, 그 이후부터 2년마다(공정안전보고서를 제출하여 확인을 받은 압력용기는 4년마다)

05 중대재해

(1) 중대재해의 정의

① 사망자가 1명 이상 발생한 재해
② 3개월 이상의 요양이 필요한 부상자가 동시에 2명 이상 발생한 재해
③ 부상자 또는 직업성 질병자가 동시에 10명 이상 발생한 재해

(2) 중대재해 발생 시 보고사항

① 발생 개요 및 피해상황
② 조치 및 전망
③ 그 밖의 중요한 사항

5. 보호구 및 안전표지

01 보호구의 일반사항

(1) 보호구의 구비조건

① 착용시 작업이 용이할 것
② 대상물(유해물)에 대하여 방호가 완전할 것
③ 재료의 품질이 우수할 것
④ 구조 및 표면 가공이 우수할 것
⑤ 외관이 보기 좋을 것
⑥ 작업에 방해가 안되도록 할 것

(2) 안전인증대상 보호구

안전인증대상 보호구	자율안전확인대상 기계·기구
① 추락 및 감전 위험방지용 안전모 ② 차광 및 비산물 위험방지용 보안경 ③ 용접용 보안면 ④ 방진마스크 ⑤ 방독마스크 ⑥ 송기마스크 ⑦ 전동식 호흡보호구 ⑧ 안전장갑 ⑨ 안전대 ⑩ 안전화 ⑪ 보호복 ⑫ 방음용 귀마개 또는 귀덮개	① 안전모(추락 및 감전 위험방지용 제외) ② 보안경(차광 및 비산물 위험 방지용 제외) ③ 보안면(용접용 제외)

02 안전모

(1) 안전모의 종류　18/2 기

종류(기호)	사용 구분	내전압성
AB	물체의 낙하 또는 비래 및 추락[1]에 의한 위험을 방지 또는 경감시키기 위한 것	비내전압성
AE	물체의 낙하 및 비래에 의한 위험을 방지 또는 경감하고 머리 부위 감전에 의한 위험을 방지하기 위한 것	내전압성[2]
ABE	물체의 낙하 또는 비래 및 추락에 의한 위험을 방지 또는 경감하고, 머리 부위 감전에 의한 위험을 방지하기 위한 것	내전압성[2]

주 (1) 추락 : 높이 2m 이상의 고소 작업, 굴착 및 하역 작업 등에 있어서의 추락을 의미
　(2) 내전압성 : 7,000V 이하의 전압에 견디는 것을 의미

(2) 안전모 재료의 성질(안전모의 각 부품에 사용하는 재료의 구비조건)

① 쉽게 부식하지 않는 것
② 피부에 해로운 영향을 주지 않는 것
③ 사용 목적에 따라 내열성, 내한성 및 내수성을 보유할 것
④ 모체의 표면을 밝고 선명한 색채로 할 것
⑤ 충분한 강도를 가질 것
⑥ 안전모의 모체, 충격흡수라이너, 착장제의 무게는 440g을 초과하지 않을 것

(3) 안전모 시험성능 항목

자율안전확인대상 시험항목	안전인증대상 시험항목
① 내관통성 시험 ② 충격흡수성 시험 ③ 난연성 시험 ④ 턱끈풀림 시험 ⑤ 측면변형 시험	① 내수성 시험 ② 내전압성 시험 ③ 금속용융물 분사시험 ④ 자율안전확인 대상 시험과목 5가지 포함

03 보안경

(1) 보안경의 종류

종류	사용 구분
1. 차광안경	눈에 대하여 해로운 자외선 및 적외선 또는 강렬한 가시광선(이하 유해광선이라 한다)이 발생하는 장소에서 눈을 보호하기 위한 것
2. 유리 보호안경	미분, 칩, 기타 비산물로부터 눈을 보호하기 위한 것
3. 플라스틱 보호안경	미분, 칩, 기타 비산물로부터 눈을 보호하기 위한 것
4. 도수렌즈 보호안경	근시, 원시 혹은 난시인 근로자가 차광안경, 유리 보호안경을 착용해야 하는 장소에서 작업하는 경우, 빛이나 비산물 및 기타 유해물질로부터 눈을 보호함과 동시에 시력을 교정하기 위한 것

04 보안면의 종류

종류	사용 구분
1. 용접용 보안면 (안전인증)	아크 용접 및 가스 용접, 절단 작업시에 발생하는 유해한 자외선, 가시광선 및 적외선으로부터 눈을 보호하고, 용접광 및 열에 의한 화상의 위험에서 용접자의 안면, 머리 부분 및 목 부분을 보호하기 위한 것
2. 일반보안면 (자율안전확인)	일반작업 및 용접작업시 발생하는 각종 비산물과 유해물, 유해한 액체로부터 얼굴(머리의 전면, 이마, 턱, 목 앞부분, 코, 입)을 보호하고 눈부심을 방지하기 위해 적당한 보안경 위에 겹쳐 착용하는 것

05 방음 보호구의 종류

형식	종류	기호	적요
귀마개	1종	EP-1	저음부터 고음까지를 차단하는 것
	2종	EP-2	고음만을 차단하는 것
귀덮개		EM	저음부터 고음까지를 차단하는 것

06 호흡용 보호구

(1) 방진마스크

1) 방진마스크의 등급별 사용장소

등급	사용장소
특급	• 베릴륨 등과 같이 독성이 강한 물질을 함유한 분진 등 발생장소 • 석면 취급장소
1급	• 특급마스크 착용장소를 제외한 분진 등 발생장소 • 금속 흄 등과 같이 열적으로 생기는 분진 등 발생장소 • 기계적으로 생기는 분진 등 발생장소(규소 등과 같이 2급 마스크를 착용하여도 무방한 경우는 제외)
2급	• 특급 및 1급 마스크를 착용장소를 제외한 분진 등 발생장소

2) 방진마스크의 선정기준(구비조건)

① 분진포집효율(여과효율)이 좋을 것
② 흡기·배기저항이 낮을 것
③ 사용면적(유효공간)이 적을 것
④ 중량이 가벼울 것
⑤ 시야가 넓을 것(하방 시야 60° 이상)
⑥ 안면 밀착성이 좋을 것
⑦ 피부 접촉부위의 고무질이 좋을 것

(2) 방독마스크

1) 방독마스크의 일반구조

① 쉽게 깨지지 않을 것
② 착용자의 시야가 충분할 것
③ 착용자의 얼굴과 방독마스크 내면 사이의 공간이 너무 크지 않을 것
④ 착용이 쉽고 착용했을 때 공기가 새지 않고, 압박감이나 고통을 주지 않을 것
⑤ 전면형 방독마스크는 호기에 의해 눈 주위에 안개가 끼지 않을 것
⑥ 정화통, 흡기밸브 또는 머리끈을 바꿀 수 있는 것은 쉽게 바꿀 수 있는 구조일 것

2) 방독마스크의 흡수관(흡수통 또는 정화통)

종류	표지 기호	색	대응 독물	주성분
1. 보통가스용 (할로겐가스용)	A	흑색, 회색	염소 및 할로겐류, 포스겐, 유기 및 산성가스	활성탄, 소다라임
2. 유기가스용	C	흑색	유기가스 및 증기, 이황화탄소	활성탄
3. 일산화탄소용	E	적색	TEL, 일산화탄소	호프카라이트, 방습제
4. 암모니아용	H	녹색	암모니아	큐프라마이트
5. 아황산용	I	황적색	아황산 및 황산미스트	산화금속 알칼리제제

(3) 송기마스크

1) **송기마스크** : 산소 결핍(공기 중 산소농도가 18% 미만) 장소에서 사용하는 호흡용 보호구
2) **송기마스크의 종류** : 자급식, 호스마스크, 에어 – 라인마스크

07 안전장갑

(1) 절연장갑의 등급별 최대사용전압 및 색상

등급	최대사용전압		색 상
	교류(V, 실효값)	직류(V)	
00	500	750	갈 색
0	1,000	1,500	빨강색
1	7,500	11,250	흰 색
2	17,000	25,500	노랑색
3	26,500	39,750	녹 색
4	36,000	54,000	등 색

(2) **유기화합물용 안전장갑** : 액체상태의 유기화합물이 피부를 통하여 인체에 흡수되는 것을 방지하기 위하여 사용하는 보호장갑

08 안전화

(1) 안전화의 종류

종류	사용 구분
1. 가죽제 안전화	물체의 낙하, 충격 및 날카로운 물체에 의해 바닥으로부터의 찔림에 의한 위험으로부터 발을 보호하기 위한 것
2. 고무제 안전화	물체의 낙하, 충격 또는 날카로운 물체에의 찔림에 의한 위험으로부터 발을 보호하고 내수성 또는 내화학성을 겸한 것
3. 정전기 안전화	정전기의 인체 대전을 방지하기 위한 것
4. 발등 안전화	물체의 낙하 및 충격으로부터 발 및 발등을 보호하기 위한 것
5. 절연화	저압의 전기에 의한 감전을 방지하기 위한 것
6. 절연장화	고압에 의한 감전 방지 및 방수를 겸한 것
7. 화학물질용 안전화	낙하, 충격, 찔림위험으로부터 발을 보호하고 화학물질로부터 유해위험을 방지하는 것

(2) 고무제 안전화의 구분 및 사용장소

구분	사용 장소
1. 일반용	일반 작업장
2. 내유용	탄화수소류의 윤활유 등을 취급하는 작업장

09 안전대

(1) 사용방법에 따른 안전대의 종류

종류	사용 구분
1. 벨트(B)식	U자걸이 전용
	1개걸이 전용
2. 안전그네(H)식	안전블록
	추락방지대

(2) 안전대용 로프의 구비조건

① 충격, 인장강도에 강할 것 ② 내마모성이 높을 것
③ 내열성이 높을 것 ④ 완충성이 높을 것
⑤ 습기나 약품류에 침범당하지 않을 것 ⑥ 부드럽고, 되도록 매끄럽지 않을 것

10 안전·보건표지

(1) 안전·보건표지의 종류 및 색채

분류	종류	색채
1. 금지표지 [18/2 산]	① 출입금지 ② 보행금지 ③ 차량통행금지 ④ 사용금지 ⑤ 탑승금지 ⑥ 금연 ⑦ 화기금지 ⑧ 물체이동금지	· 바탕은 흰색 · 기본모형은 빨간색 · 관련부호 및 그림은 검은색
2. 경고표지	① 인화성물질 경고 ② 산화성물질 경고 ③ 폭발성물질 경고 ④ 급성독성물질 경고 ⑤ 부식성물질 경고 ⑥ 발암성·변이원성·생식독성·전신독성·호흡 기과민성물질 경고	· 바탕은 무색 · 기본모형은 빨간색 (검은색도 가능)
	⑦ 방사성물질 경고 ⑧ 고압전기 경고 ⑨ 매달린 물체 경고 ⑩ 낙하물 경고 ⑪ 고온 경고 ⑫ 저온 경고 ⑬ 몸균형상실 경고 ⑭ 레이저광선 경고 ⑮ 위험장소 경고	· 바탕은 노란색 · 기본모형·관련부호 및 그림은 검은색
3. 지시표지	① 보안경 착용 ② 방독마스크 착용 ③ 방진마스크 착용 ④ 보안면 착용 ⑤ 안전모 착용 ⑥ 귀마개 착용 ⑦ 안전화 착용 ⑧ 안전장갑 착용 ⑨ 안전복 착용	· 바탕은 파란색 · 관련그림은 흰색
4. 안내표지	① 녹십자표지 ② 응급구호표지 ③ 들것 ④ 세안장치 ⑤ 비상구 ⑥ 좌측비상구 ⑦ 우측비상구 ⑧ 비상용구	· 바탕은 흰색, 기본모형 및 관련부호는 녹색 · 바탕은 녹색, 관련부호 및 그림은 흰색

분류	종류	색채

5. 관계자외 출입금지	① 허가대상 유해물질 취급
	② 석면취급 및 해체·제거
	③ 금지유해물질 취급
		·글자는 흰색바탕에 흑색
		·다음 글자는 적색
		  – ○○○제조/사용/보관 중
		  – 석면취급/해체 중
		  – 발암물질 취급 중

(2) 산업안전표지의 색채 종류, 색도기준 및 용도

색채	색도기준	용도	사용 예
1. 빨간색	7.5R 4/14	금지	정지신호, 소화설비 및 그 장소, 유해행위의 금지
		경고	화학물질 취급장소에서의 유해·위험물질 경고
2. 노란색	5Y 8.5/12	경고	화학물질 취급장소에서의 유해·위험 경고 이외의 위험 경고·주의표지 또는 기계방호물
3. 파란색	2.5PB 4/10	지시	특정행위의 지시 및 사실의 고지
4. 녹색	2.5G 4/10	안내	비상구 및 피난소, 사람 또는 차량의 통행표지
5. 흰색	N 9.5		파란색 또는 녹색에 대한 보조색
6. 검은색	N 0.5		문자 및 빨간색 또는 노란색에 대한 보조색

(3) 안전·보건표지의 종류와 형태 18/2 기

① 금지표지	101 출입금지	102 보행금지	103 차량통행금지	104 사용금지	105 탑승금지	106 금연
	107 화기금지	108 물체이동금지	② 경고표지	201 인화성 물질경고	202 산화성 물질경고	203 폭발성 물질경고	204 급성 독성물질경고
205 부식성 물질경고	206 방사성 물질경고	207 고압전기 경고	208 매달린 물체경고	209 낙하물 경고	210 고온경고	211 저온경고
212 몸균형 상실경고	213 레이저 광선경고	214 발암성·변이원성·생식독성·전신독성·호흡기과민성 물질경고	215 위험장소경고	③ 지시표지	301 보안경 착용	302 방독 마스크 착용
303 방진 마스크 착용	304 보안면 착용	305 안전모 착용	306 귀마개 착용	307 안전화 착용	308 안전장갑 착용	309 안전복 착용

	401 녹십자 표지	402 응급 구호표지	403 들것	404 세안장치	405 비상용 기구	406 비상구
④ 안내표지					비상용 기구	
	407 좌측 비상구	408 우측 비상구	⑤ 관계자외 출입금지	501 허가대상물질 작업장	502 석면취급/해체 작업장	503 금지대상 물질의 취급 실험실 등
				관계자외 출입금지 (허가물질 명칭) 제조/사용/보관중 보호구/보호복 착용 흡연 및 음식물 섭취 금지	관계자외 출입금지 석면 취급/해체중 보호구/보호복 착용 흡연 및 음식물 섭취 금지	관계자외 출입금지 발암물질 취급중 보호구/보호복 착용 흡연 및 음식물 섭취 금지
⑥ 문자 추가시 예시문	화기엄금	▶ 내 자신의 건강과 복지를 위하여 안전을 늘 생각한다. ▶ 내 가정의 행복과 화목을 위하여 안전을 늘 생각한다. ▶ 내 자신의 실수로써 동료를 해치지 않도록 하기 위하여 안전을 늘 생각한다. ▶ 내 자신이 일으킨 사고로 인한 회사의 재산과 손실을 방지하기 위하여 안전을 늘 생각한다. ▶ 내 자신의 방심과 불안전한 행동이 조국의 번영에 장애가 되지 않도록 하기 위하여 안전을 늘 생각한다.				

안전교육 및 심리

chapter 02

 1. 안전교육

01 안전교육의 개요

(1) 교육의 3요소

　　① 교육의 주체(subject of education) : 강사(교도자)
　　② 교육의 객체(object of education) : 학생(수강자)
　　③ 교육의 매개체(educational materials) : 교재

(2) 교육(학습)지도의 원칙

　　① 상대방 입장에서의 교육(학습자 중심 교육)
　　② 동기부여
　　③ 쉬운 부분에서 어려운 부분으로 진행
　　④ 반복교육
　　⑤ 한 번에 하나씩 교육
　　⑥ 인상의 강화(강조하고 싶은 사항)
　　　　㉠ 보조재의 활용
　　　　㉡ 견학 및 현장사진 제시
　　　　㉢ 사고사례의 제시
　　　　㉣ 중요사항의 재강조
　　　　㉤ 토의과제 제시 및 의견 청취
　　　　㉥ 속담, 격언과의 연결 및 암시 등의 방법 선택
　　⑦ 오감의 활용
　　⑧ 기능적인 이해

(3) 교육법의 4단계

　　① 1단계 - 도입(준비) : 배우고자 하는 마음가짐을 일으키도록 도입한다.

② 2단계 – 제시(설명) : 상대의 능력에 따라 교육하고 내용을 확실하게 이해시키고 납득시켜 다시 기능으로서 습득시킨다.
③ 3단계 – 적용(응용) : 이해시킨 내용을 구체적인 문제 또는 실제문제로 활용시키거나 응용시킨다.
④ 4단계 – 확인(총괄) : 교육내용을 정확하게 이해하고 습득하였는지의 여부를 확인한다.

02 안전교육의 기본 방향 및 목적

(1) 안전교육의 기본 방향
① 사고사례 중심의 안전교육
② 안전작업(표준작업)을 위한 안전교육
③ 안전의식 향상을 위한 안전교육

(2) 안전교육의 목적
① 인간정신의 안전화
② 행동의 안전화
③ 환경의 안전화
④ 설비와 물자의 안전화

03 안전교육의 3단계
① 제1단계 – 지식교육 : 강의 시청각 교육을 통한 지식의 전달과 이해
② 제2단계 – 기능교육 : 시범, 실습, 현장실습교육, 견학을 통한 이해와 경험 채득
③ 제3단계 – 태도교육 : 생활지도, 작업동작지도 등을 통한 안전의 습관화

04 하버드학파의 5단계 교수법
① 준비시킨다.(preparation)
② 교시한다.(presentation)
③ 연합한다.(association)
④ 총괄시킨다.(generalization)
⑤ 응용시킨다.(application)

05 OJT와 off JT

(1) OJT(On the job training, 현장 중심교육) : 직속 상사가 현장에서 업무상의 개별교육이나 지도훈련을 하는 교육형태

(2) off JT(off the job traning, 현장 외 중심교육) : 계층별 또는 직능별 등과 같이 공통된 교육대상자를 현장 외의 한 장소에 모아 집체 교육훈련을 실시하는 집단 교육 형태

(3) OJT와 off JT의 특징

OJT	off JT
① 개개인에게 적합한 지도훈련을 할 수 있다.	① 다수의 근로자에게 조직 훈련이 가능하다.
② 직장의 실정에 맞는 실체적 훈련을 할 수 있다.	② 훈련에만 전념하게 된다.
③ 훈련에 필요한 업무의 계속성이 끊어지지 않는다.	③ 특별설비기구를 이용할 수 있다.
④ 즉시 업무에 연결되는 관계로 신체와 관련이 있다.	④ 전문가를 강사로 초청할 수 있다.
⑤ 효과가 곧 업무에 나타나며 훈련의 좋고 나쁨에 따라 개선이 용이하다.	⑤ 각 직장의 근로자가 많은 지식이나 경험을 교류할 수 있다.
⑥ 교육을 통한 훈련효과에 의해 상호신뢰 이해도가 높아진다.	⑥ 교육 훈련목표에 대해서 집단적 노력이 흐트러질 수 있다.

06 강의계획의 4단계 및 학습목적의 3요소

(1) 강의계획의 4단계

① 1단계 : 학습목적과 학습 성과의 설정
② 2단계 : 학습자료 수집 및 체계화
③ 3단계 : 교수방법의 선정
④ 4단계 : 강의안 작성

(2) 학습목적의 3요소

① 목표(goal) : 학습을 통하여 달성하려는 지표
② 주체(subject) : 목표달성을 위한 테마(thema)
③ 학습정도(level of learning) : 학습범위와 내용의 정도를 말하며 다음 단계에 의해 이루어진다.
　㉠ 인지 : ~을 인지하여야 한다.
　㉡ 지각 : ~을 알아야 한다.
　㉢ 이해 : ~을 이해하여야 한다.
　㉣ 적용 : ~을 ~에 적용할 줄 알아야 한다.

07 교육훈련 평가의 4단계

① 반응 단계(1단계) : 훈련을 어떻게 생각하고 있는가?
② 학습 단계(2단계) : 어떠한 원칙과 사실 및 기술 등을 배웠는가?
③ 행동 단계(3단계) : 직무 수행상 어떠한 행동의 변화를 가져왔는가?
④ 결과 단계(4단계) : 코스트절감, 품질개선, 안전관리, 생산증대 등에 어떠한 결과를 가져왔는가?

08 사업 내 안전보건 교육의 종류 18/2 기

① 정기교육
② 채용시 교육(건설 일용근로자 채용은 제외)
③ 작업내용 변경시 교육
④ 특별교육(유해·위험 작업에 근로자를 사용할 때 실시)
⑤ 건설업 기초 안전보건교육

09 산업안전보건 관련 교육과정별 교육시간(시행규칙 별표8)

(1) 근로자 안전·보건교육

교육과정	교육대상		교육시간
1. 정기교육	사무직 종사 근로자		매분기 3시간 이상
	사무직 종사근로자 외의 근로자	판매업무에 직접 종사하는 근로자	매분기 3시간 이상
		판매업무에 직접 종사하는 근로자 외의 근로자	매분기 6시간 이상
	관리감독자의 지위에 있는 사람		연간 16시간 이상
2. 채용시교육	일용근로자를 제외한 근로자		8시간 이상
	일용근로자		1시간 이상
3. 작업내용 변경시 교육	일용근로자를 제외한 근로자		2시간 이상
	일용근로자		1시간 이상
4. 특별교육	특별교육대상 작업에 종사하는 일용근로자를 제외한 근로자		·16시간 이상(최초 작업에 종사하기 전 4시간 실시하고12시간은 3개월 이내에 분할하여 실시 가능 ·단기간 작업 또는 간헐적 작업인 경우에는 2시간 이상
	특별교육대상 작업 중 타워크레인 신호작업에 종사하는 일용 근로자		8시간
	특별교육대상 작업에 종사하는 일용근로자		2시간 이상
5. 건설업기초 안전·보건교육	건설 일용 근로자		4시간

(2) 안전보건관리책임자 등에 대한 교육

교육대상	교육시간	
	신규교육	보수교육
안전보건관리책임자	6시간 이상	6시간 이상
안전관리자, 안전관리전문기관의 종사자	34시간 이상	24시간 이상
보건관리자, 보건관리전문기관의 종사자	34시간 이상	24시간 이상
재해예방전문지도기관 종사자	34시간 이상	24시간 이상
석면조사기관의 종사자	34시간 이상	24시간 이상
안전보건관리 담당자	–	8시간 이상

10 교육대상별 교육내용

(1) 사업 내 안전보건교육 내용

① 근로자 정기교육

교육내용
1. 산업안전 및 사고예방에 관한 사항 2. 산업보건 및 직업병 예방에 관한 사항 3. 건강증진 및 질병예방에 관한 사항 4. 유해·위험 작업환경관리에 관한 사항 5. 산업안전보건법 및 산업재해보상보험제도에 관한 사항 6. 직무스트레스 예방 및 관리에 관한 사항 7. 직장 내 괴롭힘, 고객의 폭언 등으로 인한 건강장해 예방 및 관리에 관한 사항

② 관리감독자 정기교육

교육내용
1. 작업공정의 유해·위험과 재해예방대책에 관한 사항 2. 표준안전작업방법 및 지도요령에 관한 사항 3. 관리감독자의 역할과 임무에 관한 사항 4. 산업보건 및 직업병 예방에 관한 사항 5. 유해위험 작업환경관리에 관한 사항 6. 산업안전 및 사고 예방에 관한 사항 7. 산업안전보건법령 및 산업재해보상보험 제도에 관한 사항 8. 직무스트레스 예방 및 관리에 관한 사항 9. 직장 내 괴롭힘, 고객의 폭언 등으로 인한 건강장해 예방 및 관리에 관한 사항 10. 안전보건교육 능력 배양에 관한 사항

③ 채용시 및 작업내용 변경시 교육

교육내용
1. 기계·기구의 위험성과 작업의 순서 및 동선에 관한 사항 2. 작업개시 전 점검에 관한 사항 3. 정리정돈 및 청소에 관한 사항 4. 사고발생시 긴급조치에 관한 사항 5. 산업보건 및 직업병 예방에 관한 사항 6. 물질안전보건자료에 관한 사항 7. 산업안전 및 사고 예방에 관한 사항 8. 산업안전보건법령 및 산업재해보상보험 제도에 관한 사항 9. 직무스트레스 예방 및 관리에 관한 사항 10. 직장 내 괴롭힘, 고객의 폭언 등으로 인한 건강장해 예방 및 관리에 관한 사항

2. 산업심리

01 운동의 시지각 현상

① 자동운동
② 유도운동
③ 가현운동

02 주의력과 부주의 현상

(1) 주의의 특징

① 선택성 : 여러 종류의 자극을 자각할 때 소수의 특정한 것에 한하여 선택하는 기능
② 방향성 : 주시점만 인지하는 기능
③ 변동성 : 주의에는 주기적으로 부주의의 리듬이 존재

(2) 부주의 현상(부주의 심리특성)

① 의식의 단절
② 의식의 우회
③ 의식수준의 저하
④ 의식의 과잉

03 안전사고와 사고심리

(1) 안전사고의 요인

① 안전사고의 경향성 : Greenwood는 대부분의 사고는 소수의 근로자에 의해서 발생된다. 즉, 사고를 자주 내는 사람이 항상 사고를 낸다고 지적하였다.
② 소질적인 사고 요인 : 지능, 성격, 감각운동 기능(사각기능)

(2) 안전심리의 5요소(Lewin)

① 습관　② 동기　③ 기질
④ 감정　⑤ 습성

04 재해빈발자의 유형 등

(1) 재해빈발자(재해누발자, 사고경향성자)의 유형

① 상황성 누발자 : 작업의 어려움, 기계설비의 결함, 환경상 주의력의 집중 곤란, 심신의 근심 등 때문에 재해를 누발하는 자이다.

② 습관성 누발자 : 재해의 경험으로 겁쟁이가 되거나 신경과민이 되어 재해를 누발하는 자와 일종의 슬럼프상태에 빠져서 재해를 누발하는 자이다.
③ 소질성 누발자 : 재해의 소질적 요인을 가지고 있고 때문에 재해를 누발하는 자이다.
④ 미숙성 누발자 : 기능 미숙이나 환경에 익숙하지 못하기 때문에 재해를 누발하는 자이다.

(2) 재해빈발설

① 기회설 : 재해가 다발하는 것은 개인의 영향이 아니라 위험한 작업을 담당하고 있거나 작업조건 자체에 위험성이 많기 때문이라는 설이다.(상황성 누발자)
② 재해빈발 경향자설 : 재해를 빈발하는 소질적인 결함자가 있다는 설이다.(소질성 누발자)
③ 암시설 : 한 번 재해를 당하면 겁쟁이가 되거나 신경과민이 되어 그 사람이 갖는 대응능력이 열화되기 때문에 재해가 빈발한다는 설이다.

05 노동과 피로

(1) 피로의 3표지(피로의 종류)

① 주관적 피로 : 스스로 피곤함을 느끼고 권태감이나 단조감 또는 포화감 등이 따른다.
② 객관적 피로 : 생산된 제품의 양과 질의 저하를 지표로 한다.
③ 생리적 피로(기능적 피로) : 인체의 생리적 상태에 의해 피로를 알 수 있다.

(2) 작업에 수반되는 피로의 예방대책

① 작업부하를 작게 할 것
② 근로시간과 휴식을 적정하게 할 것
③ 작업속도 및 작업정도 등을 적당하게 할 것
④ 불필요한 마찰을 배재할 것
⑤ 정적동작을 피할 것
⑥ 직장체조를 통한 혈액순환을 촉진할 것(운동을 적당히 할 것)
⑦ 충분한 영양을 섭취할 것(건강식품의 준비, 비타민 B, C 등의 적정한 영양제 보급 등)

(3) 휴식시간 산출

$$\therefore R = \frac{60(E-4)}{E-1.5}$$

여기서, R : 휴식시간(분)
E : 작업 시 평균에너지소비량(kcal/분)
총 작업시간 : 60분, 휴식시간 중의 에너지소비량 : 1.5kcal/분

06 동기부여이론

(1) 레빈(Lewin)의 법칙

$$\therefore B = f(P \cdot E)$$

여기서, B(behavior) : 인간의 행동
f(function) : 함수관계(적성 기타 P와 E에 영향을 미치는 조건)
P(person) : 개체(연령, 경험, 심신상태, 성격, 지능 등)
E(environment) : 심리적 환경(인간관계, 작업환경 등)

(2) 데이비스(Davis)의 경영성과이론

∴ 인간성과 × 물리적성과 = 경영성과

① 인간성과 = 능력 × 동기유발
② 능력 = 지식 × 기능
③ 동기유발 = 상황 × 태도

(3) 매슬로우(Maslow)의 욕구 5단계

① 1단계 – 생리적 욕구(신체적 욕구) : 기아, 갈등, 호흡, 배설, 성욕 등 기본적 욕구
② 2단계 – 안전의 욕구 : 안전을 구하려는 욕구
③ 3단계 – 사회적 욕구(친화욕구) : 애정, 소속에 대한 욕구
④ 4단계 – 인정받으려는 욕구(자기존경의 욕구, 승인욕구) : 자존심, 명예, 성취, 지위 등에 대한 욕구
⑤ 5단계 – 자아실현의 욕구(성취욕구) : 잠재적인 능력을 실현하고자 하는 욕구

(4) 알더퍼(Alderfer)의 ERG 이론

① 생존(Existence)욕구(존재욕구) : 신체적인 차원에서 유기체의 생존과 유지에 관련된 욕구
② 관계(Relatedness)욕구 : 타인과의 상호작용을 통해 만족되는 대인욕구
③ 성장(Growth)욕구 : 개인적인 발전과 증진에 관한 욕구

(5) 맥그리거(McGregor)의 X · Y 이론

① 맥그리거의 X · Y 이론
  ㉠ X이론 : 저차적 욕구이론
  ㉡ Y이론 : 고차적 욕구이론

② X이론과 Y이론의 비교

X이론	Y이론
인간의 불신감	상호신뢰감
성악설	성선설
인간은 본래 게으르고 태만하여 남의 지배 받기를 즐긴다.	인간은 부지런하고 근면·적극적이며, 자주적이다.
물질욕구(저차적 욕구)	정신욕구(고차적 욕구)
명령통제의 의한 관리	목표통합과 자기통제에 의한 자율관리
저개발국형	선진국형

(6) 허즈버그(Herzberg)

① 위생요인 : 「직무환경」에 관계된 내용으로 기업정책, 개인상호간의 관계(친교, 대인관계), 감독형태, 작업조건, 임금(급료), 보수지위, 안전 등이 있다.

② 동기요인 : 「직무내용」(일의 내용)에 관한 것으로 목표달성에 대한 성취감, 안정감, 도전감, 책임감, 성장과 발전, 작업자체 등이 있다.(자아실현을 하려는 인간의 독특한 경향 반영)

(7) 안전동기의 유발방법

① 안전의 기본이념을 인식시킬 것
② 안전목표를 명확히 할 것
③ 결과를 알려줄 것(KR법, Knowledge Results)
④ 상과 벌을 줄 것(상벌제도를 합리적으로 시행)
⑤ 경쟁과 협동을 유도할 것
⑥ 동기유발의 최적수준(적정수준)을 유지할 것

07 무재해운동 및 위험예지훈련

(1) 무재해운동 이념의 3원칙

① 무의 원칙
② 참가의 원칙
③ 선취해결의 원칙

(2) 무재해운동 추진 3기둥(무재해운동 3요소)

① 최고경영자의 엄격한 안전경영자세
② 관리감독자에 의한 안전보건의 추진(라인화의 철저)
③ 직장 소집단 자주활동의 활발화

(3) 브레인스토밍(BS, brain storming)의 4원칙

① 비평금지 : 좋다, 나쁘다를 비판하지 않는다.
② 자유분방 : 마음대로 편안히 발언하게 한다.
③ 대량발언 : 무엇이든 좋으니 많이 발언하게 한다.
④ 수정발언 : 타인의 아이디어에 수정하거나 덧붙여 말하게 한다.

(4) 위험예지훈련의 안전선취를 위한 방법

① 감수성 훈련
② 단시간 미팅훈련
③ 문제해결 훈련

(5) 위험예지훈련의 4Round(4단계)

① 1R - 현상파악 : 잠재위험요인을 발견하는 단계(BS 적용)
② 2R - 본질추구 : 가장 위험한 요인(위험포인트)을 합의로 결정하는 단계(요약)
③ 3R - 대책수립 : 대책을 수립하는 단계(BS 적용)
④ 4R - 행동목표 : 행동계획을 정하고 수립한 대책 가운데서 질이 높은 항목에 합의하는 단계(요약)

(6) TBM 실시 5단계

① 1단계 : 도입
② 2단계 : 점검정비
③ 3단계 : 작업지시
④ 4단계 : 위험예지
⑤ 5단계 : 확인

인간공학 및 시스템 위험분석

chapter 03

 1. 인간공학

01 인간·기계체계의 기능

① 감지(정보수용)
② 정보저장(보관)
③ 정보처리 및 의사결정
④ 행동기능

02 인간과 기계의 성능비교

인간이 우수한 기능	기계가 우수한 기능
① 저에너지 자극(시각, 청각, 후각 등) 감지 ② 복잡 다양한 자극형태 식별 ③ 예기치 못한 사전감지(예감, 느낌) ④ 다량정보를 오래 보관 ⑤ 귀납적 추리 ⑥ 과부하 상황에서는 주요한 일에만 전념 ⑦ 임기응변, 융통성, 원칙적용, 주관적 추산, 독창력 발휘 등의 기능	① 인간 감지범위 밖의 자극감지 　(X선, 초음파 등) ② 인간 및 기계에 대한 모니터 기능 ③ 드물게 발생하는 사상 감지 ④ 암호화된 정보를 신속하게 대량보관 ⑤ 연역적 추리 ⑥ 과부하시 효율적으로 작동 ⑦ 정량적 정보처리, 장시간 중량작업, 반복작업, 동시에 여러 가지 작업수행

03 인간기준

(1) 인간기준의 유형

① 인간성능척도
② 생리학적 지표
③ 주관적인 반응
④ 사고빈도

(2) 기준의 요건

    ① 적절성(relevance)
    ② 무오염성
    ③ 신뢰성

04 휴먼에러(human error)

(1) 휴먼에러의 심리적인 분류(Swain)

    ① Omission error(생략과오, 부작위실수) : 필요한 task 또는 절차를 수행하지 않는데 기인한 error
    ② Time error(시간적 과오, 지연오류) : 필요한 task 또는 절차의 수행지연으로 인한 error
    ③ Commission error(작위실수, 수행적 과오) : 필요한 task 또는 절차의 불확실한 수행으로 인한 error
    ④ Sequential error(순서적 과오) : 필요한 task 또는 절차의 순서착오로 인한 error
    ⑤ Extraneous error(불필요한 과오) : 불필요한 task 또는 절차를 수행함으로써 기인한 error

(2) 휴먼에러 원인의 Level적 분류

    ① Primary error(주과오) : 작업자 자신으로부터 error(안전교육을 통하여 제거)
    ② Secondary error(2차 과오) : 작업형태나 작업조건 중에서 다른 문제가 생겨 그 때문에 필요한 사항을 실행할 수 없는 error. 어떤 결함으로부터 파생되어 발생하는 error
    ③ command error(지시과오) : 요구된 것을 실행하고자 하여도 필요한 물건, 정보, 에너지 등의 공급이 없는 것처럼 작업자가 움직이려 해도 움직일 수 없으므로 발생하는 error

(3) 인간과오의 배후요인 4요소(4M)

    ① 맨(man) : 본인 이외의 사람(팀워크, 커뮤니케이션)
    ② 머신(machine) : 장치나 기계 등의 물적 요인(본질안전화, 표준화, 점검, 장비)
    ③ 미디어(media) : 인간과 기계를 잇는 매체라는 뜻으로 작업방법이나 순서, 작업정보의 실태나 환경과의 관계, 정리정돈 등이 포함된다.(환경개선, 작업방법개선 등)
    ④ 매니지먼트(management) : 안전법규의 준수방법, 단속, 점검관리 외에 지휘감독, 교육훈련 등이 여기에 속한다.(적성배치, 교육 및 훈련)

05 신뢰의 요인

(1) 인간의 신뢰성 요인

    ① 주의력
    ② 긴장수준

③ 의식수준(경험연수, 지식수준, 기술수준)

(2) 기계의 신뢰성 요인

① 재질
② 기능
③ 작동방법

06 설비의 신뢰도

(1) 직렬연결 : 자동차 운전

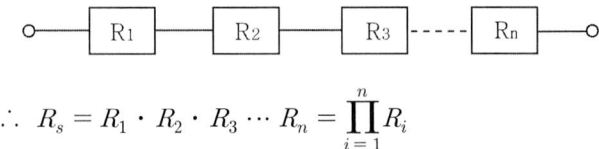

$$\therefore R_s = R_1 \cdot R_2 \cdot R_3 \cdots R_n = \prod_{i=1}^{n} R_i$$

(2) 병렬연결 : 열차나 항공기의 제어장치

$$\therefore R_p = 1 - (1-R_1)(1-R_2) \cdots (1-R_n) = 1 - \prod_{i=1}^{n}(1-R_i)$$

07 리던던시

(1) **리던던시(redundancy)** : 리던던시는 일부에 고장이 나더라도 전체가 고장나지 않도록 기능적으로 여력(redundant)인 부분을 부가해서 신뢰도를 향상시키려는 중복설계를 의미한다.

(2) 리던던시 방식

① 병렬 리던던시
② 대기 리던던시
③ M out of N 리던던시(N개 중 M개 동작시 계는 정상)
④ 스페어에 의한 교환
⑤ 페일 세이프(fail safe)

08 고장률의 유형

(1) **초기고장(감소형)** : 불량제조나 생산과정에서의 품질관리 미비로 생기는 고장으로 점검작업이나 시운전 등에 의해 사전에 방지할 수 있는 고장

  ① 디버깅(debugging) 기간 : 결함을 찾아내 고장률을 안정시키는 기간
  ② 번인(burn in) 기간 : 실제로 장시간 움직여 보고 그 동안 고장난 것을 제거하는 공정 기간

(2) **우발고장(일정형)** : 예측할 수 없을 때 생기는 고장으로 시운전이나 점검작업으로는 방지할 수 없는 고장

(3) **마모고장(증가형)** : 수명이 다해 생기는 고장으로, 안전진단 및 적당한 보수(정비)에 의해서 방지할 수 있는 고장

09 신뢰도 및 불신뢰도

(1) **신뢰도(R_t)** : 고장 없이 작동할 확률

$$\therefore R_t = e^{-\lambda t} = e^{-t/t_o}$$

여기서, λ : 고장률
 t : 가동(작동)시간
 t_o : 평균수명(MTTF)

(2) **불신뢰도(F_t)** : 고장을 일으킬 확률

$$\therefore F_t = 1 - R_t = 1 - e^{-\lambda t} = e^{-t/t_o}$$

10 페일세이프

(1) **페일세이프(fail safe)** : 인간이나 기계에 과오(error)나 동작상의 실수가 있더라도 사고방지를 위해서 2중, 3중으로 통제를 가하도록 한 체계를 말함

(2) **페일세이프 구조의 기능면에서의 분류**

  ① fail passive : 성분의 고장시 기계·장치는 정지상태로 돌아간다.
  ② fail operational : 병렬 여분계의 성분을 구성한 경우이며, 성분의 고장이 있어도 다음 정기 점검까지는 운전이 가능하다.
  ③ fail active : 성분의 고장시 기계·장치는 경보를 나타내며 단시간에 역전이 된다.

(3) **구조적 페일세이프(항공기의 엔진, 압력용기의 안전밸브)**

  ① 저균열속도 구조

② 조합구조
③ 다경로하중 구조
④ 하중해방 구조

11 인간계측자료의 응용원칙 18/2 기

① 최대치수와 최소치수 : 최대치수 또는 최소치수를 기준으로 하여 설계한다. (극단에 속하는 사람을 위한 설계)
② 조절범위(조절식) : 체격이 다른 여러 사람에게 맞도록 만드는 것이다. (조정할 수 있도록 범위를 두는 설계)
③ 평균치를 기준으로 한 설계 : 최대치수나 최소치수, 조절식으로 하기가 곤란할 때 평균치를 기준으로 하여 설계한다.(평균적인 사람을 위한 설계)

12 의자설계원칙 및 부품배치의 4원칙

(1) 의자 설계원칙

① 체중분포 : 체중이 좌골 결절에 실려야 편안하다.
② 의자 좌판의 높이 : 좌판 앞부분이 오금의 높이보다 높지 않아야 한다.
③ 의자 좌판의 깊이와 폭 : 폭은 큰 사람에게, 깊이는 작은 사람에게 맞도록 해야한다.
④ 몸통의 안정 : 의자의 좌판각도는 3°, 좌판 등판간의 각도는 100°가 몸통안정에 효과적이다.

(2) 부품배치의 4원칙

① 중요성의 원칙 : 부품을 작동하는 성능이 체계의 목표도달에 긴요한 정도에 따라 우선순위를 설정한다.
② 사용빈도의 원칙 : 부품을 사용하는 빈도에 따라 우선순위를 설정한다.
③ 기능별 배치의 원칙 : 기능적으로 관련된 부품들(표시장치, 조정장치 등)을 모아서 배치한다.
④ 사용순서의 원칙 : 사용되는 순서에 따라 장치들을 가까이에 배치한다.

13 통제표시비(통제비)

(1) 통제표시비

$$\therefore \frac{C}{D} = \frac{X}{Y}$$

여기서, X : 통제기기의 변위량(cm)
t_o : 평균수명(MTTF)

(2) 조종구(ball control)에서의 C/D

$$\therefore \frac{C}{D}\text{비} = \frac{\frac{a}{360} \times 2\pi L}{\text{표시계기의 이동거리}}$$

여기서, a : 조정장치가 움직인 강도
L : 반경(지레의 길이)

14 통제장치 및 표시장치

(1) 통제장치의 유형

① 양의 조절에 의한 통제 : 연속조절(knob, crank, handle, lever, pedal 등)
② 개폐에 의한 통제 : 불연속 조절(수동식 푸시버튼, 발 푸시버튼, 토글스위치, 로터리 스위치 등)
③ 반응에 의한 통제 : 자동경보 시스템

(2) 표시장치의 선택(청각장치와 시각장치의 선택)

청각장치 사용	시각장치 사용
① 전언이 간단하고 짧다.	① 전언이 복잡하고 길다.
② 전언이 후에 재참조되지 않는다.	② 전언이 후에 재참조된다.
③ 전언이 즉각적인 사상을 이룬다.	③ 전언이 공간적인 위치를 이룬다.
④ 전언이 즉각적인 행동을 요구한다.	④ 전언이 즉각적인 행동을 요구하지 않는다.
⑤ 수신자의 시각계통이 과부하 상태일 때	⑤ 수신자의 청각계통이 과부하 상태일 때
⑥ 수신장소가 너무 밝거나 암조용 유지가 필요할 때	⑥ 수신장소가 너무 시끄러울 때
⑦ 직무상 수신자가 자주 움직이는 경우	⑦ 직무상 수신자가 한 곳에 머무르는 경우

(3) 정량적 동적표시장치의 기본형

① 정목동침형(moving pointer) : 눈금이 고정되고 지침이 움직이는 형
② 정침동목형(moving scale) : 지침이 고정되고 눈금이 움직이는 형
③ 계수형(digital) : 전력계나 택시요금 계기와 같이 기계, 전자적으로 숫자가 표시되는 형

(4) 시각적 암호, 부호 및 기호의 유형

① 묘사적 부호 : 사물의 행동을 단순하고 정확하게 묘사한 것(예 : 위험표지판의 해골과 뼈, 도보표지판의 걷는 사람)
② 추상적 부호 : 전언의 기본요소를 도식적으로 압축한 부호로써, 원 개념과는 약간의 유사성이 있을 뿐이다.
③ 임의적 부호 : 부호가 이미 고안되어 있으므로 이를 배워야 하는 부호
 (예 : 교통표지판의 삼각형 - 주의, 원형 - 규제, 사각형 - 안내표시)

(5) 양립성

　① 공간적 양립성 : 표시장치나 조종장치에서 물리적 형태나 공간적인 배치의 양립성

　② 운동 양립성 : 표시 및 조종장치, 체계반응에 대한 운동방향의 양립성

　③ 개념적 양립성 : 사람들이 가지고 있는 개념적 연상(어떤 암호체계에서 청색이 정상을 나타내듯이)의 양립성

15 실효온도(ET)

(1) 실효온도(체감온도 또는 감각온도)에 영향을 주는 요인 : 온도, 습도, 기류(공기 유동)

(2) 허용한계 : 정신(사무작업)(60~64°F), 중작업(50~55°F)

16 조도

(1) 반사율 산정식

$$\therefore \text{반사율}(\%) = \frac{\text{광속발산도}(fL)}{\text{조명}(fc)} \times 100$$

(2) 옥내 최적 반사율

　① 천장 : 80~90%

　② 벽, 창문 발(blind) : 40~60%

　③ 가구, 사무기기, 책상 : 25~45%

　④ 바닥 : 20~40%

(3) 대비(對比) : 표적의 광속발산도(L_t)와 배경의 광속발산도(L_b)의 차를 나타내는 척도

$$\therefore \text{대비} = \frac{L_b - L_t}{L_b} \times 100$$

　① 표적이 배경보다 어두울 경우 : 대비는 ±100%에서 0 사이

　② 표적이 배경보다 밝을 경우 : 대비는 0에서 -∞ 사이

(4) 법상 작업면의 조명도

　① 초정밀작업 : 750Lux 이상

　② 정밀작업 : 300Lux 이상

　③ 보통작업 : 150Lux 이상

　④ 기타 작업 : 75Lux 이상

17 음의 크기의 수준

(1) phon에 의한 음량수준 : 1,000Hz 순음의 음압수준(dB)을 1phon이라 한다.

(2) sone에 의한 음량 : 40phon(1,000Hz, 40dB의 음압수준을 가진 순음의 크기)을 1sone이라 한다.

2. 시스템 위험분석

01 시스템의 안전설계원칙

(1) 1순위 : 위험상태 존재의 최소화(페일세이프나 용장성 도입)
(2) 2순위 : 안전장치 채용(안전장치를 기계 속에 내장시켜 일체화시킬 것)
(3) 3순위 : 경보장치 채용(이상상태를 검출해서 경보를 발생하는 장치의 설치)
(4) 4순위 : 특수한 수단 강구(표식 등의 규격화도 필요)

02 시스템 위험분석기법

(1) PHA(예비사고(위험)분석)
  ① PHA : 시스템안전프로그램에 있어서 최초단계의 분석으로 시스템 내의 위험요소가 얼마나 위험한 상태에 있는가를 정성적으로 평가하는 것이다.
  ② PHA의 목적 : 시스템의 개발단계에 있어서 시스템 고유의 위험상태를 식별하고 예상되는 재해의 위험수준을 결정하는데 있다.

(2) FMEA(고장의 형과 영향분석)
  1) FMEA : 시스템 각 요소의 고장유형과 그 고장이 시스템에 미치는 영향을 귀납적·정성적으로 분석하는 안전해석기법이다.
  2) FMEA의 장·단점
    ① 장점
      ㉠ 서식이 간단하다.
      ㉡ 특별한 훈련 없이 쉽게 분석할 수 있다.
    ② 단점
      ㉠ 논리성이 부족하다.
      ㉡ 2가지 이상의 요소가 고장날 경우 분석이 곤란하다.
      ㉢ 인적원인의 분석이 곤란하다.

3) 위험성의 분류
   ① category 1 : 생명 또는 가옥의 상실
   ② category 2 : 작업수행의 실패
   ③ category 3 : 활동의 지연
   ④ category 4 : 영향 없음

(3) DT(decision tree)와 ETA

   1) DT(의사결정나무) : 요소의 신뢰도를 이용하여 시스템의 신뢰도를 나타내는 시스템 모델의 하나로서, 귀납적이고 정량적인 분석방법이다.

   2) ETA(사상수분석법) : 사상의 안전도를 사용한 시스템의 안전도를 나타내는 시스템 모델의 하나로서 귀납적이고, 정량적인 분석방법으로 재해의 확대요인을 분석하는데 적합한 방법이다.
   ㈜ ETA : DT를 재해사고의 분석에 이용할 경우의 분석법을 ETA라 한다.

(4) THERP(인간과오율 예측기법) : 인간의 과오를 정량적으로 평가하기 위한 안전분석기법이다.

(5) MORT(경영소홀과 위험수분석) : 관리, 설계, 생산, 보존 등으로 광범위하게 안전을 도모하는 것으로서, 고도의 안전을 달성하는 것을 목적으로 한다.

03 FTA(결함수분석법)

(1) FTA의 특징
   ① 정량적 해석(재해발생확률 계산)
   ② 연역적 해석(TOP down 형식)

(2) FTA 도표에 사용하는 논리기호

명칭	기호	해설
① 결함사상	(직사각형)	FT도표의 정상에 선정되는 사상, 즉 이제부터 해석하고자 하는 사상인 정상사상(top 사상)과 중간사상에 사용한다.
② 기본사상	(원)	더 이상 해석을 할 필요가 없는 기본적인 기계의 결함 또는 작업자의 오동작을 나타낸다. (말단사상)
③ 이하 생략의 결함사상 (추적 불가능한 최후사상)	(마름모)	사상과 원인과의 관계를 충분히 알 수 없거나 또는 필요한 정보를 얻을 수 없기 때문에 이것 이상 전개할 수 없는 최후적 사상을 나타낼 때 사용한다. (말단사상)
④ 통상사상	(집모양)	결함사상이 아닌 발생이 예상되는 사상을 나타낸다. (말단사상)

명칭	기호	해설
⑤ 전이기호(이행기호)	(in) (out)	FT도상에서 다른 부분에의 이행 또는 연결을 나타내는 기호로 사용한다. 좌측은 전입, 우측은 전출을 뜻한다.
⑥ AND gate	출력 입력	출력 X의 사상이 일어나기 위해서는 모든 입력 A, B, C의 사상이 일어나지 않으면 안된다는 논리조작을 나타낸다.
⑦ OR gate	출력 입력	입력사상 A, B 중 어느 하나가 일어나도 출력 X의 사상이 일어난다고 하는 논리조작을 나타낸다.
⑧ 수정기호	출력 조건 입력	제약 gate 또는 제지 gate라고도 하며, 이 gate는 입력사상이 생김과 동시에 어떤 조건을 나타내는 사상이 발생할 때에만 출력 사상이 생기는 것을 나타내고 또한 AND gate와 OR gate에 여러 가지 조건부 gate를 나타낼 경우 이 수정기호를 사용한다.

(3) FTA에 의한 재해사례 연구순서

① 1단계 : 톱사상(정상수상) 선정
② 2단계 : 사상의 재해원인 규명
③ 3단계 : FT도 작성
④ 4단계 : 개선계획의 작성

(4) 논리적과 논리화의 확률

① 논리적(곱)의 확률 : AND 게이트

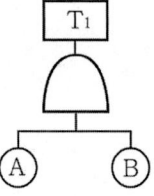

$$\therefore T_1 = A \times B$$

② 논리화(합)의 확률 : OR 게이트

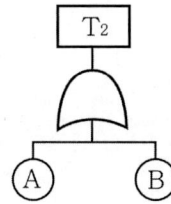

$$\therefore T_2 = 1 - (1-A)(1-B)$$

(5) 컷과 패스

1) 컷셋과 미니멀 컷
   ① 컷셋(cut set) : 정상사상을 일으키는 기본사상(통상사상, 생략사상 포함)의 집합을 컷이라 한다.
   ② 미니멀 컷(minimal cut) : 정상사상을 일으키기 위한 필요 최소한의 컷을 말한다. (시스템의 위험성을 나타냄)

2) 패스셋과 미니멀 패스
   ① 패스셋(path set) : 정상사상이 일어나지 않는 기본사상의 집합을 말한다.
   ② 미니멀 패스(minimal path sets) : 필요 최소한의 패스를 말한다. (시스템의 신뢰성을 나타냄)

04 안전성 평가

(1) 안전성 평가의 기본원칙(6단계)
① 1단계 : 관계자료의 정비검토
② 2단계 : 정성적 평가
③ 3단계 : 정량적 평가
④ 4단계 : 안전대책
⑤ 5단계 : 재해정보에 의한 재평가
⑥ 6단계 : FTA에 의한 재평가

(2) 리스크 처리기술
① 회피
② 경감
③ 보류
④ 전가

(3) 화학공장 설비의 안전성 평가

1) 공장설비의 안전성 평가의 5단계
   ① 1단계 : 관계자료의 작성준비
   ② 2단계 : 정성적 평가
   ③ 3단계 : 정량적 평가
   ④ 4단계 : 안전대책
   ⑤ 5단계 : 재평가

2) 정성적 평가

설계관계	2. 운전관계
① 입지조건 ② 공장 내 배치 ③ 건조물 ④ 소방설비	① 원재료, 중간체제품 ② 공정 ③ 수송, 저장 등 ④ 공정기기

3) 정량적 평가

① 정량적 평가 5항목 : 화학설비의 취급물질, 용량, 온도, 압력, 조작
② 급수에 따른 점수 : A급 : 10점, B급 : 5점, C급 : 2점, D급 : 0점
③ 합산결과에 의한 위험도의 등급

등급	점수	내용
등급 Ⅰ	16점 이상	위험도가 높다.
등급 Ⅱ	11~15점 이하	주의상황, 다른 설비와 관련해서 평가 위험도가 낮다.
등급 Ⅲ	10점 이하	

기계 및 운반안전

1. 기계안전 일반

01 기계설비의 안전조건

(1) 기계설비의 안전조건

① 외형의 안전화
② 작업의 안전화
③ 작업점의 안전화
④ 기능의 안전화
⑤ 구조의 안전화
⑥ 보전작업의 안전화
⑦ 표준화를 통한 안전화
⑧ 법 규제를 통한 안전화

(2) 외형(외관)의 안전화

① 덮개 및 방호 장치(guard)설치
② 별실 또는 구획된 장소에 격리(케이스 내장)
③ 안전색채조절

02 위험점(작업점) 18/2 기

① **협착점**(Squeeze point) : 고정부와 왕복운동을 하는 운동부 사이에 형성되는 위험점
   (예) 프레스, 성형기, 절곡기 등
② **끼임점**(Shear point) : 고정부와 회전 또는 직선운동과 함께 형성하는 부분 사이에 형성되는 위험점
   (예) 연삭숫돌과 작업대, 반복 동작되는 링크기구, 교반기의 교반날개와 몸체사이
③ **절단점**(Cutting point) : 회전하는 운동부분 자체와 운동하는 기계자체와의 위험이 형성

되는 점.
  (예) 둥근톱날, 띠톱기계의 날, 밀링커터 등
④ 물림점(Nip point) : 회전하는 두 개의 회전체에 물려들어갈 위험성이 형성되는 점(중심점＋회전운동)
  (예) 롤러, 기어와 피니언 등
⑤ 접선물림점(Tangential nip point) : 회전하는 부분이 접선방향에서 만들어지는 점.(접선점＋회전운동)
  (예) 벨트와 풀리, 체인과 스프라켓, 랙과 피니언 등
⑥ 회전말림점(Trapping point) : 크기, 길이, 속도가 다른 회전운동에 의한 위험점으로 회전하는 부분에 돌기 등이 돌출되어 작업복 등이 말리는 위험점.
  (예) 회전축, 드릴축, 커플링 등

03 기계설비의 본질적 안전화

(1) 안전기능이 기계설비에 내장되어 있는 것
(2) 조작상 위험이 없도록 설계할 것
(3) 페일세이프(fail safe) 기능을 가질 것
(4) 풀 프루프(fool proof) 기능을 가질 것

04 fool proof와 fail safe

(1) **풀 프루프** : 기계장치 설계단에서 안전화를 도모하는 것으로 근로자가 기계 등의 취급을 잘못해도 사고로 연결되는 일이 없도록 하는 안전기구로 안전과오(human error)를 방지하기 위한 것이다.

(2) **페일세이프(fail safe)**

  1) 페일 세이프(fail safe) : 인간이나 기계 등에 과오나 동작상의 실수가 있더라도 사고·재해를 발생시키지 않도록 철저하게 2중, 3중으로 통제를 가하는 것

  2) 페일 세이프 구조의 기능면에서의 분류
    ① fail passive : 일반적인 산업기계방식의 구조이며, 성분의 고장 시 기계·장치는 정지상태로 옮겨간다.
    ② fail operational : 병렬 여분계의 성분을 구성한 경우이며, 성분의 고장이 있어도 다음 정기 점검 시까지는 운전이 가능하다.
    ③ fail active : 성분의 고장 시 기계·장치는 경보를 나타내며 단시간에 역전이 된다.

3) 구조적 페일 세이프(항공기의 엔진, 압력용기의 안전밸브)
   ① 저균열속도 구조
   ② 조합 구조
   ③ 다경로하중 구조
   ④ 하중해방 구조

05 기계설비의 방호장치

(1) 기계설비의 방호장치(안전장치) 설치시 고려할 사항
   ① 적용의 범위 확인　　② 방호의 정도
   ③ 신뢰도　　　　　　　④ 작업성
   ⑤ 보수의 난이도　　　⑥ 경제성(경비)

(2) 기계의 방호장치의 종류

   1) 격리형 방호장치의 종류
      ① 완전차단형 : 어떤 방향에서도 작업점까지 신체가 접근할 수 없도록 하는 것(체인 및 벨트)
      ② 덮개형 : 작업자가 말려들거나 끼일 위험이 있는 곳을 덮어씌우는 것 (기어나 V벨트, 평벨트)
      ③ 안전방책(방호망) : 울타리를 설치하는 것(고전압의 전기설비, 높은마력의 원동기나 발전소 터빈 등의 주위)

   2) 위치제한형 방호장치 : 양수조작식 방호장치

   3) 접근거부형 및 접근반응형 방호장치
      ① 접근거부형 방호장치 : 수인식 및 손쳐내기식 방호장치
      ② 접근반응형 방호장치 : 감응식 방호장치

   4) 포집형 방호장치 : 연삭기의 덮개나 반발예방장치

06 동력차단장치

(1) 동력전달장치의 방호장치

   1) 동력전달장치(원동기 · 회전축 · 기어 · 풀리 · 플라이휠 · 벨트 및 체인 등)의 위험방지 조치사항
      ① 덮개 설치
      ② 울 설치

③ 슬리브 설치
④ 건널다리 설치

2) 회전축, 기어, 풀리 및 플라이휠 등에 부속하는 키, 핀 등의 기계요소 위험방지 조치사항

① 묻힘형으로 할 것
② 해당 부위에 덮개 설치

3) 기어(치차)의 방호장치 : 맞물림점에 부분덮개를 씌우거나 기어 전체를 울로 씌운다. (전체 덮개)

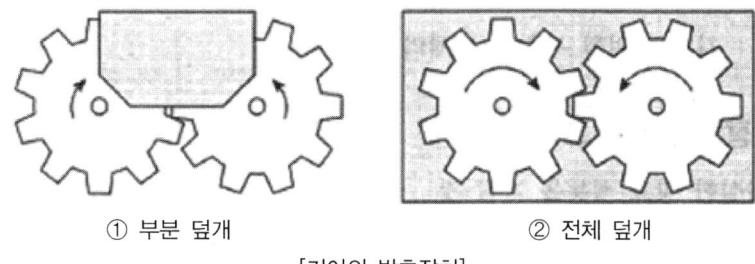

① 부분 덮개   ② 전체 덮개
[기어의 방호장치]

07 프레스의 방호장치 및 설치방법

(1) 급정지기구에 따른 방호장치   18/3 산

1) 급정지기구가 부착되어 있어야만 유효한 방호장치

① 양수조작식 방호장치
② 감응식 방호장치

2) 급정지기구가 부착되어 있지 않아도 유효한 방호장치

① 양수기동식 방호장치
② 게이트 가드식 방호장치
③ 수인식 방호장치
④ 손쳐내기식 방호장치

(2) 프레스기 방호장치의 설치기준 및 설치방법

1) 양수조작식 방호장치

① 설치기준
㉠ 누름버튼 또는 조작레버의 간격 : 300mm 이상(300mm 미만일 경우 한손으로 조작할 위험이 있기 때문)
㉡ 설치거리 : 위험구역(슬라이드 작동부)으로부터의 안전거리

∴ 설치거리(cm) = 160 × 프레스 작동 후 작업점까지의 도달시간(sec)

∴ $D = 1.6(T_L + T_S)$

여기서,
- D : 안전거리(mm)
- T_L : 누름단추에서 손이 떨어질 때부터 급정지기구가 작동을 개시할 때까지의 시간(ms)
- T_S : 급정지기구의 작동개시 후부터 슬라이드가 정지할 때까지의 시간(ms)
- $(T_L + T_S)$: 최대정지시간

② 특징
㉠ 행정수가 빠른 기계에 사용(행정수가 느린 기계에는 사용 불가능 : 90spm)
㉡ 완전방호 가능
㉢ 1행정 1정지 기구에만 사용가능
㉣ 기계적 고장에 의한 2차낙하에는 효과 없음

③ 양수기동식 방호장치의 안전거리

∴ $D_m = 1.6 T_m = 1.6 \times \left(\dfrac{1}{\text{클러치물림개소수}} + \dfrac{1}{2} \right) \times \dfrac{60,000}{\text{매분행정수}}$

여기서,
- D_m : 안전거리(mm)
- T_m : 누름단추를 누른 직후부터 슬라이드가 하사점에 도달할 때까지의 소요시간(ms)

2) 게이트가드식(gate guard) 방호장치

① 설치기준 : 게이트가 위험부위를 차단하지 않으면 작동되지 않도록 확실하게 인터록(interlock, 연동)되어 있을 것

② 특징
㉠ 완전방호가 가능(hand in die 방식 중 가장 안전)
㉡ 금형파손에 의한 파편으로부터 작업자 보호
㉢ 금형의 크기에 따라 가드를 선택하여야 함
㉣ 금형 교환빈도가 적은 기계에만 사용가능

3) 수인식 방호장치

① 설치기준
㉠ 행정수 120spm 이하, 행정길이 40mm 이상일 경우에 사용할 것 (손이 충격적으로 끌리는 것을 방지하기 위함)
㉡ 수인줄과 연결부는 50kg 이상의 정하중에 견딜 수 있을 것
㉢ 수인줄의 끄는 양은 정반의 안길이의 1/2 이상일 것

② 특징
  ㉠ 슬라이드의 2차낙하에도 재해방지 가능
  ㉡ 작업반경 제한으로 행동의 제약을 받음
  ㉢ 행정길이(stroke)가 짧은 프레스는 되돌리기가 불충분함(40mm 미만)

4) 손쳐내기식 방호장치
  ① 설치기준
    ㉠ 슬라이드의 행정길이가 40mm 이상일 경우에 사용할 것
    ㉡ 손쳐내기식 막대는 그 길이 및 진폭을 조정할 수 있는 구조일 것
    ㉢ 손쳐내기판의 폭은 금형 크기의 1/2 이상으로 할 것
    ㉣ 슬라이드 하행정거리의 3/4 위치에서 손을 완전히 밀어낼 것
  ② 특징
    ㉠ 기계적 고장에 의한 슬라이드의 2차낙하에도 재해방지 가능
    ㉡ 측면방호가 불가능하고 행정(stroke)의 끝에서 방호가 불충분
    ㉢ 행정수가 빠른 기계(120spm 이상)는 사용 곤란

5) 감응식 방호장치
  ① 감응식 방호장치(종류 : 광선식(광전자식), 초음파식, 용량식)
  ② 설치기준   18/2 기
    ㉠ 광축의 설치거리(위험부위에서 안전거리)
      ∴ 설치거리(mm)=$1.6(T_L + T_S)$
    ㉡ 광축의 수는 2개 이상, 광축간의 간격은 50mm 이하일 것
    ㉢ 투광기와 수광기 사이에 연속차광을 할 수 있는 차광폭은 30mm 이하일 것

    여기서, T_L : 손이 광선차단 직후부터 급정지기구가 작동을 개시할 때까지의 시간(ms)
    　　　　T_S : 급정지기구 작동개시 시간부터 슬라이드가 정지할 때까지의 시간(ms)
    　　　　$T_L + T_S$: 최대정지시간(급정지시간)

  ③ 특징

장 점	단 점
1. 굽힘가공 등 2차가공에 적합하다. 2. 시계를 차단하지 않아서 작업에 지장을 주지 않는다. 3. 연속운전작업 및 발스위치 조작에 사용된다.	1. 기계적 고장에 의한 2차낙하에는 효과가 없다. 2. 진동에 의해 투·수광기가 어긋나 작동이 안될 수 있다. 3. 설치가 어렵다.(핀클러치 방식에는 부적합)

(3) 프레스기의 안전대책

1) 프레스의 작업점에 대한 방호방법

no-hand in die 방식	hand in die 방식
① 안전울을 부착한 프레스 : 작업을 위한 개구부를 제외하고 다른 틈새는 8mm 이하 ② 안전금형을 부착한 프레스 : 상형과 하형과의 틈새 및 가이드 포스트와 부시와의 틈새는 8mm 이하 ③ 전용 프레스의 도입 : 작업자의 손을 금형 사이에 넣을 필요가 없도록 부착한 프레스 ④ 자동 프레스의 도입 : 자동송급, 배출장치를 부착한 프레스	① 프레스기의 종류, 압력능력, 매분행정수, 행정의 길이 및 작업방법에 상응하는 방호장치 ㉠ 가드식 방호장치 ㉡ 손쳐내기식 방호장치 ㉢ 수인식 방호장치 ② 프레스기의 정지성능에 상응하는 방호장치 ㉠ 양수조작식 방호장치 ㉡ 감응식 방호장치

2) 자동프레스

① **자동송급장치** : 재료를 자동적으로 금형 사이에 이송시키는 장치
  ㉠ 1차가공용 : 로울피더, 그리퍼피더
  ㉡ 2차가공용 : 호피피더, 푸셔피더, 다이얼피더, 슬라이딩다이, 슈우트
② **자동배출장치** : 재료를 가공한 후 가공물을 자동적으로 꺼내는 장치
  ㉠ 셔플이젝트
  ㉡ 산업용로봇
  ㉢ 공기분사나 스프링 탄력을 이용하는 방법
  ㉣ 슬라이드에 연동시켜 각종 기계장치를 이용하는 방법

3) 프레스기의 작업시작 전 점검사항

① 클러치 및 브레이크의 기능
② 크랭크축·플라이휠·슬라이드·연결봉 및 연결나사의 풀림 유무
③ 1행정 1정지기구·급정지장치 및 비상정지장치의 기능
④ 슬라이드 또는 칼날에 의한 위험방지기구의 기능
⑤ 프레스의 금형 및 고정볼트 상태
⑥ 방호장치의 기능
⑦ 전단기의 칼날 및 테이블의 상태

08 아세틸렌 용접장치 및 가스집합 용접장치의 방호장치 및 설치방법

(1) 방호장치의 종류 : 안전기(가스의 역류 및 역화방지장치)

(2) 방호장치의 설치기준 및 설치방법

1) 저압용 수봉식 안전기

① 안전기의 주요부분 : 두께 2mm 이상의 강판 또는 강관을 사용할 것
② 유효수주 : 25mm 이상으로 할 것
③ 아세틸렌과 접촉할 수 있는 부분 : 동(또는 동을 70% 이상 함유한 합금)을 사용하지 않을 것

2) 중압용 수봉식 안전기

① 유효수주 : 50mm 이상으로 할 것
② 5.5kg/cm²의 압력을 견디는 강도를 가지는 수면계, 들여다보는 창, 시험용 콕크를 비치하고 있을 것

3) 안전기 설치방법(안전기 설치장소 : 흡입관) 18/2 기

① 아세틸렌 용접장치 : 취관마다 안전기를 설치할 것(단 주관 및 취관에 가장 근접한 분기관마다 안전기 부착시는 제외)
② 가스용기와 발생기가 분리되어 있는 아세틸렌 용접장치 : 발생기와 가스용기 사이에 안전기를 설치할 것
③ 가스집합 용접장치 : 주관 및 분기관에 안전기를 설치할 것(이 경우 하나의 취관에는 2개 이상의 안전기를 설치할 것)

(3) 아세틸렌 용접장치의 안전기준(안전보건규칙)

1) 압력의 제한 : 아세틸렌 용접장치는 127kPa(1.3kg/cm²)을 초과하는 압력의 아세틸렌을 발생시켜 사용하지 않도록 할 것

2) 발생기의 설치장소

① 발생기는 전용의 발생기실 내에 설치할 것
② 발생기실은 건물의 최상층에 위치하여야 하며 화기사용 설비로부터 3m를 초과하는 장소에 설치할 것
③ 발생기실을 옥외에 설치한 때는 그 개구부를 다른 건축물로부터 1.5m 이상 떨어지도록 할 것

3) 발생기실의 구조(아세틸렌 용접장치의 발생기실 설치시 준수사항)

① 벽은 불연성의 재료로 하고 철근콘크리트 또는 그 밖에 이와 동등하거나 그 이상의

강도를 가진 구조로 할 것
② 지붕 천장에는 얇은 철판이나 가벼운 불연성 재료를 사용할 것
③ 바닥면의 1/16 이상의 단면적을 가진 배기통을 옥상으로 돌출시키고 그 개구부를 창이나 출입구로부터 1.5m 이상 떨어지도록 할 것
④ 출입구의 문은 불연성 재료로 하고 두께 1.5mm 이상의 철판이나 그 밖에 그 이상의 강도를 가진 구조로 할 것
⑤ 벽과 발생기 사이에는 발생기의 조정 또는 카바이드 공급 등의 작업을 방해하지 않도록 간격을 확보할 것

4) 아세틸렌 용접장치의 관리

① 발생기에서 5m 이내 또는 발생기실에서 3m 이내의 장소에서는 흡연, 화기의 사용 또는 불꽃이 발생할 위험한 행위를 금지시킬 것
② 아세틸렌 용접장치의 설치장소에는 적당한 소화설비를 갖출 것

(4) 가스집합 용접장치의 안전기준　18/2 기

1) 가스집합장치의 위험방지

① 가스집합장치는 화기를 사용하는 설비로부터 5m 이상 떨어진 장소에 설치할 것
② 가스집합장치는 전용의 방(가스장치실)에 설치할 것

2) 가스장치실의 구조

① 가스가 누출된 경우에는 그 가스가 정체되지 않도록 할 것
② 지붕 및 천장은 가벼운 불연성 재료를 사용할 것
③ 벽에는 불연성 재료를 사용할 것

09 보일러의 방호장치

(1) 보일러의 방호장치 종류

① 압력방출장치
② 압력제한스위치
③ 고저수위 조절장치
④ 도피밸브, 가용전, 방폭문, 화염검출기 등

(2) 압력방출장치의 설치기준　18/3 기

① 보일러의 안전한 가동을 위하여 보일러 규격에 적합한 압력방출장치를 1개 또는 2개 이상 설치하고 최고사용압력 이하에서 작동되도록 할 것, 다만 압력방출장치가 2개 이상 설치된 경우에는 최고사용압력 이하에서 1개가 작동되고, 다른 압력방출장치는 최고사용압력 1.05배 이하에서 작동되도록 할 것

② 압력방출장치는 1년에 1회 이상 표준 압력계를 이용하여 토출압력을 시험한 후 납으로 봉인하여 사용하도록 할 것

(3) 압력제한스위치

① 압력제한스위치 : 상용압력 이상으로 압력 상승시 보일러의 과열방지를 위해 버너의 연소차단 등 열원을 제거하여 정상압력으로 유도하는 장치
② 고압용은 브로돈관식, 저압용은 벨로우즈식 사용
③ 1일 1회 이상 작동시험을 할 것

(4) 고저수위 조절장치 : 보일러 내의 수위가 최저 또는 최고한계에 도달하였을 경우 자동적으로 경보를 발하는 동시에 단수 또는 급수에 의해 수위를 조절하는 장치

10 롤러기의 방호장치 및 설치방법

(1) 롤러기의 방호장치

① 맞물림점에 가드(guard) 설치
② 급정지장치 설치

(2) 급정지장치의 종류 및 성능(방호장치 자율안전기준고시 별표 3)

① 급정지장치의 종류 및 설치위치 18/2 산

급정지장치의 종류	설치 위치
손조작 로프식	밑면에서 1.8m 이내
복부 조작식	밑면에서 0.8m 이상 1.1m 이내
무릎 조작식	밑면에서 0.6m 이내

② 급정지장치의 성능

앞면 롤러의 표면속도(m/min)	급정지 거리
30 미만	앞면 롤러 원주의 1/3
30 이상	앞면 롤러 원주의 1/2.5

③ 롤러기의 표면속도

$$\therefore V = \frac{\pi DN}{1,000} \text{(m/min)}$$

여기서, V : 표면속도(m/min)
D : 롤러 원통직경(mm)
N : 회전수(rpm)

(3) 가드(guard) 설치

① 롤러 가드의 개구부 간격

$$\therefore Y = 6 + 0.15X$$

여기서, Y : 가드 개구부의 간격(안전간극 : mm)
X : 가드와 위험점 간의 거리(안전거리 : mm)

② 방적기 및 제면기 가드의 개구부 간격

$$\therefore Y = 6 + 1/10X$$

11 연삭기의 안전

(1) 연삭숫돌의 파괴원인

① 숫돌의 회전속도가 빠를 때
② 숫돌 자체에 균열이 있을 때
③ 숫돌에 과대한 충격을 가할 때
④ 숫돌의 측면을 사용하여 작업할 때
⑤ 숫돌의 불균형이나 베어링 마모에 의한 진동이 있을 때
⑥ 숫돌 반경방향의 온도변화가 심할 때
⑦ 작업에 부적당한 숫돌을 사용할 때
⑧ 숫돌의 치수가 부적당할 때
⑨ 플랜지가 현저히 작을 때(플랜지 직경=숫돌 직경×1/3)

(2) 연삭숫돌의 회전속도(V)

$$\therefore V = \pi DN(m/min) = \frac{\pi DN}{1,000}(mm/min)$$

여기서, V : 회전속도
D : 숫돌의 지름(mm)
N : 회전수(rpm)

(3) 연삭기 작업시의 안전작업수칙

① 작업시간 전에 1분 이상 시운전하고, 숫돌 교체시는 3분 이상 시운전할 것
② 연삭숫돌의 최고사용 원주속도(회전속도)를 초과하여 사용하지 말 것
③ 숫돌차의 정면에 서지 말고 측면으로 비켜서서 작업할 것

(4) 연삭기 구조면에 있어서의 안전대책

① 연삭기 숫돌의 덮개 : 회전중인 연삭숫돌(직경 5cm 이상일 것)에는 덮개를 설치할 것

② 방호장치 : 칩비산방지투명판(shield), 국소배기장치를 설치할 것
③ 탁상용 연삭기 : 작업받침대와 조정편을 설치할 것
  ㉠ 작업받침대와 숫돌과의 간격 : 3mm 이내
  ㉡ 덮개의 조정편과 숫돌과의 간격 : 5~10mm 이내
  ㉢ 작업받침대의 높이 : 숫돌의 중앙과 거의 같은 높이로 고정
④ 숫돌의 구멍지름 : 연삭기 주축의 지름보다 0.05~0.15mm 정도 큰 것을 사용할 것

(5) 연삭기 방호장치 설치방법

1) 탁상용 연삭기의 덮개

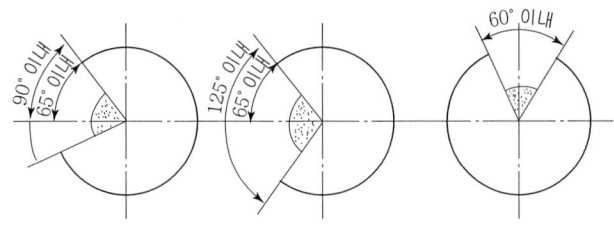

[탁상용 연삭기 덮개의 노출각도]

① 덮개의 최대노출각도 : 90° 이내(원주의 1/4 이내)
② 숫돌 주축에서 수평면 위로 이루는 원주각도 : 65° 이내
③ 수평면 이하의 부문에서 연삭할 경우 : 125°까지 증가
④ 숫돌의 상부사용을 목적으로 할 경우 : 60° 이내

2) 원통 연삭기, 만능 연삭기의 덮개 노출각도 : 180° 이내

3) 휴대용 연삭기, 스윙 연삭기의 덮개 노출각도 : 180° 이내

4) 평면 연삭기, 절단 연삭기의 덮개 노출각도 : 150° 이내

12 목재 가공용 둥근톱기계 및 동력식 수동대패기

(1) 둥근톱기계의 방호장치 `18/3 산`

① 톱날접촉예방장치 : 보호덮개
② 반발예방장치 : 분할날, 반발방지기구(finger), 반발방지롤(roll)

(2) 방호장치 설치방법

① 분할날의 길이

∴ 분할날의 최소길이 $= \pi D \times \dfrac{1}{4} \times \dfrac{2}{3}$

② 분할날의 두께

$$\therefore 1.1t_1 \leq t_2 \leq b$$

여기서, t_1 : 톱의 두께
t_2 : 분할날의 두께
b : 치진폭

(3) 동력식 수동대패기계의 방호장치 : 날접촉예방장치(덮개)

13 산업용 로봇

(1) 산업용 로봇의 교시 등의 작업시작 전 점검사항

① 외부전선의 피복 또는 외장의 손상유무
② 매니퓰레이터(manipulator) 작동의 이상유무
③ 제동장치 및 비상정치장치의 기능

(2) 로봇의 운전 중 위험방지 조치사항

① 안전매트를 설치할 것
② 높이 1.8m 이상의 방책을 설치할 것

(3) 법상 산업용 로봇의 오동작 및 오조작에 의한 위험방지 조치사항

1) 다음 사항에 관한 지침을 정하고 그 지침에 따라 작업시킬 것

① 로봇의 조작방법 및 순서
② 작업 중의 매니퓰레이터의 속도
③ 2인 이상의 근로자에게 작업을 시킬 때의 신호방법
④ 이상을 발견할 때의 조치
⑤ 이상을 발견하여 로봇의 운전을 정지시킨 후 이를 재가동시킬 때 조치

2) 작업에 종사하고 있는 근로자 또는 근로자를 감시하는 자가 이상을 발견한 때에는 즉시 로봇의 운전을 정지시키기 위한 조치를 할 것

14 비파괴검사

(1) 비파괴검사의 종류

① 육안검사
② 초음파검사
③ 방사선투과검사
④ 자기탐사검사(자분검사)
⑤ 누설검사
⑥ 음향검사
⑦ 침투검사

(2) **고속회전체에 비파괴검사 실시(안전보건규칙)** : 회전축의 중량이 1ton을 초과하고 원주속도가 120m/sec 이상인 고속회전체의 회전시험을 할 경우에는 미리 회전축의 재질 및 형상 등에 상응하는 종류의 비파괴검사를 실시하여 결함유무를 확인할 것

(3) **침투탐상시험방법의 시험순서**

① 전처리 - ② 침투처리 - ③ 현상처리 - ④ 후처리

2. 운반안전 일반

01 지게차 안전

(1) **지게차 안전시 주의사항**

① 허용하중이나 높이를 초과하는 적재를 하지 말 것
② 급격한 후진을 피할 것
③ 견인시에는 반드시 견인봉을 사용할 것
④ 운전자 이외의 사람은 승차시키지 말 것
⑤ 난폭한 운전, 과속을 하지 말 것
⑥ 정해준 구역 밖에서는 운전을 하지 말 것

(2) **지게차의 안정성** : 지게차가 안정하려면 다음의 관계식을 유지하여야 한다.

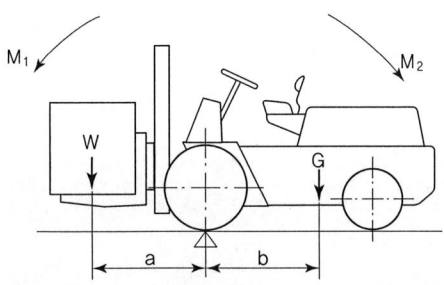

$M_1 : W \times a \cdots$ 화물의 모멘트
$M_2 : G \times b \cdots$ 차의 모멘트

▲ 지게차의 안전성

$$\therefore W \cdot a < G \cdot b$$

여기서, W : 화물중량(kg)
G : 차량의 중량
a : 전차륜에서 화물의 중심까지의 최단거리(m)
b : 전차륜에서 차량의 중심까지의 최단거리(m)

(3) 지게차의안정도

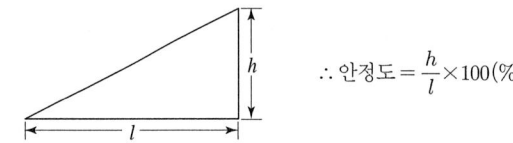

$$\therefore 안정도 = \frac{h}{l} \times 100(\%)$$

① 하역작업시
  ㉠ 전후 안정도 : 4%(5톤 이상의 것은 3.5%)
  ㉡ 좌우 안정도 : 6%
② 주행시
  ㉠ 전후 안정도 : 18%
  ㉡ 좌우 안정도 : (15+1.1V)%, V는 최고속도(km/hr)

(4) 지게차의 헤드가드(안전보건규칙) 18/2 기

① 강도는 지게차의 최대하중의 2배의 값(그 값이 4톤을 넘는 것에 대해서는 4톤으로 함)의 등분포정하중에 견딜 수 있는 것일 것
② 상부틀의 각 개구의 폭 또는 길이가 16cm 미만일 것
③ 운전자가 앉아서 조작하거나 서서 조작하는 지게차의 헤드가드는 「산업표준화법」에 따른 한국산업표준에서 정하는 높이기준(입식 : 1.88m, 좌식 : 0.903m) 이상일 것

02 컨베이어의 방호장치

(1) 컨베이어의 방호장치

① 이탈 및 역주행방지장치 : 컨베이어·이송용 롤러 등(이하 "컨베이어 등이라 함)을 사용하는 때에는 정전·전압강하 등에 의한 화물 또는 운반구의 이탈 및 역주행을 방지하는 장치를 갖출 것(단, 무동력 상태 또는 수평상태로만 사용하여 근로자에 위험을 미칠 우려가 없는 때에는 제외)
② 비상정지장치 : 근로자의 신체가 말려드는 등 위험시와 비상시에는 즉시 운전을 정지시킬 수 있는 비상정지장치를 설치할 것
③ 덮개 또는 울 : 컨베이어 등으로부터 화물의 낙하로 인하여 근로자에게 위험을 미칠 우려가 있는 때에는 해당 컨베이어 등에 덮개 또는 울을 설치하는 등 낙하 방지를 위한 조치를 할 것

(2) 컨베이어의 작업시작 전 점검사항

① 원동기 및 풀리 기능의 이상 유무
② 이탈 등의 방지장치 기능의 이상 유무
③ 비상정지장치 기능의 이상 유무
④ 원동기·회전축·기어 및 풀리 등의 덮개 또는 울 등의 이상 유무

03 양중기의 안전

(1) 양중기의 방호장치

1) 과부하방지장치
2) 권과방지장치
3) 비상정지장치
4) 제동장치
5) 승강기의 방호장치
    ① 파이널 리미트 스위치(final limit switch)
    ② 속도조절기
    ③ 출입문 인터록(inter lock)

(2) 와이어로프 등의 안전계수

① 안전계수 = $\dfrac{절단하중}{최대사용하중}$

㉠ 근로자가 탑승하는 운반구를 지지하는 경우 : 10 이상
㉡ 화물의 하중을 직접 지지하는 경우 : 5 이상
㉢ 훅, 샤클, 클램프, 리프팅 빔의 경우 : 3 이상
㉣ 그 밖의 경우 : 4 이상

② S(와이어로프의 안전율) = $\dfrac{NP}{Q}$

여기서, N : 로프가닥수
P : 로프의 파단강도(kg)
Q : 안전하중(kg)

(3) 와이어로프에 걸리는 하중(장력)

1) 와이어로프에 걸리는 총하중

$$\therefore\ W(총하중) = W_1(정하중) + W_2(동하중)$$

$$\therefore\ W_2(동하중) = W_1 \times \frac{a}{g}$$

여기서, a : 가속도(m/sec^2)
g : 중력가속도(9.8m/sec^2)

2) 줄걸이 로프에 걸리는 장력(하중)

$$\therefore\ 로프에\ 작용하는\ 장력 = \frac{짐의\ 무게}{로프의\ 수} \div \cos\left(\frac{로프의\ 각도}{2}\right)$$

전기 및 화공안전

chapter 05

1. 감전재해 유해요소

01 감전재해 유해요소

(1) 1차적 감전 위험요소

① 통전전류의 크기(감전에 의한 사망 위험성을 결정하는 요인)
② 전원(직류, 교류)의 종류
③ 통전경로
④ 통전시간

(2) 2차적 감전 위험요소

① 인체의 조건(저항)
② 전압
③ 주파수 및 계절

02 통전전류의 크기와 인체에 미치는 영향(60Hz의 교류에서 건강한 성인남자의 경우)

① 최소감지전류(1mA 정도) : 통전되는 전류를 느낄 수 있는 정도의 전류치
② 고통한계전류(7~8mA) : 고통을 참을 수 있는 한계의 전류치
③ 마비한계전류(10~15mA) : 인체 각 부의 근육이 수축현상을 일으키고 신경이 마비되어 신체를 자유로이 움직일 수 없게 되는 경우의 전류치
④ 심실세동전류(치사전류) : 심장이 불규칙한 세동을 일으키며 혈액순환이 곤란하게 되고 심장이 마비되는 현상을 일으키는 전류치
   ㉠ 심실세동전류와 통전시간

   $$\therefore I = \frac{165}{\sqrt{T}}(mA)$$

   여기서, I : 심실세동전류(mA)
   T : 통전시간(mA)

ⓒ 심실세동을 일으키는 전기에너지값

$$\therefore W = I^2RT$$

여기서,
- W : 전기에너지(joule 또는 cal)
- I : 심실세동전류(A)
- R : 전기저항(Ω)
- T : 통전시간(sec)

03 감전사고의 예방대책

① 설비의 필요한 부분에 보호접지시설을 할 것
② 전기설비의 점검을 철저히 할 것
③ 충전부가 노출된 부분에는 절연방호구를 사용할 것
④ 전기기기 및 설비의 정비를 철저히 할 것
⑤ 안전전압 이하의 전기기기를 사용할 것
⑥ 안전관리자는 작업에 대한 안전교육을 실시할 것
⑦ 고전압선로 및 충전부에 근접하여 작업하는 경우 보호구를 착용할 것
⑧ 유자격자 이외에는 전기기계 및 기구의 접촉을 금지할 것
⑨ 전기기기 및 설비의 위험부에 위험표시를 할 것
⑩ 사고발생시의 처리순서를 미리 작성하여 둘 것

04 전기기계·기구 등의 충전부 방호(안전보건규칙)
: 전기기계·기구 또는 전로 등의 충전부분에 접촉 또는 접근 시 감전위험방지대책(직접접촉에 의한 감전방지대책)

① 충전부가 노출되지 않도록 폐쇄형 외함(外函)이 있는 구조로 할 것
② 충전부에 충분한 절연효과가 있는 방호망이나 절연덮개를 설치할 것
③ 충전부는 내구성이 있는 절연물로 완전히 덮어 감쌀 것
④ 발전소·변전소 및 개폐소 등 구획되어 있는 장소로서 관계근로자가 아닌 사람이 출입이 금지되는 장소에 충전부를 설치하고, 위험표시 등의 방법으로 방호를 강화할 것
⑤ 전주 위 및 철탑 위 등 격리되어 있는 장소로서 관계근로자가 아닌 사람이 접근할 우려가 없는 장소에 충전부를 설치할 것

05 감전사고 발생 후의 처리순서

① 스위치를 끄고 구출자 본인의 방호조치 후 신속하게 상해자를 구출할 것
② 즉시 인공호흡을 실시할 것
③ 생명 소생 후 병원에 후송할 것

06 누전차단기

(1) 누전차단기의 종류에 따른 동작시간

종류	동작시간	비고
고속형	정격감도 전류에서 0.1초 이내	전압동작형
보통형	정격감도 전류에서 0.2초 이내	전류동작형
시연형(지연형)	정격감도 전류에서 0.1초 초과 2초 이내	대계통의 모선보호용

(2) 누전차단기의 특징

① 누전차단기의 최소동작전류 : 정격감도 전류의 50% 이상
② 감전보호용 누전차단기의 작동 : 정격감도 전류 30mA 이하, 동작시간 0.03초 이내

(3) 누전차단기에 의한 감전방지

1) 누전차단기를 설치해야 할 전기기계·기구

① 대지전압이 150V를 초과하는 이동형 또는 휴대형 전기기계·기구
② 물 등 도전성이 높은 액체가 있는 습윤장소에서 사용하는 저압(직류 750V 이하, 교류 600V 이하)용 전기기계·기구
③ 철판·철골 위 등 도전성이 높은 장소에서 사용하는 이동형 또는 휴대형 전기기계·기구
④ 임시배선의 전로가 설치되는 장소에서 사용하는 이동형 또는 휴대형 전기기계·기구

2) 누전차단기의 설치 및 접지의 적용 제외대상

① 이중절연구조일 것
② 비접지방식의 전로에 접속하여 사용하는 것
③ 절연대 위에서 사용하는 것

3) 누전차단기 설치시 환경조건

① 주위온도(-10~+40℃ 범위 내에서 성능이 발휘할 수 있도록 구조 및 기능의 설계)에 유의할 것
② 표고 1,000m 이하의 장소에 설치할 것
③ 비나 이슬이 젖지 않는 장소에 설치할 것
④ 습도가 적은 장소(상대습도 45~80% 사이에서 사용)에 설치할 것
⑤ 먼지가 적은 장소에 설치할 것
⑥ 이상 진동 또는 충격을 받지 않는 장소에 설치할 것
⑦ 전원전압의 변동(전원전압이 정격전압의 85~110% 사이에서 성능을 만족)에 유의할 것

⑧ 배선상태를 건전하게 유사할 것
⑨ 불꽃 또는 아크에 의한 폭발의 위험이 없는 장소에 설치할 것

07 피뢰기 및 피뢰침

(1) 피뢰기의 설치장소

1) 고압 또는 특별고압의 전로 중에서 다음의 장소에 설치할 것
   ① 발전소, 변전소의 가공전선의 인입구 및 인출구
   ② 가공 전선로에 접속하는 특고압 옥외 배전용 변압기의 고압 및 특고압측
   ③ 고압가공 전선로에서 수전하는 500kW 이상의 수용장소의 인입구
   ④ 특고압 가공 전선로에서 수전하는 수용장소의 인입구

2) 배전선로의 차단기, 개폐기의 전원측 및 부하측

3) 콘덴서의 전원측

(2) 피뢰기의 종류 및 성능

1) 피뢰기의 종류
   ① 방출형 피뢰기 : 배전선로에 주로 많이 설치한다.
   ② 저항형 피뢰기 : 밴드만피뢰기, 멀티캡피뢰기 등이 있다.
   ③ 밸브형 피뢰기 : 밸트형산화막피뢰기(구조가 간단하고 가격이 저렴하여 배전선로용으로 사용), 알루미늄셀피뢰기, 오토밸브피뢰기 등이 있다.
   ④ 밸브저항형 피뢰기 : 드라이밸브피뢰기, 레지스트밸브피뢰기, 사이라이트피뢰기 등이 있다.
   ⑤ 종이피뢰기 : P-밸브피뢰기로 비밀개폐형이다.

2) 피뢰기의 성능
   ① 반복동작이 가능할 것
   ② 점검보수가 간단할 것
   ③ 충격방전개시전압과 제한전압이 낮을 것
      ∴ 피뢰기의 충격방전개시전압 = 공칭전압 × 4.5배
   ④ 구조가 견고하며 특성에 변화하지 않을 것
   ⑤ 뇌전류의 방전능력이 크고 속류의 차단이 확실하게 될 것

(3) 피뢰침의 접지공사
   ① 피뢰침의 종합접지 저항치는 10Ω 이하, 단독접지 저항치는 20Ω 이하일 것
   ② 타접지극과의 이격거리 : 2m 이상
   ③ 접지극을 병렬로 하는 경우의 간격 : 2m 이상

④ 지하 50m 이상의 곳에서는 30mm² 이상의 나동선으로 접속할 것
⑤ 각 인하도선마다 1개 이상의 접지극을 접속할 것

08 정전작업

(1) 정전작업시 조치사항(전로차단의 절차)

① 전기기기 등에 공급되는 모든 전원을 관련 도면, 배선도 등으로 확인할 것
② 전원을 차단한 후 각 단로기 등을 개방하고 확인할 것
③ 차단장치나 단로기 등에 잠금장치 및 꼬리표를 부착할 것
④ 개로된 전로에서 유도전압 또는 전기에너지가 축적되어 근로자에게 전기위험을 끼칠 수 있는 전기기기 등은 접촉하기 전에 잔류전하를 완전히 방전시킬 것
⑤ 검전기를 이용하여 작업 대상기기가 충전되었는지를 확인할 것(검전기를 이용하여 충전 여부 확인)
⑥ 전기기기 등이 다른 노출 충전부와의 접촉, 유도 또는 예비동력원의 역송전 등으로 전압이 발생할 우려가 있는 경우에는 충분한 용량을 가진 단락 접지기구를 이용하여 접지할 것

(2) 정전작업 후 조치사항

① 작업기구, 단락 접지기구 등을 제거하고 전기기기 등이 안전하게 통전될 수 있는지를 확인할 것
② 모든 작업자가 작업이 완료된 전기기기 등에서 떨어져 있는지를 확인할 것
③ 잠금장치와 꼬리표는 설치한 근로자가 직접 철거할 것
④ 모든 이상유무를 확인한 후 전기기기 등의 전원을 투입할 것

(3) 정전작업시 단계별 조치사항

단계조치	실무사항(조치사항)
작업 전	1. 작업지휘자에 의한 작업내용의 주지 철저 2. 개로개폐기의 시건 또는 표시(잠금장치 및 꼬리표 부착) 3. 잔류전하의 방전 4. 검전기에 의한 정전확인 5. 단락접지 6. 일부정전작업시 정전선로 및 활선선로의 표시 7. 근접활선에 대한 방호
작업 중	1. 작업지휘자에 의한 자취 2. 개폐기의 관리 3. 단락접지의 수시확인 4. 근접활선에 대한 방호상태의 관리
작업 종료시	1. 단락접지기구의 철거 2. 표지의 철거 3. 작업자에 대한 위험이 없는 것을 확인 4. 개폐기를 투입해서 송전 재개

(4) 정전작업의 5대원칙

① 작업 전 전원차단
② 전원 투입의 방지
③ 작업장소의 무전압 여부 확인
④ 단락 접지 시행
⑤ 주의 충전부의 방호장치 부착(작업장소의 보호)

09 충전전로에서의 전기작업(안전보건규칙)

(1) **충전전로를 취급하는 근로자** : 작업에 적합한 절연용 보호구를 착용시킬 것
(2) **충전전로에 근접한 장소에서 전기작업을 하는 경우** : 해당 전압에 적합한 절연용 방호구를 설치할 것
(3) **고압 및 특별고압의 전로에서 전기작업** : 근로자에게 활선작업용 기구 및 장치를 사용하도록 할 것
(4) **근로자가 절연용 방호구의 설치·해체작업을 하는 경우** : 절연용 보호구를 착용하거나 활선작업용 기구 및 장치를 사용하도록 할 것
(5) **유자격자가 아닌 근로자가 충전전로 인근의 높은 곳에서 작업할 때** : 근로자의 몸 또는 긴 도전성 물체가 방호되지 않은 충전전로에서 대지전압이 50kV 이하인 경우에는 300cm 이내로, 대지전압이 50kV를 넘는 경우에는 10kV당 10cm씩 더한 거리이내로 각각 접근할 수 없도록 할 것
(6) **절연되지 않은 충전부나 그 인근에 근로자의 접근장치 및 제한할 필요가 있는 경우 조치사항**

① 방책을 설치할 것
② (전기와 접촉할 위험이 있는 경우) 도전성이 있는 금속제 방책을 사용하거나 접근한계거리 이내에 설치하지 않도록 할 것
③ (상기 조치가 곤란한 경우) 사전에 위험을 경고하는 감시인을 배치할 것

(7) **충전전로 인근에서 차량, 기계장치 등**(이하 이 조에서 "차량 등"이라 함)**의 작업이 있는 경우**

① 차량 등을 충전전로의 충전부로부터 300cm 이상 이격시켜 유지시키되, 대지전압이 50kV(킬로볼트)를 넘는 경우 이격시켜 유지하여야 하는 거리(이하 이 조에서 "이격거리"라 함)는 10kV 증가할 때마다 10cm씩 증가시켜야 한다.
② 다만, 차량 등의 높이를 낮춘 상태에서 이동하는 경우에는 이격거리를 120cm 이상 (대지전압이 50kV를 넘는 경우에는 10kV 증가할 때마다 이격거리를 10cm씩 증가)으로 할 수 있다.

10 접지설비의 종류 및 공사시 안전

(1) 접지공사의 종류

[표] 접지공사의 종류 및 접지전선의 굵기 · 접지저항

접지종별	공작물 또는 기기의 종별
제1종	① 피뢰기 ② 고압 또는 특별고압용 기기의 철대 및 금속제 외함 ③ 주상에 설치하는 3상 4선식 접지계통 변압기 및 기기 외함
제2종	① 주상에 설치하는 비접지계통의 고압주상 변압기의 저압측 중성점 ② 저압측의 한 단자와 그 변압기의 외함
제3종	① 철주, 철탑 등 ② 옥내 또는 지상에 시설하는 400V 이하의 저압 기계 · 기구의 철제 외함
특별 제3종	① 옥내 또는 지상에 시설하는 400V 초과의 저압 기계 · 기구의 철제 외함 ② 금속관공사의 고압옥측 전선로관

(2) 접지목적에 따른 종류

① **계통접지** : 고압전류와 저압전류가 혼촉되었을 때의 감전이나 화재방지
② **기기접지** : 누전되고 있는 기기에 접촉되었을 때의 감전방지
③ **피뢰기접지** : 낙뢰로부터 전기기기의 손상방지
④ **지락검출용접지** : 누전차단기의 동작을 확실하게 하기 위한 접지
⑤ **등전위접지** : 병원에 있어서의 의료기기 사용시의 안전도모
⑥ **정전기접지** : 정전기의 축적에 의한 폭발 재해방지

(3) 접지공사방법 : 제1종 또는 제2종 접지공사에 사용하는 접지선이 사람에 닿을 우려가 있는 장소에 시설할 경우 유의사항

① 접지극(접지판, 접지관)의 지중 매설 깊이는 75cm 이상으로 할 것
② 접지선을 철주 등의 금속체에 연하여 시공할 때에는 접지극 부근의 전위상승 억제를 위하여 접지극을 철주 등에서 1m 이상 떼어서 매설할 것
③ 지중에 매설된 금속제 수도관로와 대지간의 전기저항치가 3Ω 이하인 값을 유지시는 금속제 수도관을 접지극으로 대용
④ 접지선의 외상방지를 위해 지하 75cm에서 지상 2m까지의 부분에는 합성수지관이나 몰드로 덮을 것
⑤ 접지선은 캡타이어케이블, 절연전선 또는 통신용케이블 이외의 케이블을 사용할 것

(4) 접지저항 저감법

　① 접지극의 매설깊이(지중 매설깊이는 75cm 이상)를 깊게 할 것
　② 접지극의 수를 증가하여 이들을 병렬로 연결시킬 것
　③ 접지극의 크기를 크게 할 것
　④ 토양이 불량할 경우는 토질에 적합한 시공법을 택하거나, 접지저항 저감제를 사용하여 토양을 개선할 것

(5) 전기설비의 접지공사의 목적

　① 누전되고 있는 기기에 접촉되었을 때의 감전 방지
　② 낙뢰로부터 전기기기의 손상 방지
　③ 고압전로와 저압전로가 혼촉되었을 때의 감전이나 화재 방지
　④ 정전기 축적에 의한 폭발재해 방지
　⑤ 누전차단기의 동작을 확실하게 한다.

11 교류아크용접기의 방호장치 및 성능 조건

(1) 교류아크용접작업시 감전방지대책

　① 자동전격 방지장치를 사용할 것
　② 절연 용접봉 홀더를 사용할 것
　③ 적정한 케이블(용접용 케이블 또는 캡타이어 케이블)을 사용할 것
　④ 절연장갑을 사용할 것
　⑤ 용접기 외함 및 피용접모제에 접지를 실시할 것
　⑥ 전원측에 누전차단기를 설치할 것

(2) 교류아크용접기의 방호장치

　1) 방호장치 : 자동전격방지장치

　2) 자동전격방지장치의 주요 구성품

　　① 보조변압기
　　② 주회로변압기
　　③ 제어장치

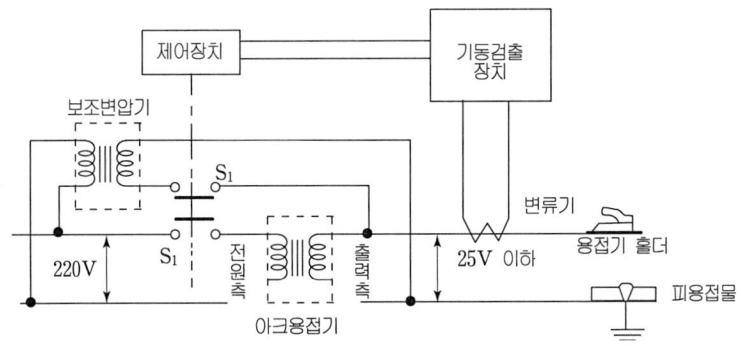

▲ 자동전격방지장치의 원리

3) 방호장치의 성능조건

① 아크발생을 정지시킬 때 주접점이 개로될 때까지의 시간(자동시간)은 1초 이내일 것
② 2차 무부하전압은 25V 이내일 것

(3) 교류아크용접기의 자동전격방지장치 부착시 주의사항

① 직각으로 부착할 것. 다만, 직각으로 하기 어려운 때에는 직각에 대해 20°를 넘지 않을 것
② 용접기의 이동, 진동, 충격으로 이완되지 않도록 이완방지조치를 취할 것
③ 전격방지장치의 작동상태를 알기 위한 표시등은 보기 쉬운 곳에 설치할 것
④ 전격방지장치의 작동상태를 시험하기 위한 테스터 스위치는 조작하기 쉬운 곳에 설치할 것

12 전기화재

(1) 전기화재의 분류(전기화재의 원인)

1) 출화의 경화(발생형태)에 의한 분류

① 단락(25%)
② 스파크(24%)
③ 누전 및 지락(15%)
④ 접촉부의 과열(12%)
⑤ 절연열화, 절연파괴(11%)
⑥ 과전류(8%)

2) 발생원에 의한 분류

① 이동 가능한 전열기(35%)

② 전등, 점화 등의 배선(27%)
③ 전기기기 및 전기장치(23%)
④ 배선기구(5%)
⑤ 고정된 전열기(5%)

(2) 전기화재의 예방대책

1) 단락 및 혼촉 방지책
① 단락방지 : 퓨즈(fuse) 및 누전차단기 설치
② 혼촉방지 : 제2종 접지공사

2) 누전방지책
① 누전전류는 최대공급전류의 1/2,000을 넘지 않도록 할 것
② 접지 및 누전차단기를 설치할 것
③ 누전화재라는 것을 입증하기 위한 요건
  ㉠ 누전점 : 전류의 유입점
  ㉡ 발화점 : 발화된 장소
  ㉢ 접지점 : 확실한 접지점의 소재 및 적당한 접지저항치
④ 발화까지에 이르는 누전전류의 소재 및 적당한 접지저항치
⑤ 전기화재방지기(누전경보기) : 500mA 정도의 누전에서 경보를 발할 수 있을 것

3) 스파크(전기불꽃) 화재의 방지책
① 개폐기를 불연성의 외함 내에 내장시키거나 통형퓨즈를 사용할 것
② 가연성 증기, 분진 등의 위험성 물질이 있는 곳은 방폭형 개폐기를 사용할 것
③ 유입개폐기는 절연유의 열화정도, 유량에 유의하고 주위에는 내화벽을 설치할 것
④ 접촉부분의 산화, 변형, 퓨즈의 나사풀림 등으로 인하여 접촉저항이 증가되는 것을 방지할 것

13 전로의 절연저항치

전기적 절연

[표] 저압선로의 절연성능[KEC(전기설비규정) 2021.1 개정]

전로의 사용전압 [V]	DC 시험전압 [V]	절연저항 [MΩ]
1) SLEV 및 PELV	250	0.5
2) FELV, 500(V) 이하	500	1.0
3) 500(V) 초과	1,000	10

[주] 특별저압(extra low voltage : 2차 전압이 AC 50V, DC 120V 이하)으로 SELV(비접지회로구성) 및 PELV(접지회로구성)은 1차와 2차가 전기적으로 절연된 회로, FELV는 1차와 2차가 전기적으로 절연되지 않은 회로

14 정전기 발생과 안전대책

(1) 정전기 발생에 영향을 주는 요인
① 물체의 특성
② 물체의 표면상태
③ 물체의 분리력
④ 접촉면적 및 압력
⑤ 분리속도

(2) 방전에너지 : 정전기가 방전될 때의 방전에너지는 다음 식에 의해서 구한다.

$$\therefore E = \frac{1}{2}(CV^2) = \frac{1}{2}(QV)$$

여기서,
- E : 정전에너지(J)
- C : 도체의 정전용량(F)
- V : 대전전위(전압 V)
- Q : 대전전하량(C)

(3) 정전기의 발생현상(정전기 대전현상)
① 마찰대전
② 유동대전
③ 박리대전
④ 분출대전
⑤ 충돌대전
⑥ 파괴대전
⑦ 비말대전
⑧ 진동대전(교반대전)

(4) 방전의 형태
① 스파크(spark) 방전(불꽃방전) : 공기 중에 오존(O_3) 생성
② 코로나(corona) 방전 : 돌기부(뾰족한 부분)에서 발생
③ 연면방전 : 나뭇가지 형태(별표마크)발광 수반
④ 스트리머(streamer) 방전 : 부도체와 평편한 형상의 금속과의 기상공간에서 발생
⑤ 뇌상방전 : 대전운에서 번개형의 발광수반

(5) 정전기 발생방지책
① 접지(부도체 물질은 부적합)
② 가습

③ 보호구 착용
④ 대전방지제 사용
⑤ 배관 내에 액체의 유속제한 및 정치시간의 확보
⑥ 도전성 재료 사용
⑦ 제전장치 사용

(6) 배관 내 액체의 유속제한(정전기 발생 방지책)
① 저항률이 $10^{10}\Omega \cdot m$의 도전성 위험물 : 7m/sec 이하
② 유동대전이 심하고 폭발위험성이 높은 물질(에테르, 이황화탄소 등) : 1m/sec 이하
③ 물이나 기체를 포함한 비수용성 위험물 : 1m/sec 이하

(7) 부도체의 대전방지대책
① 습기를 가하거나 주위환경의 습도를 높일 것
② 대전방지제를 사용할 것
③ 제전기를 사용할 것

(8) 정전기로 인한 화재·폭발 등의 위험방지 조치사항(정전기 발생의 억제 및 제거)
① 확실한 방법으로 접지
② 도전성 재료를 사용
③ 가습(상대습도 70% 이상)
④ 제전장치 사용

(9) 기타 정전기로 인한 화재·폭발 방지대책
① 정전기 발생장치 도장을 하는 방법
② 배관 내의 유속을 조절하는 방법
③ 정전기의 발생을 억제하는 방법(대전방지)
④ 대전방지제에 의한 방법(섬유나 수지의 표면에 흡습성과 이온성을 부여하여 도전성 증가)
⑤ 도전성 향상에 의한 방법(대전방지제를 첨가하거나 탄소와 금속분 및 반도체를 첨가·도포·종착 등의 방법으로 플라스틱 및 석유제품의 표면저항을 $10^{10} \sim 10^{14}\Omega$ 이하로 낮추는 방법

15 전기설비의 방폭화 방법

(1) 전기설비의 방폭화 방법
① 점화원의 방폭적 격리 : 내압·압력·유입방폭구조의 전기설비
② 전기설비의 안전도 증가 : 안전증방폭구조

③ 점화능력의 본질적 억제 : 본질안전방폭구조의 전기설비

(2) 위험장소의 종류
① 0종 장소 : 폭발성 분위기가 연속적 또는 장시간 발생할 염려가 있는 장소
② 1종 장소 : 폭발성 분위기가 주기적 또는 간헐적으로 발생할 염려가 있는 장소
③ 2종 장소 : 이상상태에서 위험분위기로 발생할 염려가 있는 장소

(3) 위험장소의 판정기준
① 위험증기의 양
② 위험가스의 현존 가능성
③ 가스의 특성(공기와의 비중차)
④ 통풍의 정도
⑤ 작업자에 의한 영향

(4) 위험분위기의 생성방지
① 폭발성가스의 누설 및 방출장치
② 폭발성가스의 체류방지
③ 폭발성분진의 생성방지

(5) 방폭구조의 종류
① 압력(내부압)방폭구조 : 용기 내부에 보호기체(공기 또는 불황성기체)를 주입하여 용기 내부압을 외기압보다 높게 유지함으로써 폭발성가스의 침입을 방지하는 구조 (전폐형)
② 내압방폭구조 : 용기 내부의 폭발성가스가 폭발하였을 때 용기가 그 압력에 견디게하는 구조(전폐형)
③ 유입방폭구조 : 전기불꽃, 아크 또는 고온이 발생하는 부분은 기름 속에 담가 주위의 폭발성가스로부터 격리하여 인화를 방지하는 구조(전폐형)
④ 안전증방폭구조 : 가스, 증기의 점화원이 될 전기불꽃, 고온이 되어서는 안 되는 부분에 기계적, 전기적 구조상 또는 온도상승을 억제할 수 있도록 안전도를 증가시킨 방폭구조
⑤ 본질안전방폭구조 : 정상시 또는 사고시(단선, 단락, 지락 등)에 발생하는 전기불꽃 등에 의하여 가스, 증기에 점화되지 않는 것이 점화시험 등에 의해 확인된 방폭구조
⑥ 특수방폭구조 : 폭발성가스 또는 증기에 점화 또는 위험분위기로 인화를 방지할 수 있는 것이 시험, 기타에 의하여 확인된 구조
⑦ 몰드방폭구조 : 전기기기의 스파크 열로 인해 폭발성 분위기에 점화되지 않도록 컴파운드를 충전해서 보호한 방폭구조(점화원이 우려가 있는 부분을 컴파운드로 밀폐시킨 구조)
⑧ 비점화방폭구조 : 정상 작동상태에서는 폭발성 가스를 점화시키지 않는 구조

⑨ 충전방폭구조 : 용기 내에 충전물질을 충전하여 폭발성 가스가 침입하여도 폭발하기 어렵게한 구조(외부 폭발성 가스를 점화시키지 않는 구조)

(6) 방폭구조의 기호(방폭구조의 상징[심벌], Ex)
① 내압방폭구조 : d
② 압력방폭구조 : p
③ 안전증방폭구조 : e
④ 본질안전방폭구조 : ia 또는 ib
⑤ 유입방폭구조 : o
⑥ 특수방폭구조 : s
⑦ 충전방폭구조 : q
⑧ 몰드방폭구조 : m
⑨ 비점화방폭구조 : n

(7) 방폭구조의 구비조건 및 방폭기기 선정요건

1) 방폭구조의 구비조건
① 시건장치를 할 것
② 접지를 할 것
③ 퓨즈를 사용할 것
④ 도선의 인입방식을 정확히 채택할 것

2) 방폭기기 선정요건
① 위험장소의 종류
② 폭발성가스 폭발등급
③ 발화도

(8) 위험장소의 방폭구조 선정

위험장소	해당 방폭구조 선정
0종 장소	본질안전방폭구조(ia)
1종 장소	본질안전(ia또는 ib), 내압, 압력, 충전, 몰드 방폭구조
2종 장소	0종 및 1종 장소 사용 방폭구조, 비점화방폭구조

2. 화공안전 일반

01 연소의 정의 및 연소형태

(1) **연소의 정의** : 빛과 열의 발생을 동반하는 급격한 산화현상

(2) **연소의 3요소**

① 가연물 : 연소되는 물질
② 산소공급원 : 공기, 산소 등 조연성(지연성) 가스
③ 점화원 : 열원

(3) **연소형태**

① 확산연소 : 가연성가스와 공기가 확산에 의해 혼합되면서 연소되는 것(수소, 아세틸렌 등의 기체연소)
② 증발연소 : 액체표면에 발생한 증기가 연소하는 것(알코올, 에테르, 등유, 경유 등의 액체연소)
③ 분해연소 : 열분해에 의해 가연성가스를 방출시켜 연소하는 것(중유, 석탄, 목재, 고체파라핀 등의 고체연소)
④ 표면연소 : 고체 표면에서 연소가 일어나는 것 (숯, 알루미늄박, 마그네슘 리본 등의 고체연소)

(4) **기체, 액체, 고체의 연소형태**

1) **기체의 연소** : 확산연소(발염연소, 불꽃연소)

2) **액체의 연소** : 증발연소

3) **고체의 연소**

① 분해연소(목재, 종이, 석탄, 플라스틱 등)
② 표면연소(코크스, 목탄, 금속분 등)
③ 증발연소(황, 나프탈렌, 파라핀 등)
④ 자기연소(질산에스테르류, 셀룰로이드류, 니트로화합물 등의 폭발성물질)

02 인화점과 발화점

(1) **인화점** : 공기 중에서 가연성 액체가 그 표면에서 인화하는데 충분한 농도의 증기(폭발하한계)를 발생하는 최저온도를 말한다.

① 가연성증기에 점화원(불꽃)을 주었을 때 연소가 시작되는 최저온도이다.

② 인화점은 가연성물질의 위험성을 나타내는 척도이다.

(2) 발화온도(발화점 및 착화점)

1) **발화점** : 가연성물질이 공기 중에서 점화원이 없이 스스로 연소를 개시할 수 있는 최저온도이다.

2) **발화온도가 낮아지는 경우(환경적 영향)**
   ① 용기가 클수록
   ② 압력이 증가할수록
   ③ 산소농도가 증가할수록
   ④ 접촉금속의 열전도율이 좋을수록
   ⑤ 화학적 활성도가 클수록

3) **자연발화의 발생 방지대책**
   ① 통풍이 잘되게 한다.
   ② 열이 축적되지 않게 한다.
   ③ 저장실의 온도를 낮춘다.
   ④ 습기가 높은 곳을 피한다.

03 폭발

(1) 폭발의 성립조건
① 가연성가스 및 증기 또는 분진이 공기와 혼합되어 폭발범위 내에 있어야 한다.
② 밀폐된 공간이 존재하여야 한다. 즉 혼합되어 있는 가스가 어떤 구획되어 있는 방이나 용기 같은 것의 공간에 충만해서 존재해야 한다.
③ 점화원(에너지)이 있어야 한다.

(2) 혼합가스폭발
① 혼합가스(가연성가스+공기 또는 산소)의 연소에 의한 폭발
② LPG(프로판+부탄), 수소, 아세틸렌 등 가연성가스

(3) 분해폭발 : 아세틸렌, 산화에틸렌, 에틸렌, 히드라진 등의 폭발

(4) 응상폭발(액상 및 고상폭발)
① 수증기폭발 또는 증기폭발 : 상변화(액상→기상)에 의한 폭발
② 고상간의 전이에 의한 폭발 : 고체인 무정형의 안티몬이 동일한 고상의 안티몬으로 전이할 때 발열하는데, 이로 인해 주위의 공기가 팽창하여 나타나는 폭발현상
③ 전선폭발 : 알루미늄제 전선에 한도 이상의 대전류가 흘러 순식간에 전선이 가열되고

용융과 기화가 급속하게 진행되어 폭풍을 일으켜 피해를 주는 폭발
④ 화약류 및 유기과산화물 등의 폭발 : TNT, 다이너마이트, 면화약 등

(5) 증기운폭발

① 대량의 가연성가스 및 기화하기 쉬운 액체가 사고에 의해 누출, 누설하여 발화원에 의해 폭발, 화재가 발생하는 경우로 일종의 가스폭발이라고도 한다.
② 증기운폭발은 주로 개방된 공간에서 발생한다.(LPG 누출시 증기운폭발)

(6) 분진폭발

1) 분진폭발의 특성

① 연소속도나 폭발압력은 가스폭발보다는 작지만 가해지는 힘(파괴력)은 매우 크다.
② 2차폭발을 한다.
③ CO의 중독피해가 우려된다.

2) 분진의 폭발성에 영향을 주는 요인

① 분진입도 및 입도분포
② 입자의 형상과 표면상태
③ 분진의 부유성
④ 분진의 화학적 성질과 조성

04 혼합가스의 폭발범위

(1) 폭발한계에 영향을 주는 요인

① 온도 : 100℃ 증가할 때마다 25℃에서의 값이 폭발하한은 8%가 감소하며, 폭발상한은 8%가 증가한다.
② 압력 : 압력이 높아질수록 폭발범위는 넓어진다.(상한값이 증가함)
③ 산소 : 폭발하한값은 변함이 없으나 상한값은 산소의 농도가 증가하면 현저히 상승한다.

(2) 르-샤틀리에(Le-chatelier)의 법칙 : 혼합가스의 폭발한계를 구하는 공식

① 성분가스의 용량이 100%일 때($V_1 + V_2 + \cdots + V_n$=100%)

$$\therefore L = \frac{100}{\dfrac{V_1}{L_1} + \dfrac{V_2}{L_2} + \cdots + \dfrac{V_n}{L_n}}$$

여기서, L : 혼합가스의 폭발하한계 또는 상한계(Vol%)
$L_1, L_2, \cdots, L_n$: 성분가스의 폭발하한계 또는 상한계(Vol%)
$V_1, V_2, \cdots, V_n$: 성분가스의 용량(Vol%)

② 성분가스의 용량이 100%가 아닐 때($V_1 + V_2 + \cdots + V_n$=100%가 아닐 때)

$$\therefore L = \frac{V_1 + V_2 + \cdots + V_n}{\frac{V_1}{L_1} + \frac{V_2}{L_2} + \cdots + \frac{V_n}{L_n}}$$

(3) 폭발한계와 화약양론농도와의 관계

① 양론농도(C_{st}) : 가연성 물질 1mol이 완전연소할 수 있는 공기와의 혼합기체 중 가연성 물질의 부피(%)

$$C_{st} = \frac{100}{1 + 4.773\left(n + \frac{m - f - 2\lambda}{4}\right)} (\%)$$

여기서,
- n : 탄소
- m : 수소
- f : 할로겐 원소
- λ : 산소의 원자수

② 양론농도(완전연소 조성농도)와 폭발한계의 관계
  ㉠ 유기화합물의 폭발하한값(L)은 양론농도(C_{st})의 약 55%로 추정한다.
  ㉡ 폭발상한값(U)은 양론농도의 약 3.5배 정도가 된다.

(4) 위험도 : 폭발범위를 하한계로 제(際)한 값을 말한다.

$$\therefore 위험도(H) = \frac{U - L}{L}$$

여기서,
- U : 폭발상한치
- L : 폭발하한치

05 화재의 종류 및 예방대책

(1) 화재의 종류

1) **일반화재(A급 화재)** : 목재, 종이, 섬유 등의 일반 가연물에 의한 화재로 발생빈도 및 피해액이 가장 많은 화재

2) **유류화재(B급 화재)** : 제4류 위험물(특수인화물, 석유류, 에스테르류, 케톤류, 알코올류, 동식물유 등)과 제4류 준위험물(락카퍼티(Lacquer Putty), 고무풀, 제1종 인화물, 나프탈렌, 송진, 파라핀 제2종 인화물 등)에 의한 화재

3) **전기화재(C급 화재)** : 전기배선 및 전기기구 등에서 발생하는 화재

4) **금속화재(D급 화재)** : 금속(Mg, Al) 화재

(2) 화재의 예방대책

1) **예방대책** : 화재가 발생하기 전에 발화 자체를 방지하는 대책
2) **국한대책** : 화재가 확대되지 않도록 하는 대책
   ① 가연성 물질의 집적방지
   ② 건물 및 설비의 불연성화
   ③ 위험물 시설 등의 지하매설
   ④ 방화벽 및 물, 방유제, 방액제 등의 정비
   ⑤ 일정한 공지의 확보
3) **소화대책** : 초기소화, 본격적인 소화활동
4) **피난대책** : 비상구 등을 통하여 대피하는 대책

06 폭발의 방호방법

(1) 폭발방지대책

① 예방대책 : 페일세이프(fail safe)의 원칙을 적용하여 대책수립
② 국한대책 : 안전장치 설치, 방폭설비 설치 등 피해를 최소화하는 대책

(2) 폭발의 방호

① 폭발봉쇄 : 안전밸브 등을 통해 다른 탱크 등으로 보내어 폭발압력을 완화
② 폭발억제 : 고압불활성가스에 의해 파괴적인 폭발압력이 되지 않도록 하는 방법
③ 폭발방산 : 탱크내의 가스를 밖으로 방출시켜 압력을 정상화

(3) 불활성화 방법

1) **불활성화(purge, 퍼지)** : 가스 또는 증기와 공기의 혼합가스에 불활성가스를 주입하여 산소농도를 최소산소농도(MOC) 이하로 낮게 하는 불활성화 공정

2) **퍼지의 종류(불활성화 방법)**

   ① 진공퍼지(저압퍼지) : 용기에 대한 가장 일반적인 불활성화 방법으로 큰 용기는 보통진공이 되도록 설계되지 않아서 큰 저장용기에는 사용할 수 없다.
   ② 압력퍼지 : 가압 하에서 불활성가스를 주입함으로써 퍼지시킬 수 있는 방법이다.
   ③ 스위프퍼지 : 용기의 한 개구부로 퍼지가스를 가하고 다른 개구부로부터 대기로 혼합가스를 축출시키는 방법으로 용기나 장치에 압력을 가하거나 진공으로 할 수 없을 때에 사용된다.

(4) 분진폭발의 방호

   1) 분진폭발을 일으키는 조건
      ① 가연성 분진
      ② 분진(미분) 상태
      ③ 조연성가스(공기) 중에서의 교반과 유동
      ④ 점화원(발화원) 존재

   2) 분진폭발의 방호
      ① 분진원의 생성방지
      ② 발화원의 제거
      ③ 불활성물질의 첨가

07 고압가스 용기의 도색

   (1) 액화탄산가스 : 청색
   (2) 산소 : 녹색
   (3) 수소 : 주황색
   (4) 아세틸렌 : 황색
   (5) 액화 암모니아 : 백색
   (6) 액화염소 : 갈색
   (7) 액화석유가스(LPG), 질소 등 기타가스 : 회색

08 소화이론(소화방법)

   (1) 냉각소화(화점의 냉각) : 액체의 증발잠열을 이용하는 방법, 열용량이 큰 고체를 이용하는 방법이다.
   (2) 희석소화 : 연소반응의 가연물이나 산화제의 농도를 낮추어서 반응을 억제시키는 것을 이용하는 방법이다.
   (3) 화염의 불안정화에 의한 소화 : 혼합기체(가연물+산소 공급원)의 유속을 증가하면 연소속도가 일정하게 되고 화염의 길이는 점차 길어지면서 불이 꺼지게 되는 것을 이용한 방법이다.
   (4) 연소의 억제소화 : 연소억제(할로겐물질, 알칼리금속 등)를 사용하여 소화하는 방법이다.
   (5) 제거소화법(소화물의 제거) : 연소 중에 있는 가연물을 제거함으로써 연소확대를 방지하고 또한 자연소화를 시킨다.
   (6) 질식소화법(산소의 차단) : 산소공급을 차단하여 질식소화를 하는 것으로 그 방법에는 다음과 같은 종류가 있다.(연소가 중단되는 산소의 유효관계농도 : 10~15%)

09 소화기의 종류

(1) 포말소화기

1) 포말소화제

① 기계포

구 분	기계포의 소화약제
원액	가수분해단백질, 계면활성제, 일정량의 물
포핵(거품속의 가스)	공기

② 화학포 : 포제는 중조(A제)와 황산알루미늄(B제)의 반응에 의하여 만들어지고, 여기에 기포안정제인 가수분해 단백질, 사포닝, 계면활성제를 포함시킨다.

(2) 분말소화기

1) **소화효과** : 질식 및 냉각효과

2) **분말소화약제**

① 중탄산나트륨(제1종) : 열분해되어 생긴 탄산가스(CO_2)와 수증기(H_2O)가 표면을 덮어 소화를 한다.
$$2NaHCO_3 \rightarrow Na_2CO_3 + CO_2 + H_2O$$

② 중탄산칼륨(제2종) : 중탄산나트륨보다 약 2배의 소화력이 있지만 흡습처리가 힘든 것이 특징이다.
$$2KHCO_3 \rightarrow K_2CO_3 + CO_2 + H_2O$$

③ 인산암모늄(제3종) : 열분해에 의해서 생긴 메타인산(HPO_3)이 부착성인 막을 만들어 화면을 덮어 소화되며 모든 화재에 효과적이다.(ABC 소화기)
$$NH_4H_2PO_4 \rightarrow HPO_3 + NH_3 + H_2O$$

④ 중탄산칼륨($KHCO_3$) + 요소[$(NH_2)_2CO$] : 제4종

(3) 증발성 액체소화기(할로겐화물 소화기, 할론 소화기)

1) 증발성 액체소화기의 3대 효과

① 질식효과
② 부촉매(연소억제) 효과 : $F_2 < Cl_2 < Br_2 < I_2$
③ 냉매효과

2) 종류

① Hallon 1011(CH_2ClBr, 일염화일취화메탄) - CB소화기
② Hallon 2402($C_2Br_2F_4$, 이취화사불화에탄) - FB소화기
③ Hallon 1040(CCl_4, 사염화탄소) - CTC소화기
④ Hallon 1301(CF_3Br)

3) 증발성 액체소화기의 구비조건

① 비점이 낮을 것
② 증기(기화)가 되기 쉬운 것
③ 공기보다 무겁고 불연성일 것

(4) 이산화탄소 소화기

1) **이산화탄소(CO_2) 소화기** : 공기 중의 산소(O_2) 농도를 연소가 정지하기까지 낮추는데 사용되며 질식과 냉각이 상승적으로 작용하여 소화하는 설비이다.

2) 특징

① 전기·유류·기계화재에 유효하다.
② 화재 진화 후 깨끗하고 화재 심부속까지 파고들어 증거의 보존이 가능하다.
③ 고압밸브, 배관 등의 부속으로 구성되어 고장시 수리가 어렵다.
④ 소리가 요란하며 사람에게 질식의 해를 입힐 수 있다.

3) 이산화탄소 및 할로겐화물 소화설비의 특징

① 소화속도가 빠르다.
② 전기기기류 화재에 사용된다.
③ 저장에 의한 변질우려가 없어 장기간 저장이 용이하다.
④ 소화할 때 주변을 오염시키지 않아 부식성이 없다.
⑤ 소화설비의 보수관리가 용이하다.
⑥ 밀폐공간에서는 질식 및 중독의 위험성 때문에 사용이 제한된다.

(5) 물분무 소화기

① A급 화재의 소화에 적합하다.
② 수동펌프식과 가스가압식이 있다.
③ 수동펌프식은 수동펌프를 연속적으로 조작하여 물을 방사하도록 되어 있다.

10 화학설비의 안전장치 종류

(1) 안전밸브

1) **안전밸브** : 기기나 배관의 압력이 일정압력을 넘는 경우에 자동적으로 작동되어 압력을 정상화시켜 주는 장치이다.
   ① 안전밸브의 종류 : 스프링식, 파열판식, 중추식, 가용전식
   ② 화학설비에서는 주로 스프링식 안전밸브가 많이 사용
   ③ 파열판식 안전밸브의 특징
      ㉠ 구조가 간단하여 취급 및 점검이 용이
      ㉡ 배출용량(분출량)이 많아 압력상승온도가 급격한 중합, 분해 등의 반응장치에 사용
      ㉢ 스프링식과 같은 밸브시트 누설이 없음(유체가 새지 않음)
      ㉣ 부식성기체, 높은 점성이나 슬러지를 함유한 유체에도 적합
      ㉤ 구조가 간단
      ㉥ 작동 후에는 새로운 파열판과 교체

2) **파열판을 설치해야 할 경우**
   ① 반응폭주 등 급격한 압력상승의 우려가 있는 경우
   ② 독성물질의 누출로 인하여 주위의 작업환경을 오염시킬 우려가 있는 경우
   ③ 운전 중 안전밸브에 이상물질이 누적되어 안전밸브가 작동되지 아니할 우려가 있는 경우

(2) 체크밸브, 블로우밸브, 대기밸브

① 체크밸브(check valve) : 유체의 역류를 방지하는 밸브
② 블로우밸브(blow valve) : 수동 및 자동제어에 의해서 과잉압력을 방출할 수 있도록 한 안전장치이다.
③ 대기밸브(breather valve, 통기밸브) : 인화성 물질의 저장탱크 내의 압력과 대기압 사이에 차이가 발생하였을 때 대기를 탱크 내에 흡입하고 또는 탱크 내의 압력을 밖으로 방출해서 항상 탱크 내의 압력을 대기압과 평형한 압력으로 해서 탱크를 보호하는 안전장치이다.

(3) Flame arrestor와 Ventstack

① Flame arrestor : 화염을 차단하는 안전장치로 탱크에서 외부에 증기를 방출하거나 탱크 내에 외기를 흡입하게 하는 부분에 설치한다.
② Ventstack : 탱크 내의 압력을 정상상태로 유지하기 위한 가스방출장치이다.

(4) 긴급방출장치

① flare stack : 가연성가스나 고휘발성 액체의 증기를 연소시켜 대기 중으로 방출하는

안전장치이다.
② blow down : 응축성증기, 열류, 열액 등 공정액체를 빼내고 이것을 안전하게 유지 또는 처리하기 위한 안전장치이다.

3.작업환경안전 일반

01 작업환경 개선의 기본원칙

(1) 대치
   ① 물질의 대치
   ② 공정의 변경
   ③ 시설의 변경

(2) 격리 : 작업자와 유해인자 사이에 장벽이 놓여 있는 상태
   ① 작업자의 격리
   ② 공정의 격리
   ③ 시설의 격리
   ④ 저장물질

(3) 환기 : 국소환기(국소배기)와 전체환기법

(4) 유해한 작업환경의 개선방법
   ① 유해한 생산공정의 변경
   ② 유해한 생산공정의 격리
   ③ 유해한 작업방법의 변경
   ④ 설비의 밀폐
   ⑤ 유해성이 적은 원자재로의 대체 사용
   ⑥ 유해물의 발산, 비산의 억제
   ⑦ 국소배기장치의 설치
   ⑧ 전체환기장치의 설치

02 배기 및 환기

(1) 국소배기

   1) 국소배기장치의 원리 : 유해물질을 배출하는 가까운 곳에 후드(hood, 포집시설)를 설치하고 덕트(duct)를 통해 기계적인 힘을 이용하여 유해물질을 밖으로 배출시키는 방식

2) 후드(hood)의 종류

① 리시버형 후드(receiver hood) : 연삭기 부근 또는 금속 용해로 등의 열상승기류 부분에 설치하는 후드이다.
② 밀폐형 후드(포위식 후드) : 분진이나 유해가스 발생원을 완전히 밀폐하여 흡인하는 방식이다.
③ 부스형 후드(booth hood) : 부스 모양의 후드로서 흡입량은 밀폐형 후드보다 훨씬 많아진다.
④ 부착형 후드(외부식 후드) : 송풍기(air curtain)를 사용하여 흡인을 용이하게 하는 경우도 있다.

3) 후드에 의한 흡인요령(후드의 설치요령)

① 후드의 개구 면적을 작게 할 것
② 에이커튼(air curtain)을 이용할 것
③ 충분한 포집 속도를 유지할 것
④ 배풍기 혹은 송풍기의 소요 동력에는 충분한 여유를 둘 것
⑤ 후드를 되도록 발생원에 접근시킬 것
⑥ 국부적인 흡인방식을 선택할 것
⑦ 후드로부터 연결된 덕트는 직선화할 것

(2) 전체환기

1) 전체환기
실내의 오염된 공기를 실외로 배출하고 실외의 신선한 공기를 도입하여 실내의 오염공기를 희석시키는 방식으로 희석환기라고도 한다.

2) 전체환기법을 적용하고자 할 경우 갖추어야 할 조건

① 국소배기가 불가능하거나 유해물질 발생량이 적어 국소배기로 환기하며 비경제적일 때
② 유해물질의 독성이 작을 때
③ 배출원이 이동성일 때
④ 동일 작업장에 배출원 다수가 분산되어 있을 때
⑤ 유해물질의 배출량이 대체로 일정할 때
⑥ 근로자가 배출원에서 멀리 떨어져 있어 실제로 영향을 주지 않을 때

(3) 환기장치의 안전기준

1) 후드 설치기준

① 유해물질이 발생하는 곳마다 설치할 것
② 유해인자의 발생형태 및 비중, 작업방법 등을 고려하여 해당 분진 등의 발산원을 제어할 수 있는 구조로 설치할 것

③ 후드형식은 가능한 한 포위식 또는 부스식 후드를 설치할 것
④ 외부식 또는 리시버형 후드를 설치할 때에는 해당 분진 등의 발산원에 가장 가까운 위치에 설치할 것

2) 덕트 설치기준

① 가능한 한 길이는 짧게 하고 굴곡부의 수는 적게 할 것
② 접속부의 내면은 돌출된 부분이 없도록 할 것
③ 청소구를 설치하는 등 청소하기 쉬운 구조로 할 것
④ 덕트 내 오염물질이 쌓이지 아니하도록 이송속도를 유지할 것
⑤ 연결 부위 등은 외부공기가 들어오지 않도록 할 것

건설 안전

chapter 06

1. 건설안전 일반

01 건설업의 유해·위험 방지계획서의 제출 등

(1) 건설업의 유해·위험 방지계획서의 제출 대상공사의 종류

① 지상 높이가 31m 이상인 건축물 또는 인공구조물, 연면적 3만m² 이상인 건축물 또는 연면적 5천m² 이상의 문화 및 집회시설(전시장인 동물원·식물원은 제외), 판매시설, 운수시설(고속철도의 역사 및 집배송시설은 제외), 종교시설, 의료시설 중 종합병원, 숙박시설 중 관광숙박시설 또는 지하도상가 또는 냉동·냉장창고시설의 건설·개조 또는 해체(이하 "건설 등"이라 함)

② 연면적 5천m² 이상의 냉동·냉장창고시설의 설비공사 및 단열공사

③ 최대지간길이가 50m 이상인 교량건설 등 공사

④ 터널건설 등의 공사

⑤ 다목적댐, 발전용댐 및 저수용량 2천만 톤 이상의 용수전용댐, 지방상수도 전용댐건설 등의 공사

⑥ 깊이 10m 이상인 굴착공사

(2) 유해·위험 방지계획서 제출시기 : 해당 공사의 착공 전날까지 2부를 공단에 제출

(3) 심사결과의 구분

① **적정** : 근로자의 안전과 보건상 필요한 조치가 구체적으로 확보되었다고 인정될 때

② **조건부적정** : 근로자가 안전과 보건을 확보하기 위하여 일부 개선이 필요하다고 인정될 때

③ **부적정** : 기계설비 또는 건설물이 심사기준에 위반되어 공사 착공시 중대한 위험발생의 우려가 있거나 계획에 근본적 결함이 있다고 인정될 때

02 산업안전보건관리비

(1) 산업안전보건관리비의 계상 : 산업재해예방을 위한 안전관리비를 도급금액 또는 사업비에 계상하여야 할 사업의 종류

① 건설업
② 선박건조·수리업
③ 그 밖에 대통령령으로 정하는 사업 : 유해 또는 위험한 사업으로서 산업재해보상보험 및 예방심의위원회의 심의를 거쳐 고용노동부장관이 정하는 사업(시행령)

(2) 산업안전보건관리비 사용시 재해예방전문지도기관의 지도를 받아야 할 공사의 규모

1) 공사금액 3억 원(전기공사 및 정보통신공사는 1억 원) 이상 120억 원(토목공사업은 150억 원)미만인 공사

2) 재해예방전문지도기관의 지도 제외대상 공사
① 공사기간이 3개월 미만인 공사
② 육지와 연결되지 아니한 섬지역(제주특별자치도는 제외)에서 이루어지는 공사
③ 사업주가 안전관리자를 선임[같은 광역자치단체의 지역 내에서 같은 사업주가 경영하는 셋(3) 이하의 공사에 대하여 공동으로 안전관리자 1명을 선임한 경우 포함]하여 안전관리자의 업무만을 전담하도록 하는 공사[이 경우 사업주는 안전관리자 선임 등 보고서(건설업)를 관할지방고용노동관서의 장에게 제출하여야 함]
④ 유해·위험 방지계획서를 제출하여야 하는 공사

(3) 안전관리비 계상기준 (고용노동부 고시)

① 대상액 = 재료비 + 직접노무비
② 대상액이 5억원 미만 또는 50억원 이상일 때
  ∴ 안전관리비 = 대상액 × 법정요율(비율)
③ 대상액이 5억원 이상~50억원 미만일 때
  ∴ 안전관리비 = 대상액 × 법정요율(비율 : X) + 기초액(C)
④ 발주자가 재료를 제공한 경우 해당금액을 대상액에 포함시킬 때의 안전관리비를 해당금액을 포함시키지 않은 대상액을 기준으로 계상한 안전관리비의 1.2배를 초과할 수 없음
⑤ 공사종류별 규모 및 안전관리비 계상기준표(별표1)

공사종류 \ 대상액	5억원 미만	5억원 이상 50억원 미만 비율(X)	5억원 이상 50억원 미만 기초액(C)	50억 이상
일반건설공사(갑)	2.93%	1.86%	5,349,000원	1.97%
일반건설공사(을)	3.09%	1.99%	5,499,000원	2.10%
중건설공사	3.43%	2.35%	5,400,000원	2.44%
철도·궤도신설공사	2.45%	1.27%	4,411,000원	1.66%
특수 및 기타 건설공사	1.85%	1.20%	3,250,000원	1.27%

(4) 공사의 종류(건설공사의 종류예시표)
   ① 일반건설공사(갑) : 건축건설공사, 도로신설공사, 기타 이에 부대하여 해당 공사 현장 내에서 행하는 건설공사
   ② 일반건설공사(을) : 각종 기계·기구장치 등을 설치하는 공사
   ③ 중건설공사 : 고제방(댐) 등 신설공사, 수력발전시설 설비공사, 터널 신설공사
   ④ 철도·궤도 신설공사 : 철도 또는 궤도 신설공사, 고가 및 지하철도 신설공사
   ⑤ 특수 및 기타 건설공사 : 타공사와 분리 발주되어 시간, 장소적으로 독립하여 행하는 다음의 공사(타공사와 병행하여 행하는 경우는 일반건설공사(갑)로 분류)
      ㉠ 준설공사, 조경공사, 택지조성공사(경지 정리공사 포함), 포장공사
      ㉡ 전기공사 및 정보통신공사

(5) 안전관리비 항목
   ① 안전관리자 등의 인건비 및 각종 업무수당 등
   ② 안전시설비 등
   ③ 개인보호구 및 안전장구 구입비 등
   ④ 사업장의 안전진단비 등
   ⑤ 안전보건교육비 및 행사비 등
   ⑥ 근로자의 건강관리비 등
   ⑦ 건설재해예방 기술지도비
   ⑧ 본사 사용비

(6) 안전관리비의 사용내역에서 제외되는 항목
   ① 관리감독자의 업무수당 외의 인건비
   ② 경비원, 청소원, 폐자재처리원, 사무보조원의 인건비
   ③ 외부비계, 작업발판, 가설계단 등의 시설비
   ④ 도로확장·포장공사 등에서 공사용 외의 차량의 원활한 흐름 및 경계표시를 위한 교통안전 시설물
   ⑤ 기성제품에 부착된 안전장치 비용
   ⑥ 가설전기설비, 분전반, 전신주 이설비용
   ⑦ 타법 적용사항(대기환경보전법에 의한 대기오염 방지시설 등)
   ⑧ 일반근로자의 작업복의 구입비
   ⑨ 순시선·구명정 등의 구명조끼, 튜브 등 구입비
   ⑩ 면장갑, 코팅장갑 구입비
   ⑪ 건설기술관리법에 의한 안전점검비, 전기안전 대행수수료 등
   ⑫ 매설물 탐지, 계측, 지하수개발, 지질조사, 구조안전검토 비용

⑬ 안전관계자(안전보건관리책임자, 안전보건총괄책임자, 안전관리자, 관리감독자, 명예산업안전감독관, 본사 안전전담부서 안전전담직원) 외의 해외견학·연수비
⑭ 안전교육장 대지구입비
⑮ 안전교육장 외의 냉난방 관련비용
⑯ 기공식, 준공식 등 무재해 기원과 관계없는 행사
⑰ 안전보건의식 고취 명목의 회식비
⑱ 국민건강보험에 의해 실시되는 비용
⑲ 기숙사 또는 현장사무소 내의 휴게시설비
⑳ 이동식 화장실, 급수, 세면, 샤워시설, 병·의원 등에 지불되는 진료비

03 관리감독자의 유해·위험방지업무(직무수행내용)

(건설업의 관리감독자 : 직장·조장 및 반장의 지위에서 그 작업을 직접 지휘·감독하는 자)

작업의 종류	직무수행내용
1. 크레인을 사용하는 작업	① 작업방법과 근로자의 배치를 결정하고 그 작업을 지휘하는 일 ② 재료의 결함유무 또는 기구 및 공구의 기능을 점검하고 불량품을 제거 하는 일 ③ 작업 중 안전대 또는 안전모의 착용상황을 감시하는 일
2. 거푸집동바리의 고정·조립 또는 해체 작업, 지반의 굴착작업, 흙막이 지보공의 고정·조립 또는 해체작업, 터널의 굴착작업, 건물 등의 해체작업	① 안전한 작업방법을 결정하고 작업을 지휘하는 일 ② 재료·기구의 결함유무를 점검하고 불량품을 제거하는 일 ③ 작업 중 안전대 및 안전모 등 보호구 착용상황을 감시하는 일
3. 달비계 또는 높이 5m 이상의 비계를 조립·해체하거나 변경하는 작업 (해체작업의 경우 ① 목의 규정 적용 제외)	① 재료의 결함유무를 점검하고 불량품을 제거하는 일 ② 기구·공구·안전대 및 안전모 등의 기능을 점검하고 불량품을 제거하는 일 ③ 작업방법 및 근로자의 배치를 결정하고 작업진행상태를 감시하는 일 ④ 안전대 및 안전모 등의 착용상황을 감시하는 일
4. 발파작업	① 점화 전에 점화작업에 종사하는 근로자 외의 자의 대피를 지시하는 일 ② 점화작업에 종사하는 근로자에 대하여는 대피장소 및 경로를 지시하는 일 ③ 점화 전에 위험구역 내에서 근로자가 대피한 것을 확인하는 일 ④ 점화순서 및 방법에 대하여 지시하는 일 ⑤ 점화신호를 하는 일 ⑥ 점화작업에 종사하는 근로자에 대하여 대피신호를 하는 일 ⑦ 발파 후 터지지 아니한 장약이나 남은 장약의 유무, 용수의 유무 및 암석·토사의 낙하 여부 등을 점검하는 일 ⑧ 점화하는 사람을 정하는 일 ⑨ 공기압축기의 안전밸브 작동유무를 점검하는 일 ⑩ 안전모 등 보호구의 착용상황을 감시하는 일
5. 채석을 위한 굴착작업	① 대피방법을 미리 교육하는 일 ② 작업을 시작하기 전 또는 폭우가 내린 후에는 암석·토사의 낙하·균열의 유무 또는 함수(含水)·용수 및 동결의 상태를 점검하는 일 ③ 발파한 후에는 발파장소 및 그 주변의 암석·토사의 낙하·균열의 유무를 점검하는 일

작업의 종류	직무수행내용
6. 화물취급작업	① 작업방법 및 순서를 결정하고 작업을 지휘하는 일 ② 기구 및 공구를 점검하고 불량품을 제거하는 일 ③ 그 작업장소에는 관계근로자가 아닌 사람의 출입을 금지하는 일 ④ 로프 등의 해체작업을 하는 때에는 하대(荷臺) 위의 화물의 낙하위험 유무를 확인하고 작업의 착수를 지시하는 일
7. 부두 및 선박에서의 하역작업	① 작업방법을 결정하고 작업을 지휘하는 일 ② 통행설비·하역기계·보호구 및 기구·공구를 점검·정비하고 이들의 사용 상황을 감시하는 일 ③ 주변 작업자간의 연락 조정을 행하는 일
8. 밀폐공간 작업	① 산소가 결핍된 공기나 유해가스에 노출되지 않도록 작업시간 전에 해당 근로자의 작업을 지휘하는 업무 ② 작업을 하는 장소의 공기가 적절한지를 작업시작 전에 점검하는 어부 ③ 측정장비·환기장치 또는 공기호흡기 또는 송기마스크를 작업시작 전에 점검하는 업무 ④ 근로자에게 공기마스크 또는 송기마스크의 착용을 지도하고 착용상황을 점검하는 업무

04 작업시작 전 점검사항(안전보건규칙)(점검자 - 관리감독자)

작업의 종류	점검내용
1. 크레인을 사용하여 작업을 하는 때 18/2 기	① 권과방지장치·브레이크·클러치 및 운전장치의 기능 ② 주행로의 상측 및 트롤리가 횡행(橫行)하는 레일의 상태 ③ 와이어로프가 통하고 있는 곳의 상태
2. 이동식 크레인을 사용하여 작업을 하는 때	① 권과방지장치나 그 밖의 경보장치의 기능 ② 브레이크·클러치 및 조정장치의 기능 ③ 와이어로프가 통하고 있는 곳 및 작업장소의 지반상태
3. 리프트(간이리프트를 포함)를 사용하여 작업을 하는 때	① 방호장치·브레이크 및 클러치의 기능 ② 와이어로프가 통하고 있는 곳의 상태
4. 곤돌라를 사용하여 작업을 하는 때	① 방호장치·브레이크의 기능 ② 와이어로프·슬링와이어 등의 상태
5. 양중기의 와이어로프·달기체인·섬유로프·섬유벨트 또는 훅·샤클·링 등의 철구(이하 "와이어 로프 등")를 사용하여 고리걸이 작업을 하는 때	와이어로프 등의 이상유무
6. 지게차를 사용하여 작업을 하는 때	① 제동장치 및 조종장치 기능의 이상유무 ② 하역장치 및 유압장치 기능의 이상유무 ③ 바퀴의 이상유무 ④ 전조등·후미등·방향지시기 및 경보장치 기능의 이상유무
7. 구내운반차를 사용하여 작업을 하는 때 18/2 산	① 제동장치 및 조종장치 기능의 이상유무 ② 하역장치 및 유압장치 기능의 이상유무 ③ 바퀴의 이상유무 ④ 전조등·후미등·방향지시기 및 경음기 기능의 이상유무 ⑤ 충전장치를 포함한 홀더 등의 결합상태의 이상유무

작업의 종류	점검내용
8. 고소작업대를 사용하여 작업을 하는 때	① 비상정지장치 및 비상하강방지장치 기능의 이상유무 ② 과부하방지장치의 작동 유무(와이어로프 또는 체인구동방식의 경우) ③ 아웃트리거 또는 바퀴의 이상유무 ④ 작업면의 기울기 또는 요철 유무
9. 화물자동차를 사용하는 작업을 행하게 하는 때	① 제동장치 및 조종장치의 기능 ② 하역장치 및 유압장치의 기능 ③ 바퀴의 이상유무
10. 컨베이어 등을 사용하여 작업을 하는 때	① 원동기 및 풀리 기능의 이상유무 ② 이탈 등의 방지장치기능의 이상유무 ③ 비상정지장치 기능의 이상유무 ④ 원동기·회전축·기어 및 풀리 등의 덮개 또는 울 등의 이상유무
11. 차량계 건설기계를 사용하여 작업을 하는 때	브레이크 및 클러치 등의 기능
12. 이동식 방폭구조 전기기계·기구를 사용하는 때	전선 및 접촉부 상태
13. 근로자가 반복하여 계속적으로 중량물을 취급하는 작업을 하는 때	① 중량물 취급의 올바른 자세 및 복장 ② 위험물이 흩어짐에 따른 보호구의 착용 ③ 카바이드·생석회 등과 같이 온도상승이나 습기에 의하여 위험성이 존재하는 중량물의 취급방법 ④ 그 밖에 하역운반기계 등의 적절한 사용방법
14. 양화장치를 사용하여 화물을 싣고 내리는 작업을 하는 때	① 양화장치(陽貨裝置)의 작동상태 ② 양화장치에 제한하중을 초과하는 하중을 실었는지 여부
15. 슬링 등을 사용하여 작업을 하는 때	① 훅이 붙어 있는 슬링·와이어슬링 등의 매달린 상태 ② 슬링·와이어슬링 등의 상태(작업시작 전 및 작업 중 수시로 점검)

05 사전조사 및 작업계획서의 작성 내용

작업명	사전조사 내용	작업계획서 내용
1. 타워크레인을 설치·조립·해체하는 작업	-	① 타워크레인의 종류 및 형식 ② 설치·조립 및 해체순서 ③ 작업도구·장비·가설(假設設備) 및 방호설비 ④ 작업인원의 구성 및 작업근로자의 역할 범위 ⑤ 지지 방법(제142조)
2. 차량계 하역운반기계 등을 사용하는 작업	-	① 해당 작업에 따른 추락·낙하·전도·협착 및 붕괴 등의 위험 예방대책 ② 차량계 하역운반기계 등의 운행경로 및 작업방법
3. 차량계 건설기계를 사용하는 작업 18/3 기	해당 기계의 전락(轉落), 지반의 붕괴 등으로 인한 근로자의 위험을 방지하기 위한 해당 작업장소의 지형 및 지반상태	① 사용하는 차량계 건설기계의 종류 및 성능 ② 차량계 건설기계의 운행경로 ③ 차량계 건설기계에 의한 작업방법

작업명	사전조사 내용	작업계획서 내용
4. 굴착작업	① 형상·지질 및 지층의상태 ② 균열·함수(含水)·용수 및 동결의 유무 또는 상태 ③ 매설물 등의 유무또는 상태 ④ 지반의 지하수위 상태	① 굴착방법 및 순서, 토사 반출방법 ② 필요한 인원 및 장비 사용계획 ③ 매설물 등에 대한 이설·보호대책 ④ 사업장 내 연락방법 및 신호방법 ⑤ 흙막이지보공 설치방법 및 계측계획 ⑥ 작업지휘자의 배치계획 ⑦ 그 밖에 안전·보건에 관련된사항
5. 터널굴착작업	보링(boring) 등 적절한 방법으로 낙반·출수(出水) 및 가스폭발 등으로 인한 근로자의 위험을 방지하기 위하여 미리 지형·지질 및 지층 상태를 조사	① 굴착의 방법 ② 터널지보공 및 복공(覆工)의 시공방법과 용수(湧水)의 처리방법 ③ 환기 또는 조명시설을 설치할 때에는 그 방법
6. 교량작업	-	① 작업방법 및 순서 ② 부재(部材)의 낙하·전도 또는 붕괴를 방지하기 위한 방법 ③ 작업에 종사하는 근로자의 추락위험을 방지하기 위한 안전조치방법 ④ 공사에 사용되는 가설 철구조물등의 설치·사용·해체시 안전성 검토 방법 ⑤ 사용하는 기계 등의 종류 및 성능, 작업방법 ⑥ 작업지휘자 배치계획 ⑦ 그 밖에 안전·보건에 관련된사항
7. 채석작업	지반의 붕괴·굴착기계의 전락(轉落) 등에 의한 근로자에게 발생할 위험을 방지하기 위한 해당 작업장의 지형·지질 및 지층의 상태	① 노천굴착과 갱내굴착의 구별 및 채석 방법 ② 굴착면의 높이와 기울기 ③ 굴착면 소단(小段)의 위치와 넓이 ④ 갱내에서의 낙반 및 붕괴방지 방법 ⑤ 발파방법 ⑥ 암석의 분할방법 ⑦ 암석의 가공장소 ⑧ 사용하는 굴착기계·분할기계·적재기계 또는 운반기계(이하 "굴착기계 등"이라 함)의 종류 및 성능 ⑨ 토석 또는 암반의 적재 및 운반 방법과 운반경로 ⑩ 표토 또는 용수(湧水)의 처리방법
8. 건물 등의 해체작업	해체건물 등의 구조, 주변상황 등	① 해체의 방법 및 해체 순서도면 ② 가설설비·방호설비·환기설비· 및 살수·방화설비 등의 방법 ③ 사업장 내 연락방법 ④ 해체물의 처분계획 ⑤ 해체작업용 기계·기구 등의 작업계획서 ⑥ 해체작업용 화약류 등의 사용계획서 ⑦ 그 밖에 안전·보건에 관련된사항
중량물의 취급작업	-	① 추락위험을 예방할 수 있는 안전대책 ② 낙하위험을 예방할 수 있는안전대책 ③ 전도위험을 예방할 수 있는안전대책 ④ 협착위험을 예방할 수 있는안전대책 ⑤ 붕괴위험을 예방할 수 있는안전대책
궤도와 그 밖의 관련 설비의 보수·점검작업입환작업(入換作業)	-	① 적절한 작업인원 ② 작업량 ③ 작업순서 ④ 작업방법 및 위험요인에 대한 안전조치방법 등

06 운전위치의 이탈을 금지해야 할 기계·기구

① 양중기
② 항타기 또는 항발기(권상장치에 하중을 건 상태)
③ 양화장치(화물을 적재한 상태)

2. 가설공사 안전

01 가설통로

(1) 통로의 조명 : 75Lux 이상

(2) 가설통로의 구조(가설통로 설치시 준수사항)
① 견고한 구조로 할 것
② 경사는 30° 이하로 할 것(계단을 설치하거나 높이 2m 미만의 가설통로로서 튼튼한 손잡이를 설치한 경우에는 그러하지 아니하다.)
③ 경사가 15°를 초과하는 경우에는 미끄러지지 아니하는 구조로 할 것
④ 추락의 위험이 있는 장소에는 안전난간을 설치할 것(작업상 부득이한 때에는 필요한 부분에 한하여 임시로 이를 해체할 수 있음)
⑤ 수직갱에 가설된 통로의 길이가 15m 이상인 경우에는 10m 이내마다 계단참을 설치할 것
⑥ 건설공사에 사용하는 높이 8m 이상인 비계다리에는 7m 이내마다 계단참을 설치할 것

(3) 사다리식 통로 등의 구조(사다리식 통로 등의 설치시 준수사항) 18/2 산
① 견고한 구조로 할 것
② 심한 손상·부식 등이 없는 재료를 사용할 것
③ 발판의 간격은 일정하게 할 것
④ 발판과 벽과의 거리는 15cm 이상의 간격을 유지할 것
⑤ 폭은 30cm 이상으로 할 것
⑥ 사다리가 넘어지거나 미끄러지는 것을 방지하기 위한 조치를 할 것
⑦ 사다리의 상단은 걸쳐놓은 지점으로부터 60cm 이상 올라가도록 할 것
⑧ 사다리식 통로의 길이가 10m 이상인 경우에는 5m 이내마다 계단참을 설치할 것
⑨ 사다리식 통로의 기울기는 75°이하로 할 것(다만, 고정식 사다리식 통로의 기울기는 90°이하로 하고, 그 높이가 7m 이상인 경우에는 바닥으로부터 높이가 2.5m 되는 지점부터 등받이울을 설치할 것)
⑩ 접이식 사다리 기둥은 사용 시 접혀지거나 펼쳐지지 않도록 철물 등을 사용하여 견고하게 조치할 것

02 가설 계단 등

(1) **계단의 강도** : 계단 및 계단참 설치시는 500kg/m²(매 m²당 500kg) 이상의 하중에 견딜 수 있는 강도를 가진 구조로 설치할 것(안전율 : 4 이상)

(2) **계단의 폭** : 계단을 설치하는 경우 그 폭을 1m 이상으로 할 것(다만, 급유용·보수용·비상용 계단 및 나선형 계단이거나 높이 1m미만의 이동식 계단은 제외)

(3) **계단참의 높이** : 높이가 3m를 초과하는 계단에 높이 3m 이내마다 너비 1.2m 이상 계단참을 설치할 것

(4) **천장의 높이** : 계단을 설치하는 경우 바닥면으로부터 높이 2m 이내의 공간에 장애물이 없도록 할 것(다만, 급유용·보수용·비상용 계단 및 나선형 계단은 제외)

(5) **계단의 난간** : 높이가 1m 이상인 계단의 개방된 측면에 안전난간을 설치할 것

03 경사로(고용노동부 고시)

(1) **경사로의 설치·사용시 준수사항**
   ① 비탈면의 경사각은 30° 이내로 할 것
   ② 경사로의 폭은 최소 90cm 이상일 것
   ③ 높이 7m 이내마다 계단참을 설치할 것
   ④ 경사로의 지지기둥은 3m 이내마다 설치할 것
   ⑤ 발판의 폭은 40cm 이상으로 하고 틈은 3cm 이내로 설치할 것

(2) **이동식 사다리 설치·사용시 준수사항**
   ① 길이가 6m를 초과하지 않도록 할 것
   ② 다리의 벌림은 벽 높이의 1/4 정도로 할 것
   ③ 벽면 상부로부터 최소한 1m 이상의 연장길이가 있도록 할 것

(3) **미끄럼방지장치 : 사다리의 설치·사용시 준수사항**
   ① 미끄럼방지장치 : 사다리 지주의 끝에 고무, 코르크, 가죽, 강스파이크 등을 부착시켜 바닥과의 미끄럼을 방지하는 안전장치가 있어야 한다.
   ② 쐐기형 강스파이크 : 지반이 평탄한 맨땅 위에 세울 때 사용하여야 한다.
   ③ 미끄럼방지 판자 및 미끄럼방지 고정쇠 : 돌마무리 또는 인조석 깔기로 마감한 바닥용으로 사용하여야 한다.
   ④ 미끄럼방지 발판 : 인조고무 등으로 마감한 실내용으로 사용하여야 한다.

04 비계의 설치기준

(1) 비계의 종류 등

1) 비계의 종류
① 통나무비계   ② 강관비계   ③ 강관틀비계
④ 달비계   ⑤ 달대비계   ⑥ 이동식비계
⑦ 말비계(인장비계, 각주비계)   ⑧ 시스템비계

2) 비계가 갖추어야 할 3요소
① 안전성
② 작업성
③ 경제성

(2) 비계의 재료 및 구조 등

1) 비계의 재료 : 변형·부식 또는 심하게 손상된 것을 사용하지 않을 것

2) 달비계(곤돌라의 달비계는 제외)의 최대적재하중을 정함에 있어서의 안전계수

$$\therefore \text{안전계수} = \frac{\text{절단하중}}{\text{최대사용하중}}$$

① 달기와이어로프 및 달기강선의 안전계수 : 10 이상
② 달기체인 및 달기훅의 안전계수 : 5 이상
③ 달기강대와 달비계의 하부 및 상부지점의 안전계수 : 강재의 경우 2.5 이상, 목재의 경우 5 이상

3) 작업발판의 구조
① 발판재료는 작업시의 하중에 견딜 수 있도록 견고한 것으로 할 것
② 작업발판의 폭은 40cm 이상으로 하고, 발판재료간의 틈은 3cm 이하로 할 것
③ 추락의 위험성이 있는 장소에는 안전난간을 설치할 것(작업의 성질상 안전난간을 설치하는 것이 곤란할 때 및 작업의 필요상 임시로 안전난간을 해체함에 있어서 안전방망을 치거나 근로자로 하여금 안전대를 사용하도록 하는 등 추락에 의한 위험방지 조치를 할 때에는 제외)
④ 작업발판의 지지물은 하중에 의하여 파괴될 우려가 없는 것을 사용할 것
⑤ 작업발판의 재료는 뒤집히거나 떨어지지 아니하도록 2 이상의 지지물에 연결하거나 고정시킬 것
⑥ 작업발판을 작업에 따라 이동시킬 때에는 위험방지에 필요한 조치를 할 것

(3) 비계의 조립·해체 및 점검 등(안전보건규칙)

1) 달비계 또는 높이 5m 이상의 비계를 조립·해체 및 변경작업시 준수사항

① 근로자는 관리감독자의 지휘에 따라 작업하도록 할 것
② 조립·해체 또는 변경의 시기·범위 및 절차를 그 작업에 종사하는 근로자에게 주지시킬 것
③ 조립·해체 또는 변경 작업구역에는 해당 작업에 종사하는 근로자가 아닌 사람의 출입을 금지하고 그 내용을 보기 쉬운 장소에 게시할 것
④ 비, 눈 그 밖의 기상상태의 불안정으로 인하여 날씨가 몹시 나쁜 경우에는 그 작업을 중지시킬 것
⑤ 비계재료의 연결·해체작업을 하는 경우에는 폭 20cm 이상의 발판을 설치하고, 근로자로 하여금 안전대를 사용하도록 하는 등 추락방지를 위한 조치를 할 것
⑥ 재료·기구 또는 공구 등을 올리거나 내리는 경우에는 근로자가 달줄 또는 달포대 등을 사용하도록 할 것

㈜ 강관비계 또는 통나무비계를 조립하는 경우 쌍줄로 할 것. 다만, 별도의 작업발판을 설치할 수 있는 시설을 갖춘 경우에는 외줄로 할 수 있음

2) 악천후로 작업을 중지시킨 후 또는 비계를 조립·해체·변경한 후 그 비계에서 작업을 할 때 작업시작 전 점검사항

① 발판재료의 손상 여부 및 부착 또는 걸림상태
② 해당 비계의 연결부 또는 접속부의 풀림상태
③ 연결재료 및 연결철물의 손상 또는 부식상태
④ 손잡이의 탈락 여부
⑤ 기둥의 침하, 변형, 변위 또는 흔들림 상태
⑥ 로프의 부착상태 및 매단장치의 흔들림 상태

(4) 강관비계 및 강관틀비계

1) 강관비계 조립시의 준수사항

① 비계기둥에는 미끄러지거나 침하하는 것을 방지하기 위하여 밑받침철물을 사용하거나 깔판·깔목 등을 사용하여 밑둥잡이를 설치하는 등의 조치를 할 것
② 강관의 접속부 또는 교차부(交叉部)는 적합한 부속철물을 사용하여 접속하거나 단단히 묶을 것
③ 교차가새로 보강할 것
④ 외줄비계·쌍줄비계 또는 돌출비계에 대해서는 다음 각 목에서 정하는 바에 따라 벽이음 및 버팀을 설치할 것.
　㉠ 강관비계의 조립 간격은 다음 [표]의 기준에 적합하도록 할 것

강관비계의 종류	조립간격 (단위 : m)	
	수직방향	수평방향
1. 단관비계	5	5
2. 틀비계(높이 5m 미만은 제외)	6	8
3. 통나무비계	5.5	7.5

　　　ⓒ 강관·통나무 등의 재료를 사용하여 견고한 것으로 할 것
　　　ⓒ 인장재(引張材)와 압축재로 구성된 경우에는 인장재와 압축재의 간격을 1m 이내로 할 것
　⑤ 가공전로(架空電路)에 근접하여 비계를 설치하는 경우에는 가공전로를 이설(移設) 하거나 가공전로에 절연용 방호구를 장착하는 등 가공전로와의 접촉을 방지하기 위한조치를 할 것

2) 강관비계의 구조(강관을 사용하여 비계를 구성하는 경우 준수사항)
　① 비계기둥의 간격은 띠장 방향에서는 1.85m 이하, 장선(長線)방향에서는 1.5m 이하로 할 것
　② 띠장 간격은 2m 이하로 할 것
　③ 비계기둥의 제일 윗부분으로부터 31m 되는 지점 밑부분의 비계기둥은 2개의 강관으로 묶어 세울 것. 다만 브래킷(bracket) 등으로 보강하여 2개의 강관으로 묶을 경우 이상의 강도가 유지되는 경우에는 제외
　④ 비계기둥 간의 적재하중은 400kg을 초과하지 않도록 할 것

3) 강관틀비계를 조립하여 사용하는 경우 준수사항
　① 비계기둥의 밑둥에는 밑받침철물을 사용하여야 하며 밑받침에 고저차(高低差)가 있는 경우에는 조절형 밑받침철물을 사용하여 각각의 강관틀비계가 항상 수평 및 수직을 유지하도록 할 것
　② 높이가 20m를 초과하거나 중량물의 적재를 수반하는 작업을 할 경우에는 주틀간의 간격을 1.8m 이하로 할 것
　③ 주틀 간에 교차가새를 설치하고 최상층 및 5층 이내마다 수평재를 설치할 것
　④ 수직방향으로 6m, 수평방향으로 8m 이내마다 벽이음을 할 것
　⑤ 길이가 띠장 방향으로 4m 이하이고 높이가 10m를 초과하는 경우에는 10m 이내마다 띠장 방향으로 버팀기둥을 설치할 것

(5) 달비계 및 달대비계

1) 달비계 및 달대비계

① 달비계 : 와이어로프나 철선 등을 이용하여 상부지점에 승강할 수 있는 작업용 발판을 매다는 형식의 비계로써 건물외벽의 도장이나 청소 등의 작업에 사용

② 달대비계 : 철골공사의 리벳치기, 볼트 작업시에 주로 이용되는 것으로 주체인철골에 매달아서 작업발판을 만드는 비계로서 상하이동을 시킬 수 없는 것

2) 달비계에 사용하는 와이어로프의 사용금지사항   18/3 기

① 이음매가 있는 것

② 와이어로프의 한 꼬임[스트랜드(strand)를 말함]에서 끊어진 소선(素線)[필러(pillar)선은 제외]의 수가 10% 이상(비자전로프의 경우에는 끊어진 소선의 수가 와이어로프 호칭지름의 6배 길이 이내에서 4개 이상이거나 호칭지름 30배 길이 이내에서 8개 이상)인 것

③ 지름의 감소가 공칭지름의 7%를 초과하는 것

④ 꼬인 것

⑤ 심하게 변형되거나 부식된 것

⑥ 열과 전기충격에 의해 손상된 것

3) 달비계에 사용하는 달기체인의 사용금지사항

① 달기체인의 길이가 달기체인이 제조된 때의 길이의 5%를 초과한 것

② 링의 단면지름이 달기체인이 제조된 때의 해당 링의 지름의 10%를 초과하여 감소한 것

③ 균열이 있거나 심하게 변형된 것

4) 달비계에 사용하는 섬유로프 또는 섬유벨트의 사용금지사항

① 꼬임이 끊어진 것

② 심하게 손상되거나 부식된 것

(6) 말비계 및 이동식비계

1) 말비계를 조립하여 사용하는 경우 준수사항   18/2 산

① 지주부재(支柱部材)의 하단에는 미끄럼방지장치를 하고, 근로자가 양측 끝부분에 올라서서 작업하지 않도록 할 것

② 지주부재와 수평면의 기울기를 75°이하로 하고, 지주부재와 지주부재 사이를 고정시키는 보조부재를 설치할 것

③ 말비계의 높이가 2m를 초과하는 경우에는 작업발판의 폭을 40cm 이상으로 할 것

2) 이동식비계를 조립하여 작업을 하는 경우 준수사항   18/3 기

① 이동식비계의 바퀴에는 뜻밖의 갑작스러운 이동 또는 전도를 방지하기 위하여 브레이크、

쐐기 등으로 바퀴를 고정시킨 다음 비계의 일부를 견고한 시설물에 고정하거나 아웃트리거(outrigger)를 설치하는 등 필요한 조치를 할 것
② 승강용 사다리는 견고하게 설치할 것
③ 비계의 최상부에서 작업을 하는 경우에는 안전난간을 설치할 것
④ 작업발판은 항상 수평을 유지하고 작업발판 위에서 안전난간을 딛고 작업을 하거나 받침대 또는 사다리를 사용하여 작업하지 않도록 할 것
⑤ 작업발판의 최대적재하중은 250kg을 초과하지 않도록 할 것

(7) 시스템계의 구조(시스템비계를 사용하여 비계를 구성하는 경우 준수사항)
① 수직재·수평재·가새재를 견고하게 연결하는 구조가 되도록 할 것
② 비계 밑단의 수직재와 받침철물은 밀착되도록 설치하고, 수직재와 받침철물의 연결부의 겹침길이는 받침철물 전체길이의 3분의 1 이상이 되도록 할 것
③ 수평재는 수직재와 직각으로 설치하여야 하며, 체결 후 흔들림이 없도록 견고하게 설치할 것
④ 수직재와 수직재의 연결철물은 이탈되지 않도록 견고한 구조로 할 것
⑤ 벽 연결재의 설치간격은 제조사가 정한 기준에 따라 설치할 것

(8) 통나무비계

1) 통나무비계의 구조(통나무비계를 조립하는 경우 준수사항)
① 비계기둥의 간격은 2.5m 이하로 하고 지상으로부터 첫 번째 띠장은 3m 이하의 위치에 설치할 것. 다만, 작업의 성질상 이를 준수하기 곤란하여 쌍기둥 등에 의하여 해당 부분을 보강한 경우에는 그러하지 아니하다.
② 비계기둥이 미끄러지거나 침하하는 것을 방지하기 위하여 비계기둥의 하단부를 묻고 밑둥잡이를 설치하거나 깔판을 사용하는 등의 조치를 할 것
③ 비계기둥의 이음이 겹침이음인 경우에는 이음부분에서 1m 이상을 서로 겹쳐서 두 군데 이상을 묶고, 비계기둥의 이음이 맞댄이음인 경우에는 비계기둥을 쌍기둥틀로 하거나 1.8m 이상의 덧댐목을 사용하여 네 군데 이상을 묶을 것
④ 비계기둥·띠장·장선 등의 접속부 및 교차부는 철선이나 그 밖의 튼튼한 재료로 견고하게 묶을 것
⑤ 교차가새로 보강할 것
⑥ 외줄비계·쌍줄비계 또는 돌출비계에 대해서는 다음 각 목에 따른 벽이음 및 버팀을 설치할 것.
㉠ 간격은 수직방향에서 5.5m 이하, 수평방향에서는 7.5m 이하로 할 것
㉡ 강관·통나무 등의 재료를 사용하여 견고한 것으로 할 것
㉢ 인장재와 압축재로 구성되어 있는 경우에는 인장재와 압축재의 간격은 1m 이내로 할 것

2) 통나무비계는 지상높이 4층 이하 또는 12m 이하인 건축물·공작물 등의 건조·해체 및 조립 등의 작업에만 사용할 수 있음

05 공사용 가설도로를 설치하는 경우 준수사항

① 도로는 장비와 차량이 안전하게 운행할 수 있도록 견고하게 설치할 것
② 도로와 작업장이 접하여 있을 경우에는 방책 등을 설치할 것
③ 도로는 배수를 위하여 경사지게 설치하거나 배수시설을 설치할 것
④ 차량의 속도제한 표지를 부착할 것

3. 토공사 안전

01 흙의 성질

(1) 흙 = 토립자 + 간극(물, 공기, 가스)

(2) 공극률과 포화도

① 공극률 = $\dfrac{공극의\ 용적}{토립자의\ 용적} \times 100(\%)$

② 포화도 = $\dfrac{물의\ 용적}{공극의\ 용적} \times 100(\%)$

(3) 함수비와 함수율

① 함수비 : 습윤토 중에 함유된 물의 중량(공극중의 물의 무게)과 그 토립자의 절대건조상태의 중량(흙입자만의 건조무게)과의 중량비를 백분율로 나타낸 것이다.

∴ 함수비 = $\dfrac{물의\ 중량}{흙의\ 건조중량} \times 100(\%)$

② 함수율 : 흙의 전체중량(흙 + 물의 중량)에 대한 흙 속의 물의중량과의 비를 백분율로 나타낸 것이다.

∴ 함수율 = $\dfrac{물의\ 중량}{흙의\ 전체중량} \times 100(\%)$

(4) 흙의 전단강도(Coulomb식)

∴ $S = C + \sigma \tan\phi$

여기서, S : 흙의 전단강도(kg/cm²)
C : 점착력(kg/cm²)
σ : 전단면(파괴면)에 작용하는 수직응력(kg/cm²)
ϕ : 내부마찰각

02 지반조사 및 현장 토질시험방법

(1) 보링(Boring)

1) **기계식 보링** : 충격식, 수세식, 회전식(가장 정확한 방법)

2) **오거 보링** : 작업현장에서 인력으로 간단하게 실시할 수 있는 방법

(2) 현장의 토질시험방법

1) **베인 테스트(vane test)** : 십자형 날개의 vane test를 지반에 때려 박고 회전시켜서 그 회전력에 의해 점토의 점착력을 판별하는 방법(연한 점토질에 주로 쓰이는 방법)

2) **표준관입시험** : 63.5kg의 추를 76cm의 높이에서 자유 낙하시켜 30cm 관입시킬 때의 타격횟수 (N)를 측정하여 흙의 경·연도의 정도를 판정하는 방법

① 사질지반의 상대밀도 등 토질조사시 신뢰성 높음
② N값과 모래의 상태

N값	모래의 상태
0~5	몹시 느슨하다.
5~10	느슨하다.
10~30	보통
50 이상	다진 상태(밀실 상태)

3) **지내력 시험(평판재하시험)** : 지반면에 직접 재하하여 허용지내력을 구하기 위한 시험방법

① 시험은 원칙적으로 예정기초면에서 행한다.
② 하중시험용 재하판은 정방향 또는 원형의 두께 약 25mm 절판재, 면적 0.2m², 보통 30cm의 각이나 45cm 각의 것이 사용된다.
③ 매회의 재하는 1톤 이하 또는 예정파괴하중의 1/5 이하로 한다.
④ 침하의 증가는 2시간에 0.1mm의 비율 이하가 될 때에는 침하가 정지된 것으로 간주한다.
⑤ 단기하중에 대한 허용지내력은 총침하량이 20mm에 도달하였을 때, 침하량이 20mm 이하더라도 침하곡선이 항복상황을 나타낼 때로 한다.
⑥ 장기하중에 대한 허용지내력은 단기하중에 대한 허용지내력의 1/2이다.

03 지반의 이상현상

(1) 보일링 현상 10/1 기

1) **보일링(boiling)** : 사질토 지반을 굴착시 굴착부와 지하수위차가 있을 경우, 수두차(水頭差)에 의하여 침투압이 생겨 흙막이벽 근입부분을 침식하는 동시에, 굴착부 저면의 모래가 액상화(液狀化)되어 솟아오르는 현상이다.

2) 대책

① 주변수위를 저하시킨다.(지하수위 감소)
② 흙막이벽 근입도를 증가하여 동수구배를 저하시킨다.(흙막이 벽을 깊게 박음)
③ 굴착토를 즉시 원상 매립한다.
④ 작업을 중지시킨다.

(2) 히빙현상

1) 히빙(heaving) : 연약성 점토지반에서 굴착이 진행됨에 따라 흙막이벽 뒤쪽 흙의 중량이 굴착부 바닥의 지지력 이상이 되면 흙막이벽 근입(根入)부분의 지반이동이 발생하여 굴착부 저면이 솟아오르는 현상이다.

2) 대책

① 굴착주변의 상재하중을 제거한다.
② 시트 파일(Sheet Pile) 등의 근입심도를 검토한다.(흙막이벽을 깊게 박음)
③ 버팀대, 브래킷, 흙막이를 점검한다.
④ 굴착방식을 개선(Island Cut 공법 등)한다.

(3) 점토의 비화작용 : 액상상태에 있는 흙을 건조시키면 고체로 되었다가 재차 흡수하면 토립자간의 결합력이 감쇠되어 붕괴되는 현상

04 흙막이 공법

(1) 흙막이벽 오픈컷 공법 : 널말뚝을 건물의 주위에 박고 소정의 깊이까지 파내어 기초를 구축하는 공법이다.

① 타이로드(tie rod)공법 : 흙막이 후변에 구멍에 뚫고 로드(rod)를 앵커시켜 흙막이와 연결시키는 공법으로 타이로드(tie rod)는 되도록 경질 지반에 정착시켜야 안전하다.
② 버팀대공법 : 굴착부 주위에 타입된 흙막이벽을 활용하여 굴착을 진행하면서 내부에 버팀대를 가설하고 흙막이벽에 가해지는 토압에 대응하도록 하는 공법이다.
③ 자립흙막이벽공법 : 굴착부 주위에 흙막이벽을 타입하여 토사의 붕괴를 흙막이벽 자체의 저항력으로 방지하며 굴착한다.

(2) 버팀대 공법

① 빗 버팀대식 공법 : 넓은 면적에서 비교적 얕은 기초파기를 할 때 이용되는 공법

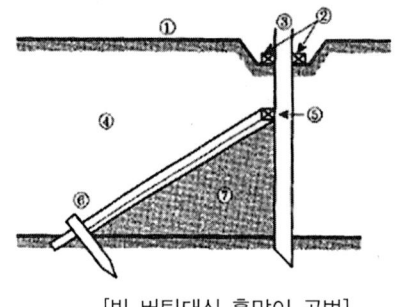

① 줄파기
② 규준대 대기
③ 널말뚝 박기
④ 중앙부 흙파기
⑤ 띠장 대기
⑥ 버팀말뚝 및 버팀대 대기
⑦ 주변부 흙파기

[빗 버팀대식 흙막이 공법]

② 수평버팀대식 공법 : 좁은 면적에서 깊은 기초파기를 할 때나, 폭이 좁고 길이가 길 경우에 이용되는 공법

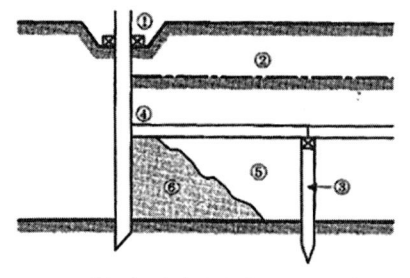

① 줄파기, 규준대 대기, 널말뚝 박기
② 흙파기
③ 받침기둥 박기
④ 띠장, 버팀대 대기
⑤ 중앙부 흙파기
⑥ 주변부 흙파기

[수평 버팀대식 흙막이 공법]

05 굴착작업 등의 위험방지

(1) 지반 등의 굴착시 굴착면의 기울기 기준 : 다음 [표]의 기준에 맞도록 할 것.

구분	지반의 종류	구배
보통흙	습지	1 : 1 ~ 1 : 1.5
	건지	1 : 0.5 ~ 1 : 1
암반	풍화암	1 : 1.0
	연암	1 : 1.0
	경암	1 : 0.5

(2) 관리감독자의 작업시작 전 점검사항 : 굴착작업시 지반의 붕괴 또는 토석의 낙하에 의한 위험을 방지하기 위하여 관리 감독자가 작업시작 전에 작업장소 및 그 주변에 대하여 점검해야 할 사항
  ① 부석·균열의 유무
  ② 함수·용수 및 동결상태의 변화

(3) 지반의 붕괴 등에 의한 위험방지

1) 굴착작업시 지반의 붕괴 또는 토석의 낙하에 의한 위험방지 조치사항 18/2 기   18/4 산
   ① 흙막이지보공 설치
   ② 방호망 설치
   ③ 근로자의 출입금지

2) 비가 올 경우 빗물 등의 침투에 의한 붕괴재해방지 조치사항
   ① 측구 설치
   ② 굴착사면에 비닐을 덮음

(4) 흙막이지보공

1) 흙막이지보공 조립시 조립도의 내용
   ① 부재(흙막이판・말뚝・버팀대 및 띠장 등)의 배치・치수
   ② 부재의 재질 및 설치방법과 순서

2) 흙막이지보공 설치시 정기점검사항
   ① 부재의 손상・변형・부식・변위 및 탈락의 유무와 상태
   ② 버팀대의 긴압(緊壓)의 정도
   ③ 부재의 접속부・부착부 및 교차부의 상태
   ④ 침하의 정도

(5) 발파에 의한 굴착(표준안전작업지침)

1) 암질 판별방식 : 암질 변화구간 및 이상암질의 출현시 반드시 암질 판별을 실시하여야 하며, 암질 판별은 아래 각 목을 기준으로 하여야 한다.
   ① RQD(%)
   ② 탄성파속도(m/sec)
   ③ RMR(%)
   ④ 일축압축강도(kg/cm²)
   ⑤ 진동치 속도(cm/sec=kine)

2) 터널의 경우(NATM 기준) 계측관리사항 기준 : 다음 각 목의 사항을 적용하며 지속적 관찰에 의한 보강대책을 강구하여야 한다. 또한 이상변위가 나타나면 즉시 작업중단 및 장비・인력 대피조치를 하여야 한다.
   ① 내공변위 측정
   ② 천단침하 측정
   ③ 지중・지표침하 측정

④ 록볼트 축력 측정
⑤ 숏크리트 응력 측정

(6) **계측기의 설치** : 깊이 10.5m 이상의 굴착의 경우 아래 각 목의 계측기의 설치에 의하여 흙막이 구조의 안전을 예측하여야 하며, 설치가 불가능한 경우 트랜싯 및 레벨 측량기에 의해 수직·수평 변위측정을 실시하여야 한다.

① 수위계
② 경사계
③ 하중 및 침하계
④ 응력계

(7) **발파의 작업기준(발파작업시 준수사항)**

① 얼어붙은 다이너마이트는 화기에 접근시키거나 그 밖의 고열물에 직접 접촉시키는 등 위험한 방법으로 융해되지 않도록 할 것
② 화약이나 폭약을 장전하는 경우에는 그 부근에서 화기를 사용하거나 흡연을 하지 않도록 할 것
③ 장전구(裝塡具)는 마찰·충격·정전기 등에 의한 폭발의 위험이 없는 안전한 것을 사용할 것
④ 발파공의 충진재료는 점토·모래 등 발화성 또는 인화성의 위험이 없는 재료를 사용할 것
⑤ 점화 후 장전된 화약류가 폭발하지 아니한 경우 또는 장전된 화약류의 폭발여부를 확인하기 곤란한 경우에는 다음 각 목의 사항을 따를 것
  ㉠ 전기뇌관에 의한 경우 : 발파모선을 점화기에서 떼어 그 끝을 단락시켜 놓는 등 재점화되지 않도록 조치하고 그 때부터 5분 이상 경과한 후가 아니면 화약류의 장전장소에 접근시키지 않도록 할 것
  ㉡ 전기뇌관 외의 것에 의한 경우 : 점화한 때부터 15분 이상 경과한 후가 아니면 화약류의 장전장소에 접근시키지 않도록 할 것
⑥ 전기뇌관에 의한 발파의 경우 : 점화하기 전에 화약류를 장전한 장소로부터 30m 이상 떨어진 안전한 장소에서 전선에 대하여 저항측정 및 도통(道通)시험을 할 것

06 터널작업의 위험방지

(1) **인화성가스의 농도측정 등**

1) 인화성 가스가 발생할 위험이 있는 장소에 대하여 인화성가스의 농도를 측정하도록 할 것
2) 인화성가스 농도의 이상상승을 조기에 파악하기 위하여 그 장소에 자동경보장치를 설치할 것

3) 자동경보장치의 작업시작 전 점검사항

① 계기의 이상유무
② 검지부의 이상유무
③ 경보장치의 작동상태

(2) 터널건설작업시 낙반 등에 의한 위험방지 조치사항 `18/3 기`

① 터널지보공 설치
② 록볼트의 설치
③ 부석의 제거

(3) 터널 등의 출입구 부근의 지반붕괴 및 토석낙하에 의한 위험방지 조치사항

① 흙막이지보공 설치
② 방호망 설치

(4) 터널작업시 터널 내부의 시계를 유지하기 위한 조치사항

① 환기를 시킬 것
② 물을 뿌릴 것

07 터널지보공의 위험방지

(1) 터널지보공 조립시 조립도에 명시해야 할 내용

① 재료의 재질
② 재료의 단면규격
③ 재료의 설치간격 및 이음방법

(2) 터널지보공의 조립 · 변경시 조치사항

① 주재(主材)를 구성하는 1세트의 부재는 동일 평면 내에 배치할 것
② 목재의 터널지보공은 그 터널지보공의 각 부재의 긴압 정도가 균등하게 되도록 할 것
③ 기둥에는 침하를 방지하기 위하여 받침목을 사용하는 등의 조치를 할 것
④ 강(鋼)아치 지보공의 조립 : 다음 각 목의 사항을 따를 것
  ㉠ 조립간격은 조립도에 따를 것
  ㉡ 주재가 아치작용을 충분히 할 수 있도록 쐐기를 박는 등 필요한 조치를 할 것
  ㉢ 연결볼트 및 띠장 등을 사용하여 주재 상호간을 튼튼하게 연결할 것
  ㉣ 터널 등의 출입구 부분에는 받침대를 설치할 것
  ㉤ 낙하물의 근로자에게 위험을 미칠 우려가 있는 경우에는 널판 등을 설치할 것

(3) 터널지보공 설치시 수시점검사항

　① 부재의 손상·변형·부식·변위·탈락의 유무 및 상태
　② 부재의 긴압 정도
　③ 부재의 접속부 및 교차부의 상태
　④ 기둥침하의 유무 및 상태

08 잠함 내 굴착작업시의 위험방법

(1) 잠함 또는 우물통의 내부에서 굴착작업시 잠함·우물통의 급격한 침하에 의한 위험방지를 위한 준수사항

　① 침하관계도에 따라 굴착방법 및 재하량(載荷量) 등을 정할 것
　② 바닥으로부터 천장 또는 보까지의 높이는 1.8m 이상으로 할 것

(2) 잠함·우물통·수직갱 등의 내부에서 굴착작업시 준수사항

　① 산소결핍 우려가 있는 경우에는 산소농도 측정자를 지명하여 산소농도를 측정하도록 할 것
　② 근로자가 안전하게 오르내리기 위한 설비를 설치할 것
　③ 굴착 깊이가 20m를 초과하는 경우에는 해당 작업장소와 외부와의 연락을 위한 통신설비 등을 설치할 것
　④ 산소농도 측정결과 산소결핍이 인정되거나 굴착 깊이가 20m를 초과하는 경우에는 송기(送氣)를 위한 설비를 설치하여 필요한 양의 공기를 공급할 것

(3) 잠함 등의 내부에서 굴착작업을 금지해야 할 경우

　① 승강설비, 통신설비, 송기설비 등 설비에 고장이 있는 경우
　② 잠함 등의 내부에 많은 양의 물 등이 스며들 우려가 있는 경우

4. 구조물공사 안전

01 거푸집 동바리 및 거푸집

(1) 거푸집 및 동바리(지보공) 설계시 고려해야 할 하중 콘크리트공사(표준안전작업지침)

　① 연직방향 하중 : 거푸집, 지보공(동바리), 콘크리트, 철근, 작업원, 타설용 기계기구, 가설설비 등의 중량 및 충격하중
　② 횡방향 하중 : 작업할 때의 진동, 충격, 시공오차 등에 기인되는 횡방향 하중, 이외에 필요에 따라 풍압, 유수압, 지진 등

③ 콘크리트의 측압 : 굳지 않은 콘크리트의 측압
④ 특수하중 : 시공 중에 예상되는 특수한 하중
⑤ 상기 1~4호의 하중에 안전율을 고려한 하중

(2) 거푸집 동바리 등 조립시의 조립도에 명시하여야 할 내용

① 동바리 · 멍에 등 부재의 재질
② 단면규격
③ 설치간격 및 이음방법

(3) 거푸집 동바리 등의 안전조치(거푸집 동바리 등을 조립하는 경우 준수사항)

① 깔목의 사용, 콘크리트 타설, 말뚝박기 등 동바리의 침하를 방지하기 위한 조치를 할 것
② 개구부 상부에 동바리를 설치하는 경우에는 상부하중을 견딜 수 있는 견고한 받침대를 설치할 것
③ 동바리의 상하 고정 및 미끄러짐 방지 조치를 하고, 하중의 지지상태를 유지할 것
④ 동바리의 이음은 맞댄이음이나 장부이음으로 하고 같은 품질의 재료를 사용할 것
⑤ 강재와 강재의 접속부 및 교차부는 볼트 · 클램프 등 전용철물을 사용하여 단단히 연결할 것
⑥ 거푸집이 곡면인 경우에는 버팀대의 부착 등 그 거푸집의 부상(浮上)을 방지하기 위한 조치를 할 것

(4) 거푸집 동바리로 사용하는 강관 등 설치기준

1) 동바리로 사용하는 강관(파이프 서포트, pipe support)의 설치기준

① 높이 2m 이내마다 수평연결재를 2개 방향으로 만들고 수평연결재의 변위를 방지할 것
② 멍에 등을 상단에 올릴 경우에는 해당 상단에 강재의 단판을 붙여 멍에 등을 고정시킬 것

2) 동바리로 사용하는 파이프 서포트의 설치기준

① 파이프 서포트를 3개 이상 이어서 사용하지 않도록 할 것
② 파이프 서포트를 이어서 사용하는 경우에는 4개 이상의 볼트 또는 전용철물을 사용하여 이을 것
③ 높이가 3.5m를 초과하는 경우에는 높이 2m 이내마다 수평연결재를 2개 방향으로 만들고 수평연결재의 변위를 방지할 것

3) 동바리로 사용하는 강관틀의 설치기준

① 강관틀과 강관틀 사이에 교차가새를 설치할 것
② 최상층 및 5층 이내마다 거푸집 동바리의 측면과 틀면의 방향 및 교차가새의 방향에서 5개 이내마다 수평연결재를 설치하고 수평연결재의 변위를 방지할 것

③ 최상층 및 5층 이내마다 거푸집 동바리의 틀면의 방향에서 양단 및 5개틀 이내마다 교차가새의 방향으로 띠장틀을 설치할 것
④ 멍에 등을 상단에 올린 경우에는 해당 상단에 강재의 단판을 붙여 멍에 등을 고정시킬 것

4) 동바리로 사용하는 조립강주의 설계기준
① 멍에 등을 상단에 올린 경우에는 해당 상단에 강재의 단판을 붙여 멍에 등을 고정시킬 것
② 높이가 4m를 초과하는 경우에는 높이 4m 이내마다 수평연결재를 2개 방향으로 설치하고 수평연결재의 변위를 방지할 것

5) 시스템 동바리(규격화·부품화된 수직재, 수평재 및 가새재 등의 부재를 현장에서 조립하여 거푸집으로 지지하는 동바리 형식을 말함)의 설치기준
① 수평재는 수직재와 직각으로 설치하여야 하며, 흔들리지 않도록 견고하게 설치할 것
② 연결철물을 사용하여 수직재를 견고하게 연결하고, 연결 부위가 탈락 또는 꺾어지지 않도록 할 것
③ 수직 및 수평하중에 의한 동바리 본체의 변위가 발생하지 않도록 각각의 단위수직재 및 수평재에는 가새재를 견고하게 설치하도록 할 것
④ 동바리 최상단과 최하단의 수직재와 받침철물은 서로 밀착되도록 설치하고 수직재와 받침철물의 연결부의 겹침길이는 받침철물 전체길이의 3분의 1 이상 되도록 할 것

6) 동바리로 사용하는 목재의 설치기준
① 멍에 등을 상단에 올릴 경우에는 해당 상단에 강재의 단판을 붙여 멍에 등을 고정시킬 것
② 목재를 이어서 사용하는 경우에는 2개 이상의 덧댐목을 대고 네 군데 이상 견고하게 묶은 후 상단을 보나 멍에에 고정시킬 것

(5) 조립 등 작업시의 준수사항

1) 기둥·보·벽체·슬래브 등의 거푸집 동바리 등을 조립하거나 해체하는 작업을 하는 경우 준수사항
① 해당 작업을 하는 구역에는 관계 근로자가 아닌 사람의 출입을 금지할 것
② 비, 눈, 그 밖의 기상상태의 불안정으로 날씨가 몹시 나쁜 경우에는 그 작업을 중지할 것
③ 재료, 기구 또는 공구 등을 올리거나 내리는 경우에는 근로자로 하여금 달줄·달포대 등을 사용하도록 할 것
④ 낙하·충격에 의한 돌발적 재해를 방지하기 위하여 버팀목을 설치하고 거푸집 동바리

등을 인양장비에 매단 후에 작업을 하도록 하는 등 필요한 조치를 할 것

2) **철근조립 등의 작업을 하는 경우 준수사항**
    ① 양중기로 철근을 운반할 경우에는 두 군데 이상 묶어서 수평으로 운반할 것
    ② 작업위치의 높이가 2m 이상일 경우에는 작업발판을 설치하거나 안전대를 착용하게 하는 등 위험방지를 위하여 필요한 조치를 할 것

02 작업발판 일체형 거푸집의 정의 및 종류

(1) **작업발판 일체형 거푸집** : 거푸집의 설치·해체, 철근 조립, 콘크리트 타설, 콘크리트 면처리 작업 등을 위하여 거푸집을 작업발판과 일체로 제작하여 사용하는 거푸집

(2) **종류**
    ① 갱 폼(gang form)
    ② 슬립 폼(slip form)
    ③ 클라이밍 폼(climbing form)
    ④ 터널 라이닝 폼(tunnel lining form)
    ⑤ 그 밖에 거푸집과 작업발판이 일체로 제작된 거푸집 등

03 거푸집을 해체할 때의 유의사항

① 해체작업을 할 때에는 안전모 등 안전보호장구를 착용토록 하여야 한다.
② 거푸집 해체작업장 주위에는 관계자를 제외하고는 출입을 금지시켜야 한다.
③ 상하 동시작업은 원칙적으로 금지하여 부득이한 경우에는 긴밀히 연락을 취하며 작업을 하여야 한다.
④ 거푸집 해체 때 구조체에 무리한 충격이나 큰 힘에 의한 지렛대 사용은 금지하여야 한다.
⑤ 보 또는 슬래브 거푸집을 제거할 때에는 거푸집의 낙하충격으로 인한 작업원의 돌발적 재해를 방지하여야 한다.
⑥ 해체된 거푸집이나 각목 등에 박혀 있는 못 또는 날카로운 돌출물은 즉시 제거하여야 한다.
⑦ 해체된 거푸집이나 각목은 재사용 가능한 것과 보수하여야 할 것을 선별, 분리하여 적치하고 정리정돈을 하여야 한다.

04 콘크리트 타설작업(안전보건규칙)

(1) **콘크리트의 타설작업(콘크리트 타설작업을 하는 경우 준수사항)**
    ① 당일의 작업을 시작하기 전에 해당 작업에 관한 거푸집 동바리 등의 변형·변위 및 지반의 침하유무 등을 점검하고 이상이 있으면 보수할 것

② 작업 중에는 거푸집 동바리 등의 변형·변위 및 침하유무 등을 감시할 수 있는 감시자를 배치하여 이상이 있으면 작업을 중지하고 근로자를 대피시킬 것
③ 콘크리트 타설작업시 거푸집 붕괴의 위험이 발생할 우려가 있으면 충분한 보강조치를 할 것
④ 설계도서상의 콘크리트 양생기간을 준수하여 거푸집동바리등을 해체할 것
⑤ 콘크리트를 타설하는 경우에는 편심이 발생하지 않도록 골고루 분산하여 타설할 것

(2) 콘크리트 펌프 또는 펌프카 등 사용시 준수사항

① 작업을 시작하기 전에 콘크리트 펌프용 비계를 점검하고 이상을 발견하였으면 즉시 보수할 것
② 건축물의 난간 등에서 작업하는 근로자가 호스의 요동·선회로 인하여 추락하는 위험을 방지하기 위하여 안전난간 설치 등 필요한 조치를 할 것
③ 콘크리트 펌프카의 붐을 조정하는 경우에는 주변의 전선 등에 의한 위험을 예방하기 위한 적절한 조치를 할 것
④ 작업 중에 지반의 침하, 아웃트리거의 손상 등에 의하여 콘크리트 펌프카가 넘어질 우려가 있는 경우에는 이를 방지하기 위한 적절한 조치를 할 것

05 철골공사

(1) 철골건립 중 강풍에 의한 풍압 등 외압에 대한 내력이 설계에 고려되었는지 확인해야 할 철골구조물(표준안전작업지침)

① 높이 20m 이상의 구조물
② 구조물의 폭과 높이의 비가 1 : 4 이상인 구조물
③ 단면구조에 현저한 차이가 있는 구조물
④ 연면적당 철골량이 50kg/m² 이하인 구조물
⑤ 기둥이 타이 플레이트(tie plate)형인 구조물
⑥ 이음부가 현장용접인 구조물

(2) 철골작업을 중지해야 할 기상조건

① 풍속이 초당 10m 이상인 경우
② 강우량이 시간당 1mm 이상인 경우
③ 강설량이 시간당 1cm 이상인 경우

(3) 철골공사의 재해방지설비

구분	기능	용도, 사용장소, 조건	설비
추락방지	안전한 작업대 가능한 작업대	높이 2m 이상의 장소로서 추락의 우려가 있는 작업	비계, 달비계, 수평통로, 안전난간대
	추락자를 보호할 수 있는 것	작업대 설치가 어렵거나 개구부 주위로 난간설치가 어려운 곳	추락방지용 방망
	추락의 우려가 있는 위험 장소에서 작업자의 행동을 제한하는 것	개구부 및 작업대의 끝	난간, 울타리
	작업자의 신체를 유지시키는 것	안전한 작업대나 난간설비를 할 수 없는 곳	안전대 부착 설비, 안전대, 구명줄
낙하·비래 및 비산 방지	위에서 낙하된 것을 막는 것	철골 건립, 볼트 체결 및 기타 상하 작업	방호철망, 방호울타리, 가설앵커설비
	제3자의 위해 방지	볼트, 콘크리트 덩어리, 형틀재, 일반자재, 먼지 등이 낙하·비산할 우려가 있는 작업	방호철망, 방호시트, 방호울타리, 방호선반, 안전망
	불꽃의 비산 방지	용접, 용단을 수반하는 작업	석면포

5. 건설기계 · 기구 안전

01 굴착용 기계

(1) 파워쇼벨(power shovel)

① 중기가 위치한 지면보다 높은 곳의 땅을 굴착하는데 적합하다.
② 용도 : 굳은 점토, 암석, 토사 등의 굴착, 쇄석 옮겨쌓기, 토사의 처리 등에 널리 쓰인다.

(2) 드래그쇼벨(drag shovel)=백호우(back hoe)

① 중기가 위치한 지면보다 낮은 곳의 땅을 굴착하는데 적합하다.
② 용도 : 지하층이나 기초의 굴착, 도랑파기굴착, 수중굴착 등에 쓰인다.

(3) 드래그라인(drag line)

① 지반보다 낮은 연질지반의 넓은 굴착에 적합하다.(힘이 약함)
② 용도 : 8m 정도의 기초흙파기 등 깊은 곳 굴착 등에 쓰인다.

(4) 크램셀(clam shell)

① 붐의 선반에서 크램셀버킷을 와이어로프에 매달아 바로 아래로 떨어뜨려 흙을 퍼올리는

토공기계이다.

② 용도 : 깊은 흙파기용, 흙막이 버팀대가 있는 좁은 곳, 케이슨(caisson) 내의 굴착 등 좁은 곳의 수직굴착, 자갈 등의 적재, 연약한 지반이나 수중굴착 등에 쓰인다.

02 정지용 기계

(1) **도저(dozer)** : 트랙터에 블레이드(blade, 배토판, 토공판)를 장치하여 송토(淞土), 절토(切土), 성토(盛土)작업을 할 수 있는 토공기계이다.

① 불도저(bull dozer)
② 앵글도저(angle dozer)
③ 틸트도저(tilt dozer)

(2) **스크레이퍼(scraper)** : 흙의 굴착, 싣기, 운반, 하역 등의 일관작업을 연속적으로 행할 수 있는 토공만능기이다.

(3) **모터그레이더(motor grader)** : 토공기계의 대패라고도 하며 지면을 절삭하여 평활하게 다듬는 정지용 기계이다.

(4) **로더(loader)**

1) 트랙터의 앞 작업장치에 버킷을 붙인 것으로 쇼벨도저(shovel dozer) 또는 트랙터 쇼벨(tractor shovel)이라고도 한다.

2) 로더의 작업
① 굴착작업
② 송토작업
③ 지면고르기 작업
④ 토사 깎아내기 작업

03 차량계 건설기계 위험방지

(1) **차량계 건설기계의 정의 및 종류**

1) **차량계 건설기계 정의** : 동력원을 사용하여 특정되지 아니한 장소로 스스로 이동할 수 있는 건설기계

2) **종류**
① 도저형 건설기계(불도저, 스트레이트도저, 틸트도저, 앵글도저, 버킷도저 등)
② 모터그레이더

③ 로더(포크 등 부착물 종류에 따른 용도변경 형식을 포함)
④ 스크레이퍼
⑤ 크레인형 굴착기계(크램쉘, 드래그라인 등)
⑥ 굴삭기(브레이커, 크러셔, 드릴 등 부착물 종류에 따른 용도변경 형식을 포함)
⑦ 항타기 및 항발기
⑧ 천공용 건설기계(어스드릴, 어스오거, 크롤러드릴, 점보드릴 등)
⑨ 지반 압밀침하용 건설기계(샌드드레인머신, 페이퍼드레인머신, 팩트드레인머신 등)
⑩ 지반 다짐용 건설기계(타이어롤러, 매커덤롤러, 탠덤롤러 등)
⑪ 준설용 건설기계(버킷준설선, 그래브준설선, 펌프준설선 등)
⑫ 콘크리트 펌프카
⑬ 덤프트럭
⑭ 콘크리트 믹서 트럭
⑮ 도로포장용 건설기계(아스팔트 살포기, 콘크리트 살포기, 아스팔트 피니셔, 콘크리트 피니셔 등)
⑯ 제1호부터 제15호까지와 유사한 구조 또는 기능을 갖는 건설기계로서 건설작업에 사용하는 것

(2) 헤드가드를 갖추어야 할 차량계 건설기계

① 불도저
② 트랙터
③ 쇼벨(shovel)
④ 로더(loader)
⑤ 파우더 쇼벨(powder shovel)
⑥ 드래그 쇼벨(drag shovel)

(3) 차량계 건설기계의 전도·전락에 의한 근로자의 위험방지 조치사항

① 유도자 배치
② 지반의 부동침하 방지
③ 갓길의 붕괴방지
④ 도로 폭의 유지

(4) 차량계 건설기계의 이송시 준수사항
: 차량계 건설기계를 이송하기 위하여 자주(自走) 또는 견인에 의하여 화물자동차 등에 싣거나 내리는 작업을 할 때에 발판·성토 등을 사용하는 경우에는 해당 차량계 건설기계의 전도 또는 전락에 의한 위험 방지를 위해 준수할 사항

① 싣거나 내리는 작업은 평탄하고 견고한 장소에서 할 것
② 발판을 사용하는 경우에는 충분한 길이·폭 및 강도를 가진 것을 사용하고 적당한 경사를

유지하기 위하여 견고하게 설치할 것
③ 마대·가설대 등을 사용하는 경우에는 충분한 폭 및 강도와 적당한 경사를 확보할 것

(5) 차량계 건설기계의 붐·암 등의 불시하강에 의한 위험방지 조치사항
① 안전지주 사용
② 안전블록 사용

(6) 수리 등의 작업시 조치사항(작업지휘자 지정·준수사항)
① 작업순서를 결정하고 작업을 지휘할 것
② 안전지주 또는 안전블록 등의 사용상황 등을 점검할 것

04 항타기 및 항발기의 위험방지

(1) 항타기 또는 항발기를 조립하는 경우 점검사항
① 본체 연결부의 풀림 또는 손상의 유무
② 권상용 와이어로프·드럼 및 도르래의 부착상태의 이상 유무
③ 권상장치의 브레이크 및 쐐기장치 기능의 이상 유무
④ 권상기의 설치상태의 이상 유무
⑤ 버팀의 방법 및 고정상태의 이상 유무

(2) 항타기·항발기의 도괴(倒壞)방지를 위해 준수해야 할 사항
① 연약한 지반에 설치하는 경우에는 각부(脚部)나 가대(架臺)의 침하를 방지하기 위하여 깔판·깔목 등을 사용할 것
② 시설 또는 가설물 등에 설치하는 경우에는 그 내력을 확인하고 내력이 부족하면 그 내력을 보강할 것
③ 각부나 가대가 미끄러질 우려가 있는 경우에는 말뚝 또는 쐐기 등을 사용하여 각부나 가대를 고정시킬 것
④ 궤도 또는 차로 이동하는 항타기 또는 항발기에 대해서는 불시에 이동하는 것을 방지하기 위하여 레일 클램프(rail clamp) 및 쐐기 등으로 고정시킬 것
⑤ 버팀대만으로 상단부분을 안정시키는 경우에는 버팀대는 3개 이상으로 하고 그 하단 부분은 견고한 버팀말뚝 또는 철골 등으로 고절시킬 것
⑥ 버팀줄만으로 상단부분을 안정시키는 경우에는 버팀줄을 3개 이상으로 하고 같은 간격으로 배치할 것
⑦ 평형추를 사용하여 안정시키는 경우에는 평형추의 이동을 방지하기 위하여 가대에 견고하게 부착시킬 것

(3) 항타기 또는 항발기의 권상용 와이어로프의 안전계수 : 5 이상

(4) **권상용 와이어로프의 길이 등**

① 권상용 와이어로프는 추 또는 해머가 최저의 위치에 있을 때 또는 널말뚝을 빼내기 시작할 때를 기준으로 권상장치의 드럼에 적어도 2회 감기고 남을 수 있는 충분한 길이일 것
② 권상용 와이어로프는 권상장치의 드럼에 클램프·클립 등을 사용하여 견고하게 고정할 것

(5) **도르래의 부착 등**

① 항타기 또는 항발기의 권상장치의 드럼축과 권상장치로부터 첫 번째 도르래의 축 간의 거리를 권상장치 드럼폭의 15배 이상으로 하여야 한다.
② 도르래는 권상장치의 드럼 중심을 지나야 하며 축과 수직면상에 있어야 한다.

05 차량계 하역운반기계의 위험방지

(1) **차량계 하역운반기계의 종류**

① 지게차
② 구내운반차
③ 화물자동차

(2) **차량계 하역운반기계의 전도·전락에 의한 위험방지 조치사항**

① 유도자 배치
② 지반의 부동침하 방지
③ 갓길(노견)의 붕괴 방지

(3) **차량계 하역운반기계 등의 접촉에 의한 위험방지 조치사항**

① 위험장소에 출입금지
② 작업지휘자 또는 유도자 배치

(4) **차량계 하역운반기계 등에 화물을 적재하는 경우 준수사항**

① 하중이 한쪽으로 치우치지 않도록 적재할 것
② 구내운반차 또는 화물자동차의 경우 화물의 붕괴 또는 낙하에 의한 위험을 방지하기 위하여 화물에 로프를 거는 등 필요한 조치를 할 것
③ 운전자의 시야를 가리지 않도록 화물을 적재할 것

(5) **차량계 하역운반기계 등의 이송** : 차량계 하역운반기계 등을 이송하기 위하여 자주(自走) 또는 견인에 의하여 화물자동차에 싣거나 내리는 작업을 할 때에 발판·성토 등을 사용하는 경우에는 해당 차량계 하역운반기계 등의 전도 또는 전락에 의한 위험방지를 위해 준수해야 할 사항

① 싣거나 내리는 작업은 평탄하고 견고한 장소에서 할 것

② 발판을 사용하는 경우에는 충분한 길이·폭 및 강도를 가진 것을 사용하고 적당한 경사를 유지하기 위하여 견고하게 설치할 것
③ 가설대 등을 사용하는 경우에는 충분한 폭 및 강도와 적당한 경사를 확보할 것
④ 지정운전자의 성명·연락처 등을 보기 쉬운 곳에 표시하고 지정운전자 외에는 운전하지 않도록 할 것

(6) **싣거나 내리는 작업** : 차량계 하역운반기계 등에 단위화물의 무게가 100kg 이상인 화물을 싣는 작업(로프걸이 작업 및 덮개 덮기 작업을 포함) 또는 내리는 작업(로프 풀기작업 또는 덮개 벗기기 작업을 포함)을 하는 경우에 해당 작업 지휘자의 준수사항
① 작업순서 및 그 순서마다의 작업방법을 정하고 작업을 지휘할 것
② 기구와 공구를 점검하고 불량품을 제거할 것
③ 해당 작업을 하는 장소에 관계 근로자가 아닌 사람이 출입하는 것을 금지할 것
④ 로프 풀기작업 또는 덮개 벗기기 작업은 적재함의 화물이 떨어질 위험이 없음을 확인한 후에 하도록 할 것

06 지게차 및 구내운반차의 위험방지

(1) **지게차 헤드가드(head guard)의 구비조건**
① 강도는 지게차의 최대하중의 2배값(4톤을 넘는 값에 대해서는 4톤으로 함)의 등분포정하중(等分布靜荷重)에 견딜 수 있을 것
② 상부틀의 각 개구의 폭 또는 길이가 16cm 미만일 것
③ 운전자가 앉아서 조작하거나 서서 조작하는 지게차의 헤드가드는 산업표준화법에 따른 한국산업표준에서 정하는 높이기준 이상일 것
  ㉠ 입식 : 1.88m
  ㉡ 좌석 : 0.903m

(2) **구내운반차 사용시 준수사항**(작업장 내 운반을 주목적으로 하는 차량으로 한정)
① 주행을 제동하거나 정지상태를 유지하기 위하여 유효한 제동장치를 갖출 것
② 경음기를 갖출 것
③ 핸들의 중심에서 차체 바깥측까지의 거리가 65cm 이상일 것
④ 운전석이 차 실내에 있는 것은 좌우에 한 개씩 방향지시기를 갖출 것
⑤ 전조등과 후미등을 갖출 것. 다만, 작업을 안전하게 하기 위하여 필요한 조명이 있는 장소에서 사용하는 구내운반차의 대해서는 제외

07 화물자동차

(1) 섬유로프 등의 점검 등 : 섬유로프 등을 화물자동차의 짐걸이에 사용하는 경우 해당 작업시작 전 조치사항

① 작업순서와 순서별 작업방법을 결정하고 작업을 직접 지휘하는 일
② 기구와 공구를 점검하고 불량품을 제거하는 일
③ 해당 작업을 하는 장소에 관계 근로자가 아닌 사람의 출입을 금지하는 일
④ 로프 풀기작업 및 덮개 벗기기 작업을 하는 경우에는 적재함의 화물에 낙하 위험이 없음을 확인한 후에 해당 작업의 착수를 지시하는 일

(2) 화물 중간에서 빼내기 금지 : 화물자동차에서 화물을 내리는 작업을 하는 경우에는 그 작업을 하는 근로자에게 쌓여있는 화물의 중간에서 화물을 빼내도록 해서는 안 됨

08 고소작업대를 설치하는 경우 설치조건

① 작업대를 와이어로프 또는 체인으로 올리거나 내릴 경우에는 와이어로프 또는 체인이 끊어져 작업대가 떨어지지 아니하는 구조여야 하며, 와이어로프 또는 체인의 안전율은 5 이상일 것
② 작업대를 유압에 의해 올리거나 내릴 경우에는 작업대를 일정한 위치에 유지할 수 있는 장치를 갖추고 압력의 이상저하를 방지할 수 있는 구조일 것
③ 권과방지장치를 갖추거나 압력의 이상상승을 방지할 수 있는 구조일 것
④ 붐의 최대 지면경사각을 초과 운전하여 전도되지 않도록 할 것
⑤ 작업대에 정격하중(안전율 5 이상)을 표시할 것
⑥ 작업대에 끼임·충돌 등 재해를 예방하기 위한 가드 또는 과상승방지장치를 설치할 것
⑦ 조작반의 스위치는 눈으로 확인할 수 있도록 명칭 및 방향표시를 유지할 것

09 컨베이어의 방호장치

① **이탈 및 역주행 방지장치** : 정전·전압강하 등에 따른 화물 또는 운반구의 이탈 및 역주행을 방지하는 장치
② **덮개 또는 울** : 컨베이어 등으로부터 화물의 낙하로 인한 위험을 방지하기 위해 설치
③ **비상정지장치** : 컨베이어 등에 근로자의 신체의 일부가 말려들 우려가 있는 경우 및 비상시에 설치
④ **건널다리** : 운전 중인 컨베이어 등의 위로 근로자를 넘어가도록 하는 경우 위험을 방지하기 위해 설치

10 양중기의 위험방지

(1) 양중기의 종류

① 크레인[호이스트(hoist) 포함]
② 이동식 크레인
③ 리프트(이삿짐운반용 리프트의 경우에는 적재하중이 0.1톤 이상인 것으로 한정)
④ 곤돌라
⑤ 승강기

(2) 양중기(승강기 제외) 및 달기구의 운전자 또는 작업자가 보기 쉬운 곳에 표시할 사항

① 정격하중   ② 운전속도   ③ 경고표시

(3) 양중기의 종류에 따른 방호장치

1) 양중기의 종류

① 크레인
② 이동식 크레인
③ 차량 작업부에 탑재되는 이삿짐운반용 리프트(자동차관리법)
④ 간이리프트(자동차정비용 리프트는 제외)
⑤ 곤돌라
⑥ 승강기

2) 양중기의 방호장치의 종류 : 상기 양중기 1)의 방호장치는 다음 각 호와 같으며, 방호장치가 정상적으로 작동될 수 있도록 미리 조정해 둘 것

① 과부하방지장치   ② 권과방지장치
③ 비상정지장치   ④ 제동장치

3) 승강기의 방호장치

① 파이널 리미트 스위치(final limit switch)
② 속도조절기[조속기(調速機)]
③ 출입문 인터록(inter lock)

(4) 크레인

1) 조립 등의 작업 시 조치사항 : 크레인의 설치·조립·수리·점검 또는 해체작업을 하는 경우 조치사항

① 작업순서를 정하고 그 순서에 따라 작업을 할 것
② 작업을 할 구역에 관계 근로자가 아닌 사람의 출입을 금지하고 그 취지를 보기 쉬운 곳에

표시할 것

③ 비·눈, 그 밖에 기상상태의 불안정으로 날씨가 몹시 나쁜 경우에는 그 작업을 중지시킬 것

④ 작업장소는 안전한 작업이 이루어질 수 있도록 충분한 공간을 확보하고 장애물이 없도록 할 것

⑤ 들어 올리거나 내리는 기자재는 균형을 유지하면서 작업을 하도록 할 것

⑥ 크레인의 성능, 사용조건 등에 따라 충분한 응력(應力)을 갖는 구조로 기초를 설치하고 침하 등이 일어나지 않도록 할 것

⑦ 규격품인 조립용 볼트를 사용하고 대칭되는 곳을 차례로 결합하고 분해할 것

2) **폭풍에 의한 이탈방지** : 순간풍속이 30m/sec를 초과하는 바람이 불어올 우려가 있는 경우 옥외에 설치되어 있는 주행 크레인에 대하여 이탈방지장치를 작동시키는 등 이탈방지를 위한 조치를 하여야 한다.

3) **폭풍 등으로 인한 이상유무 점검** : 순간풍속이 30m/sec를 초과하는 바람이 불거나 중진(中震) 이상 진도의 지진이 있은 후에 옥외에 설치되어 있는 양중기를 사용하여 작업을 하는 경우에는 미리 기계 각 부위에 이상이 있는지를 점검하여야 한다.

4) **건설물 등과의 사이 통로**

① 주행 크레인 또는 선회 크레인과 건설물 또는 설비와의 사이에 통로를 설치하는 경우 그 폭을 0.6m 이상으로 하여야 한다. 다만, 그 통로 중 건설물의 기둥에 접촉하는 부분에 대해서는 0.4m 이상으로 할 수 있다.

② (제1항에 따른) 통로 또는 주행궤도 상에서 정비·보수·점검 등의 작업을 하는경우 그 작업에 종사하는 근로자가 주행하는 크레인에 접촉될 우려가 없도록 크레인의 운전을 정지시키는 등 필요한 안전조치를 하여야 한다.

5) **건설물 등의 벽체와 통로의 간격 등** : 다음 각 호의 간격을 0.3m 이하로 하여야 한다. 다만, 근로자가 추락할 위험이 없는 경우에는 그 간격을 0.3m 이하로 유지하지 아니할 수 있다.

① 크레인의 운전실 또는 운전대를 통하는 통로의 끝과 건설물 등의 벽체의 간격
② 크레인 거더(girder)의 통로 끝과 크레인 거더의 간격
③ 크레인 거더의 통로로 통하는 통로의 끝과 건설물 등의 벽체의 간격

(5) 리프트의 위험방지

1) **리프트의 방호장치** : 리프트(간이 리프트는 제외)는 운반구의 이탈 등의 위험방지를 위해 다음의 방호장치를 설치할 것

① 권과방지장치
② 과부하방지장치

③ 비상정지장치

2) 붕괴 등의 방지 : 순간풍속이 35m/sec를 초과하는 바람이 불어올 우려가 있는 경우 건설작업용 리프트(지하에 설치되어 있는 것은 제외)에 대하여 받침의 수를 증가시키는 등 그 붕괴 등을 방지하기 위한 조치를 할 것

3) 리프트의 설치·조립·수리·점검 또는 해체작업을 하는 경우 조치사항
① 작업을 지휘하는 사람을 선임하여 그 사람의 지휘하에 작업을 실시할 것
② 작업을 할 구역에 관계 근로자가 아닌 사람의 출입을 금지하고 그 취지를 보기 쉬운 장소에 표시할 것
③ 비·눈, 그밖에 기상상태의 불안정으로 날씨가 몹시 나쁜 경우에는 그 작업을 중지시킬 것

4) 작업을 지휘하는 사람의 이행사항
① 작업방법과 근로자의 배치를 결정하고 해당 작업을 지휘하는 일
② 재료의 결함 유무 또는 기구 및 공구의 기능을 점검하고 불량품을 제거하는 일
③ 작업 중 안전대 등 보호구의 착용 상황을 감시하는 일

5) 화물의 낙하 방지 : 이삿짐 운반용 리프트 운반구로부터 화물이 빠짐 및 낙하방지 조치사항
① 화물을 적재시 하중이 한쪽으로 치우치지 않도록 할 것
② 적재화물이 떨어질 우려가 있는 경우에는 화물에 로프를 거는 등 낙하방지 조치를 할 것

(6) 승강기

1) 폭풍에 의한 도괴 방지 : 순간풍속이 35m/sec를 초과하는 바람이 불어올 우려가 있는 경우 옥외에 설치되어 있는 승강기에 대하여 받침의 수를 증가시키는 등 그 도괴를 방지하기 위한 조치를 할 것

2) 승강기의 설치·조립·수리·점검 또는 해체작업을 하는 경우 조치사항
① 작업을 지휘하는 사람을 선임하여 그 사람의 지휘하에 작업을 실시할 것
② 작업을 할 구역에 관계 근로자가 아닌 사람의 출입을 금지하고 그 취지를 보기 쉬운 장소에 표시할 것
③ 비·눈, 그 밖에 기상상태의 불안정으로 날씨가 몹시 나쁜 경우에는 그 작업을 중지시킬 것

(7) 와이어로프 등 달기구의 안전계수

① 근로자가 탑승하는 운반구를 지지하는 달기와이어로프 또는 달기체인의 경우 : 10 이상
② 화물의 하중을 직접 지지하는 달기와이어로프 또는 달기체인의 경우 : 5 이상

③ 훅, 샤클, 클램프, 리프팅 빔의 경우 : 3 이상
④ 그 밖의 경우 : 4 이상

6. 사고형태별 안전

01 추락에 의한 안전방지

(1) 추락하거나 넘어질 위험이 있는 장소(작업발판끝·개구부 등은 제외) 또는 기계·설비·선박블록 등에서 작업시 추락위험방지 조치사항

① (비계를 조립하여) 작업발판 설치
② 추락방호망 설치
③ 안전대 착용

(2) 추락방호망 설치기준

① 설치위치 : 가능하면 작업면으로부터 가까운 지점에 설치하여야 하며, 작업면으로부터 망의 설치지점까지의 수직거리는 10m를 초과하지 아니할 것
② 추락방호망 수평으로 설치할 것
③ 추락방호망의 처짐 : 짧은 변 길이의 12% 이상이 되도록 할 것
④ 추락방호망의 내민 길이 : 벽면으로부터 3m 이상, 다만 그물코가 20mm 이하인 망을 사용한 경우에는 낙하물방지망을 설치한 것으로 봄

(3) 작업발판 및 통로의 끝이나 개구부 등의 추락위험방지 조치사항

① 안전난간·울타리·수직형 추락방망 또는 덮개 설치(덮개는 뒤집히거나 떨어지지 않도록 설치하고, 어두운 장소에서도 알아볼 수 있도록 개구부임을 표시할 것)
② 추락방호망 설치
③ 안전대 착용

(4) 슬레이트, 선라이트 등 지붕 위에서의 위험방지(강도가 약한 재료로 덮은 지붕)

① 폭 30cm 이상의 발판을 설치
② 추락방호망 설치

02 낙하물 등에 의한 위험방지

(1) 물체의 낙하·비래에 의한 위험방지 조치사항

① 낙하물 방지망, 수직보호망 또는 방호선반의 설치

② 출입금지구역의 설정
③ 보호구의 착용 등

(2) 낙하물 방지망 또는 방호선반 등의 설치시 준수사항
① 높이 10m 이내마다 설치하고, 내민 길이는 벽면으로부터 2m 이상으로 할 것
② 수평면과의 각도는 20° 이상 30° 이하를 유지할 것

(3) 투하설비 설치 등 : 높이가 3m 이상인 장소로부터 물체를 투하하는 경우 위험방지 조치사항
① 투하설비를 설치할 것
② 감시인을 배치할 것

03 붕괴 등에 의한 위험방지

(1) 붕괴·낙하에 의한 위험방지 : 지반의 붕괴, 구축물의 붕괴 또는 토석의 낙하 등에 의하여 근로자가 위험해질 우려가 있는 경우 위험방지 조치사항
① 지반은 안전한 경사로 하고 낙하의 위험이 있는 토석을 제거하거나 옹벽, 흙막이 지보공 등을 설치할 것
② 지반의 붕괴 또는 토석의 낙하 원인이 되는 빗물이나 지하수 등을 배제할 것
③ 갱내의 낙반·측벽(側壁) 붕괴의 위험이 있는 경우에는 지보공을 설치하고 부석을 제거하는 등 필요한 조치를 할 것

(2) 구축물 또는 이와 유사한 시설물의 안전성 평가 : 구축물 또는 이와 유사한 시설물이 다음 각 호의 어느 하나에 해당하는 경우 안전진단 등 안전성 평가를 하여 근로자에게 미칠 위험성을 미리 제거하도록 할 것
① 구축물 또는 이와 유사한 시설물의 인근에서 굴착·항타작업 등으로 침하·균열 등이 발생하여 붕괴의 위험이 예상될 경우
② 구축물 또는 이와 유사한 시설물에 지진, 동해(凍害), 부동침하(不同沈下) 등으로 균열·비틀림 등이 발생하였을 경우
③ 구조물, 건축물, 그 밖의 시설물이 그 자체의 무게·적설·풍압 또는 그 밖에 부가되는 하중 등으로 붕괴 등의 위험이 있을 경우
④ 화재 등으로 구축물 또는 이와 유사한 시설물의 내력(耐力)이 심하게 저하되었을 경우
⑤ 오랜 기간 사용하지 아니하던 구축물 또는 이와 유사한 시설물을 재사용하게 되어 안전성을 검토하여야 하는 경우
⑥ 그 밖의 잠재위험이 예상될 경우

04 토사붕괴의 원인 및 안전기준(굴착공사 표준안전작업지침)

(1) 토사붕괴의 원인

   1) 외적 원인

   ① 사면, 법면의 경사 및 기울기의 증가
   ② 절토 및 성토 높이의 증가
   ③ 공사에 의한 진동 및 반복하중의 증가
   ④ 지표수 및 지하수의 침투에 의한 토사 중량의 증가
   ⑤ 지진, 차량, 구조물의 하중작용
   ⑥ 토사 및 암석의 혼합층 두께

   2) 내적 원인

   ① 절토사면의 토질·암질
   ② 성토사면의 토질 구성 및 분포
   ③ 토석의 강도 저하

(2) 토사붕괴의 발생을 예방하기 위한 조치사항

   ① 적절한 경사면의 기울기를 계획하여야 한다.
   ② 경사면의 기울기가 당초 계획과 차이가 발생되면 즉시 재검토하여 계획을 변경시켜야 한다.
   ③ 활동할 가능성이 있는 토석을 제거하여야 한다.
   ④ 경사면의 하단부에 암성토 등 보강공법으로 활동에 대한 저항 대책을 강구하여야 한다.
   ⑤ 말뚝(강관, H형강, 철근 콘크리트)을 타입하여 지반을 강화시킨다.

(3) 토사붕괴의 발생을 예방하기 위한 점검사항

   ① 전 지표면의 답사
   ② 경사면의 지층 변화부 상황 확인
   ③ 부석의 상황 변화의 확인
   ④ 용수의 발생 유무 또는 용수량의 변화 확인
   ⑤ 결빙과 해빙에 대한 상황의 확인
   ⑥ 각종 경사면 보호공의 변위, 탈락 유무
   ⑦ 점검시기는 작업 전·중·후, 비온 후, 인접 작업구역에서 발파한 경우에 실시한다.

사업의 종류	규 모
1. 토사석 광업 2. 목재 및 나무제품 제조업 : 가구 제외 3. 화학물질 및 화학제품 제조업 : 의약품 제외(세제, 화장품 및 광택제 제조업과 화학섬유 제조업은 제외) 4. 비금속 광물제품 제조업 5. 1차 금속 제조업 6. 금속가공제품 제조업 : 기계 및 기구는 제외 7. 자동차 및 트레일러 제조업 8. 기타 기계 및 장비 제조업(사무용 기계 및 장비 제조업은 제외) 9. 기타 운송장비 제조업(전투용 차량 제조업은 제외)	상시근로자 50명 이상
10. 농업 11. 어업 12. 소프트웨어 개발 및 공급업 13. 컴퓨터 프로그래밍, 시스템 통합 및 관리업 14. 정보서비스업 15. 금융 및 보험업 16. 임대업 : 부동산 제외 17. 전문 과학 및 기술 서비스업(연구개발업은 제외) 18. 사업지원 서비스업 19. 사회복지 서비스업	상시근로자 300명 이상
20. 건설업	공사금액 120억원 이상 (토목공사업에 해당하는 공사의 경우에는 150억원 이상)
21. 제1호부터 제20호까지의 사업을 제외한 사업	상시근로자 100명 이상

PART 02

실기 필답형 산업안전기사

01 다음 프레스 방호장치의 설명에 적합한 방호장치의 명칭을 각각 쓰시오.

(1) 2개의 누름버튼을 위험점으로부터 안전거리 이상으로 격리시켜 놓고 양손으로 동시에 조작하지 않으면 슬라이드가 작동되지 않는 구조
(2) 슬라이드와 작업자의 손을 끈으로 연결하여 슬라이드 하강시 작업자 손을 당겨 위험영역에서 빼낼 수 있도록 한 장치
(3) 슬라이드가 하강중일 때 손이나 신체의 일부가 금형에 접근하는 것을 검출기구를 통해서 감지하고 제어회로를 통해서 자동적으로 슬라이드를 정지시키는 장치
(4) 제수봉이 슬라이드와 직결되어 슬라이드 하강에 의해 위험구역 내에 있는 작업자의 손을 우에서 좌로 또는 좌에서 우로 쳐내어 방호하는 장치

 1) 양수조작식 방호장치
2) 수인식 방호장치
3) 감응식 방호장치
4) 손쳐내기식 방호장치

▶ 프레스기 및 행정길이에 따른 방호장치
1) 1행정 1정지식, 크랭크 프레스
　① 양수조작식 방호장치
　② 게이트 가드식 방호장치
2) 행정길이(stroke)가 40mm 이상인 프레스, 행정 수 120spm 이하
　① 손쳐내기식 방호장치
　② 수인식 방호장치
3) 슬라이드 작동 중 정지 가능한 구조, 마찰프레스 : 감응식(광전자식) 방호장치

02 산업안전보건위원회의 심의·의결사항을 4가지 쓰시오

1) 산업재해예방계획의 수립에 관한 사항
2) 안전보건관리규정의 작성 및 변경에 관한 사항
3) 근로자의 안전·보건교육에 관한 사항
4) 작업환경의 측정 등 작업환경의 점검 및 개선에 관한 사항
5) 근로자의 건강진단 등 건강관리에 관한 사항
6) 중대재해의 원인조사 및 재발방지대책의 수립에 관한 사항
7) 산업재해에 관한 통계의 기록·유지에 관한 사항
8) 유해하거나 위험한 기계·기구와 그 밖의 설비를 도입한 경우 안전·보건조치에 관한사항

주 산업안전보건위원회의 심의·의결사항 : 법 제24조 제2항

03 다음 안전·보건교육 대상자별 교육시간을 쓰시오.

(1) 사무직 종사 근로자의 정기교육시간
(2) 일용근로자를 제외한 근로자의 채용시의 교육시간
(3) 일용근로자를 제외한 근로자의 직업내용 변경시의 교육시간
(4) 안전관리자의 신규교육시간
(5) 안전보건관리책임자의 보수교육시간

(1) 매분기 3시간 이상   (2) 8시간 이상
(3) 2시간 이상   (4) 34시간 이상
(5) 6시간 이상

주 산업안전·보건 관련 교육과정별 교육시간 : 시행규칙 별표 4

04 근로자의 추락 등의 위험을 방지하기 위해 설치하는 안전난간의 구성요소 4가지를 쓰시오.

1) 상부난간대   2) 중간난간대
3) 발끝막이판   4) 난간기둥

▶ 안전난간의 구조 및 설치요건(안전보건규칙 제13조)
1) 상부난간대·중간난간대·발끝막이판 및 난간기둥으로 구성할 것
2) 상부난간대는 바닥면·발판 또는 경사로의 표면(이하 "바닥면 등")으로부터 90cm 이상 지점에 설치
   ① 상부난간대를 120cm 이하에 설치하는 경우 : 중간난간대는 상부난간대와 바닥면 등의 중간에 설치
   ② 상부난간대를 120cm 이상 지점에 설치하는 경우 : 중간난간대를 2단 이상으로 균등하게 설치하고 난간의 상하간격은 60cm 이하가 되도록 할 것
3) 발끝막이판은 바닥면 등으로부터 10cm 이상의 높이를 유지할 것
4) 난간대는 지름 2.7cm 이상의 금속재 파이프나 그 이상의 강도를 가진 재료일 것
5) 안전난간은 구조적으로 가장 취약한 지점에서 가장 취약한 방향으로 작용하는 100kg 이상의 하중에 견딜 수 있는 튼튼한 구조일 것

05 위험 및 운전성 검토(HAZOP)에서 다음에 설명하는 유인어(guidewords)를 쓰시오.

(1) 완전한 대체 :
(2) 성질상의 증가 :
(3) 설계의도의 완전한 부정 :
(4) 설계의도의 논리적인 반대(역) :

(1) Other than   (2) As well As
(3) No 또는 Not   (4) Reverse

1) 위험 및 운전성 검토(hazard and operability study)
   각각의 장비에 대해 잠재된 위험이나 기능저하, 운전 잘못 등과 전체로서의 시설에 결과적으로 미칠 수 있는 영향 등을 평가하기 위해서 공정이나 설계도 등에 체계적이고 비판적인 검토를 행하는 것을 말한다.
2) 용어의 정의
   ① 의도(intention) : 어떤 부분이 어떻게 작동되리라고 기대된 것을 의미하는 것으로 서술적일 수도 있고 도면화될 수 있다.
   ② 이상(deviations) : 의도에서 벗어난 것을 말하며, 유인어를 체계적으로 적용하여 얻어진다.
   ③ 원인(causes) : 이상이 발생한 원인을 의미한다.
   ④ 결과(consequences) : 이상이 발생할 경우 그것에 대한 결과이다.
   ⑤ 위험(hazard) : 손실, 손상, 부상 등을 초래할 수 있는 결과를 의미한다.
   ⑥ 유인어(guidewords) : 간단한 용어(말)로서 창조적 사고를 유도하고 자극하여 이상을 발견하고, 의도를 한정하기 위해 사용된다. 즉, 다음과 같은 의미를 나타낸다.
      ㉠ NO 또는 Not : 설계의도의 완전한 부정
      ㉡ More 또는 Less : 정량적인 양(압력, 온도, 반응, 흐름률(flow rate) 등의 증가 또는 감소)
      ㉢ As well as : 성질상의 증가
      ㉣ Part of : 성질상의 감소, 일부변경
      ㉤ Reverse : 설계 의도의 논리적인 반대(역)
      ㉥ Other than : 완전한 대체

06 재해코스트(cost)를 구하는 시몬즈 방식에서 비보험코스트를 구성하는 항목을 4가지 쓰시오.

1) 휴업상해건수
2) 통원상해건수
3) 응급조치 건수
4) 무상해사고건수

▶ 시몬즈(Simonds)방식
  ∴ 총재해 cost=산재보험 cost+비보험 cost
1) 산재보험 cost : 산업재해보상보험법에 의해 보상된 금액과 보험회사의 보상에 관련된 제 경비 및 이익금을 합친 금액
2) 비보험 cost=(휴업상해건수×A)+(통원상해건수×B)+(응급조치건수×C)+(무상해사고건수×D)
  여기서, A, B, C, D는 장해정도별에 의한 비보험 cost의 평균치

07 방독마스크 정화통의 시험가스농도가 1.5%에서 표준유효시간이 80분인 정화통을 유해가스농도가 0.8%인 작업장에서 사용할 경우 정화통의 유효사용가능시간을 계산하시오.

 정화통의 유효시간 = $\dfrac{\text{표준유효시간} \times \text{시험가스농도}}{\text{사용하는작업장공기중 유해가스농도}}$ 분

$= \dfrac{80 \times 1.5}{0.8} = 150$

1) 정화통(흡수관)의 파과
   흡수관속의 흡수제가 포화되어 흡수 능력을 상실하면 유해가스가 제거되지 않은 채 통과되는데 이런 상태를 흡수관의 파과라고 한다.
2) **정화통의 파과시간 = 유효시간**

08 충전전로 인근에서 작업을 하는 경우에는 노출 충전부에 접근한계거리 이내로 접근하여서는 아니 된다. 다음의 충전전로의 선간전압에 따른 접근한계거리를 쓰시오.

(1) 380V :
(2) 1.5kV :
(3) 6.6kV :
(4) 22.9kV :

(1) 30cm (2) 45cm
(3) 60cm (4) 90cm

▶ 접근한계거리 : 접근한계거리에서 ① 번에서 ⑥ 번까지는 암기하여야 합니다.

충전전로의 선간전압(단위 : kV)	충전전로에 대한 접근한계거리(cm)
0.3 이하	접촉금지
0.3 초과 0.75 이하	30
0.75 초과 2이하	45
2 초과 15 이하	60
15 초과 37 이하	90
37 초과 88 이하	110
88 초과 121 이하	130
121 초과 145 이하	150
145 초과 169 이하	170
169 초과 242 이하	230
242 초과 362 이하	380
362 초과 550 이하	550
550 초과 800이하	790

09 다음 그림은 연삭기 덮개의 노출각도를 나타낸 것이다. 그림에서 ①, ②, ③ 번호의 각도를 쓰시오.

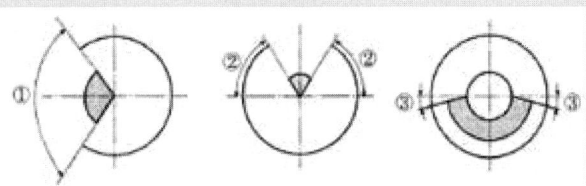

① 125° 이내
② 60° 이상
③ 15° 이상

▶ 연삭기 덮개의 노출각도
1) 탁상용 연삭기의 덮개
  ① 덮개의 최대노출각도 : 90° 이내(원주의 1/4 이내)

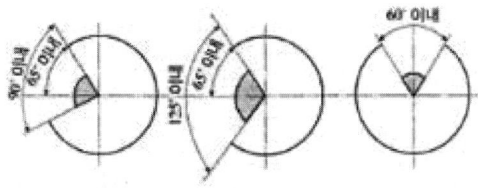

[그림] 탁상용 연삭기의 덮개노출각도
  ② 숫돌 주축에서 수평면 위로 이루는 원주각도 : 65° 이내
  ③ 수평면 이하의 부문에서 연삭할 경우 : 125°까지 증가
  ④ 숫돌의 상부사용을 목적으로 할 경우 : 60° 이내
2) 원통 연삭기, 만능 연삭기의 덮개 : 덮개의 노출각은 180° 이내
3) 휴대용 연삭기, 스윙 연삭기의 덮개 : 덮개의 노출각은 180° 이내
4) 평면 연삭기, 절단 연삭기의 덮개 : 덮개의 노출각은 150° 이내

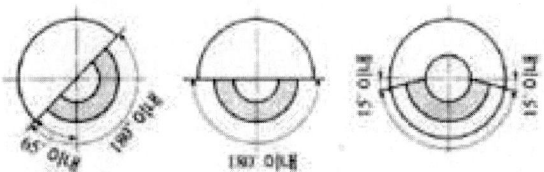

10 「작업발판 일체형 거푸집」이란 거푸집의 설치·해체, 철근조립, 콘크리트타설, 콘크리트 면처리작업 등을 위하여 거푸집을 작업발판과 일체로 제작하여 사용하는 거푸집을 말한다. 작업발판 일체형 거푸집의 종류 4가지를 쓰시오.

1) 갱폼   2) 슬립폼
3) 클라이밍 폼   4) 터널 라이닝 폼

[주] 작업발판 일체형 거푸집의 안전조치 : 안전보건규칙 제337조

> 길잡이
1) **갱폼**(gang form) : 사용할 때마다 작은 부재의 조립, 분해를 반복하지 않고 대형화, 단순화하여 한 번에 설치하고 해체하는 거푸집 시스템을 말한다.
2) **슬립 폼**(slip form) : 수직적 또는 수평적으로 연속된 구조물을 시공이음이 없이 균일한 형상으로 시공하기 위하여 거푸집을 연속적으로 이동시키면서 콘크리트를 타설하는데 사용되는 거푸집이다.
3) **클라이밍 폼**(Climbing form) : 벽체용 거푸집으로서 거푸집과 벽체 마감공사를 위한 비계틀을 일체로 조립하여 한꺼번에 인양시켜 설치하는 거푸집을 말한다.
4) **터널 라이닝폼**(tunnel Lining form) : 벽식 철근콘크리트 구조를 시공할 경우 벽과 바닥의 콘크리트타설을 한 번에 가능하게 하기 위하여 벽체용 거푸집과 슬래브 거푸집을 일체로 제작하여 한 번에 설치하고 해체할 수 있도록 한 거푸집이다.

11 다음 [보기]의 유해·위험물질 중에서 허용농도가 가장 낮은 것과 높은 것을 골라서 쓰시오.

[보기]
① 암모니아(NH_3)   ② 불소(F_2)
③ 과산화수소(H_2O_2) ④ 사염화탄소(CCl_4)
④ 염화수소(HCl)

1) 허용농도가 가장 낮은 것 : 불소(F_2)
2) 허용농도가 가장 높은 것 : 암모니아(NH_3)

> 길잡이
1) 허용농도의 정의 : 1일 작업시간 8시간에 노출이 허용될 수 있는 한계의 농도를 말한다.
2) 유해·위험물질의 허용농도
   ① 암모니아(NH_3) : 25ppm
   ② 불소(F_2) : 0.1ppm
   ③ 사염화탄소(CCl_4) : 10ppm
   ④ 염화수소(HCl) : 5ppm

12 다음 [보기] 중에서 안전관리비로 사용 가능한 항목을 4가지 골라 번호를 쓰시오.

[보기]
① 면장갑 및 코팅장갑의 구입비
② 안전보건 교육장내 냉·난방 설비 설치비
③ 안전보건 관리자용 안전 순찰차량의 유류비
④ 교통통제를 위한 교통정리자의 인건비
⑤ 외부인 출입금지, 공사장 경계표시를 위한 가설울타리
⑥ 위생 및 긴급 피난용 시설비
⑦ 안전보건교육장의 대지 구입비
⑧ 안전관리 간행물, 잡지 구독비

 ②, ③, ⑥, ⑧

> **길잡이**
>
> ▶ 안전관리비 사용내역에서 제외되는 항목
> 1) 차량의 원활한 흐름 또는 교통통제를 위한 교통정리·신호수의 인건비
> 2) 관리감독자의 업무수당 외의 인건비
> 3) 경비원, 청소원, 폐자재처리원, 사무보조원의 인건비
> 4) 외부비계, 작업발판, 가설계단 등의 시설비
> 5) 도로확장·포장공사 등에서 공사용 외의 차량의 원활한 흐름 및 경계표시를 위한 교통안전시설물
> 6) 기성제품에 부착된 안전장치 비용
> 7) 가설전기설비, 분전반, 전신주 이설비용
> 8) 타법 적용사항(대기환경보전법에 의해 대기오염 방지시설 등)
> 9) 일반근로자 작업복의 구입비
> 10) 해상·수상공사에서 구명조끼, 튜브 등 구입비
> 11) 면장갑, 코팅장갑 구입비
> 12) 건설기술진흥법에 의한 안전점검비, 전기안전 대행수수료 등
> 13) 매설물 탐지, 계측, 지하수개발, 지질조사, 구조안전검토 비용
> 14) 안전관계자(안전보건관리책임자, 안전보건총괄책임자, 안전관리자, 관리감독자, 명예산업안전감독관, 본사 안전 전담부서 안전 전담직원)외의 해외견학·연수비
> 15) 안전교육장 대지구입비
> 16) 안전교육장 외의 냉난방 설비비 및 유지비
> 17) 기공식, 준공식 등 무재해 기원과 관계없는 행사
> 18) 안전보건의식 고취 명목의 회식비
> 19) 국민건강보험에 의해 실시되는 비용
> 20) 기숙사 또는 현장사무소 내의 휴게시설비
> 21) 이동화장실, 급수, 세면, 샤워시설, 병·의원 등에 지불되는 진료비

13 눈과 물체의 거리가 4m인 시설과 직각으로 측정한 물체의 크기가 1.2mm일 때 사람의 시력을 구하시오. (단, 시간은 600분 이하일 때이며, 라디안(radian) 단위를 분으로 환산하기 위한 상수값은 57.3과 60을 모두 적용하여 계산하도록 한다.)

해답
1) 시각(분) $= \dfrac{57.3 \times 60 \times L}{D} = \dfrac{57.3 \times 60 \times 1.2}{4000} = 1.0314$

2) 시력 $= \dfrac{1}{\text{시각}} = \dfrac{1}{1.0314} = 0.97$

길잡이

1) **시각**(시계, visual angle) : 보는 물체에 대한 눈에서의 대각(對角)으로 보통 분(′)단위로 나타낸다.

$$\therefore \text{시각(분)} = \dfrac{57.3 \times 60 \times L}{D}$$

여기서,
- L : 시선과 직각으로 측정한 물체의 크기
- D : 물체와 눈 사이의 거리
- 57.3과 60 : 시각이 600분 이하일 때 라디안(radian)단위를 분 단위로 환산하는 상수

2) **시력**(visual acuity) : 세부적인 내용을 시각적으로 식별할 수 있는 능력

$$\therefore \text{시력} = \dfrac{1}{\text{시각}}$$

[주] radian : 원의 중심에서 인접한 두 반지름에 의해 형성된 호(arc)의 길이가 반지름의 길이와 같은 경우의 각의 크기 (1rad=57.3°)

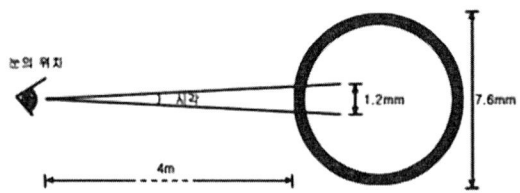

14 다음 위험물과 서로 혼합 또는 접촉시켜도 위험성을 형성시키지 않는 혼재 가능한 물질을 [보기]에서 골라 번호를 쓰시오.

[보기]
① 산화성 고체   ② 가연성 고체
③ 자연발화성 및 금수성 물체   ④ 인화성 액체
⑤ 자기반응성 물질   ⑥ 산화성 액체

(1) 산화성 고체   (2) 가연성 고체

해답 (1) 산화성 고체 : ⑥   (2) 가연성 고체 : ④

산업안전기사 실기 필답형 — 2013년 제2회

01 다음 [보기] 내용은 계단 및 계단참에 관한 사항이다. ( )안에 알맞은 내용을 쓰시오.

[보기]
(가) 사업주는 계단 및 계단참을 설치하는 경우 매 제곱미터당 (①)kg 이상의 하중에 견딜 수 있는 강도를 가진 구조를 설치하여야 하며, 안전율은 (②) 이상으로 하여야 한다.
(나) 계단을 설치하는 경우 그 폭을 (③)m 이상으로 하여야 한다.
(다) 높이가 (④)m를 초과하는 계단에는 높이 3m 이내마다 너비 1.2m 이상의 계단참을 설치하여야 한다.
(라) 높이 (⑤)m 이상인 계단의 개방된 측면에 안전난간을 설치하여야 한다.

해답 ① 500 ② 4 ③ 1 ④ 3 ⑤ 1

[주] 1) 계단의 강도 : 안전보건규칙 제26조
2) 계단의 폭 : 안전보건규칙 제27조
3) 계단참의 높이 : 안전보건규칙 제28조
4) 계단의 난간 : 안전보건규칙 제30조

02 비·눈, 그 밖의 기상상태의 악화로 작업을 중지시킨 후 또는 비계를 조립·해체하거나 변경한 후에 그 비계에서 작업하는 경우 해당 작업시작 전 점검사항 4가지를 쓰시오.

1) 발판 재료의 손상여부 및 부착 또는 걸림 상태
2) 해당 비계의 연결부 또는 접속부의 풀림 상태
3) 연결 재료 및 연결철물의 손상 또는 부식 상태
4) 손잡이의 탈락여부
5) 기둥의 침하, 변형, 변위 또는 흔들림 상태
6) 로프의 부착상태 및 매단 장치의 흔들림 상태

[주] 비계의 점검보수 : 안전보건규칙 제58조

03 할로겐화합물 소화기에 사용하는 할로겐 원소의 연소억제재(부촉매제)의 종류 4가지를 쓰시오.

해답
1) 불소(F) 2) 염소(Cl)
3) 브롬(Br) 4) 요오드(I)

04 다음 [보기] 내용은 지게차의 헤드가드(head guard)가 갖추어야 할 사항이다. ( )안에 알맞은 내용을 쓰시오.

[보기]
(가) 강도는 지게차의 최대하중의 (①)배의 값의 등분포정하중에 견딜 수 있을 것
(나) 상부틀의 각 개구의 폭 또는 길이가 (②)cm 미만일 것
(다) 운전자가 앉아서 조작하는 방식의 지게차에 있어서 운전자의 좌석의 상면에서 헤드가드의 상부 틀을 하면 까지의 높이가 (③)m 이상일 것

 ① 2 ② 16 ③ 0.903
[주] 지게차의 헤드가드 : 안전보건규칙 제180조

05 사질토 지반 굴착시 발생하는 보일링 현상에 대한 방지대책을 3가지 쓰시오. (단, 작업중지, 굴착토 원상매립은 제외한다.)

1) 흙막이벽을 깊게 설치한다. (흙막이벽의 근입심도를 깊게 한다.)
2) 주변의 지하수위를 저하시킨다.
3) 지하수의 흐름을 막는다.

06 미국방성 위험성평가 MIL-STD-882B에서 분류한 재해의 위험도 수준을 4가지 범주로 구분하여 쓰시오.

1) 범주 Ⅰ : 파국적
2) 범주 Ⅱ : 위기적
3) 범주 Ⅲ : 한계적
4) 범주 Ⅳ : 무시

07 A회사의 제품은 10,000시간 동안 10개의 제품에 고장이 발생된다고 한다. 고장률과 900시간 동안 적어도 1개의 제품이 고장날 확률을 구하시오. (단, 이 제품의 수명은 지수분포를 따른다)

1) 고장률$(\lambda) = \dfrac{\text{고장건수}(r)}{\text{총가동시간}(t)} = \dfrac{10}{10,000} = 0.001$

2) **고장발생확률**(불신뢰도, F_t)
$F_t = 1 - R_t = 1 - e^{-\lambda t} = 1 - e^{-[0.001 \times 900]} = 0.59$

08 방열복을 착용부위에 따라 4가지로 구분하여 쓰시오.

1) 방열일체복   2) 방열상의
3) 방열하의   4) 방열장갑
5) 방열두건

[주] 보호구 안전인증고시 : 고용노동부고시 제 2020-35호

09 다음의 재해율 공식을 각각 쓰시오.

(1) 연천인율 (2) 평균강도율
(3) 환산도수율 (4) 안전활동률

(1) 연천인율 $= \dfrac{\text{연간재해자수}}{\text{연평균근로자수}} \times 1{,}000$

(2) 평균강도율 $= \dfrac{\text{강도율}}{\text{도수율}} \times 1{,}000$

(3) 환산도수율 $= \text{도수율} \times \dfrac{\text{총근로시간수}}{1{,}000{,}000}$

(4) 안전활동률 $= \dfrac{\text{안전활동건수}}{\text{근로시간수} \times \text{평균근로자수}} \times 1{,}000{,}000$

길잡이 ▶ 환산도수율 및 환산강도율

1) 평생 총근로시간이 100,000시간일 경우

① 도수율 $= \dfrac{\text{재해건수}}{\text{총근로시간수}} \times 1{,}000{,}000$

∴ 환산도수율(재해건수) $= \dfrac{\text{도수율} \times \text{총근로시간수}}{1{,}000{,}000} = \dfrac{\text{도수율} \times 100{,}000}{1{,}000{,}000} = \text{도수율} \times 0.1$

② 강도율 $= \dfrac{\text{총근로손실일수}}{\text{총근로시간수}} \times 1{,}000$

∴ 환산강도율(총근로손실일수) $= \dfrac{\text{강도율} \times \text{총근로시간수}}{1{,}000} = \dfrac{\text{강도율} \times 100{,}000}{1{,}000} = \text{강도율} \times 100$

2) 평생 총근로시간이 120,000시간일 경우

① 도수율 $= \dfrac{\text{재해건수}}{\text{총근로시간수}} \times 1{,}000{,}000$

∴ 환산도수율(재해건수) $= \dfrac{\text{도수율} \times \text{총근로시간수}}{1{,}000{,}000} = \dfrac{\text{도수율} \times 120{,}000}{1{,}000{,}000} = \text{도수율} \times 0.12$

② 강도율 $= \dfrac{\text{총근로손실일수}}{\text{총근로시간수}} \times 1{,}000$

∴ 환산도수율(총근로손실일수) $= \dfrac{\text{강도율} \times \text{총근로시간수}}{1{,}000} = \dfrac{\text{강도율} \times 120{,}000}{1{,}000} = \text{강도율} \times 120$

10 잠함 또는 우물통의 내부에서 근로자가 굴착작업을 하는 경우에 잠함 또는 우물통의 급격한 침하에 의한 위험을 방지하기 위하여 준수하여야 할 사항을 2가지 쓰시오.

1) 침하관계도에 따라 굴착방법 및 재하량 등을 정할 것
2) 바닥으로부터 천장 또는 보까지의 높이는 1.8m 이상으로 할 것
[주] 급격한 침하로 인한 위험방지 : 안전보건규칙 제376조

11 다음은 데이비스(K. Davis)의 경영의 성과를 나타내는 등식이다. ( )안에 알맞은 내용을 쓰시오.

(가) 능력 = (①) × (②)
(나) 동기유발 = (③) × (④)

① 지식 ② 기능
③ 상황 ④ 태도

> **길잡이**
> ▶ 데이비스(K · Davis)의 동기부여 이론(경영성과의 등식)
> 1) 경영의 성과=인간의 성과×물적인 성과
> 2) 인간의 성과=능력×동기유발
> 3) 능력=지식×기능
> 4) 동기유발=상황×태도

12 다음 [보기]에서 설명하는 보일러의 발생현상을 쓰시오

[보기]
(1) 보일러수 속의 용해 고형물이나 현탁 고형물이 증기에 섞여 보일러 밖으로 튀어 나가는 현상
(2) 유지분이나 부유물 등에 의하여 보일러 수의 비등과 함께 수면부에 거품을 발생시키는 현상

(1) 캐리오버(carry over)   (2) 포밍(foaming)

13 다음 FT도에서 최소 패스셋(minimal path set)을 구하시오.

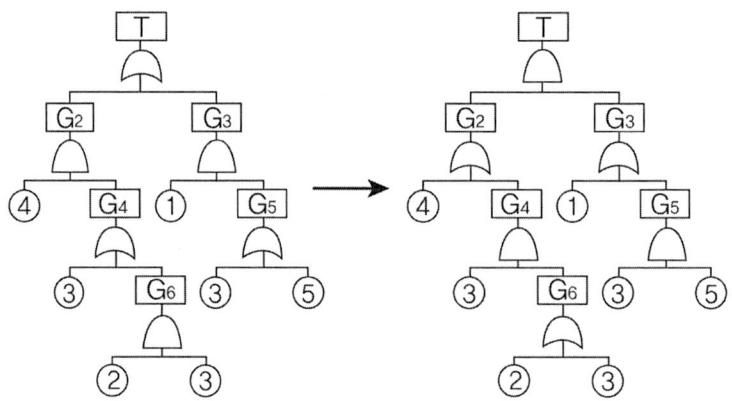

1) 쌍대결함수에 의해 AND 기호는 OR 기호로, OR 기호는 AND 기호로 변환시켜 FT도를 작성하여 컷셋을 구하는 방법에 의해 최소 패스셋을 구한다.

$$T \rightarrow G_2 \cdot G_3 \rightarrow \begin{matrix} ④ \cdot G_3 \\ G_4 \cdot G_3 \end{matrix} \rightarrow \begin{matrix} ④ ① \\ ④ G_5 \\ G_4 ① \\ G_4 G_5 \end{matrix} \rightarrow \begin{matrix} ④ ① \\ ④ G_5 \\ ③ G_6 ① \\ ③ G_6 G_5 \end{matrix} \rightarrow \begin{matrix} ① ④ \\ ④ ③ ⑤ \\ ③ G_6 ① \\ ③ G_6 ③ ⑤ \end{matrix}$$

$$\rightarrow \begin{matrix} ① ④ \\ ④ ③ ⑤ \\ ③ ② ① \\ ③ ③ ① \\ ③ ② ③ ⑤ \\ ③ ③ ③ ⑤ \end{matrix} \xrightarrow{정리} \begin{matrix} ① ④ \\ ③ ④ ⑤ \\ ① ② ③ \\ ① ③ \\ ② ③ ⑤ \\ ③ ⑤ \end{matrix}$$

01
비, 눈, 그 밖의 기상상태의 악화로 작업을 중지시킨 후에 그 비계에서 작업을 하는 경우 해당 작업을 시작하기 전에 점검하여야 할 사항 3가지를 쓰시오.

해답
1) 발판 재료의 손상 여부 및 부착 또는 걸림 상태
2) 해당 비계의 연결부 또는 접속부의 풀림 상태
3) 연결 재료 및 연결 철물의 손상 또는 부식 상태
4) 손잡이의 탈락 여부
5) 기둥의 침하, 변형, 변위 또는 흔들림 상태
6) 로프의 부착상태 및 매단 장치의 흔들림 상태

주 비계의 점검·보수 : 안전보건규칙 제58조

02
인체에 해로운 분진, 흄(fume), 미스트(mist), 증기 또는 가스 상태의 물질을 배출하기 위하여 설치하는 국소배기장치의 후드 설치기준 4가지를 쓰시오

해답
1) 유해물질이 발생하는 곳마다 설치할 것
2) 유해인자의 발생형태와 비중, 작업방법 등을 고려하여 해당 분진 등의 발산원을 제어할 수 있는 구조로 설치할 것
3) 후드 형식은 가능하면 포위식 또는 부스식 후드를 설치할 것
4) 외부식 또는 리시버식 후드는 해당 분진 등의 발산원으로부터 가장 가까운 위치에 설치할 것

주 국소배기장치 후드의 설치기준 : 안전보건규칙 제72조

03 안전인증을 전부 또는 일부를 면제할 수 있는 경우 3가지를 쓰시오

1) 연구·개발을 목적으로 제조·수입하거나 수출을 목적으로 제조하는 경우
2) 고용노동부장관이 정하여 고시하는 외국의 안전인증기관에서 인증을 받은 경우
3) 다른 법령에서 안전성에 관한 검사나 인증을 받은 경우
[주] 안전인증의 면제 : 법 제84조②항

04 다음 [보기]는 경고표지에 관한 용도 및 사용장소에 관한 내용이다. ( )안에 적당한 안전표지 종류를 쓰시오.

[보기]
(가) 폭발성 물질이 있는 장소 : (①)
(나) 돌 및 블록 등 떨어질 우려가 있는 물체가 있는 장소 : (②)
(다) 경사진 통로 입구 : (③)
(라) 휘발유 등 화기의 취급을 극히 주의해야 하는 물질이 있는 장소 : (④)

① 폭발성물질 경고
② 낙하물 경고
③ 몸균형상실 경고
④ 인화성물질 경고
[주] 안전보건표지의 종류별 용도, 사용장소, 형태 및 색채 : 시행규칙 별표 2

05 K 사업장의 근무상황 및 재해발생현황이 다음과 같을 경우에 이 사업장의 종합 재해지수를 구하시오.

(1) 평균근로자수 : 300명
(2) 월평균 재해건수 : 2건
(3) 휴업일수 : 219일
(4) 근로시간 : 1일 8시간, 연간 280일 근무

1) 도수율 $= \dfrac{\text{재해건수}}{\text{연근로시간수}} \times 10^6 = \dfrac{2 \times 12}{300 \times 8 \times 280} \times 10^6 = 35.71$

2) 강도율 $= \dfrac{\text{근로손실일수}}{\text{연근로시간수}} \times 1{,}000 = \dfrac{219 \times 280/365}{300 \times 8 \times 280} \times 1{,}000 = 0.25$

3) 종합재해지수 $= \sqrt{\text{도수율} \times \text{강도율}} = \sqrt{35.71 \times 0.25} = 2.99$

06 다음 FT도에서 컷 셋(cut set)을 구하시오.

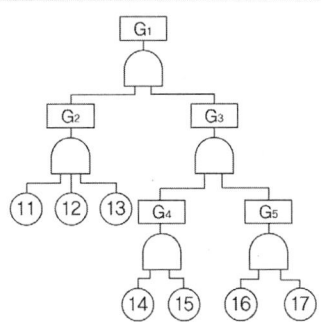

해답) $G_1 \rightarrow G_2 \cdot G_3 \rightarrow (⑪\cdot⑫\cdot⑬)G_3 \rightarrow (⑪\cdot⑫\cdot⑬)G_4 \cdot G_5 \rightarrow$
$(⑪\cdot⑫\cdot⑬\cdot⑭)G_5 \rightarrow ⑪\cdot⑫\cdot⑬\cdot⑭\cdot⑮\cdot⑯\cdot⑰$
$(⑪\cdot⑫\cdot⑬\cdot⑭)G_5 \quad\quad ⑪\cdot⑫\cdot⑬\cdot⑭\cdot⑮\cdot⑯\cdot⑰$
$\quad\quad\quad\quad\quad\quad\quad\quad\quad$ cut set

07 근로자가 반복하여 계속적으로 중량물을 취급하는 작업을 할 때 작업시작 전 점검사항 2가지를 쓰시오. (단, 그 밖의 하역운반 기계 등의 적절한 사용방법은 제외한다.)

해답)
1) 중량물 취급의 올바른 자세 및 복장
2) 위험물이 날아 흩어짐에 따른 보호구의 착용
3) 카바이드·생석회 등과 같이 온도상승이나 습기에 의하여 위험성이 존재하는 중량물의 취급방법

[주] 작업시작 전 점검사항 : 안전보건규칙 별표3

08 다음 [보기]는 연삭숫돌에 관한 내용이다. ( )안에 알맞은 내용을 쓰시오.

[보기]
사업주는 연삭숫돌을 사용하는 작업의 경우 작업을 시작하기 전에는 (①) 이상, 연삭숫돌을 교체한 후에는 (②) 이상 시험운전을 하고 해당 기계에 이상이 있는 지를 확인하여야 한다.

해답) ① 1분 ② 3분

[주] 연삭숫돌의 덮개 등 : 안전보건규칙 제122조

09 공정안전보고서의 내용 중 공정위험성 평가서에 적용하는 위험성 평가기법에 있어 「제조공정 중 반응, 분리(증류 및 추출 등), 이송 시스템 및 전기·계장시스템 등」간단한 단위공정에 대한 평가기법 4가지를 쓰시오.

1) 위험과 운전분석(HAZOP)
2) 이상위험도분석(FMECA)
3) 결함수분석(FTA)
4) 사건수분석(ETA)
5) 공정위험분석기법(PHR)

[주] 위험성평가기법 : 고용노동부고시 제2017-26호 제29조

10 다음 [보기]의 안전밸브 형식표시사항을 상세히 기술하시오.

[보기]   SF Ⅱ 1-B

1) S : 증기의 분출압력을 요구
2) F : 전량식
3) Ⅱ : 25mm 초과 50mm 이하
4) 1 : 1MPa 이하

[주] 안전인증 방호장치 : 고용노동부고시 제2021-22호

11 안전성평가의 6단계를 순서대로 나열하시오.

1) 1단계 : 관계자료의 정비검토
2) 2단계 : 정성적 평가
3) 3단계 : 정량적 평가
4) 4단계 : 안전대책
5) 5단계 : 재해정보에 의한 재평가
6) 6단계 : FTA에 의한 재평가

12 소형전기기기 및 방폭 부품은 표시공간이 제한되어 있으므로 표시사양을 줄일 수 있다. 이러한 전기기기 또는 방폭 부품에 최소 표시사항을 4가지 쓰시오.

1) 제조자의 이름 또는 등록상표
2) 기호 EX 및 방폭 구조의 기호
3) 형식
4) 인증서 발급기관 이름 또는 마크, 합격번호
5) 해당되는 경우 전기기기에는 ×표시, 방폭부품에는 ∪기호

[주] 방호장치 안전인증고시(고용노동부고시 제2016-54호)

13 건설업 중 건설공사 유해위험방지 계획서의 (1) 제출기한과 (2) 첨부서류 3가지를 쓰시오.

(1) 제출기한 : 해당공사의 착공 전날까지
(2) 첨부서류
 ① 공사개요
 ② 안전보건관리계획
 ③ 작업공사 종류별 유해위험방지계획
 ④ 작업환경 조성계획

[주] 유해위험방지계획서 제출서류 등 : 시행규칙 제42조, 규칙 별표 10

14 사업주는 작업장에서 취급하는 대상화학 물질의 물질안전보건자료에 해당되는 내용을 근로자에게 교육하여야 한다. 근로자에게 실시하는 물질안전보건자료에 관한 교육 내용 4가지를 쓰시오.

1) 대상화학 물질의 명칭(또는 제품명)
2) 물리적 위험성 및 건강 유해성
3) 취급상의 주의사항
4) 적절한 보호구
5) 응급조치 요령 및 사고 시 대처방법
6) 물질안전보건자료 및 경고표지를 이해하는 방법

[주] 물질안전보건자료에 관한 교육내용 : 시행규칙 제169조

산업안전기사 실기 필답형 — 2014년 제1회

01 산업안전보건법상 안전보건표지의 안내표지 중 응급구호표지를 그리시오. (단, 색상은 글자로 표기하고 크기에 대한 기준은 표시하지 않는다)

1) 바탕색 : 녹색
2) 관련 부호 및 그림 : 흰색

02 파브로브 조건반사설의 학습원리 4가지를 쓰시오.

1) 시간의 원리
2) 강도의 원리
3) 일관성의 원리
4) 계속성의 원리

03 산업안전보건법상 안전인증대상 기계·기구 등이 적합한지를 확인하기 위해 안전인증기관에서 심사하는 심사의 종류 4가지를 쓰시오.

1) 예비심사
2) 서면심사
3) 기술능력 및 생산체계 심사
4) 제품심사(개별 및 형식별 제품심사)

[주] 안전인증 심사의 종류 및 방법 : 시행규칙 제110조

▶ **심사 종류별 심사기간**
안전인증 기관은 안전인증 신청서를 제출받으면 다음 각호에서 정한 심사종류별 기간 내에 심사하여야 한다. 다만 제품심사의 경우 처리기간 내에 심사를 끝낼 수 없는 부득이한 사유가 있을 때에는 15일의 범위에서 심사기간을 연장할 수 있다.
1) 예비심사 : 7일
2) 서면심사 : 15일(외국에서 제조한 경우는 30일)
3) 기술능력 및 생산체계심사 : 30일(외국에서 제조한 경우는 45일)
4) 제품심사
   ① 개별제품심사 : 15일
   ② 형식별 제품심사 : 30일(방폭구조 전기기계·기구 및 부품 보호구 가목~아목까지는 60일)

04 다음 [보기]의 용어를 간단히 설명하시오.

[보기]
(1) fail safe   (2) fool proof

 (1) fail safe : 인간이나 기계에 과오나 동작상의 실수가 있어도 사고방지를 위해 2중, 3중으로 통제를 가하는 것을 의미한다.
(2) fool proof : 인간이 기계 등의 취급을 잘못해도 사고로 연결되는 일이 없도록 기계등이 안전을 확보하는 연동기구(inter lock)를 의미한다.

05 휴먼에러(Human error)를 (1) 원인에 의한 분류와 (2) 독립행동에 의한 분류로 구분하여 각각 2가지씩 쓰시오.

(1) 원인에 의한 분류
   ① 주과오(primary error, 1차 과오)
   ② 2차 과오(secondary error)
   ③ 지시과오(command error)
(2) 독립행동에 의한 분류(심리적 분류)
   ① 생략과오(omission error)
   ② 시간적 과오(time error)
   ③ 수행적 과오(commission error)
   ④ 순서적 과오(sequential error)
   ⑤ 불필요한 과오(extraneous error)

06 근로자로 하여금 환경미화업무에 상시적으로 종사하도록 하는 경우 근로자가 접근하기 쉬운 장소에 설치해야 하는 세척시설 4가지를 쓰시오.

1) 세면시설
2) 목욕시설
3) 탈의시설
4) 세탁시설
5) 수면시설

1) 세척시설을 설치해야 할 업무(안전보건규칙 제79조의2)
   ① 환경미화업무
   ② 음식물쓰레기·분뇨 등 오물의 수거·처리업무
   ③ 폐기물·재활용품의 선별·처리업무
   ④ 그 밖에 미생물로 인하여 신체 또는 피복이 오염될 우려가 있는 업무
2) 근로자가 관리대상유해물질을 취급하는 작업을 하는 경우 설치해야 할 세척시설(안전보건규칙 제448조)
   ① 세면시설   ② 목욕시설
   ③ 세탁시설   ④ 건조시설
3) 석면해체·제거작업장과 연결되거나 인접한 장소에 설치해야 할 위생설비(안전보건규칙 제494조)
   ① 탈의실   ② 샤워실   ③ 작업복 갱의실

07 무재해운동 추진 중 사고나 재해가 발생하여도 무재해로 인정되는 경우 4가지를 쓰시오.

1) 출·퇴근 도중에 발생한 재해
2) 운동경기 등 각종 행사 중 발생한 재해
3) 업무시간 외에 발생한 재해
4) 업무수행 중에 사고 중 천재지변으로 발생한 재해

[주] 사업장 무재해운동 추진 및 운용에 관한 규칙 : 공단규칙 제2조의 정의

08 보일링현상 방지대책 3가지를 쓰시오

1) 주변의 지하수위를 감소시킨다.
2) 흙막이벽의 근입심도를 깊게 한다(널말뚝을 깊게 박는다)
3) 굴착토를 즉시 원상 매립한다.
4) 작업을 중지시킨다.

09 타워크레인을 설치·조립 및 해체하는 작업시 작업계획서 내용 4가지를 쓰시오.

해답
1) 타워크레인의 종류 및 형식
2) 설치·조립 및 해체순서
3) 작업도구·장비·가설설비 및 방호설비
4) 작업인원의 구성 및 작업근로자의 역할범위
5) 타워크레인의 지지방법

[주] 사전조사 및 작업계획서 내용 : 안전보건규칙 별표 4

10 산업안전보건법상의 사업주의 의무와 근로자의 의무를 2가지씩 쓰시오.

해답
1) 사업주의 의무
   ① 산업안전보건법과 이 법에 따른 명령으로 정하는 산업재해예방을 위한 기준을 지킬 것
   ② 근로자의 신체적 피로와 정신적 스트레스 등을 줄일 수 있는 쾌적한 작업환경을 조성하고 근로조건을 개선할 것
   ③ 해당 사업장의 안전·보건에 관한 정보를 근로자에게 제공할 것
2) 근로자의 의무
   ① 근로자는 산업안전보건법과 이 법에 따른 명령으로 정하는 기준 등 산업재해예방에 필요한 사항을 지킬 것
   ② 사업주 또는 근로감독관, 공단 등 관계자가 실시하는 산업재해방지에 관한 조치에 따를 것

[주] (1) 사업주의 의무 : 법 제5조   (2) 근로자의 의무 : 법 제6조

11 다음 [보기]내용은 공정안전보고서이행상태의 평가에 관한 내용이다. ( )안에 알맞은 내용을 쓰시오.

[보기]
(가) 고용노동부장관은 공정안전보고서의 확인 후 1년이 경과한 날부터 (①) 이내에 공정안전보고서 이행상태를 평가하여야 한다.
(나) 고용노동부장관은 이행상태평가 후 4년마다 이행상태평가를 하여야 한다.
   다만, 사업주의 요청에 따라 (②)마다 실시할 수 있다.

해답 ① 2년   ② 1년 또는 2년

[주] 공정안전보고서 이행상태의 평가 : 시행규칙 제54조

12 물에 젖은 작업자의 손이 전압 100V인 충전부분에 접촉되어 감전·사망하였다. 이 경우 (1) 인체에 흐른 심실세동전류(mA)와 (2) 통전시간(초)를 구하시오. (단, 인체의 저항은 5,000Ω으로 하고 소수 넷째자리에서 반올림하여 소수 셋째자리까지 표기할 것)

해답 (1) 심실세동전류(I)

$$\therefore I = \frac{V}{R}$$

여기서, V(전압) = 100V

R(인체저항 - 손이 물에 젖으면 1/25로 감소) : 5,000/25=200Ω

$$\therefore I = \frac{V}{R} = \frac{100}{200} = 0.5\text{A} = 500\text{mA}$$

(2) 통전시간 (T)

$$I = \frac{165}{\sqrt{T}}\text{mA}$$

$$\therefore T = \left(\frac{165}{I}\right)^2 = \left(\frac{165}{500}\right)^2 = 0.1089 = 0.109\text{초}$$

---

13 프레스의 광전자식 방호장치에 관한 설명 중 ( )안에 알맞은 내용이나 수치를 쓰시오.

[보기]
(가) 광전자식 방호장치의 정상동작램프는 (①)색, 위험표시램프는 (②)색으로 하며, 쉽게 근로자가 볼 수 있는 곳에 설치해야 한다.
(나) 광전자식 방호장치는 릴레이, 리미트스위치 등의 전기부품의 고장, 전원전압의 변동 및 정전에 의해 슬라이드가 불시에 동작하지 않아야 하며 사용전원전압의 ±(③)%의 변동에 작동되어야 한다.
(다) 프레스 또는 전단기에서 일반적으로 많이 활용하고 있는 형태로서 투광부, 수광부, 컨트롤 부분으로 구성된 것으로서 신체의 일부가 광선을 차단하면 기계를 급정지시키는 방호장치는 (④) 분류에 해당한다.

① 녹   ② 붉은
③ 20   ④ A-1

▶ 방호장치 안전인증 고시(고용노동부고시 제2021-22호)
1) 광전자식 방호장치의 일반구조 : 다음 각 목과 같이 한다.
   ① 정상동작표시램프는 녹색, 위험표시램프는 붉은색으로 하며, 쉽게 근로자가 볼 수 있는 곳에 설치해야 한다.
   ② 슬라이드 하강 중 정전 또는 방호장치의 이상 시에 정지할 수 있는 구조이어야 한다.
   ③ 방호장치는 릴레이, 리미트 스위치 등의 전기부품의 고장, 전원전압의 변동 및 정전에 의해 슬라이드가 불시에 동작하지 않아야 하며, 사용전원전압의 ±(100분의 20)의 변동에 대하여 정상으로 작동되어야 한다.
   ④ 방호장치의 정상작동 중에 감지가 이루어지거나 공급전원이 중단되는 경우 적어도 두 개이상의 출력신호 개폐장치가 꺼진 상태로 돼야 한다.
   ⑤ 방호장치에 제어기(Controller)가 포함되는 경우에는 이를 연결한 상태에서 모든 시험을 한다.
2) 프레스 또는 전단기 방호장치의 종류 및 분류

종류	분류	기능
광전자식	A-1	프레스 또는 전단기에서 일반적으로 많이 활용하고 있는 형태로 투광부, 수광부, 컨트롤 부분으로 구성된 것으로서 신체의 일부가 광선을 차단하면 기계를 급정지시키는 방호장치
	A-2	급정지기능이 없는 프레스의 클러치 개조를 통해 광선차단 시 급정지시킬 수 있도록 한 방호장치
양수조작식	B-1 (유·공압 밸브식)	1행정 1정지식 프레스에 사용되는 것으로서 양손으로 동시에 조작하지 않으면 기계가 동작하지 않으며, 한손이라도 떼어 내면 기계를 정지시키는 방호장치
	B-2 (전기버튼식)	
가드식	C	가드가 열려 있는 상태에서는 기계의 위험부분이 동작되지 않고 기계가 위험한 상태일 때에는 가드를 열 수 없도록 한 방호장치
손쳐내기식	D	슬라이드의 작동에 연동시켜 위험상태로 되기 전에 손을 위험 영역에서 밀어내거나 쳐내는 방호장치로서 프레스용으로 확동식 클러치형프레스에 한해서 사용됨(다만, 광전자식 또는 양수조작식과 이중으로 설치시에는 급정지 가능프레스에 사용가능)
수인식	E	슬라이드와 작업자 손을 끈으로 연결하여 슬라이드 하강시 작업자 손을 당겨 위험영역에서 빼낼 수 있도록 한 방호장치로서 프레스용으로 확동식 클러치형 프레스에 한해서 사용됨(다만, 광전자식 또는 양수조작식과 이중으로 설치시에는 급정지가능 프레스에 사용 가능)

14
직렬이나 병렬구조로 단순화될 수 없는 복잡한 시스템의 신뢰도나 고장확률을 평가하는 기법을 3가지 쓰시오.

1) 분해법
2) 경로추적법
3) 사상공간법

01 재해예방의 4원칙을 쓰고 간략히 설명하시오. ▶ 18/3(기)

1) **손실우연의 원칙** : 사고에 의해서 생기는 손실의 정도와 종류는 사고 당시의 조건에 따라 우연적으로 발생한다.
2) **원인계기의 원칙** : 모든 사고는 필연적인 원인에 의해서 발생한다.
3) **예방가능의 원칙** : 사고는 원칙적으로 모두 예방이 가능하다.
4) **대책선정의 원칙** : 가장 효과적인 사고방지대책의 선정은 이들 원인의 정확한 분석에 의해서 얻어진다.

02 출입금지표지를 그리고 색체를 기술하시오.

1) **바탕** : 흰색
2) **기본모형** : 빨간색
3) **관련부호 및 그림(화살표)** : 검은색

[주] 안전·보건표지의 종류와 형태·색채 : 시행규칙 별표 6

03 자율안전확인을 받은 제품에 대하여 부분적 변경의 허용범위 3가지를 쓰시오.

1) 주요구조부의 변경이 아닌 것
2) 자율안전기준에 미달되지 않는 것
3) 방호장치가 동일 종류로서 동등급 이상인 것
4) 스위치, 계전기, 계기류 등의 부품이 동등급 이상인 것

[참고] 법 개정(내용 폐지) : 학습 제외

04 컨베이어의 작업시작 전 점검사항 3가지를 쓰시오.

1) 원동기 및 풀리 기능의 이상 유무
2) 이탈 등의 방지장치 기능의 이상 유무
3) 비상정지장치 기능의 이상 유무
4) 원동기. 회전축. 기어 및 풀리 등의 덮개 또는 울 등의 이상 유무
[주] 컨베이어의 작업시작 전 점검사항 : 안전보건규칙 별표 3 제13호

05 안전보건 총괄책임자의 지정 대상사업을 3가지 쓰시오.

1) 수급인에게 고용된 근로자를 포함한 상시근로자가 100명 이상인 사업
2) 선박 및 보트건조업, 1차 금속제조업 및 토사석광업인 경우에는 50명 이상인 사업
3) 수급인의 공사금액을 포함한 해당공사의 총공사금액이 20억원 이상인 건설업
[주] 안전보건 총괄책임자 지정 대상사업 : 시행령 제52조

06 다음 설비 및 위험물에 화재가 발생하였을 경우 적응성이 있는 소화기를 [보기]에서 골라 2가지를 쓰시오.
(1) 전기설비 :
(2) 인화성액체 :
(3) 자기반응성물질 :

[보기]
① 이산화탄소(CO_2)소화기　　② 건조사
③ 봉상수소화기　　　　　　　④ 물통 또는 수조
⑤ 포소화기　　　　　　　　　⑥ 할로겐화합물소화기

(1) 전기설비 : ①, ⑥
(2) 인화성액체 : ①, ②, ⑤, ⑥
(3) 자기반응성물질 : ②, ③, ④, ⑤

길잡이

▶ 소화설비·경보설비 및 피난설비의 기준 : 위험물안전관리법 시행규칙 별표 17

제1류 : 산화성고체 제2류 : 가연성 고체 제3류 : 자연발화 및 금수성 제4류 : 인화성 액체 제5류 : 자기반응성 물질 제6류 : 산화성 액체		대상물 구분									
		건축물·그밖의 공작물	전기설비	제1류 위험물		제2류 위험물			제3류 위험물		제4류 위험물	제5류 위험물	제6류 위험물
				알칼리금속과산화물 등	그밖의 것	철분·금속분·마그네슘 등	인화성 고체	그밖의 것	금수성 물질	그밖의 것			
봉상수소화기		○			○		○	○		○		○	○
무상수소화기		○	○		○		○	○		○		○	○
봉상강화액소화기		○			○		○	○		○		○	○
무상강화액소화기		○	○		○		○	○		○	○	○	○
포소화기		○			○		○	○		○	○	○	○
이산화탄소소화기			○				○				○		△
할로겐화합물소화기			○				○				○		
분말소화기	인산염류소화기	○	○		○		○	○			○		○
	탄산수소염류소화기		○	○		○	○		○		○		
	그 밖의 것			○		○			○				
기타	물통 또는 수조	○			○		○	○		○			
	건조사			○	○	○	○	○	○	○	○	○	○
	팽창질석 또는 팽창진주암			○	○	○	○	○	○	○	○	○	○

07 다음 [보기] 내용은 안전관리비의 계상 및 사용에 관한 설명이다. (   )안에 알맞은 내용 또는 수치를 쓰시오.

[보기]
(가) 발주자가 재료를 제공하거나 물품이 완제품의 형태로 제작 또는 납품되어 설치되는 경우에 해당 재료비 또는 완제품의 가액을 포함시키지 않은 대상액을 기준으로 계상한 안전관리비의 (①)를 초과할 수 없다.
(나) 대상액이 구분되어 있지 않은 공사는 도급계약 또는 자체사업계획상의 총 공사금액의 (②)를 대상액으로 하여 안전관리비를 계상하여야한다.
(다) 수급인 또는 자기공사자는 안전관리비 사용내역에 대하여 공사 시작 후 (③) 마다 1회 이상 발주자 또는 감리원의 확인을 받아야 한다.

해답 ① 1.2배   ② 70%   ③ 6개월

주 건설업 산업안전보건관리비 계상 및 사용기준 : 고용노동부고시 제2022-43호

08 위험물질을 제조·취급하는 작업장과 그 작업장이 있는 건축물에 출입구 외에 안전한 장소로 대피할 수 있는 비상구 1개 이상을 설치해야 하는 구조 조건을 2가지 쓰시오.

해답
1) 출입구와 같은 방향에 있지 아니하고, 출입구로부터 3m 이상 떨어져 있을 것
2) 작업장의 각 부분으로부터 하나의 비상구 또는 출입구까지의 수평거리가 50m 이하가 되도록 할 것
3) 비상구의 너비는 0.75m 이상으로 하고, 높이는 1.5m 이상으로 할 것
4) 비상구의 문은 피난 방향으로 열리도록 하고, 실내에서 항상 열 수 있는 구조로 할 것

[주] 비상구의 설치 : 안전보건규칙 제17조

09 도끼로 나무를 자르는데 소요되는 에너지는 분당 7kcal, 작업시 평균소비에너지 5kcal/분, 휴식에너지 1.5kcal/min, 작업시간 60분일 때 휴식시간을 구하시오.

해답 휴식시간 $(R) = \dfrac{60(E-5)}{E-1.5} = \dfrac{60 \times (7-5)}{7-1.5} = 21.82$분

10 대상화학물질을 양도하거나 제공하는 자는 이를 양도받거나 제공받는 자에게 물질안전보건자료를 작성하여 제공하여야 한다. 물질안전보건자료의 작성내용을 4가지 쓰시오. (단 그 밖에 고용노동부령으로 정하는 사항은 제외한다)

해답
1) 제품명
2) 물질안전보건자료대상물질을 구성하는 화학물질 중 유해인자 분류기준에 해당하는 화학물질의 명칭 및 함유량
3) 안전 및 보건상의 취급 주의사항
4) 건강 및 환경에 대한 유해성, 물리적 위험성
5) 물리·화학적 특성 등 고용노동부령으로 정하는 사항

[주] 물질안전보건자료의 작성·비치 등 : 법 제110조

11 보일러의 폭발사고를 예방하기 위하여 기능이 정상적으로 작동될 수 있도록 유지·관리하여야 하는 방호장치 3가지를 쓰시오.

해답
1) 압력방출장치
2) 압력제한스위치
3) 고저수위조절장치
4) 화염검출기

[주] 보일러 폭발위험의 방지 : 안전보건규칙 제119조

12 다음 [보기]는 누전차단기에 대한 내용이다. (   )안에 알맞은 수치를 쓰시오.

[보기]
(가) 누전차단기는 지락검출장치, (①), 개폐기구 등으로 구성되어 있다.
(나) 중감도형 누전차단기는 정격감도전류가 (②) ~ 1000mA 이하이다.
(다) 시연형(지연형) 누전차단기는 동작시간이 0.1초 초과 (③)초 이내이다.

① 트립(trip)장치
② 50
③ 2

1) 누전차단기의 종류별 동작시간

종류	동작시간
고속형	· 정격감도전류에서 0.1초 이내
반한시형	· 정격감도전류에서 0.2초 초과 1초 이내 · 정격감도전류가 1.4배에서 0.1초 초과 0.5초 이내 · 정격감도전류가 4.4배에서 0.05초 이내
시연형	· 정격감도전류에서 0.1초 초과 2초 이내

2) 감도별 누전차단기
   ① 고감도형 : 정격감도전류가 30mA 이하인 누전차단기
   ② 중감도형 : 정격감도전류가 50mA 초과 1000mA 이하인 누전차단기
   ③ 저감도형 : 정격감도전류가 3000mA 초과 20A 이하인 누전차단기

13 에어컨 스위치의 평균수명은 1000시간이며 지수분포를 따를 경우 다음을 계산하시오.
(1) 새로 구입한 스위치가 앞으로 500시간 고장 없이 작동할 확률을 계산하시오.
(2) 1000시간을 사용한 스위치가 앞으로 500시간 이상고장이 나지 않을 확률을 계산하시오.

(1) $R_t = e^{-\lambda t} = e^{-t/t_o}$ (t : 가동시간 , t_o : 평균수명)
$= e^{-500/1000} = 0.61$
(2) $R_t = e^{-t/t_o} = e^{-500/1000} = 0.61$

14 양립성의 종류 2가지를 쓰고 사례를 들어 간략히 설명하시오.

1) **개념양립성** : 사람들이 사용할 코드와 기초가 얼마나 의미를 가진 것인가에 관한 것으로 예로서 온수손잡이는 빨간색, 냉수손잡이는 파란색으로 나타내는 것이다.
2) **운동(이동) 양립성** : 표시장치 및 제어장치의 움직임과 사용시스템의 응답을 관련시키는것으로 예로서 라디오의 소리를 크게 하기 위해 다이얼을 시계방향으로 돌리는 것이다.
3) **공간양립성** : 제어장치와 관련 표시장치의 공간적 배열에 관한 것으로 예로서 5개의 표시장치를 수평으로 배열할 경우 해당 제어장치를 각각 그 아래에 수평으로 배치하면 공간 양립성이 좋아질 것이다.

길잡이

▶ **양립성** (compatability)
양립성이란 자극이나 반응, 또는 자극-반응의 조합 등의 관계 인간의 기대와 모순되지 않는 것을 의미하며, 적합성이라고도 한다.

산업안전기사 실기 필답형 — 2014년 제3회

01 다음의 재해율에 관하여 공식을 쓰고 간략히 설명하시오.
(1) 연천인율
(2) 강도율

해답 (1) 연천인율
① 연천인율 = $\dfrac{\text{사상자수}}{\text{연평균근로자수}} \times 1{,}000$
② 근로자 1,000명당 1년간 발생하는 사상자수를 말한다.
(2) 강도율
① 강도율 = $\dfrac{\text{근로손실일수}}{\text{연근로시간수}} \times 1{,}000$
② 연간 근로시간 1,000시간당 재해발생으로 인한 근로손실일수를 말한다.

02 인간·기계 통합체계(man machine system)의 기능 4가지를 쓰시오.

해답
1) 감지기능
2) 정보보관기능
3) 정보처리 및 의사결정기능
4) 행동기능

03 산업안전보건법상 안전·보건표지의 종류에서 안내표지에 해당되는 것을 4가지만 쓰시오.

해답
1) 녹십자표지
2) 응급구호표지
3) 들 것
4) 세안장치
5) 비상용기구
6) 비상구
7) 좌측 비상구
8) 우측 비상구

[주] 안전·보건표지의 종류와 형태 : 시행규칙 별표 6

04 무재해운동 추진 중 사고나 재해가 발생하여도 무재해로 인정되는 경우를 4가지만 쓰시오.

1) 업무수행 중의 사고 중 천재지변 또는 돌발적인 사고로 인한 구조행위 또는 긴급피난 중 발생한 사고
2) 출·퇴근 도중에 발생한 재해
3) 운동경기 등 각종 행사 중 발생한 재해
4) 제3자의 행위에 의한 업무상 재해
5) 업무시간 외에 발생한 재해
6) 업무상 질병에 대한 구체적인 인정기준 중 뇌혈관질환 또는 심장질환의 재해
7) 사고 중 천재지변 또는 돌발적인 사고 우려가 많은 장소에서 사회통념상 인정되는 업무수행 중 발생한 사고
8) 도로에서 발생한 사업장 밖의 교통사고, 소속 사업장을 벗어난 출장 및 외부기관으로 위탁교육 중 발생한사고, 회식중의 사고, 전염병 등 사업주의 법 위반으로 인한 것이 아니라고 인정되는 재해

주 무재해의 정의 : 사업장 무재해운동 추진 및 운영에 관한(공단) 제2조

05 다음 [보기]에서 안전인증대상 기계·기구 및 설비·방호장치 또는 보호구에 해당하는 것을 4가지만 골라 번호를 쓰시오.

[보기]
① 연삭기 덮개　　　　　　　　　　② 압력용기
③ 교류아크용접기용 자동전격방지기　　④ 동력식 수동대패용 칼날 접촉방지장치
⑤ 양중기용 과부하방지장치　　　　　⑥ 안전대
⑦ 파쇄기 또는 분쇄기　　　　　　　⑧ 산업용 로봇 안전매트
⑨ 용접용 보안면　　　　　　　　　⑩ 아세틸렌 용접장치용 안전기

②, ⑤, ⑥, ⑨

주 안전인증대상 기계·기구 등 : 시행령 제74조

06 다음과 같은 시스템에서(부품 2)의 초기사상으로 하여 사건나무(event tree)를 그리고 각 가지마다 시스템의 작동여부를 "작동" 또는 "고장"으로 표시하시오.

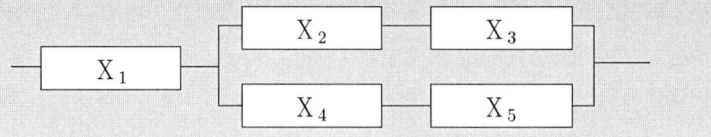

해답 X_2(부품2)가 고장이므로 X_3는 사상나무(ET)에서 제외한다.

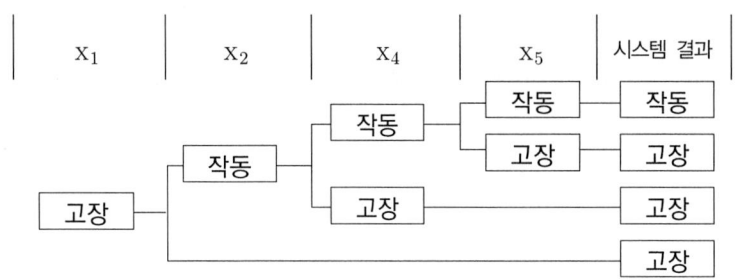

길잡이

▶ **사상수분석(ETA)** : 사고의 발단이 되는 초기사상의 시스템으로 입력될 경우 그 영향이 계속해서 어떤 부적합한 사상으로 발전해 가는 과정을 나뭇가지가 갈라지는 식으로 추구해 분석하는 방법이다.

07 다음은 안전관리의 주요 대상인 4M과 안전대책인 3E와의 관계를 그림으로 나타낸 것이다. 그림의 빈칸에 알맞은 내용을 써 넣으시오.

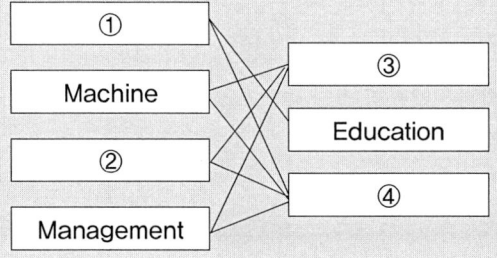

해답

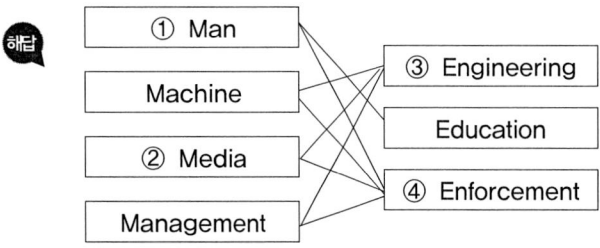

08 기계설비의 안전을 확보하기 위한 안전화 방법 4가지를 쓰시오.

1) 외관상 안전화
2) 작업의 안전화
3) 작업점 안전화
4) 기능적 안전화
5) 구조적 안전화
6) 보전작업의 안전화

09 콘크리트 구조물로 옹벽을 축조할 경우 필요한 안정조건을 3가지 쓰시오.

1) 전도에 대한 안정
2) 활동에 대한 안정
3) 지반지지력에 대한 안정

10 다음 [보기]에서 산업안전보건법상 위험물의 종류에 해당되는 것을 2가지씩 골라 번호를 쓰시오.

[보기]
① 리튬　　　　　　　　② 수소
③ 니트로소화합물　　　④ 과망간산
⑤ 아세톤　　　　　　　⑥ 하이드라진 유도체
⑦ 과염소산　　　　　　⑧ 황

(1) 물반응성 물질 및 인화성 고체 :
(2) 폭발성 물질 및 유기과산화물 :

(1) ①, ⑧
(2) ③, ⑥

11 산업안전보건법상 공정안전보고서에 포함되어야 하는 사항 4가지를 쓰시오.

1) 공정안전자료
2) 공정위험성 평가서
3) 안전운전계획
4) 비상조치계획

[주] 공정안전보고서의 내용 : 시행령 제33조의7

12 아세틸렌장치 또는 가스집합용접장치에 설치하는 역화방지기의 성능시험 종류 4가지를 쓰시오.

1) 내압시험 2) 기밀시험
3) 역류방지시험 4) 역화방지시험
5) 가스압력손실시험 6) 방출장치 동작시험

[주] 방호장치 자율안전기준 고시 : 고용노동부고시 제2015-94호

13 용접작업을 하던 작업자의 물에 젖은 손이 전압 300V인 충전부분에 접촉되어 감전·사망하였다. 이 경우 (1) 인체에 흐른 심실세동전류(mA)와 통전시간(ms)을 구하시오. (단, 인체의 저항은 1000Ω으로 한다)

(1) 심실세동전류(I)

$$\therefore I = \frac{V}{R} \text{ 여기서, V(전압) : 300V}$$

R(인체저항-손이 물에 젖으면 1/25로 감소) : 1000/25=40Ω

$$\therefore I = \frac{V}{R} = \frac{300}{40} = 7.5\text{A} = 7500\text{mA}$$

(2) 통전시간(T)

$$I = \frac{165}{\sqrt{T}} mA$$

$$\therefore T = \left(\frac{165}{I}\right)^2 = \left(\frac{165}{7500}\right)^2 = 4.84 \times 10^{-4} s = 0.48\text{ms}$$

[주] 1s(second) = 1000ms(milli second)

14 산업안전보건법상 굴착작업시 작업계획서에 포함되어야 하는 사항 4가지를 쓰시오.(단, 그밖에 안전·보건에 관련된 사항은 제외한다)

1) 굴착방법 및 순서, 토사 반출 방법
2) 필요한 인원 및 장비 사용계획
3) 매설물 등에 대한 이설·보호대책
4) 사업장 내 연락방법 및 신호방법
5) 흙막이지보공 설치방법 및 계측계획
6) 작업지휘자의 배치계획

[주] 사전조사 및 작업계획서 내용 : 안전보건규칙 별표 4

01
산업안전 보건법상 안전보건 표지 중 "응급구호표지"를 그리시오. (단, 색상표시는 글자로 나타내도록 하고, 크기에 대한 기준은 표시하지 않아도 된다)

1) 바탕 : 녹색
2) 도형 : 흰색

02
기계·기구를 1시간 가동하였을 경우 고장 발생확률이 0.004이다. 다음 물음에 답하시오.
(1) 평균고장간격(MTBF)을 구하시오.
(2) 10시간 가동하였을 때 기계가 고장이 일어나지 않을 확률(신뢰도)을 구하시오.

(1) $MTBF = \dfrac{1}{\lambda} = \dfrac{1}{0.004} = 250$시간
(2) $R_t = e^{-\lambda t}$ = e-0.004×10=0.96

03
크레인을 사용하여 작업을 할 때 작업시작 전 점검사항 2가지를 쓰시오.

1) 권과방지장치·브레이크·클러치 및 운전장치의 기능
2) 주행로의 상측 및 트롤리가 횡행하는 레일의 상태
3) 와이어로프가 통하고 있는 곳의 상태
[주] 작업시작 전 점검사항 : 안전보건규칙 별표 3

04 하인리히의 재해예방 대책 원리 5단계를 쓰시오.

해답
1) 1단계 : 조직(안전보건관리체계)
2) 2단계 : 사실의 발견
3) 3단계 : 분석평가
4) 4단계 : 시정책의 선정
5) 5단계 : 시정책의 적용(3E 적용)

05 다음 [보기] 내용은 목재가공용 둥근톱기계의 방호장치 중 분할날에 대한 것이다. (   )안에 맞는 수치를 쓰시오.

[보기]
(가) 분할날의 두께는 둥근톱 두께의 (①) 배 이상으로 한다.
(나) 견고히 고정할 수 있으며 분할날과 톱날 원주면과의 거리는 (②)mm 이내로 조정, 유지할 수 있어야 한다.
(다) 분할날의 길이는 표준 테이블면 상의 톱 뒷날의 (③) 이상을 덮도록 한다.

해답
① 1.1
② 12
③ 2/3

  길잡이

(1) 분할날 두께(t_2), 톱날두께(t_1), 치진폭(b)
   ∴ $1.1t_1 \leq t_2 < b$
(2) 분할날의 길이 = $\pi D \times \dfrac{1}{4} \times \dfrac{2}{3}$

[주] 방호장치 자율안전고시 별표 5 : 고용노동부고시 제2015-94호

06 다음 [보기] 내용은 산업재해조사표의 재해자 정보에 대한 주요항목이다. 주요항목에 해당되지 않는 것을 [보기]에서 4가지 골라 번호를 쓰시오.

[보기]
① 재해자의 국적   ② 고용형태   ③ 보호자 성명
④ 재해자의 작업   ⑤ 휴업예상일수   ⑥ 응급조치 내역
⑦ 상해종류   ⑧ 근무형태   ⑨ 급여수준
⑩ 재해발생일수   ⑪ 재해자복직예정 ⑫ 상해부위

 ③, ⑥, ⑨, ⑪

[주] 산업재해조사표 : 시행규칙 별지 제1호의 2서식

07 다음 내용은 하적단의 간격 및 하역작업장의 조치기준에 관한 것이다. ( )안에 알맞은 내용 및 수치를 쓰시오.

(가) 화물을 취급하는 작업 등에 사업주는 바닥으로 높이가 2m 이상 되는 하적단과 인접 하적단 사이의 간격을 하적단의 밑부분을 기준하여 (①)cm 이상으로 하여야 한다.
(나) 부두 또는 안벽의 선을 따라 통로를 설치하는 경우에는 폭을 (②)cm 이상으로 할 것
(다) 육상에서의 통로 및 작업장소로서 다리 또는 선거 갑문을 넘는 보도 등의 위험한 부분에서는 (③) 또는 울타리 등을 설치할 것.

① 10
② 90
③ 안전난간

[주] (1) 하적단의 간격 : 안전보건규칙 제391조
    (2) 하역작업장의 조치기준 : 안전보건규칙 제390조

08 유해물질을 취급하는 작업장에서 작업환경을 개선하고 유해원인을 제거하기 위하여 조치하여야 할 사항 3가지를 쓰시오.

 1) 환기   2) 격리   3) 대치

09 로봇작업시 특별안전보건교육을 실시할 경우 교육내용 4가지를 쓰시오.

 1) 로봇의 기본원리·구조 및 작업방법에 관한 사항
2) 이상발생시 응급조치에 관한 사항
3) 안전시설 및 안전기준에 관한 사항
4) 조작방법 및 작업순서에 관한 사항
[주] 교육대상별 교육내용 : 시행규칙 별표 5

10 다음은 달비계의 최대적재하중을 정하는 경우 안전계수이다. ( )안에 알맞은 수치를 쓰시오.

(가) 달기 와이어로프 및 달기 강선의 안전계수 (①) 이상
(나) 달기체인 및 달기훅의 안전계수 : (②) 이상
(다) 달기강대와 달비계의 하부 및 상부 지점의 안전계수는 강재의 경우 (③) 이상, 목재의 경우 (④) 이상

 ① 10　　② 5
③ 2.5　　④ 5

11 산업안전보건법상 물질안전보건자료의 작성, 비치 대상에서 제외되는 제제대상 4가지를 쓰시오. (단, 일반 소비자의 생활용으로 제공되는 제제와 그 밖의 고용노동부장관이 독성·폭발성 등으로 인한 위해의 정도가 적다고 인정하여 고시하는 제제는 제외한다)

 1) 「원자력안전법」에 따른 방사성물질
2) 「약사법」에 따른 의약품. 의약외품
3) 「화장품법」에 따른 화장품
4) 「마약류 관리에 관한 법률」에 따른 마약 및 향정신성의약품
5) 「농약관리법」에 따른 농약
6) 「사료관리법」에 따른 사료
7) 「비료관리법」에 따른 비료
8) 「식품위생법」에 따른 식품 및 식품첨가물
9) 「총포·도검·화학류 등 안전관리에 관한 법률」에 따른 화약류
10) 「폐기물관리법」에 따른 폐기물
11) 「의료기기법」에 따른 의료기기
[주] 물질안전보건사료의 작성·비치 등 제외 제제 : 시행령 제86조

12 시스템 안전을 확보하기 위한 기본 지침인 시스템 안전프로그램에 포함되어야 할 사항 4가지를 쓰시오.

1) 계획의 개요 2) 안전조직
3) 계약조건 4) 관련부분과의 조정
5) 안전기준 6) 안전해석
7) 안전성평가 등

13 보일러에서 발생하는 캐리오버의 현상 4가지를 쓰시오.

1) 운전 중 수위조절이 원활하게 이루어지지 못한 경우
2) 보일러수가 과잉 농축되었을 경우
3) 기수분리기의 불량 등 기계적 고장
4) 열부하가 급격하게 변동하여 증감될 경우
5) 보일러의 운전압력을 너무 낮게 설정해 놓았을 때

> **길잡이**
> ▶ 캐리오버(carry over) : 물속에 용해되어 있는 고형분이나 수분이 증기의 흐름에 따라 보일러 밖으로 운반되어 나오게 되는 기수공발의 현상을 말한다.

14 다음 [보기]의 내용에 대한 방폭구조를 표시하시오.

[보기]
· 방폭구조 : 외부의 가스가 용기내로 침입하여 폭발하더라도 용기는 그 압력에 견디고 외부의 폭발성가스에 착화될 우려가 없도록 만들어진 구조
· 그룹 : 잠재적 폭발성 위험분위기에서 사용되는 전기기기(폭발성 메탄가스 위험분위기에서 사용되는 광산용 전기기기 제외)
· 최대안전틈새 : 0.8mm
· 최고표면온도 : 180

d II B T3

1) 방폭구조의 종류

기호	기호의 의미	기호	기호의 의미
Ex	방폭의 심벌	e	안전증방폭구조
ia 또는 ib	본질안전방폭구조	o	유입방폭구조
d	내압방폭구조	s	특수방폭구조
p	압력방폭구조	n	비점화성방폭구조

2) 최대안전틈새의 범위에 의한 폭발성가스의 분류

폭발성가스의 분류	A	B	C
최대안전틈새	0.9mm 이상	0.5mm 초과 0.9mm 미만	0.5mm 이하

3) 그룹(group)
   ① 그룹 Ⅰ : 폭발성 메탄가스 위험분위기에서 사용되는 광산용 전기기기
   ② 그룹 Ⅱ : 그룹 Ⅰ 이외의 잠재적 폭발성 위험분위기에서 사용되는 전기기기

4) 방폭전기기기의 group 및 내압방폭구조 전기기기의 분류

표시품목	기호	기호의 의미
방폭전기기기의 group	Ⅱ	공장·사업장용인 것
내압방폭구조 전기기기의 분류	ⅡA	공장·사업장용인 것에서 분류A의 폭발성가스에 적용할 수 있음
	ⅡB	공장·사업장용인 것에서 분류B의 폭발성가스에 적용할 수 있음
	ⅡC	공장·사업장용인 것에서 분류C의 폭발성가스에 적용할 수 있음

5) 방폭전기기기의 온도등급

방폭전기기기의 온도등급	T1	T2	T3	T4	T5	T6
최고표면온도에 의한 폭발성가스의 분류	300℃ 초과 450℃ 이하	200℃ 초과 300℃ 이하	135℃ 초과 200℃ 이하	100℃ 초과 135℃ 이하	85℃ 초과 100℃ 이하	85℃ 이하

산업안전기사 실기 필답형 2015년 제2회

01 산업안전보건법상의 사업주의 의무와 근로자의 의무를 각각 2가지를 쓰시오.

1) 사업주의 의무
   ① 산업안전보건법과 이법에 따른 명령으로 정하는 산업재해 예방을 위한 기준을 지킬 것
   ② 근로자의 신체적 피로와 정신적 스트레스 등을 줄일 수 있는 쾌적한 작업환경을 조성하고 근로조건을 개선할 것
   ③ 해당 사업장의 안전·보건에 관한 정보를 근로자에게 제공할 것

2) 근로자의 의무
   ① 산업안전보건법과 이법에 따른 명령으로 정하는 기준 등 산업재해 예방에 필요한 사항을 지킬 것
   ② 사업주 또는 근로감독관, 공단 등 관계자가 실시하는 산업재해 방지에 관한 조치에 따를 것

[주] 사업주의 의무 및 근로자의 의무 : 법 제5조, 제6조

02 다음 안전표지 중에서 (1) 경고표지와 (2) 지시표지를 골라 번호를 쓰시오.

(1) 경고표지 : ①, ③, ⑤, ⑥, ⑨, ⑩
(2) 지시표지 : ②, ④, ⑦, ⑧

03 산업안전보건법상 산업안전보건위원회의 회의록 작성사항 3가지를 쓰시오.

 1) 개최일시 및 장소
2) 출석위원
3) 심의 내용 및 의결·결정 사항
   주) 산업안전보건위원회의 회의 등 : 시행령 제37조

04 인간·기계체계의 기능 4가지를 쓰시오.

 1) 감지기능
2) 정보보관기능
3) 정보처리 및 의사결정기능
4) 행동기능

05 고장률이 시간당 0.01인 기계를 100시간 가동하였을 때 고장이 발생할 확률을 구하시오.

 1) R_t(신뢰도) $= e^{-\lambda t} = e^{-0.01 \times 100} = 0.367 = 0.37$
2) F_t(불신뢰도, 고장이 발생한 확률) $1 - R_t = 1 - 0.37 = 0.63$

06 도급사업의 합동 안전·보건점검을 할 때 점검반으로 구성하여야 하는 3가지를 쓰시오.

 1) 도급인인 사업주
2) 수급인인 사업주
3) 도급인 및 수급인의 근로자 각 1명
   주) 도급사업의 합동 안전·보건점검 : 시행규칙 제82조

07 산업안전보건법령상 채용시의 교육 및 작업내용 변경시의 교육내용 4가지를 쓰시오. (단, 산업안전보건법 및 일반관리에 관한 사항은 제외한다)

1) 기계·기구의 위험성과 작업의 순서 및 동선에 관한 사항
2) 작업개시 전 점검에 관한 사항
3) 정리정돈 및 청소에 관한 사항
4) 사고발생시 긴급조치에 관한 사항
5) 산업안전 및 사고예방에 관한 사항
6) 산업보건 및 직업병 예방에 관한 사항
7) 물질안전보건자료에 관한 사항
8) 산업안전보건법령 및 산업재해보상보험제도에 관한 사항
9) 직무스트레스 예방 및 관리에 관한 사항
10) 직장 내 괴롭힘, 고객의 폭언 등으로 인한 건강장애 예방 및 관리에 관한 사항

[주] 교육대상별 교육내용 : 시행규칙 별표 8의2

08 다음 [보기]를 보고 산업재해조사표에서 재해발생개요를 작성하시오.

[보기]
사출성형부 플라스틱 용기 생산1팀 사출공장에서 재해자 A와 동료작업자1명이 같이 작업 중이었으며 재해자A가 사출성형기 2호기에서 플라스틱 용기를 꺼낸 후 금형을 점검하던 중 재해자가 점검중임을 모르던 동료근로자 B가 사출성형기 조작스위치를 가동하여 금형사이에 재해자가 끼어 사망하였다. 재해당시 사출성형기 도어인터록 장치는 설치가 되어 있었으나 고장중이어서 기능을 상실한 상태였고 점검과 관련하여 "수리중·조작금지"의 안전표지판이나, 전원스위치 작동금지용 잠금장치는 설치하지 않은 상태에서 동료근로자가 조작스위치를 잘못 조작하여 재해가 발생하였다.

재해발생개요 : (1) 어디서   (2) 누가   (3) 무엇을   (4) 어떻게

(1) 어디서 : 사출성형부 플라스틱 용기 생산1팀 사출공정에서
(2) 누가 : 재해자 A와 동료작업자 1명이 같이 작업 중이었으며
(3) 무엇을 : 재해자 A가 사출성형기 2호기에서 플라스틱용기를 꺼낸 후 금형을 점검하던 중
(4) 어떻게 : 재해자가 점검중임을 모르던 동료근로자 B가 사출성형기 조작스위치를 가동하여 금형사이에 재해자가 끼어 사망하였음

[주] 산업재해조사표 : 시행규칙 별지 제1호 서식

▶ 재해발생개요 (1) 발생일시   (2) 어디서   (3) 누가   (4) 무엇을   (5) 어떻게   (6) 왜

09 다음 [보기] 내용은 신규화학물질의 유해성·위험성 조사보고서의 제출한 사항이다. ( )안에 알맞은 내용을 쓰시오.

> [보기]
> 신규화학물질을 제조하거나 수입하려는 자는 제조하거나 수입하려는 날 (①)일 전까지 신규화학물질 유해성·위험성 조사보고서에 해당 신규화학 물질의 안전·보건에 관한 자료, 독성시험 성적서, 제조 또는 사용·취급방법을 기록한 서류 및 제조 또는 사용 공정도, 그 밖의 관련 서류를 첨부하여 (②)에게 제출하여야 한다.

 ① 30일　　　　② 고용노동부장관

[주] 신규화학물질의 유해성·조사보고서의 제출 : 시행규칙 제147조

10 페일세이프(fail safe) 구조의 기능면에서의 분류 3가지를 쓰시오.

1) fail passive
2) fail active
3) fail operational

▶ 페일세이프 구조의 기능면에서의 분류
　1) fail passive : 성분의 고장시 기계·장치는 정지상태로 돌아간다.
　2) fail operational : 병렬 여분계의 성분을 구성한 경우이며, 성분의 고장이 있어도 다음 정기검사까지는 운전이 가능하다.
　3) fail active : 성분의 고장시 기계·장치는 경보를 나타내며 단시간에 운전이 된다.

11 와이어로프의 꼬임형식(꼬임방향) 2가지를 쓰시오.

 1) Z꼬임 or 랭꼬임　　2) S 꼬임 or 보통꼬임

12 전기기계·기구에 설치되어 있는 누전차단기의 (1) 정격감도전류와 (2) 작동시간을 쓰시오.

 (1) 정격감도전류 : 30mA 이하
(2) 동작시간 : 0.03초 이내
주 누전차단기에 의한 감전방지 : 안전보건규칙 제304조

13 연소의 3요소와 소화방법 3가지를 쓰시오. ▶ 18/2(기)

 1) 연소의 3요소 : ① 가연물 ② 산소공급원 ③ 점화원
2) 소화방법 : ① 제거소화 ② 질식소화 ③ 냉각소화

14 콘크리트 타설작업을 하는 경우 준수사항 3가지를 쓰시오.

1) 당일의 작업을 시작하기 전에 해당 작업에 관한 거푸집동바리 등의 변형·변위 및 지반의 침하유무를 등을 점검하고 이상이 있으면 보수할 것
2) 작업 중에는 거푸집동바리 등의 변형·변위 및 침하유무 등을 감시할 수 있는 감시자를 배치하여 이상이 있으면 작업을 중지하고 근로자를 대피시킬 것
3) 콘크리트를 타설하는 경우에는 편심이 발생하지 않도록 골고루 분산하여 타설할 것
4) 콘크리트 타설작업시 거푸집 붕괴의 위험이 발생할 우려가 있으면 충분한 보강 조치를 할 것
5) 설계도서상의 콘크리트 양생기간을 준수하여 거푸집동바리 등을 해체할 것
주 콘크리트 타설작업 : 안전보건규칙 제334조

산업안전기사 실기 필답형 2015년 제3회

01 다음 [그림]의 연삭기의 덮개 각도를 쓰시오. (단, 이상, 이하, 이내를 정확히 구분하여 쓰시오)

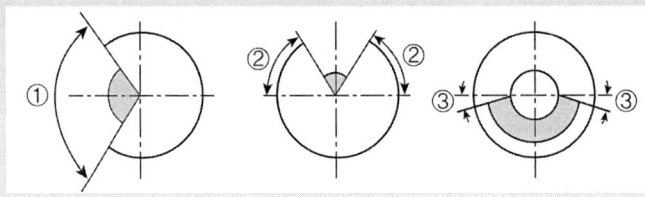

해답
① 125° 이내
② 60° 이상
③ 15° 이상

02 다음 [보기]의 가스용기의 색채를 쓰시오

[보기]
① 산소   ② 아세틸렌   ③ 암모니아   ④ 질소

해답
① 산소 : 녹색
② 아세틸렌 : 황색
③ 암모니아 : 백색
④ 질소 : 회색

03 위험예지훈련 4R(라운드)를 순서대로 쓰시오.

해답
1) 제1단계 : 현상파악
2) 제2단계 : 본질추구
3) 제3단계 : 대책수립
4) 제4단계 : 목표설정

04 잠함 또는 우물통의 내부에서 근로자가 굴착작업을 하는 경우에 잠함 또는 우물통의 급격한 침하에 의한 위험을 방지하기 위하여 준수하여야 할 사항을 2가지 쓰시오.

해답
1) 침하관계도에 따라 굴착방법 및 재하량 등을 정할 것
2) 바닥으로부터 천장 또는 보까지의 높이는 1.8m 이상으로 할 것

[주] 급격한 침하로 인한 위험방지 : 안전보건규칙 제376조

05 고장률이 1시간당 0.01로 일정한 기계가 있다. 이 기계가 처음 100시간 동안 가동할 때 고장이 발생할 확률을 구하시오.

해답
1) 고장이 발생하지 않을 확률(신뢰도 : R_t)
   $R_t = e^{-\lambda t} = e^{-0.01 \times 100} = 0.37$
2) 고장이 발생할 확률(F_t)
   $F_t = 1 - R_t = 1 - 0.37 = 0.63$

06 다음 [표]는 내전압용 절연장갑의 성능기준에 있어 각 등급에 대한 최대사용전압과 색상을 나타낸 것이다. ( )안에 알맞은 수치를 쓰시오.

등급	최대사용전압		색상
	교류(V, 실효값)	직류(V)	
00	500	(①)	갈색
0	(②)	1,500	빨간색
1	7,500	11,250	흰색
2	17,000	25,500	노란색
3	26,500	39,750	녹색
4	(③)	(④)	등색

[비고] 직류는 교류값에 1.5배 곱해준다.

① 750
② 1,000
③ 36,000
④ 54,000

07 타워크레인에 사용하는 와이어로프의 사용금지사항 4가지를 쓰시오.

 1) 이음매가 있는 것
2) 와이어로프의 한 꼬임에서 끊어진 소선의 수가 10% 이상인 것
3) 지름의 감소가 공칭지름의 7%를 초과하는 것
4) 꼬인 것
5) 심하게 변형되거나 부식된 것
6) 열과 전기충격에 의해 손상된 것

[주] 이음매가 있는 와이어로프 등 사용금지 : 안전보건규칙 제166조

08 산업안전보건법에 따라 산업재해조사표를 작성하고자 할 때 다음 [보기]에서 산업재해조사표의 주요 작성항목이 아닌 것을 골라 번호를 쓰시오.

[보기]
① 발생일시   ② 목격자 인적사항   ③ 발생형태
④ 상해종류   ⑤ 고용형태   ⑥ 기인물
⑦ 가해물   ⑧ 요양기관   ⑨ 재해 발생 후 첫 출근일자

 ② ⑦ ⑨

09 다음 [보기]는 위험성 평가에 관한 내용이다. 위험성 평가 실시순서를 번호로 쓰시오.

[보기]
① 평가대상의 선정 등 사전준비
② 근로자의 작업과 관계되는 유해·위험요인의 파악
③ 파악된 유해·위험요인별 위험성의추정
④ 추정한 위험성이 허용 가능한 위험성인지 여부의 결정
⑤ 위험성 감소대책의 수립 및 실행
⑥ 위험성 평가 실시내용 및 결과에 관한 기록

 ① → ② → ③ → ④ → ⑤ → ⑥

10 산업안전보건법에 따라 자율검사 프로그램의 인정을 취소하거나 인정받은 자율검사 프로그램의 내용에 따라 검사를 하도록 하는 등 개선을 명할 수 있는 경우 2가지를 쓰시오.

해답
1) 거짓이나 그 밖의 부정한 방법으로 자율검사프로그램을 인정받는 경우
2) 자율검사프로그램을 인정받고도 검사를 하지 아니한 경우
3) 인정받은 자율검사프로그램의 내용에 따라 검사를 하지 아니한 경우
4) 자격을 가진 자 또는 지정검사기관이 검사를 하지 아니한 경우
[주] 자율검사프로그램 인정의 취소 등 : 법 제99조

11 다음 [그림]의 기계설비에 형성되는 위험점을 쓰시오.

  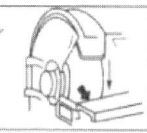  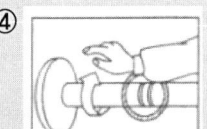

해답
① 협착점　　② 끼임점
③ 물림점　　④ 회전말림점

1) **접선물림점** : 회전하는 부분이 접선하는 방향으로 물려들어갈 위험이 형성되는 점을 말한다.
2) **절단점** : 회전하는 운동부분 자체와 운동하는 기계 자체에 위험이 형성되는 점을 말한다.

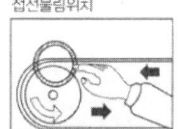　　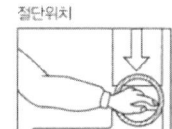
접선물림점　　　　　절단점

12 산업안전보건법상 관리감독자의 업무 4가지를 쓰시오.

1) 사업장 내 관리감독자가 지휘·감독하는 작업과 관련되는 기계·기구 또는 설비의 안전·보건점검 및 이상유무의 확인
2) 관리감독자에게 소속된 근로자의 작업복·보호구 및 방호장치의 점검과 그 착용·사용에 관한 교육·지도
3) 해당 작업에서 발생한 산업재해에 관한 보고 및 이에 대한 응급조치
4) 해당 작업의 작업장의 정리·정돈 및 통로 확보의 확인·감독
5) 해당 사업장의 산업보건의·안전 관리자 및 보건관리자의 지도, 조언에 대한 협조
6) 위험성평가를 위한 업무에 기인하는 유해·위험요인의 파악 및 그 결과에 따른 개선조치의 시행
7) 그 밖에 해당 작업의 안전·보건에 관한 사항으로서 고용노동부령으로 정하는 사항

[주] 관리감독자의 업무내용 : 시행령 제15조

13 예비사고분석(PHA)의 목표를 달성하기 위한 4가지 특징을 쓰시오.

1) 시스템의 모든 주요 사고를 식별하고 사고를 대략적으로 표현
2) 사고요인 식별
3) 사고를 가정한 후 시스템에 생기는 결과를 식별하고 평가
4) 식별된 사고를 파국적, 위기적, 한계적, 무시가능의 4가지 카테고리로 분리

산업안전기사 2016년 제1회 실기 필답형

01 Swain은 인간의 오류를 작위적 오류(Commission Error)와 부작위적 오류(Omission Error)로 구분한다. 작위적 오류와 부작위적오류에 대해 설명하시오.

해답
1) 작위적 오류(commission error) : 필요한 직무 또는 절차의 불확실한 수행으로 인한 오류(error)
2) 부작위적 오류(omission error) : 필요한 직무 또는 절차를 수행하지 않는데 기인한 오류(error)

길잡이

▶ Error의 심리적인 분류(swain)
　Error의 원인을 불확정, 시간지연, 순서착오의 세 가지로 나누어 분류한다.
　1) omission error(부작위 실수, 생략과오) : 필요한 task 또는 절차를 수행하지 않는 데 기인한 error
　2) time error(시간적 과오, 지연오류) : 필요한 task 또는 절차의 수행지연으로 인한 error
　3) commission error(작위 실수, 수행적 과오) : 필요한 task 또는 절차의 불확실한 수행으로 인한 error
　4) sequential error(순서적 과오) : 필요한 task 또는 절차의 순서착오로 인한 error
　5) extraneous error(불필요한 과오) : 불필요한 task 또는 절차를 수행함으로써 기인한 error

---

02 도수율이 18.73인 사업장에서 근로자 1명에게 평생 동안 약 몇 건의 재해가 발생하겠는가? (단, 1일 8시간, 월 25일, 12개월 근무, 평생근로년수는 35년, 연간 작업일수는 240일로 한다.)

해답 평생동안의 재해건수(환산도수율)

$$환산도수율 = 도수율 \times \frac{평생총근로시간수}{1,000,000} = 18.73 \times \frac{[(8 \times 25 \times 12) + 240] \times 35}{1,000,000}$$

$$= 1.73 ≒ 약 2건$$

03 중대재해 발생시 지체없이 관할 지방고용노동관서의 장에게 전화·팩스 또는 그 밖에 적절한 방법으로 보고해야할 사항 4가지를 쓰시오.

 1) 발생개요
2) 피해상황
3) 조치 및 전망
4) 그 밖의 중요한 사항

[주] 산업재해 발생 보고 : 시행규칙 제4조

04 산업안전보건법상의 사업주가 근로자에게 시행해야 하는 안전보건교육의 종류 4가지를 쓰시오.

 1) 정기교육
2) 채용시 교육
3) 작업내용 변경시 교육
4) 특별 교육
5) 건설업 기초 안전보건교육

05 보호안경(보안경)을 크게 두 가지로 구분하고 사용조건을 설명하시오.

 1) **차광보안경** : 자외선, 적외선 및 강열한 가시광선으로부터 눈을 보호하기 위한 것
2) **유리보안경** : 미분, 칩, 기타 비산물로부터 눈을 보호하기 위한 것
3) **플라스틱 보안경(방진보안경)** : 미분, 칩, 액체약품 등의 비산물로부터 눈을 보호하기 위한 것

06 다음 FT도에서 컷셋(cut set)을 모두 구하시오

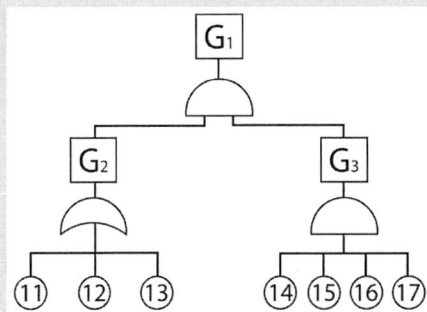

해답 $G_1 \rightarrow G_2 \cdot G_3 \rightarrow \begin{matrix} ⑪ \cdot G_3 \\ ⑫ \cdot G_3 \\ ⑬ \cdot G_3 \end{matrix} \rightarrow \begin{matrix} ⑪ \ ⑭ \ ⑮ \ ⑯ \ ⑰ \\ ⑫ \ ⑭ \ ⑮ \ ⑯ \ ⑰ \\ ⑬ \ ⑭ \ ⑮ \ ⑯ \ ⑰ \end{matrix}$

07 감응식 방호장치를 설치한 프레스에서 광선을 차단한 후 200ms 후에 슬라이드가 정지하였다. 이때 방호장치의 안전거리는 최소 몇 mm 이상이어야 하는가?

해답 감응식 방호장치 안전거리(D)

D = 1.6Tm
  = 1.6×200=320mm

08 다음 [표]는 화재의 종류에 따른 유형(등급) 및 색상을 나타낸 것이다. ( )안에 알맞는 용어를 쓰시오.

유형(등급)	화재의 분류	색상
A급	일반화재	④
B급	①	⑤
C급	②	청색
K급	③	무색

해답 ① 유류화재   ② 전기화재
③ 주방화재   ④ 백색
⑤ 황색

09 폭발등급에 따른 안전간격과 해당 가스명칭을 2가지 쓰시오.

 폭발등급 안전간격 해당가스
   1등급 0.6mm 초과 메탄, 부탄
   2등급 0.4mm 초과 0.6mm 이하 에틸렌, 석탄가스
   3등급 0.4mm 이하 수소, 아세틸렌

10 아세틸렌 용접기 도관의 시험 종류 3가지를 쓰시오

1) 내압시험 2) 기밀시험
3) 내식성시험 4) 내열성시험

11 근로자가 반복하여 계속적으로 중량물을 취급하는 작업할 때 작업 시작전 점검사항 2가지를 쓰시오 (단, 그 밖의 하역운반기계 등의 적절한 사용방법은 제외한다.)

1) 중량물 취급의 올바른 자세 및 복장
2) 위험물이 날아 흩어짐에 따른 보호구의 착용
3) 카바이드·생석회(산화칼슘) 등과 같이 온도상승이나 습기에 의하여 위험성이 존재하는 중량물의 취급방법
[주] 작업시작전 점검사항 : 안전보건규칙 별표 3

12 화물의 낙하에 의하여 지게차의 운전자에 위험을 미칠 우려가 있는 작업장에서 사용된 지게차의 헤드가드가 갖추어야 하는 사항 2가지를 쓰시오

1) 강도는 지게차의 최대하중의 2배의 값의 등분포정하중에 견딜 수 있을 것
2) 상부틀의 각 개구의 폭 또는 길이가 16cm 미만일 것
3) 운전자가 앉아서 조작하는 방식의 지게차에 있어서는 운전자의 좌석의 상면에서 헤드가드의 상부틀의 아래면까지의 높이가 0.903m 이상일 것
4) 운전자가 서서 조작하는 방식의 지게차에 있어서는 운전석의 바닥면에서 헤드가드의 상부틀의 하면까지의 높이가 1.88m 이상일 것
[주] 지게차의 헤드가드 : 안전보건규칙 제180조

13 양중기의 종류 5가지를 쓰시오

1) 크레인(호이스트 포함)
2) 이동식 크레인
3) 리프트(이삿짐운반용은 적재하중 0.1톤 이상인 것)
4) 곤돌라
5) 승강기(최대하중이 0.25톤 이상인 것)
   주) 양중기의 종류 : 안전보건규칙 제132조

14 타워크레인에 사용하는 와이어로프의 사용금지 기준을 4가지 쓰시오 (단, 부식된 것, 손상된 것 제외)

1) 이음매가 있는 것
2) 와이어로프의 한 꼬임에서 끊어진 소선의 수가 10퍼센트 이상인 것
3) 지름의 감소가 공칭지름의 7퍼센트를 초과하는 것
4) 꼬인 것
5) 심하게 변형되거나 부식된 것
6) 열과 전기충격에 의해 손상된 것
   주) 이음매가 있는 와이어로프 등의 사용금지 : 안전보건규칙 제166조

01 다음은 산업재해 발생 시의 조치내용을 순서대로 표시하였다. ( )안에 알맞은 내용을 쓰시오.

산업재해발생 → (①) → (②) → 원인강구 → (③) → 대책실시계획 → 실시 → (④)

1) 긴급처리
2) 재해조사
3) 대책수립
4) 평가

02 다음 근로 불능상해의 종류를 설명하시오.
① 영구 전노동불능 상해
② 영구 일부 노동 불능 상해
③ 일시 전노동 불능 상해

① 영구 전노동 불능 : 부상결과 근로기능을 영구적으로 상실한 부상(장해등급 1급~3급)
② 영구 일부노동 불능 : 부상결과 신체의 일부가 영구적으로 노동기능을 상실한 부상 (장해등급 4급~14급)
③ 일시 전노동 불능 : 의사의 진단으로 일정기간 정규노동에 종사할 수 없는 상해

03 다음은 Maslow의 욕구단계이론과 Alderfer의 ERG이론이다. 아래 빈칸을 채우시오.

	Maslow의 욕구단계이론	Herzberg의 2요인	Alderfer의 ERG이론
제1단계	생리적 욕구	위생 요인	생존욕구(Existence)
제2단계	(①)		
제3단계	(②)		(③)
제4단계	인정받으려는 욕구	동기 요인	
제5단계	자아실현의 욕구		(④)

해답
① 안전욕구   ② 사회적 욕구
③ 관계욕구   ④ 성장욕구

04 공정안전보고서에 포함되어야 할 사항을 4가지 쓰시오

해답
1) 공정안전자료   2) 공정위험성 평가서
3) 안전운전계획   4) 비상조치계획

05 다음은 색도기준이다. ( )안에 알맞는 내용을 쓰시오.

색채	색도기준	용도	사용례
(①)	7.5R 4/14	금지	정지신호, 소화설비 및 그 장소, 유해행위의 금지
		(②)	화학물질 취급장소에서의 유해·위험 경고
파란색	2.5PB 4/10	지시	특정행위의 지시 및 사실의 고지
흰색	N9.5		(③)
검정색	(④)		문자 및 빨간색 또는 노란색에 대한 보조색

해답
① 빨간색
② 경고
③ 파란색 또는 녹색에 대한 보조색
④ N0.5

06 FT의 각 단계별 내용이 [보기]와 같을 때 올바른 순서대로 번호를 나열하시오.

[보기]
① 정상사상의 원인이 되는 기초사상을 분석한다.
② 정상사상과의 관계는 논리게이트를 이용하여 도해한다.
③ 분석현상이 된 시스템을 정의한다.
④ 이전단계에서 결정된 사상이 조금 더 전개가 가능한지 검사한다.
⑤ 정성·정량적으로 해석 평가한다.
⑥ FT를 간소화한다.

 ③ → ① → ② → ④ → ⑥ → ⑤

07 방호조치를 하지 아니하고는 양도, 대여, 설치 또는 사용에 제공하거나, 양도·대여의 목적으로 진열해서는 아니 되는 기계·기구 4가지를 쓰시오

1) 예초기
2) 원심기
3) 공기압축기
4) 금속절단기
5) 지게차
6) 포장기계(진공포장기, 랩핑기로 한정)

[주] 유해·위험방지를 위하여 방호조치가 필요한 기계·기구용 : 시행령 별표 20

08 비계 작업시 비, 눈 그 밖의 기상상태의 불안정으로 날씨가 몹시 나빠서 작업을 중지시킨 후 그 비계에서 작업을 할 때 점검사항을 쓰시오

1) 발판재료의 손상여부 및 부착 또는 걸림 상태
2) 해당 비계의 연결부 또는 접속부의 풀림 상태
3) 연결재료 및 연결철물의 손상 또는 부식 상태
4) 손잡이의 탈락 여부
5) 기둥의 침하, 변형, 변위 또는 흔들림 상태
6) 로프의 부착 상태 및 매단장치의 흔들림 상태

[주] 비계의 점검 및 보수 : 안전보건규칙 제58조

09 물질안전보건자료(MSDS)작성 시 포함사항 16가지 중 다음의 [제외]사항을 제외하고 나머지 중 4가지를 쓰시오

[제외]
① 화학제품과 회사에 관한 정보
② 구성성분의 명칭 및 함유량
③ 취급 및 저장 방법
④ 물리화학적 특성
⑤ 폐기시 주의사항
⑥ 그 밖의 참고사항

1) 유해성·위험성
2) 응급조치 요령
3) 폭발, 화재시 대처방법
4) 누출사고시 대처방법
5) 노출방지 및 개인보호구

▶ 물질안전보건자료 작성항목(고용노동부고시 제10조)
   1) 화학제품과 회사에 관한 정보   2) 유해성·위험성
   3) 구성 성분의 명칭 및 함유량   4) 응급조치 요령
   5) 폭발·화재 시 대처방법   6) 누출사고 시 대처방법
   7) 취급 및 저장방법   8) 노출방지 및 개인보호구
   9) 물리화학적 특성   10) 안정성 및 반응성
  11) 독성에 관한 정보   12) 환경에 미치는 영향
  13) 폐기 시 주의사항   14) 운송에 필요한 정보
  15) 법적 규제 현황   16) 그 밖의 참고사항

10 차량계 하역운반기계(지게차 등)의 운전자가 운전위치를 이탈하고자 할 때 운전자가 준수하여야 할 사항을 2가지만 쓰시오

1) 포크, 버킷, 디퍼 등의 장치를 가장 낮은 위치 또는 지면에 내려 둘 것
2) 원동기를 정지시키고 브레이크를 확실히 거는 등 갑작스러운 주행이나 이탈을 방지하기 위한 조치를 할 것
3) 운전석을 이탈하는 경우에는 시동키를 운전대에서 분리시킬 것
[주] 운전위치 이탈 시 조치 : 안전보건규칙 제 99조

11 폭발의 정의에서 UVCE와 BLEVE를 설명하시오.

1) UVCE(개방계 증기운폭발) : 대기 중에 구름형태로 모여 바람·대류 등의 영향으로 움직이다가 점화원에 의하여 순간적으로 폭발하는 현상
2) BLEVE(비등액체 증기폭발) : 비점 이상의 온도에서 액체 상태로 들어 있는 용기 파열시 발생

12 다음 방폭구조의 표시를 기술하시오.

· 방폭구조 : 외부의 가스가 용기내로 침입하여 폭발하더라도 용기는 그 압력에 견디고 외부의 폭발성가스에 착화될 우려가 없어도 만들어진 구조
· 그룹 : Ⅱ B
· 최고표면온도 : 90도

 Ex dⅡB T5

1) 방폭구조의 종류

기호	기호의 의미	기호	기호의 의미
Ex	방폭의 심벌	e	안전증방폭구조
ia 또는 ib	본질안전방폭구조	o	유입방폭구조
d	내압방폭구조	s	특수방폭구조
p	압력방폭구조	n	비점화성방폭구조

2) 최대안전틈새의 범위에 의한 폭발성가스의 분류

폭발성가스의 분류	A	B	C
최대안전틈새	0.9mm 이상	0.5mm 초과 또는 0.9mm 미만	0.5mm 미만

3) 방폭전기기기의 group 및 내압방폭구조 전기기기의 분류

표시품목	기호	기호의 의미
방폭전기기기의 group	Ⅱ	공장·사업장용인 것
내압방폭구조 전기기기의 분류	ⅡA	공장·사업장용인 것에서 분류A의 폭발성가스에 적용할 수 있음
	ⅡB	공장·사업장용인 것에서 분류B의 폭발성가스에 적용할 수 있음
	ⅡC	공장·사업장용인 것에서 분류C의 폭발성가스에 적용할 수 있음

4) 방폭전기기기의 온도등급

방폭전기기기의 온도등급	T1	T2	T3	T4	T5	T6
최고표면온도에 의한 폭발성가스의 분류	300℃ 초과 450℃ 이하	200℃ 초과 300℃ 이하	135℃ 초과 200℃ 이하	100℃ 초과 135℃ 이하	85℃ 초과 100℃ 이하	85℃ 이하

13 공기압축기를 가동하는 때 작업 시작 전 점검사항 4가지를 쓰시오.

1) 공기저장 압력용기의 외관 상태
2) 드레인밸브의 조작 및 배수
3) 압력방출장치의 기능
4) 언로드밸브의 기능
5) 윤활유의 상태
6) 회전부의 덮개 또는 올
7) 그 밖의 연결 부위의 이상 유무

14 실내 작업장에서 8시간 작업시 소음측정결과 85dB[A] 3시간, 90dB[A] 4시간, 95dB[A] 3시간일 때 소음노출수준을 구하고 소음노출기준 초과여부를 쓰시오.

1) 소음노출지수 $= \dfrac{C_1}{T_1} + \dfrac{C_2}{T_2} + \cdots + \dfrac{C_n}{T_n} = 0 + \dfrac{4}{8} + \dfrac{3}{4} = 1.25$

여기서, $C_1 \sim C_n$: 노출시간
$T_1 \sim T_n$: 허용노출시간

소음수준	80dB	85dB	90dB	95dB	100dB	105dB	110dB	115dB
허용노출시간	0	0	8hr	4hr	2hr	1hr	1/2hr	1/4hr

[주] 90dB미만은 허용노출시간을 0으로 함

2) 소음노출지수 값이 1을 초과하므로 소음노출기준 초과판정

산업안전기사 실기 필답형 — 2016년 제3회

01 산업안전보건법상의 안전인증대상 기계·기구 3가지를 쓰시오

1) 프레스
2) 절단기 및 절곡기(折曲機)
3) 크레인
4) 리프트
5) 압력용기
6) 롤러기
7) 사출성형기
8) 고소작업대
9) 곤돌라

[주] 안전인증대상 기계·기구 등 : 시행령 제74조

02 관계자외 출입금지표지 종류 3가지를 쓰시오

1) 허가대상유해물질 취급
2) 석면취급 및 해체·제거
3) 금지유해물질 취급

[주] 안전·보건표지의 종류 등 : 시행규칙 별표 7

03 산업안전보건법에서 관리감독자 정기 안전·보건교육의 내용을 4가지 쓰시오 (단, 「산업안전보건법」 및 일반관리에 관한 사항은 생략할 것)

1) 작업공정의 유해·위험과 재해 예방대책에 관한 사항
2) 표준안전작업방법 및 지도 요령에 관한 사항
3) 관리감독자의 역할과 임무에 관한 사항
4) 산업보건 및 직업병 예방에 관한 사항
5) 유해·위험 작업환경 관리에 관한 사항

[주] 교육대상별 교육내용 : 시행규칙 별표 5

04 산업안전보건법상 산업재해조사표에 작성해야 할 상해종류 4가지를 쓰시오

1) 골절
2) 절단
3) 타박상
4) 찰과상
5) 중독
6) 질식
7) 화상
8) 감전
9) 뇌진탕
10) 고혈압
11) 뇌졸중
12) 피부염
13) 진폐
14) 수근관증후군

주 산업재해조사표 : 시행규칙 별지 제30호 서식

05 1급 방진마스크 사용 장소를 3곳으로 쓰시오

1) 특급마스크 착용장소를 제외한 분진 등 발생장소
2) 금속흄 등과 같이 열적으로 생기는 분진 등 발생장소
3) 기계적으로 생기는 분진 등 발생장소

길잡이

▶ 방진마스크 사용장소

등급	사용 장소
특급	① 베릴륨(Be) 등과 같이 독성이 강한 물질을 함유한 분진 등의 발생장소 ② 석면 취급장소
1급	① 특급마스크 착용장소를 제외한 분진 등 발생장소 ② 금속 흄(fume) 등과 같이 열적으로 생기는 분진 등 발생장소 ③ 기계적으로 생기는 분진 등 발생장소 (규소 등과 같이 2급 마스크를 착용하여도 무방한 경우는 제외)
2급	· 특급 및 1급 마스크 착용장소를 제외한 분진 등 발생장소

단, 배기밸브가 없는 안면부여과식 마스크는 특급 및 1급 마스크 착용장소에서 사용하여서는 안 된다.

06 980kg의 화물을 두줄걸이 로프로 상부 각도 90°의 각으로 들어 올릴 때, 각각의 와이어로프에 걸리는 하중 kg을 구하시오.

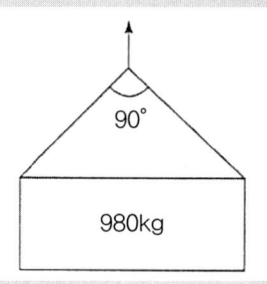

해답 두줄걸이 로프에 걸리는 하중(장력 : W)

$$W = \frac{\text{짐의 무게}}{\text{로프의 수}} \div \cos\left(\frac{\text{로프의 각도}}{2}\right) = \frac{980}{2} \div \cos\left(\frac{90}{2}\right) = 692.96\text{kg}$$

07 다음은 광전자식 방호장치 프레스에 관한 설명이다. ( )에 알맞은 내용이나 수치를 써 넣으시오.

(가) 프레스 또는 전단기에서 일반적으로 많이 활용하고 있는 형태로서 투광부, 수광부, 컨트롤 부분으로 구성된 것으로서 신체의 일부가 광선을 차단하면 기계를 급정지시키는 방호장치로 (①)분류에 해당한다.
(나) 정상동작표시펌프는 (②)색, 위험표시펌프는 (③)색으로 하며, 쉽게 근로자가 볼 수 있는 곳에 설치해야 한다.
(다) 방호장치는 릴레이, 리미트 스위치 등의 전기부품의 고장, 전원전압의 변동 및 정전에 의해 슬라이드가 불시에 동작하지 않아야 하며, 사용전원전압의 ±(④)%의 변동에 대하여 정상으로 작동되어야 한다.

해답 ① A-1　　② 녹
③ 붉은(적)　　④ 20

08 다음은 산업안전보건법상의 계단에 관한 내용이다. (   )안에 알맞는 내용을 쓰시오.

(가) 사업주는 계단 및 계단참을 설치하는 경우 매제곱미터당 (①)kg 이상의 하중에 견딜 수 있는 강도를 가진 구조로 설치하여야 하며, 안전율은 (②) 이상으로 하여야 한다.
(나) 계단을 설치하는 경우 그 폭을 (③)m 이상으로 하여야 한다.
(다) 높이가 (④)m를 초과하는 계단에는 높이 3m 이내마다 너비 1.2m 이상의 계단참을 설치하여야 한다.
(라) 높이 (⑤)m 이상인 계단의 개방된 측면에 안전난간을 설치하여야 한다.

① 500
③ 1
⑤ 1
② 4
④ 3

[주] 가) 계단의 강도 : 안전보건규칙 제26조
    나) 계단의 폭 : 안전보건규칙 제27조
    다) 계단참의 높이 : 안전보건규칙 제28조
    라) 계단의 난간 : 안전보건규칙 제30조

09 산업안전보건기준에 관한 규칙에서 누전에 의한 감전의 위험을 방지하기 위해 접지를 실시하는 코드와 플러그를 접속하여 사용하는 전기 기계·기구를 3가지 쓰시오.

1) 사용전압이 대지전압 150V를 넘는 것
2) 냉장고·세탁기·컴퓨터 및 주변기기 등과 같은 고정형 전기기계·기구
3) 고정형·이동형 또는 휴대형 전동기계·기구
4) 물 또는 도전성(導電性)이 높은 곳에서 사용하는 전기기계·기구, 비접지형 콘센트
5) 휴대형 손전등

[주] 전기기계·기구의 접지 : 안전보건규칙 제302조

10 아세틸렌 70%, 클로로벤젠 30%일 때, (1) 혼합 기체의 공기 중 폭발 하한계의 값과 (2) 아세틸렌의 위험도를 계산하시오.

	폭발하한계	폭발상한계
아세틸렌	2.5[VOL%]	81[VOL%]
클로로벤젠	1.3[VOL%]	7.1[VOL%]

해답 1) 폭발하한계값(L)

$$L = \frac{V_1 + V_2}{\frac{V_1}{L_1} + \frac{V_2}{L_2}} = \frac{70 + 30}{\frac{70}{2.5} + \frac{30}{1.3}} = 1.96 \, vol\%$$

2) 위험도 $= \frac{U - L}{L} = \frac{81 - 2.5}{2.5} = 31.4$

11 관리대상 유해물질을 취급하는 작업장에 게시사항 5가지를 쓰시오

해답
1) 관리대상 유해물질의 명칭
2) 인체에 미치는 영향
3) 취급상의 주의사항
4) 착용하여야 할 보호구
5) 응급조치와 긴급 방재 요령

[주] 명칭 등의 게시 : 안전보건규칙 제 442조

12 조명은 근로자들이 작업환경의 측면에서 중요한 안전요소이다. 산업안전보건법상 다음의 작업 장소에서 근로자를 상시 작업시키는 경우의 조도기준을 쓰시오(단, 갱도 등의 작업장은 제외)

▶ 18/3(산)

초정밀작업	정밀작업	보통작업	그 밖의 작업
(①)Lux 이상	(②)Lux 이상	(③)Lux 이상	(④)Lux 이상

해답
① 750
② 300
③ 150
④ 75

[주] 작업면의 조도기준 : 안전보건규칙 제8조

13 산업안전보건법상 이동식 크레인을 사용하여 작업을 할 때 작업시작 전 점검사항을 4가지 쓰시오.

해답
1) 권과방지장치나 그 밖의 경보장치의 기능
2) 브레이크·클러치 및 조정장치의 기능
3) 와이어로프가 통하고 있는 곳의 지반상태
4) 작업장소의 지반상태
[주] 작업시작전 점검사항 : 안전보건규칙 별표 3

14 다음은 가설통로의 설치기준에 관한 사항이다. ( )안에 알맞는 내용을 쓰시오.

(가) 경사는 (①)도 이하일 것
(나) 경사가 (②)도를 초과하는 경우에는 미끄러지지 아니하는 구조로 할 것
(다) 추락할 위험이 있는 장소에는 (③)를 설치할 것
(라) 수직갱에 가설된 통로의 길이가 15m 이상인 경우에는 (④)m 이내마다 계단참을 설치
(마) 건설공사에 사용하는 높이 8m 이상인 비계다리에는 (⑤)m 이내마다 계단참을 설치

해답
① 30   ② 15
③ 안전난간   ④ 10
⑤ 7
[주] 가설통로의 구조 : 안전보건규칙 제23조

산업안전기사 실기 필답형 — 2017년 제1회

01 다음 사항에 대한 종합 재해지수를 구하시오.

- 평균근로자수 : 800명
- 연근로일수 및 시간 수 : 9시간/280일
- 연간재해발생 건수 : 125건
- 연간 근로손실일수 : 800일
- 재해자수 : 200명

해답 종합재해지수 $= \sqrt{도수율 \times 강도율}$

$$= \sqrt{\left(\frac{재해건수}{연근로시간수} \times 10^6\right) \times \left(\frac{근로손실일수}{연근로시간수} \times 10^3\right)}$$

$$= \sqrt{\left(\frac{125}{800 \times 9 \times 280} \times 10^6\right) \times \left(\frac{800}{800 \times 9 \times 280} \times 10^3\right)} = 4.96$$

02 건축물 해체작업시 작업계획에 포함되어야 하는 사항 4가지를 쓰시오.

해답
1) 해체의 방법 및 해체순서 도면
2) 가설설비·방호설비·환기설비 및 살수·방화설비 등의 방법
3) 사업장 내 연락방법
4) 해체물의 처분계획
5) 해체작업용 기계·기구 등의 작업계획서
6) 해체작업용 화약류 등의 사용계획서
7) 기타 안전·보건에 관련된 사항

[주] 해체작업시 작업계획서의 작성내용 : 안전보건규칙 별표 4

Guide 작업계획서의 내용 중 짧고, 간단하고, 쉬운 내용부터 순서를 정하여 암기하고 [정답]은 4가지만 쓰면 됩니다.

03 산업안전보건법상 안전인증을 전부 또는 일부를 면제할 수 있는 경우 3가지를 쓰시오.

해답 1) 연구·개발을 목적으로 제조·수입하거나 수출을 목적으로 제조하는 경우
2) 고용노동부장관이 정하여 고시하는 외국의 안전인증기관에서 인증을 받은 경우
3) 다른 법령에서 안정성에 관한 검사나 인증을 받은 경우
[주] 안전인증의 전부 또는 일부 면제 : 법 제34조 제③항

04 다음 FT 도의 미니멀 컷셋을 구하시오.

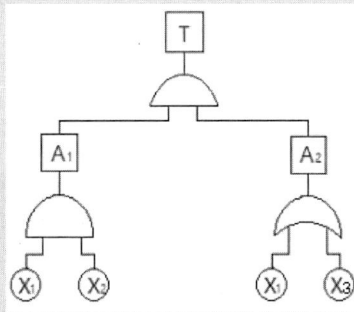

 $T \to A_1 A_2 \to X_1 \cdot X_2 \cdot A_2 \to \begin{matrix} X_1 \cdot X_2 \cdot X_1 \\ X_1 \cdot X_2 \cdot X_3 \end{matrix} \to \begin{matrix} X_1 \cdot X_2 \\ X_1 \cdot X_2 \cdot X_3 \end{matrix} \to X_1 \cdot X_2$
　　　　　　　　　　　　　　　　　　　　　　　[컷셋]　　　　　[미니멀컷셋]

> **길잡이**
> 1) 컷과 미니멀 컷
>   ① 컷 : 정상사상을 일으키는 기본사상의 집합을 말한다.
>   ② 미니멀 컷 : 컷 중 필요 최소한의 컷을 말한다.
> 2) 컷과 미니멀 컷을 구하는 법
>   ① 컷 : AND 게이트는 가로로 나열시키고 OR 게이트는 세로로 나열시켜 말단사상까지 진행시켜 구한다.
>   ② 미니멀 컷 (최소 컷셋) : 컷 중에 타 컷셋을 포함하고 있는 것을 배제하고 남은 컷셋들을 의미한다.
>
> [예] $X_1 \cdot X_3$
> 　　$X_1 \cdot X_3 \cdot X_4 \to X_1 \cdot X_3$
> 　　$X_1 \cdot X_3 \cdot X_4$　　[미니멀 컷셋]

05 타워크레인의 설치(상승작업 포함)·해체 작업시의 특별안전보건교육내용 4가지를 쓰시오. (단, 그밖에 안전·보건관리에 필요한 사항은 제외한다.)

1) 붕괴·추락 및 재해 방지에 관한 사항
2) 설치·해체 순서 및 안전작업방법에 관한 사항
3) 부재의 구조·재질 및 특성에 관한 사항
4) 신호방법 및 요령에 관한 사항
5) 이상 발생 시 응급조치에 관한 사항
6) 그 밖에 안전·보건관리에 필요한 사항
   주 특별안전보건교육 대상 작업별 교육내용 : 시행규칙 별표 5

06 건설공사를 하고자 하는 때에는 그 공사착공 전에 유해위험방지계획서를 제출하여야 한다. 건설공사 중 유해위험방지계획서 제출 대상 공사의 종류 4가지를 쓰시오.

1) 지상 높이가 31m 이상인 건축물 또는 인공구조물, 연면적 3만m² 이상인 건축물 또는 연면적 5천m² 이상의 문화 및 집회시설, 판매시설·운수시설(고속철도의 역사 및 집배송시설은 제외)·종교시설, 의료시설 중 종합병원, 숙박시설 중 관광숙박시설 또는 지하도 상가 또는 냉동·냉장창고시설의 건설, 개조 또는 해체공사
2) 연면적 5천m² 이상의 냉동·냉장창고시설의 설비공사 및 단열공사
3) 최대 지간길이가 50m 이상인 교량 건설 등 공사
4) 터널건설 등의 공사
5) 다목적댐, 발전용댐 및 저수용량 2천만톤 이상의 용수전용댐, 지방 상수도전용 댐 건설 등의 공사
6) 깊이 10m 이상인 굴착공사
   주 건설업 중 유해위험방지계획서 제출대상 사업의 종류: 시행령 제42조 ③항
   Guide 1) 상기 문제는 ( )내에 숫자를 쓰는 문제가 많이 출제되므로 내용 중 숫자는 정확하게 암기하여야 합니다.
        2) 짧고 쉬운 것부터 순서를 정하여 4가지는 기술할 수 있도록 무조건 암기하여야 합니다.

07 다음은 안전모의 내관통성 시험의 성능기준(합격기준)에 대한 내용이다. ( )안에 알맞은 수치를 쓰시오.

> (가) AE형 및 ABE형의 관통거리 : (①) mm 이하
> (나) AB형의 관통거리 : (②) mm 이하

해답
① 9.5
② 11.1

08 양중기에 사용하는 달기체인의 사용금지사항 2가지를 쓰시오. 단, 균열이 있거나 심하게 변형된 것은 제외한다.

해답
1) 달기 체인의 길이가 달기 체인이 제조된 때의 길이의 5%를 초과한 것
2) 링의 단면지름이 달기 체인이 제조된 때의 해당 링의 지름의 10%를 초과하여 감소한 것

[주] 늘어난 달기체인 등의 사용금지 : 안전보건규칙 제63조

09 다음 사항은 위험물의 종류 중 급성 독성물질에 대한 내용이다. ( )안에 알맞은 내용을 쓰시오.

> (가) LD_{50}은 (①)mg/kg을 쥐에 대한 경구투입실험에 의하여 실험동물원의 50%를 사망케 한다.
> (나) LD_{50}은 (②)mg/kg을 쥐 또는 토끼에 대한 경피흡수실험에서 의하여 실험동물의 50%를 사망케 한다.
> (다) LC_{50}은 가스로 (③)ppm을 쥐에 대한 4시간 동안 흡입실험에 의하여 실험동물의 50%를 사망케 한다.
> (라) LC_{50}은 증기로 (④)mg/L을 쥐에 대한 4시간 동안 흡입실험에 의하여 실험동물의 50%를 사망케 한다.

해답
① 300
② 1000
③ 2500
④ 10

▶ 급성 독성 물질 (안전보건규칙 별표 1)
1) LD_{50} (경구투입실험, 쥐 50% 사망) : 300mg/kg(체중) 이하인 화학물질
2) LD_{50} (경피흡수실험, 쥐 또는 토끼 50% 사망) : 1000mg/kg(체중) 이하인 화학물질
3) LC_{50} (4시간 흡입실험, 쥐 50% 사망)
   ① 가스 : LC_{50}이 2500ppm 이하인 화학물질
   ② 증기 : LC_{50}이 10mg/L 이하인 화학물질
   ③ 분진 또는 미스트 : LC_{50}이 1mg/L 이하인 화학물질

10 U자형걸이용 안전대의 구조기준 3가지를 쓰시오.

1) 신축 조절기가 로프로부터 이탈하지 말 것
2) 동체 대기벨트, 각링 및 신축 조절기가 있을 것
3) D링 및 각링은 안전대 착용자의 동체 양측에 해당하는 곳에 위치해야 한다.

▶ 안전대의 종류 및 등급·사용구분

종류	사용구분
· 벨트식	· 1개 걸이용
	· U자 걸이용
· 안전그네식	· 추락방지대
	· 안전블록
· 추락방지대 및 안전블록은 안전그네식에만 적용	

11 잠함, 우물통, 수직갱, 그 밖에 이와 유사한 건설물 또는 설비(이하 잠함 등)의 내부에서 굴착작업 시 준수사항 3가지를 쓰시오.

1) 산소 결핍 우려가 있는 경우에는 산소의 농도를 측정하는 사람을 지명하여 측정하도록 할 것
2) 근로자가 안전하게 오르내리기 위한 설비를 설치할 것
3) 굴착 깊이가 20m를 초과하는 경우에는 해당 작업장소와 외부와의 연락을 위한 통신설비 등을 설치할 것

[주] 잠함 등 내부에서의 작업: 안전보건규칙 제377조

 길잡이

1) 잠함 등 내부에서 굴착작업시 준수사항
   ① 산소농도 측정
   ② 승강설비 설치
   ③ 통신설비 설치
   ④ (산소결핍 인정 및 굴착깊이 20m 초과시) 송기설비 설치
2) 잠함 또는 우물통 내부에서 굴착작업시 급격한 침하에 의한 위험방지조치사항
   ① 침하관계도에 따라 굴착방법 및 재하량 등을 정할 것
   ② 바닥으로부터 천장 또는 보까지의 높이는 1.8m 이상으로 할 것

12 말비계를 조립하여 사용하는 경우에 준수사항 3가지를 쓰시오.

1) 지주부재(支柱部材)의 하단에는 미끄럼 방지장치를 하고, 근로자가 양측 끝부분에 서서 작업하지 않도록 할 것
2) 지주부재와 수평면의 기울기를 75° 이하로 하고, 지주부재와 지주부재 사이를 고정시키는 보조부재를 설치할 것
3) 말비계의 높이가 2m를 초과하는 경우에는 작업발판의 폭을 40cm 이상으로 할 것

[주] 말비계: 안전보건규칙 제67조

13 전기기계, 기구의 접지를 하여야 할 부분 중에서 전기를 사용하지 아니하는 설비 중 접지를 하여야할 금속체 부분 3가지를 쓰시오.

해답 1) 전동식 양중기의 프레임과 궤도
2) 전선이 붙어있는 비전동식 양중기의 프레임
3) 고압 이상의 전기를 사용하는 전기기계 · 기구 주변의 금속제 칸막이 망 및 이와 유사한 장치

[주] 전기기계 · 기구의 접지 : 안전보건규칙 제302조

14 클러치 맞물림 개수 4개, 200spm(stroke per minute) 일 경우 동력 프레스기의 양수 기동식 안전장치의 안전거리를 구하시오.

해답 양수기동식 안전거리(D_m) = $1.6\,T_m$

$$D_m = 1.6\,T_m = 1.6 \times \left(\frac{1}{4} + \frac{1}{2}\right) \times \frac{60,000}{200} = 360\,\text{mm}$$

여기서, D_m : 안전거리(mm)
T_m : 양손으로 누름단추를 누르기 시작할 때부터 슬라이드가 하사점에 도달하기까지의 소요시간(ms)
$T_m = \left(\dfrac{1}{\text{클러치 맞물림 개수}} + \dfrac{1}{2}\right) \times \dfrac{60,000}{\text{매분 행정수}}$

산업안전기사 실기 필답형 2017년 제2회

01 다음 내용은 아세틸렌 용접 장치의 방호장치에 관한 사항이다. ( )에 알맞은 내용을 쓰시오

(가) 사업주는 아세틸렌 용접장치의 취관마다 안전기를 설치하여야 한다.
다만, 주관 및 (①)에 가장 가까운 (②) 마다 안전기를 부착한 경우에는 그러하지 아니하다.
(나) 사업주는 가스용기가 (③)와 분리되어 있는 아세틸렌 용접 장치에 대하여 (③)와 가스용기 사이에 안전기를 설치하여야 한다.

 ① 취관 ② 분기관
③ 발생기

주 아세틸렌 용접장치 안전기설치 : 안전보건규칙 제289조

02 지상높이가 31m 이상 되는 건축물을 건설하는 공사현장에서 건설공사 유해·위험방지계획서를 작성하여 제출하고자 할 때 첨부하여야 하는 작업공사별 유해위험방지계획의 해당 작업공사 종류를 4가지 쓰시오.

1) 가설공사
2) 구조물공사
3) 마감공사
4) 기계설비공사
5) 해체공사

주 유해·위험방지계획서 첨부서류 : 시행규칙 별표 10

03 지게차를 사용하여 작업할 때 작업시작 전 점검사항 4가지를 쓰시오.

1) 제동장치 및 조종장치 기능의 이상 유무
2) 하역장치 및 유압장치 기능의 이상 유무
3) 바퀴의 이상 유무
4) 전조등·후미등·방향지시기 및 경보장치 기능의 이상 유무

[주] 작업시작전 점검사항 : 안전보건규칙 별표 3

Guide 작업시작전 점검사항은 출제율이 매우 높은 편입니다. 따라서 반드시 암기하여야 합니다

---

04 다음 내용은 낙하물 방지망 또는 방호선반의 설치 기준이다. ( )안에 알맞은 내용을 쓰시오.

(가) 높이 (①) 이내마다 설치하고, 내민 길이는 벽면으로부터 (②) 이상으로 할 것
(나) 수평면과의 각도는 (③) 도 이상 (④)도 이하를 유지할 것

① 10m   ② 2m
③ 20   ④ 30

 ▶ 추락방호망 설치기준(안전보건규칙 제42조 ②항)
1) **추락방호망 설치위치** : 작업면으로부터 가까운 지점에 설치하여야 하며, 작업면으로부터 망의 설치지점까지의 수직거리는 10m를 초과하지 아니할 것
2) **추락방호망 각도** : 수평으로 설치할 것
3) **방호망의 처짐** : 짧은 변 길이의 12% 이상일 것
4) **내민길이** : 3m 이상

---

05 산업안전보건법상 사업장에 안전보건관리규정을 작성하고자 할 때 포함되어야할 사항 4가지를 쓰시오. (단, 일반적인 안전, 보건에 관한 사항은 제외한다)

1) 안전·보건관리조직과 그 직무에 관한 사항
2) 안전·보건교육에 관한 사항
3) 작업장 안전관리에 관한 사항
4) 작업장 보건관리(위생)에 관한 사항
5) 사고조사 및 대책수립에 관한 사항

[주] 안전보건관리규정의 작성 등 : 법 제25조

06 산업안전보건법상 물질안전보건자료의 작성·비치 등 제외대상 제제 4가지를 쓰시오. (단, 일반소비자의 생활용으로 제공되는 제제와 그 밖에 고용노동부장관이 독성·폭발성 등으로 인한 위해의 정도가 적다고 인정하여 고시하는 제제는 제외한다)

1) 원자력안전법에 따른 방사성물질
2) 약사법에 따른 의약품·의약외품
3) 화장품법에 따른 화장품
4) 마약류 관리에 관한 법률에 따른 마약 및 향정신성의약품
5) 농약관리법에 따른 농약
6) 사료관리법에 따른 사료
7) 비료관리법에 따른 비료
8) 식품위생법에 따른 식품 및 식품첨가물
9) 총포·도검·화약류 등의 안전관리에 관한 법률에 따른 화약류
10) 폐기물관리법에 따른 폐기물
11) 의료기기법에 따른 의료기기
[주] 물질안전보건자료의 작성·비치 등 제외 제제 : 시행령 제32조의 2

07 다음 ( )안에 알맞은 내용을 쓰시오.

> 정전기에 의한 화재 또는 폭발등의 위험이 발생할 우려가 있는 경우에는 해당 설비에 대하여 확실한 방법으로 (①)를 하거나, (②)를 사용하거나 가습 및 점화원이 될 우려가 없는 (③)를 사용하는 등 정전기의 발생을 억제하거나 제거하기 위하여 필요한 조치를 하여야 한다.

① 접지
② 도전성 재료
③ 제전장치
[주] 정전기로 인한 화재 폭발 등 방지 : 안전보건규칙 제325조

08 사업장에 근로자가 1,440명이 있고 년간 50주, 주 40시간 작업을 한다. 평균 출근 94%, 지각 및 조퇴 5000시간, 근로손실일수 1200일, 사망 1명, 조기출근과 잔업은 100,000시간이다. 강도율을 계산하시오.

 강도율 = $\dfrac{\text{근로손실일수}}{\text{연근로시간수}} \times 1000$

$= \dfrac{1200 + 7500}{[(1{,}440 \times 50 \times 40) \times 0.94] + (100{,}000 - 5000)} \times 1{,}000 = 3.10$

09 통풍이나 환기가 충분하지 않고 가연물이 있는 건축물 내부나 설비내부에서 용접·용단 등과 같은 화기작업을 하는 경우에 화재예방에 필요한 사항 3가지를 쓰시오. (단, 작업준비 및 작업절차 수립은 제외한다)

 1) 작업장 내 위험물의 사용·보관 현황파악
2) 화기작업에 따른 인근 인화성 액체에 대한 방호조치 및 소화기구 비치
3) 용접불티 비산방지덮개, 용접방화포 등 불꽃, 불티 등 비산방지 조치
4) 인화성 액체의 증기가 남아있지 않도록 환기 등의 조치
5) 작업근로자에 대한 화재예방 및 피난교육 등 비상조치
[주] 통풍 등이 충분하지 않은 장소에서의 용접 등 : 안전보건규칙 제241조

10 다음 [보기]의 오류를 각각 omission error 와 commission error 로 구분하시오.

[보기]
(1) 납 접합을 빠트렸다.   (2) 부품이 거꾸로 배열되었다.
(3) 전선의 연결이 바뀌었다.   (4) 부품을 빠트렸다
(5) 틀린 부품을 사용하였다.

 (1) omission error
(2) commission error
(3) commission error
(4) omission error
(5) commission error

> **길잡이**
> ▶ 휴먼에러의 심리적인 분류
> 1) Omission error(부작위실수, 생략과오) : 필요한 task 또는 절차를 수행하지 않는데 기인한 error
> 2) Time error(시간적 과오, 지연오류) : 필요한 task 또는 절차의 수행지연으로 인한 error
> 3) Commission(작위실수, 수행적 과오) : 필요한 task 또는 절차의 불확실한 수행으로 인한 error
> 4) Sequential error(순서적 과오) : 필요한 task 또는 절차의 순서착오로 인한 error
> 5) Extraneous error(불필요한 과오) : 불필요한 task 또는 절차를 수행함으로써 기인한 error

11 건설용 리프트 곤돌라를 이용하는 작업에서 근로자에게 실시하는 특별안전보건교육 내용을 5가지 쓰시오. (단, 그 밖에 안전·보건관리에 필요한 사항은 제외한다)

해답
1) 방호장치의 기능 및 사용에 관한 사항
2) 기계, 기구, 달기체인 및 와이어 등의 점검에 관한 사항
3) 화물의 권상·권하 작업방법 및 안전작업 지도에 관한 사항
4) 기계·기구에 특성 및 동작원리에 관한 사항
5) 신호방법 및 공동작업에 관한 사항

[주] 특별안전·보건교육 대상 작업별 교육내용 : 안전보건규칙 별표 5

12 다음은 경고표시의 용도 및 사용 장소에 관한 내용이다. ( )안에 적당한 경고 표지 종류를 쓰시오.

(가) 돌 및 블록 등 떨어질 우려가 있는 물체가 있는 장소 : (①)
(나) 경사진 통로 입구, 미끄러운 장소 등 넘어지기 쉬운 장소 : (②)
(다) 휘발유 등 화기의 취급을 극히 주의해야 하는 물질이 있는 장소 : (③)

해답
① 낙하물체 경고
② 몸균형 상실 경고
③ 인화성 물질 경고

[주] 안전·보건표지의 종류별 용도, 사용장소, 형태 및 색채 : 시행규칙 별표 7

Guide 안전보건표지의 종류와 형태, 종류별 용도 및 사용장소, 색채 및 색도기준 등은 출제율이 매우 높은 편이므로 출제유형을 파악하여 완벽하게 정리하여 숙지하기 바랍니다.

13 타워크레인의 작업중지 등에 관한 내용이다. (   )안에 알맞은 내용을 쓰시오.

(가) 순간풍속이 (①)를 초과할 경우에는 타워크레인의 설치·수리·점검 또는 해체작업을 중지하여야 한다.
(나) 순간풍속이 (②)를 초과하는 경우에는 타워크레인의 운전작업을 중지하여야 한다.

① 10m/s
② 15m/s

> ▶ 폭풍 등에 의한 이탈방지, 이상유무점검, 붕괴·도괴 등의 방지
> 1) 순간풍속이 30m/sec 초과시
>   ① 옥외에 설치된 주행크레인에 대하여 이탈방지조치를 할 것
>   ② 옥외에 설치된 양중기 작업을 하는 경우 미리 기계 각부위의 이상 유무를 점검할 것
> 2) 순간풍속이 35m/sec 초과시
>   ① 건설작업용 리프트(지하 설치시는 제외)에 대하여 받침수를 증가시키는 등 붕괴방지 조치 를 할 것
>   ② 옥외에 설치된 승강기에 대하여 도괴방지 조치를 할 것

14 화학설비 또는 그 부속설비의 용도를 변경하는 경우(사용하는 원재료의 종류를 변경하는 경우 포함)해당 설비에 대한 사용 전 점검사항 3가지를 쓰시오.

1) 그 설비 내부에 폭발이나 화재의 우려가 있는 물질이 있는지 여부
2) 안전밸브·긴급차단장치 및 그 밖의 방호장치 기능의 이상 유무
3) 냉각장치·가열장치·교반장치·압축장치·계측장치 및 제어장치 기능의 이상 유무
[주] 사용전의 점검등 : 안전보건규칙 제277조

산업안전기사 실기 필답형 — 2017년 제3회

01 다음 [보기]에 대한 재해발생 형태를 쓰시오

[보기]
① 폭발과 화재 2가지 현상이 복합적으로 발생한 경우
② 재해 당시 바닥면과 신체가 떨어진 상태로 더 낮은 위치로 떨어진 경우
③ 재해 당시 바닥면과 신체가 접해 있는 상태에서 더 낮은 위치로 떨어진 경우
④ 재해자가 전도로 인하여 기계의 동력전달부위 등에 협착되어 신체부위가 절단된 경우

① 폭발
② 추락
③ 전도
④ 협착

[주] 복합적 현상에 의한 재해발생형태 분류기준 : 산업재해 기록·분류에 관한 지침(공단)

02 가설통로 설치시 준수사항을 5가지 쓰시오.

1) 견고한 구조로 할 것
2) 경사가 30° 이하로 할 것
3) 경사가 15°를 초과하는 때에는 미끄러지지 아니하는 구조로 할 것
4) 추락의 위험이 있는 장소에는 안전난간을 설치할 것
5) 수직갱에 가설된 통로의 길이가 15m 이상인 때에는 10m 이내마다 계단참을 설치할 것
6) 건설공사에 사용하는 높이 8m 이상인 비계다리에는 7m 이내마다 계단참을 설치할 것

[주] 가설통로의 구조 : 안전보건규칙 제23조

03 다음 표는 방독마스크의 사용가스에 따른 정화통의 외부측면의 색상을 나타낸 것이다. ( ) 안에 사용가스의 색상을 쓰시오.

종류	색상
· 유기화학물용	갈색
· 할로겐용	(①)
· 황화수소용	(②)
· 시안화수소용	(③)
· 아황산용	(④)
· 암모니아용	녹색

 ① 회색 ② 회색
③ 회색 ④ 노란색

04 유해·위험설비를 보유한 사업장은 그 설비로부터의 위험물질 누출, 화재, 폭발 등으로 인하여 사업장 내의 근로자에게 즉시 피해를 주거나 사업장 인근지역에 피해를 줄 수 있는 사고(중대산업사고)를 예방하기 위하여 공정안전보고서를 작성하여 고용노동부장관에게 제출하고 사업장에 갖춰 두어야 한다. 공정안전보고서에 포함되어야 할 사항을 4가지 쓰시오.

1) 공정안전자료 2) 공정위험성 평가서
3) 안전운전계획 4) 비상조치계획

[주] 공정안전보고서의 내용 : 시행령 제44조 제1항

05 산소에너지당량은 5kcal/L, 작업시 산소소비량은 1.5L/min, 작업시 평균 에너지소비량 상한은 5kcal/min, 휴식시 평균 에너지소비량은 1.5kcal/min, 작업시간 60분일 때 휴식시간을 구하시오.

1) 작업시 에너지소비량(E) = 산소에너지당량 × 작업시 산소소비량
   = 5kcal/L×1.5L/min=7.5kcal/min

2) 휴식시간(R) = $\dfrac{60(E-\text{작업시 평균 에너지소비량상한})}{E-\text{휴식시 평균 에너지소비량}}$
   = $\dfrac{60\times(7.5-5)}{7.5-1.5}$ = 25분

06 다음 [보기]를 보고 안전성 평가의 6단계를 순서대로 나열하시오.

[보기]
① 정성적 평가　　② 재평가　　③ FTA에 의한 재평가
④ 안전대책　　⑤ 관계자료의 정비검토　　⑥ 정량적 평가

해답
1) 1단계 : 관계자료의 정비검토　　2) 2단계 : 정성적 평가
3) 3단계 : 정량적 평가　　4) 4단계 : 안전대책
5) 5단계 : 재평가　　6) 6단계 : FTA에 의한 재평가

07 산업안전보건법에 따라 이상화학반응, 밸브의 막힘 등 이상상태로 인한 압력상승으로 해당설비의 최고사용압력을 구조적으로 초과할 우려가 있는 화학설비 및 그 부속설비에 안전밸브 또는 파열판을 설치하여야한다. 이때 반드시 파열판을 설치해야 하는 경우 2가지를 쓰시오.

해답
1) 반응폭주 등 급격한 압력상승의 우려가 있는경우
2) 급성독성물질의 누출로 인하여 주위의 작업환경을 오염시킬 우려가 있는 경우
3) 운전 중 안전밸브에 이상 물질이 누적되어 안전밸브가 작동되지 아니할 우려가 있는 경우

[주] 파열판의 설치 : 안전보건규칙 제262조

08 다음은 롤러기의 표면속도와 급정지거리(안전거리)를 나타낸 것이다. (　) 안에 알맞은 수치를 쓰시오.

롤러의 표면속도(m/min)	급정지거리
(①) 이상	롤러 원주(π D)의 (②)
(③) 미만	롤러 원주(π D)의 (④)

 ① 30　　② $\frac{1}{2.5}$
③ 30　　④ $\frac{1}{3}$

09 다음 내용은 안전난간의 구조 및 설치요건에 관한 사항이다. (   )안에 알맞은 내용을 쓰시오.

(1) 상부 난간대는 바닥면·발판 또는 경사로의 표면으로부터 (①)cm 이상 지점에 설치할 것
(2) 발끝막이판은 바닥면 등으로부터 (②)cm 이상의 높이를 유지할 것
(3) 난간대는 지름 (③)cm 이상의 금속제 파이프나 그 이상의 강도를 가진 재료일 것
(4) 안전난간은 구조적으로 가장 취약한 지점에서 가장 취약한 방향으로 작용하는 (④)kg 이상의 하중에 견딜 수 있는 튼튼한 구조일 것.

① 90   ② 10
③ 2.7   ④ 100

주 안전난간의 구조 및 설치요건 : 안전보건규칙 제13조

10 충전전로 인근에서 작업을 하는 경우에는 노즐 충전부에 접근한계거리 이내로 접근하여서는 아니 된다. 다음의 충전전로의 선간전압에 따른 접근한계거리를 쓰시오.
(1) 380V :
(2) 1.5kV :
(3) 6.6kV :
(4) 22.9kV :

(1) 380V : 30cm   (2) 1.5kV : 45cm
(3) 6.6kV : 60cm   (4) 22.9kV : 90cm

▶ 접근한계거리(안전보건규칙 제321조)

충전전로의 선간전압(단위 : kV)	충전전로에 대한 접근한계거리(cm)
0.3 이하	접촉금지
0.3 초과 0.75 이하	30
0.75초과 2 이하	45
2 초과 15이하	60
15 초과 37 이하	90
37 초과 88 이하	110
88 초과 121 이하	130
121 초과 145 이하	150
145 초과 169 이하	170
169 초과 242 이하	230
242 초과 362 이하	380
362 초과 550 이하	550
550 초과 800 이하	790

11 가스폭발 위험장소 또는 분진폭발 위험장소에 설치되는 건축물 등에 대해서 내화구조로 하여야 할 해당하는 부분을 2가지 쓰시오.

1) 건축물의 기둥 및 보 : 지상 1층(지상 1층의 높이가 6m를 초과하는 경우에는 6m)까지
2) 위험물 저장·취급용기의 지지대(높이가 30cm 이하인 것은 제외) : 지상으로부터 지지대의 끝부분까지
3) 배관·전선관 등의 지지대 : 지상으로부터 1단(1단의 높이가 6m를 초과하는 경우에는 6m)까지

[주] 내화기준 : 안전보건규칙 제270조

> **길잡이**
> ▶ 건축물 등의 내화구조로 하지 않아도 되는 경우
> · 건축물 등의 주변 화재에 대비하여 물분무 시설 또는 폼헤드 설비 등의 자동소화설비를 설치하여 건축물 등이 화재시에 2시간 이상 그 안전성을 유지할 수 있도록 한 경우에는 내화구조로 하지 아니할 수 있다.

12 지게차를 사용하여 작업을 하는 경우 작업시작 전 점검사항 4가지를 쓰시오.

1) 제동장치 및 조종장치 기능의 이상 유무
2) 하역장치 및 유압장치 기능의 이상 유무
3) 바퀴의 이상 유무
4) 전조등·후미등·방향지시기 및 경보장치 기능의 이상 유무

[주] 작업시작 전 점검사항 : 안전보건규칙 별표 3

13 안전관리자를 정수 이상으로 증원하게 하거나 교체하여 임명할 것을 명할 수 있는 사유 3가지를 쓰시오.

1) 해당 사업장의 연간재해율이 같은 업종의 평균재해율의 2배 이상인 경우
2) 중대재해가 연간 2건 이상 발생한 경우
3) 관리자가 질병이나 그 밖의 사유로 3개월 이상 직무를 수행할 수 없게 된 경우
4) 화학적 인자로 인한 직업성 질병자가 연간 3명 이상 발생한 경우

[주] 안전관리자 등의 증원·교체 임명 명령 : 시행규칙 제12조

14 다음 내용은 천장크레인의 안전검사 주기에 관한 사항이다. (   )안에 알맞은 내용을 쓰시오.

사업장에 설치가 끝난 날부터 (①) 이내에 최초 안전검사를 실시하되, 그 이후부터 (②)마다 [건설현장에서 사용하는 것은 최초로 설치한 날부터 (③)마다] 안전검사를 실시한다.

① 3년
② 2년
③ 6개월

[주] 안전검사의 주기 및 합격표시 · 표시방법 : 시행규칙 제126조

산업안전기사 실기 필답형 — 2018년 제1회

01 블레비(BLEVE ; 비등액체 팽창증기폭발)에 영향을 주는 인자 3가지를 쓰시오.

1) 주위온도와 압력상태
2) 저장된 물질의 종류와 형태
3) 저장용기의 재질
4) 내용물의 인화성 및 독성여부
5) 내용물의 물리적 역학상태

 길잡이

▶ BLEVE(boiling liquid expanding vapor explosion)
  ① Bleve(블레비)란 비등상태의 액화가스가 기화하여 팽창하고 폭발하는 현상이다.
  ② 화염전파속도 : 250m/sec 전후

02 철골작업을 중지하여야 하는 기상조건 3가지를 쓰시오.

(가) 풍속 (①)m/s
(나) 강우 (②)mm/h
(다) 강설 (③)cm/h

① 10 ② 1 ③ 1

[주] 철골작업의 제한 : 안전보건규칙 제383조

03 산업안전보건기준에 관한 규칙상 원동기·회전축·기어·풀리·플라이휠·벨트 및 체인 등의 위험방지를 위한 기계적 안전조치 3가지를 쓰시오.

1) 덮개 설치
2) 울 설치
3) 슬리브 및 건널다리 설치

[주] 원동기, 회전축 등의 위험방지 : 안전보건규칙 제87조

04 산업안전보건기준에 관한 규칙 상 근로자가 작업이나 통행 등으로 인해 전기기계, 기구 또는 전류 등의 충전부분에 접촉하거나 접근함으로써 감전 위험이 있는 충전부분에 대하여 감전을 방지하기 위한 방법을 3가지 쓰시오.

1) 충전부가 노출되지 않도록 폐쇄형 외함(外函)이 있는 구조로 할 것
2) 충전부에 충분한 절연효과가 있는 방호망이나 절연덮개를 설치할 것
3) 충전부는 내구성이 있는 절연물로 완전히 덮어 감쌀 것
4) 발전소・변전소 및 개폐소 등 구획되어 있는 장소로서 관계 근로자가 아닌 사람의 출입이 금지되는 장소에 충전부를 설치하고, 위험표시 등의 방법으로 방호를 강화할 것
5) 전주 위 및 철탑 위 등 격리되어 있는 장소로서 관계 근로자가 아닌 사람이 접근할 우려가 없는 장소에 충전부를 설치할 것

[주] 전기기계・기구 등의 충전부 방호 : 안전보건규칙 제301조

05 A 사업장의 연평균근로자수는 1500명이며 연간 재해건수가 60건이 발생하여 이중 사망이 3건, 근로손실일수가 1300일인 경우의 연천인율을 구하시오.

 연천인율 = $\dfrac{\text{재해자수}}{\text{연평균근로자수}} \times 100 = \dfrac{60}{1500} \times 1000 = 40$

> **길잡이**
> ▶ 제2방법
> 1) 도수율 = $\dfrac{\text{재해건수}}{\text{연근로시간수}} \times 10^6 = \dfrac{60}{1500 \times 8 \times 300} \times 10^6 = 16.67$
> 2) 연천인율 = 도수율 × 2.4 = 16.67 × 2.4 = 40

06 방호조치를 하지 아니하고는 양도, 대여, 설치 또는 사용에 제공하거나 양도, 대여를 목적으로 진열해서는 아니되는 기계・기구 4가지를 쓰시오.

1) 예초기　　　　　　　　　　2) 원심기
3) 공기압축기　　　　　　　　4) 금속절단기
5) 지게차　　　　　　　　　　6) 포장기계(진공포장기, 램핑기로 한정함)

[주] 유해・위험방지를 위하여 방호조치가 필요한 기계・기구 등 : 시행령 별표 7

07 관리감독자의 정기 안전·보건교육 내용 4가지를 쓰시오.

1) 작업공정의 유해·위험과 재해 예방대책에 관한 사항
2) 표준안전 작업방법 및 지도요령에 관한 사항
3) 관리감독자의 역할과 임무에 관한 사항
4) 산업안전 및 사고예방에 관한 사항
5) 산업안전보건법령 및 산업재해보상보험 제도에 관한 사항
6) 유해·위험 작업환경 관리에 관한 사항
7) 「산업안전보건법」 및 산업재해보상보험제도에 관한 사항
8) 직무스트레스 예방 및 관리에 관한 사항
9) 직장 내 괴롭힘, 고객의 폭언 등으로 인한 건강장해 예방 및 관리에 관한 사항
10) 안전보건교육 능력배양에 관한 사항

주 안전보건교육 교육대상별 교육내용 : 규칙 별표5

08 보호구 안전인증 고시상 사용장소에 따른 방독마스크의 등급기준에 관한 다음 ( ) 안에 알맞은 내용을 쓰시오.

등급	사용장소
고농도	가스 또는 증기의 농도가 100분의 (①)(암모니아는 100분의 3) 이하의 대기 중에서 사용하는 것
중농도	가스 또는 증기의 농도가 100분의 (②)(암모니아는 100분의 1.5) 이하의 대기 중에서 사용하는 것
비고	방독마스크는 산소농도가 (③)% 이상인 장소에서 사용하여야 하고, 고농도와 중농도에서 사용하는 방독마스크는 전면형(격리식, 직결식)을 사용하여야 한다.

 ① 2   ② 1   ③ 18

▶ 방독마스크의 등급 및 사용장소(보호구 안전인증고시 별표 5 방독마스크의 성능기준)

등급	사용장소
고농도	가스 또는 증기의 농도가 100분의 2(암모니아에 있어서는 100분의 3)이하의 대기 중에서 사용하는 것
중농도	가스 또는 증기의 농도가 100분의 1(암모니아에 있어서는 100분의 1.5)이하의 대기 중에서 사용하는 것
저농도 및 최저농도	가스 또는 증기의 농도가 100분의 0.1 이하의 대기 중에서 사용하는 것으로서 긴급용이 아닌 것
비고 : 방독마스크는 산소농도가 18% 이상인 장소에서 사용하여야 하고, 고농도와 중농도에서 사용하는 방독마스크는 전면형(격리식, 직결식)을 사용해야 한다.	

09 다음은 비파괴검사 실시기준에 대한 내용이다. ( )안에 알맞은 말을 쓰시오.

사업주는 고속회전체(회전축의 중량이 (①)을 초과하고 원주속도가 초당 (②) 이상인 것으로 한정한다)의 회전시험을 하는 경우 미리 회전축의 재질 및 형상 등에 상응하는 종류의 비파괴검사를 해서 결함 유무(有無)를 확인하여야 한다.

① 1톤
② 120미터(m)

[주] 비파괴검사의 실시 : 안전보건규칙 제115조

10 공장의 설비 배치 3단계를 다음 [보기]에서 찾아 순서대로 나열하시오.

[보기]
① 건물배치   ② 기계배치   ③ 지역배치

③ 지역배치 → ① 건물배치 → ② 기계배치

11 가설통로 설치시 준수사항 중 다음 ( )안에 알맞은 말을 쓰시오.

[보기]
(가) 경사가 (①)도를 초과하는 경우에는 미끄러지지 아니하는 구조로 할 것.
(나) 수직갱에 가설된 통로의 길이가 15미터 이상인 경우에는 (②)m 이내마다 계단참을 설치할 것
(다) 건설공사에 사용하는 높이 8미터 이상인 비계다리에는 (③)m 이내마다 계단참을 설치할 것

① 15
② 10
③ 7

> **길잡이**
> ▶ 가설통로의 구조(가설통로 설치시 준수사항)(안전보건규칙 제23조)
>   ① 견고한 구조로 할 것
>   ② 경사는 30° 이하로 할 것(계단을 설치하거나 높이2m 미만의 가설통로로서 튼튼한 손잡이를 설치한 때에는 그러하지 아니하다.)
>   ③ 경사가 15°를 초과하는 때에는 미끄러지지 아니하는 구조로 할 것
>   ④ 추락의 위험이 있는 장소에서 안전난간을 설치할 것(작업상 부득이한 때에는 필요한 부분에 한하여 임시로 이를 해체할 수 있음)
>   ⑤ 수직갱에 가설된 통로의 길이가 15m 이상인 경우에는 10m 이내마다 계단참을 설치할 것
>   ⑥ 건설공사에 사용하는 높이 8m 이상인 비계다리에는 7m 이내마다 계단참을 설치할 것

12 산업안전보건법상 공전안전보고서 제출 대상이 되는 유해·위험설비가 아닌 시설 또는 설비의 종류 2가지를 쓰시오.

1) 원자력 설비
2) 군사시설
3) 사업주가 해당 사업장 내에서 직접 사용하기 위한 난방용 연료의 저장설비 및 사용설비
4) 도매·소매시설
5) 차량 등의 운송설비
6) 「액화석유가스의 안전관리 및 사업법」에 따른 액화석유가스의 충전·저장시설
7) 「도시가스사업법」에 따른 가스공급시설
8) 그 밖에 고용노동부장관이 누출·화재·폭발 등으로 인한 피해의 정도가 크지 않다고 인정하여 고시하는 설비

[주] 공장안전보고서 제출대상이 되는 유해·위험설비가 아닌 시설·설비 : 시행령 제43조 제②항

> **길잡이**
> ▶ 공정안전보고서의 제출대상 유해·위험설비(시행령 제3조의 6 제①항)
>   1) 원유 정제처리업
>   2) 기타 석유정제물 재처리업
>   3) 석유화학계 기초화학물질 제조업 또는 합성수지 및 기타 플라스틱물질 제조업(다만, 합성수지 및 기타 플라스틱물질 제조업은 별표 10의 제1호 또는 제2호에 해당하는 경우로 한정)
>   4) 질소 화합물, 질소·인산 및 칼리질 화학 비료 제조업 중 질소질 화학비료 제조업
>   5) 복합비료 및 기타 화학비료 제조업 중 복합비료 제조업(단순혼합 또는 배합에 의한 경우는 제외)
>   6) 화학 살균·살충제 및 농업용 약제 제조업(농약 원제 제조만 해당)
>   7) 화약 및 불꽃제품 제조업

13 휴먼에러의 1) 심리적 분류(독립행동에 관한 분류) 2) 원인적 분류로 각각 2가지씩 쓰시오.

 1) 심리적 분류(독립 행동에 관한 분류)
① 생략 에러(omission error)
② 수행 에러(commission error)
③ 순서 에러(sequential error)
④ 시간 에러(time error)
⑤ 과잉행동 에러(extraneous error)

2) 원인적 분류
① 1차 에러(Primary Error)
② 2차 에러(Secondary Error)
③ 지시 에러(Command Error)

14 산업안전보건법령상 연삭기 덮개의 시험방접 중 연삭기 작동시험 확인사항에 대한 다음 ( )안에 알맞은 내용을 쓰시오.

(가) 연삭 (①)과 덮개의 접촉여부
(나) 탁상용 연삭기는 덮개, (②) 및 (③) 부착상태의 적합성 여부

 ① 숫돌
② 워크레스트
③ 조정편

▶ 연삭기덮개 시험방법 중 작동시험 확인사항(방호장치 자율안전기준고시 별표 4의 2)
· 연삭기 작동시험은 시험용 연삭기에 직접 부착 후 다음 각 목의 사항을 확인하여 이상이 없어야 한다.
1) 연삭숫돌과 덮개의 접촉여부
2) 덮개의 고정상태, 작업의 원활성, 안전성, 덮개노출의 적합성 여부
3) 탁상용 연삭기는 덮개, 워크레스트 및 조정편 부착상태의 적합성 여부

산업안전기사 실기 필답형 — 2018년 제2회

01 기계설비의 위험점을 5가지 쓰시오.

1) 협착점
2) 끼임점
3) 절단점
4) 물림점
5) 접선물림점
6) 회전말림점

▶ 기계설비의 위험점
1) **협착점** : 왕복운동을 하는 동작 부분과 움직임이 없는 고정 부분 사이에 형성되는 위험점
2) **끼임점** : 고정 부분과 회전하는 동작 부분이 함께 만드는 위험점
3) **절단점** : 회전하는 운동부분 자체의 위험에서 초래되는 위험점
4) **물림점** : 회전하는 두 개의 회전체에 물려 들어갈 위험성이 형성되는 것
5) **접선물림점** : 회전하는 부분의 접선방향으로 물려 들어갈 위험이 존재하는 점
6) **회전말림점** : 회전하는 물체에 작업복 등이 말려드는 위험이 존재하는 점

02 다음 [보기] 내용은 지게차의 헤드가드(head guard)가 갖추어야 할 사항이다. ( )안에 알맞은 내용을 쓰시오.

[보기]
(가) 강도는 지게차의 최대하중의 (①)배의 값의 등분포정하중에 견딜 수 있을 것
(나) 상부틀의 각 개구의 폭 또는 길이가 (②)cm 미만일 것
(다) 운전자가 앉아서 조작하는 방식의 지게차에 있어서 운전자의 좌석의 상면에서 헤드가드의 상부 틀을 하면까지의 높이가 (③)m 이상일 것

① 2   ② 16   ③ 0.903

▶ 지게차 헤드가드(head guard)의 구비조건(안전보건규칙 제180조)
1) 강도는 지게차의 최대하중의 2배값(4톤을 넘는 값에 대해서는 4톤으로 함)의 등분포정하중(等分布靜荷重)에 견딜 수 있을 것
2) 상부틀의 각 개구의 폭 또는 길이가 16cm 미만일 것
3) 운전자가 앉아서 조작하는 방식의 지게차에 있어서는 운전자의 좌석의 상면에서 헤드가드의 상부틀의 하면까지의 높이가 0.903m 이상일 것
4) 운전자가 서서 조작하는 방식의 지게차에 있어서는 운전석의 바닥면에서 헤드가드의 상부틀의 하면까지의 높이가 1.88m 이상일 것

03 크레인을 사용하여 작업을 할 때 작업시작 전 점검사항 2가지를 쓰시오.

1) 권과방지장치·브레이크·클러치 및 운전장치의 기능
2) 주행로의 상측 및 트롤리가 횡행하는 레일의 상태
3) 와이어로프가 통하고 있는 곳의 상태

[주] 작업시작전 점검사항 : 안전보건규칙 별표 3

04 콘크리트 타설작업을 하는 경우 준수사항 3가지를 쓰시오.

1) 당일의 작업을 시작하기 전에 해당 작업에 관한 거푸집동바리 등의 변형·변위 및 지반의 침하유무를 등을 점검하고 이상이 있으면 보수할 것
2) 작업 중에는 거푸집동바리 등의 변형·변위 및 침하유무 등을 감시할 수 있는 감시자를 배치하여 이상이 있으면 작업을 중지하고 근로자를 대피시킬 것
3) 콘크리트를 타설하는 경우에는 편심이 발생하지 않도록 골고루 분산하여 타설할 것
4) 콘크리트 타설작업시 거푸집 붕괴의 위험이 발생할 우려가 있으면 충분한 보강 조치를 할 것
5) 설계도서상의 콘크리트 양생기간을 준수하여 거푸집동바리 등을 해체할 것

[주] 콘크리트 타설작업 : 안전보건규칙 제334조

05 근로자의 안전보건교육의 종류 4가지를 쓰시오.

1) 정기교육
2) 채용 시 교육
3) 작업내용 변경 시 교육
4) 특별교육

[주] 산업안전 · 보건관련 교육과정별 교육시간 : 시행규칙 별표 4

06 아세틸렌 용접장치에는 가스의 역류 및 역화를 방지하기 위해 안전기를 설치하여야 한다. 아세틸렌 용접장치에 설치하는 안전기의 설치위치 3가지를 쓰시오.

1) 취관
2) 분기관
3) 발생기와 가스용기 사이

▶ 안전기의 설치(안전보건규칙 제289조)
  1) 아세틸렌 용접장치의 취관마다 안전기를 설치하여야 한다. 다만, 주관 및 취관에 가장 가까운 분기관마다 안전기를 부착한 경우에는 제외
  2) 가스용기가 발생기와 분리되어 있는 아세틸렌 용접장치는 발생기와 가스용기사이에 안전기를 설치하여야 한다.

07 산업안전보건법상의 중대재해의 정의 3가지를 쓰시오.

1) 사망자가 1명 이상 발생한 재해
2) 3개월 이상의 요양이 필요한 부상자가 동시에 2명이상 발생한 재해
3) 부상자 또는 직업성질병자가 동시에 10명이상 발생한 재해

[주] 중대재해의 정의 : 시행규칙 제3조

▶ 산업재해의 정의 및 발생보고 등
  (1) **산업재해의 정의(법 제2조 제1호)** : 근로자가 업무에 관계되는 건설물 · 설비 · 원재료 · 가스 · 증기 · 분진 등에 의하거나 작업 또는 그 밖의 업무로 인하여 사망 또는 부상하거나 질병에 걸리는 것을 말한다.

(2) 산업재해 발생보고 (시행규칙 제73조)
  1) **산업재해조사표 작성·제출** : 사망자가 발생하거나 3일이상의 휴업이 필요한 부상을 입거나 질병에 걸린 사람이 발생한 경우에는 해당 산업재해가 발생한 날부터 1개월 이내에 산업재해조사표를 작성하여 관할지방고용노동관서의 장에게 제출하여야 한다.
  2) **중대재해 발생 시 보고사항** (시행규칙 제67조) : 중대재해가 발생한 사실을 알게 된 경우 지체없이 다음 각 호의 사항을 관할 지방고용노동관서의 장에게 전화·팩스, 또는 기 밖에 적절한 방법으로 보고하여야 한다.
    ① 발생개요 및 피해상황
    ② 조치 및 전망
    ③ 그 밖의 중요한 사항

08
위험물질을 제조·취급하는 작업장과 그 작업장이 있는 건축물에는 출입구외에 안전한 장소로 대피할 수 있는 비상구 1개 이상을 설치하여야 한다. 다음내용은 비상구 설치기준에 관한 사항이다. ( )안에 맞는 내용을 쓰시오.

(가) 출입구와 같은 방향에 있지 아니하고, 출입구로부터 (①)m이상 떨어져 있을 것
(나) 작업장의 각 부분으로부터 하나의 비상구 또는 출입구까지의 수평거리가 (②)m 이하가 되도록 할 것.
(다) 비상구의 너비는 (③)m 이상으로 하고, 높이는 (④)m 이상으로 할 것
(라) 비상구의 문은 피난방향으로 열리도록 하고, 실내에서 항상 열 수 있는 구조로 할 것

해답
① 3   ② 50
③ 0.75   ④ 1.5

[주] 비상구의 설치 : 안전보건규칙 제17조

09
다음 보기에 표시된 산업안전보건표지의 종류를 쓰시오.

  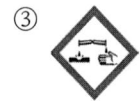 

해답
① 화기금지   ② 폭발성 물질경고
③ 부식성 물질경고   ④ 고압전기 경고

[주] 안전보건표지의 종류와 형태 : 시행규칙 별표 6

Guide 안전보건표지에 관한 사항은 출제율이 매우 높기 때문에 금지표지 8가지, 경고표지 15가지, 지시표지 9가지, 안내표지 8가지, 관계자 외 출입금지 3가지 등 전체에 대해서 완전하게 숙지하여야 합니다.

10 다음 내용은 프레스기의 감응식 방호장치에 대한 설치기준이다. (   )안에 알맞은 내용을 쓰시오.

(가) 광축의 수는 (①)개, 광축간의 간격은 (②)mm 이하일 것
(나) 투광기와 수광기의 사이에 연속차광을 할 수 있는 차광폭은 (③)mm이하일 것

해답 ① 2 ② 50 ③ 30

길잡이
▶ 광축의 설치거리(위험부위에서 안전거리)
  설치거리(mm) $= 1.6(T_L + T_S)$
  여기서, T_L : 손이 광선차단 직후부터 급정지기구가 작동을 개시할 때까지의 시간(ms)
  T_S : 급정지기구 작동개시 시간부터 슬라이드가 정지할 때까지의 시간(ms)
  $T_L + T_S$: 최대정지시간(급정지시간)

11 인체계측자료의 응용원칙 3가지를 쓰시오.

해답
1) 최대치수와 최소치수
2) 조절범위(조절식)
3) 평균치를 기준으로 한 설계

길잡이
▶ 인간계측자료의 응용원칙
 1) **최대치수와 최소치수** : 최대치수 또는 최소치수를 기준으로 하여 설계한다. (극단에 속하는 사람을 위한 설계).
 2) **조절범위(조절식)** : 체격이 다른 여러 사람에게 맞도록 만드는 것이다(조정할 수 있도록 범위를 두는 설계).
 3) **평균치를 기준으로 한 설계** : 최대치수나 최소치수, 조절식으로 하기가 곤란할 때 평균치를 기준으로 하여 설계한다(평균적인 사람을 위한 설계).

12 소음이 심한 기계로부터 1.5m 떨어진 곳의 음압수준이 100dB이라면 이 기계로부터 5m 떨어진 곳의 음압수준은 얼마인가?

해답
$dB_2 = dB_1 - 20\log\left(\dfrac{d_2}{d_1}\right)$
$= 100 - 20\log\left(\dfrac{5}{1.5}\right) = 89.54 dB$

13 가스집합용접장치의 가스장치실의 설치기준(가스장치실의 구조)3가지를 쓰시오.

 1) 가스가 누출된 경우에는 그 가스가 정체되지 않도록 할 것
2) 지붕과 천장에는 가벼운 불연성재료를 사용할 것
3) 벽에는 불연성 재료를 사용할 것

주 가스장치실의 구조 등 : 안전보건규칙 제292조

산업안전기사 실기 필답형 — 2018년 제3회

01 재해예방의 4원칙을 쓰고 간략히 설명하시오.

1) **손실우연의 원칙** : 사고에 의해서 생기는 손실의 정도와 종류는 사고 당시의 조건에 따라 우연적으로 발생한다.
2) **원인계기의 원칙** : 모든 사고는 필연적인 원인에 의해서 발생한다.
3) **예방가능의 원칙** : 사고는 원칙적으로 모두 예방이 가능하다.
4) **대책선정의 원칙** : 가장 효과적인 사고방지대책의 선정은 이들 원인의 정확한 분석에 의해서 얻어진다.

02 자율안전확인대상 기계·기구 및 설비 4가지를 쓰시오.

1) 연삭기 또는 연마기(휴대형은 제외)
2) 산업용 로봇
3) 혼합기
4) 파쇄기 또는 분쇄기
5) 식품가공용 기계(파쇄·절단·혼합·제면기만 해당)
6) 컨베이어
7) 자동차정비용 리프트
8) 공작기계(선반, 드릴기, 평삭·형삭기, 밀링 만 해당)
9) 고정형 목재가공용 기계(둥근톱, 대패, 루타기, 띠톱, 모떼기 기계만 해당)
10) 인쇄기

주 자율안전확인대상 기계·기구 : 시행령 제77조

03 안전인증대상 보호구 6가지를 쓰시오.

1) 추락 및 감전 위험방지용 안전모
2) 안전화
3) 안전장갑
4) 방진마스크
5) 방독마스크
6) 송기마스크
7) 전동식 호흡보호구
8) 보호복
9) 안전대
10) 차광 및 비산물 위험방지용 보안경
11) 용접용 보안면
12) 방음용 귀마개 또는 귀덮개

주 안전인증대상 기계·기구 등 : 시행령 제28조

▶ **자율안전확인대상 보호구**(시행령 제77조)
  1) 안전모(추락 및 감전위험방지용 제외)   2) 보안경 (차광 및 비산물 위험방지용 제외)
  3) 보안면 (용접용 제외)

04 인간관계의 메커니즘(mechanism) 3가지를 쓰시오.

1) 동일화   2) 투사
3) 커뮤니케이션   4) 모방
5) 암시

▶ **인간관계의 메커니즘**(mechanism)
  1) **동일화**(identification) : 다른 사람의 행동 양식이나 태도를 투입시키거나, 다른 사람 가운데서 자기와 비슷한 것을 발견하는 것을 말한다.
  2) **투사**(投射, projection) : 자기 속의 억압된 것을 다른 사람의 것으로 생각하는 것을 투사(또는 분출)라고 한다.
  3) **커뮤니케이션**(communication) : 갖가지 행동양식이나 기호를 매개로 하여 어떤 사람으로부터 다른 사람에게 전달되는 과정을 말한다.
  4) **모방**(imitation) : 남의 행동이나 판단을 표본으로 하여 그것과 같거나 또는 그것에 가까운 행동 또는 판단을 취하려는 것이다.
  5) **암시**(suggestion) : 다른 사람으로부터의 판단이나 행동을 무비판적으로 논리적, 사실적 근거 없이 받아들이는 것을 말한다.

05 인간 · 기계 통합체계(man machine system)의 기능 4가지를 쓰시오.

1) 감지기능
2) 정보보관기능
3) 정보처리 및 의사결정기능
4) 행동기능

06 미국방성 위험성평가 MIL-STD-882B에서 분류한 재해의 위험도 수준을 4가지 범주로 구분하여 쓰시오. ▶ 13/2(기) 14/2(산)

1) 범주 Ⅰ : 파국적
2) 범주 Ⅱ : 위기적
3) 범주 Ⅲ : 한계적
4) 범주 Ⅳ : 무시

07 부두 · 안벽 등 하역작업을 하는 장소에 조치하여야 할 사항 3가지를 쓰시오.

1) 작업장 및 통로의 위험한 부분에는 안전하게 작업할 수 있는 조명을 유지할 것
2) 부두 또는 안벽의 선을 따라 통로를 설치하는 경우에는 폭을 90cm 이상으로 할 것
3) 육상에서의 통로 및 작업장소로서 다리 또는 선거(船渠) 갑문(閘門)을 넘는 보도(步道)등의 위험한 부분에는 안전난간 또는 울타리 등을 설치할 것

[주] 하역작업장의 조치기준 : 안전보건규칙 제390조

08 벌목작업을 하는 경우 준수사항 2가지를 쓰시오.

1) 벌목하려는 경우에는 미리 대피로 및 대피장소를 정해 둘 것
2) 벌목하려는 나무의 가슴높이지름이 20cm 이상인 경우에는 뿌리부분 지름의 4분의 1이상 깊이의 수구를 만들 것

[주] 벌목작업시 등의 위험방지 : 안전보건규칙 제405조

09 정전기 방지대책 4가지를 쓰시오.

1) 접지(부도체 물질은 부적합)
2) 가습
3) 보호구 착용
4) 대전방지제 사용
5) 배관 내 액체의 유속제한 정치시간의 확보
6) 도전성 재료사용
7) 제전장치사용

 길잡이

▶ 정전기로 인한 화재·폭발 등의 위험방지 조치사항
  1) 확실한 방법으로 접지
  2) 도전성 재료를 사용
  3) 가습(상대습도 70% 이상)
  4) 제전장치 사용

10 부탄(C_4H_{10})의 연소반응식(화학양론식)을 쓰고 최소산소농도(MOC)를 구하시오.
단, 부탄의 연소하한계는 1.9 vol%이다.

1) 부탄(C_4H_{10})의 연소반응식

  $C_4H_{10} + 6.5O_2 \rightarrow 4CO_2 + 5H_2O$

2) 부탄의 최소산소농도(MOC)

  $MOC = 폭발하한계 \times \dfrac{O_2 \, mol수}{연료 \, mol수} = 1.9 \times \dfrac{6.5}{1} = 12.35 \, vol\%$

11 국소배기장치의 덕트 설치기준 3가지를 쓰시오.

1) 가능하면 길이는 짧게 하고 굴곡부의 수는 적게 할 것
2) 접촉부의 안쪽은 돌출된 부분이 없도록 할 것
3) 청소구를 설치하는 등 청소하기 쉬운 구조로 할 것
4) 덕트 내부에 오염물질이 쌓이지 않도록 이송속도를 유지할 것
5) 연결 부위 등은 외부 공기가 들어오지 않도록 할 것

주 덕트 : 안전보건규칙 제73조

> **길잡이**
> ▶ 국소배기장치의 후드의 설치기준(안전보건규칙 제72조)
>   1) 유해물질이 발생하는 곳마다 설치할 것
>   2) 유해인자의 발생형태와 비중, 작업방법 등을 고려하여 해당 분진등의 발산원을 제어할 수 있는 구조로 설치할 것
>   3) 후드형식은 가능하면 포위식 또는 부스식 후드를 설치할 것
>   4) 외부식 또는 리시버식 후드는 해당분진 등의 발산원에 가장 가까운 위치에 설치할 것

12 이동식비계를 조립하여 작업을 하는 경우 준수사항 4가지를 쓰시오.

1) 이동식비계의 바퀴에는 뜻밖의 갑작스러운 이동 또는 전도를 방지하기 위하여 브레이크·쐐기 등으로 바퀴를 고정시킨 다음 비계의 일부를 견고한 시설물에 고정하거나 아웃트리거(outrigger)를 설치하는 등 필요한 조치를 할 것
2) 승강용 사다리는 견고하게 설치할 것
3) 비계의 최상부에서 작업을 하는 경우에는 안전난간을 설치할 것
4) 작업발판은 항상 수평을 유지하고 작업발판 위에서 안전난간을 딛고 작업을 하거나 받침대 또는 사다리를 사용하여 작업하지 않도록 할 것
5) 작업발판의 최대적재하중은 250kg을 초과하지 않도록 할 것
   주 이동식비계 : 안전보건규칙 제68조

13 철골작업을 중지하여야 할 기상조건 3가지를 쓰시오.

1) 풍속이 10m/sec 이상인 경우
2) 강우량이 1mm/hr 이상인 경우
3) 강설량이 1cm/hr 이상인 경우
   주 철골작업의 제한 : 안전보건규칙 제383조

14 달비계에 사용하는 와이어로프 사용금지사항 4가지를 쓰시오.

1) 이음매가 있는 것
2) 와이어로프의 한 꼬임[(스트랜드(strand)를 말한다. 이하 같다)]에서 끊어진 소선(素線)[필러(pillar)선은 제외한다]의 수가 10퍼센트이상(비자전로프의 경우에는 끊어진 소선의 수가 와이어로프 호칭지름이 6배 길이 이내에서 4개 이상이거나 호칭지름 30배 길이 이내에서 8개 이상인)인 것
3) 지름의 감소가 공칭지름의 7%를 초과하는 것
4) 꼬인 것
5) 심하게 변형되거나 부식된 것
6) 열과 전기충격에 의해 손상된 것

[주] 달비계에 사용하는 와이어로프 사용금지 사항 : 안전보건규칙 제63조 제1호

1) 달비계에 사용하는 달기체인의 사용금지사항 (안전보건규칙 제63조)
   ① 달기체인의 길이가 달기체인이 제조된 때의 길이의 5%를 초과한 것
   ② 링의 단면지름이 달기체인이 제조된 때의 해당 링의 지름의 10%를 초과하여 감소한 것
   ③ 균열이 있거나 심하게 변형된 것
2) 달비계에 사용하는 섬유로프 또는 섬유벨트의 사용금지사항 (안전보건규칙 제63조)
   ① 꼬임이 끊어진 것
   ② 심하게 손상되거나 부식된 것

2019년 제1회 산업안전기사 실기 필답형

01 안전보건총괄책임자의 직무내용 4가지를 쓰시오.

1) 작업의 중지 및 재개
2) 도급사업 시의 안전·보건조치
3) 수급인의 산업안전보건관리비의 집행 감독 및 그 사용에 관한 수급인 간의 협의·조정
4) 안전인증대상 기계·기구 등과 자율안전확인대상 기계·기구 등의 사용여부 확인
5) 위험성 평가의 실시에 관한 사항

02 정전기 방지대책 4가지를 쓰시오.

1) 접지(부도체 물질은 부적합)
2) 가습
3) 보호구 착용
4) 대전방지제 사용
5) 배관 내 액체의 유속제한 정치시간의 확보
6) 도전성 재료 사용
7) 제전장치 사용

03 A사업장에 도수율이 12이고, 연간 12건의 재해와 100일의 근로손실일수가 발생하였을 경우 강도율을 계산하시오.

1) 도수율 = $\dfrac{재해건수}{연근로시간수} \times 10^6$

연근로시간수 = $\dfrac{재해건수}{도수율} \times 10^6 = \dfrac{12}{12} \times 10^6 = 1 \times 10^6$

2) 강도율 = $\dfrac{근로손실일수}{연근로시간수} = \dfrac{100}{1 \times 10^6} \times 1000 = 0.1$

04 산업안전보건법상 굴착작업시 작업계획서에 포함되어야 하는 사항 4가지를 쓰시오(단, 그밖에 안전·보건에 관련된 사항은 제외한다).

1) 굴착방법 및 순서, 토사반출방법
2) 필요한 인원 및 장비사용계획
3) 매설물 등에 대한 이설·보호대책
4) 사업장 내 연락방법 및 신호방법
5) 흙막이 지보공 설치방법 및 계측계획
6) 작업지휘자의 배치계획

[주] 사전조사 및 작업계획서 내용 : 안전보건규칙 별표4

05 1급 방진마스크 사용 장소를 3곳 쓰시오.

1) 특급마스크 착용장소를 제외한 분진 등 발생장소
2) 금속흄 등과 같이 열적으로 생기는 분진 등 발생장소
3) 기계적으로 생기는 분진 등 발생장소

> **길잡이**
> ▶ 방진마스크 사용장소
>
> | 등급 | 사용장소 |
> |---|---|
> | 특급 | ① 베릴륨(Be) 등과 같이 독성이 강한 물질을 함유한 분진 등의 발생장소
② 석면 취급장소 |
> | 1급 | ① 특급마스크 착용장소를 제외한 분진 등 발생장소
② 금속 흄(fume) 등과 같이 열적으로 생기는 분진 등 발생장소
③ 기계적으로 생기는 분진 등 발생장소
(규소 등과 같이 2급 마스크를 착용하여도 무방한 경우는 제외) |
> | 2급 | 특급 및 1급 마스크 착용장소를 제외한 분진 등 발생장소 |
>
> 단, 배기밸브가 없는 안면부여과식 마스크는 특급 및 1급 마스크 착용장소에서 사용하여서는 안 된다.

06 양립성의 종류 2가지를 쓰고 사례를 들어 간략히 설명하시오.

 1) **개념양립성** : 사람들이 사용할 코드와 기초가 얼마나 의미를 가진 것인가에 관한 것으로 예로서 온수손잡이는 빨간색, 냉수손잡이는 파란색으로 나타내는 것이다.
2) **운동(이동)양립성** : 표시장치 및 제어장치의 움직임과 사용시스템의 응답을 관련시키는 것으로 예로서 라디오의 소리를 크게 하기 위해 다이얼을 시계방향으로 돌리는 것이다.
3) **공간양립성** : 제어장치와 관련 표시장치의 공간적 배열에 관한 것으로 예로서 5개의 표시장치를 수평으로 배열할 경우 해당 제어장치를 각각 그 아래에 수평으로 배치하면 공간양립성이 좋아질 것이다.

▶ **양립성**(compatability) : 양립성이란 자극이나 반응 또는 자극-반응의 조합 등의 관계 인간의 기대와 모순되지 않는 것을 의미하며, 적합성이라고도 한다.

---

07 보일러의 폭발사고를 예방하기 위하여 기능이 정상적으로 작동될 수 있도록 유지 · 관리하여야 하는 방호장치 3가지를 쓰시오.

 1) 압력방출장치
2) 압력제한스위치
3) 고저수위조절장치
4) 화염검출기
[주] 보일러 폭발위험의 방지 : 안전보건규칙 제119조

---

08 잠함 또는 우물통 내부에서 근로자가 굴착작업을 하는 경우에 잠함 또는 우물통의 급격한 침하에 의한 위험을 방지하기 위하여 준수하여야 할 사항을 2가지 쓰시오.

 1) 침하관계도에 따라 굴착방법 및 재하량 등을 정할 것
2) 바닥으로부터 천장 또는 보까지의 높이는 1.8m 이상으로 할 것
[주] 급격한 침하에 의한 위험방지 : 안전보건규칙 제376조

09 기초대사량이 7000cal, 활동에너지는 20,000cal, 안정 시 에너지는 6,000cal이다. 에너지대사율(RMR)을 구하시오.

해답 $R = \dfrac{활동시에너지 - 안정시에너지}{기초대사량} = \dfrac{20,000 - 6,000}{7,000} = 2\text{cal}$

10 거리 2m에서 조도는 150lux이다. 거리 3m에서 조도는 얼마인가?

해답
1) 조도 $= \dfrac{1}{(거리)^2}$
2) 조도 $= 150(lux) \times \dfrac{2^2}{3^2} = 66.67$

11 굴착공사에서 발생할 수 있는 보일링 현상 방지대책을 3가지만 쓰시오(단, 원상매립 또는 작업의 중지를 제외함).

해답
1) 지하수위를 저하시킨다.
2) 흙막이벽 근입도를 증가하여 동수구배를 저하시킨다.
3) 차수성이 큰 흙막이를 선택한다(흙막이벽 주변 차수공법시행).

> **길잡이** ▶ 보일링 현상의 발생원인
> 1) 흙막이벽 배면의 지하수위와 굴착저면의 수위차가 클 때
> 2) 흙막이벽의 근입량 깊이 부족
> 3) 굴착저변의 피압수
> 4) 굴착저변에 투수성이 큰 사질지반

12 산업안전보건법상 위험물의 종류 4가지를 쓰시오.

1) 폭발성 물질 및 유기과산화물
2) 물반응성 물질 및 인화성 고체
3) 산화성 액체 및 산화성 고체
4) 인화성 액체
5) 인화성 가스

▶산업안전보건법과 위험물안전관리법에서의 위험물 비교

산업안전보건법	위험물안전관리법	
1. 폭발성물질 및 유기과산화물	제5류	자기반응성물질
2. 물반응성물질 및 인화성고체	제2류	가연성고체
	제3류	자기발화성물질 및 금수성물질
3. 산화성액체 및 산화성고체	제1류	산화성고체
	제6류	산화성액체
4. 인화성액체	제4류	인화성액체
5. 인화성가스		
6. 부식성물질		
7. 급성독성물질		

13 화물을 인양하는 크레인의 와이어로프 절단하중이 2000kg, 안전계수가 5일 때, 안전하중은 얼마인가?

1) 안전계수(안전율) = $\dfrac{\text{절단하중(주한강도)}}{\text{안전하중(허용응력)}}$

2) 안전하중 = $\dfrac{\text{절단하중}}{\text{안전계수}} = \dfrac{2000}{5} = 400 kg$

산업안전기사 실기 필답형 — 2019년 제2회

01 위험 및 운전성 검토(HAZOP)에서 다음에 설명하는 유인어(guide words)를 쓰시오. ▶ 13/3(기)

(1) 완전한 대체 :
(2) 성질상의 증상 :
(3) 설계의도의 완전한 부정 :
(4) 설계의도의 논리적인 반대(역) :

1) Other than
2) As well As
3) No 또는 Not
4) Reverse

▶ (1) 위험 및 운전성 검토(hazard and operability study)
각각의 장비에 대한 잠재된 위험이나 기능저하, 운전 잘못 등과 전체로서의 시설에 결과적으로 미칠 수 있는 영향 등을 평가하기 위해서 공정이나 설계도 등에 체계적이고 비판적인 검토를 행하는 것을 말한다.

(2) 용어의 정의
1) 의도((intention) : 어떤 부분이 어떻게 작동되리라고 기대된 것을 의미하는 것으로 서술적일 수도 있고 도면화 될 수도 있다.
2) 이상(deviations) : 의도에서 벗어난 것을 말하며, 유인어를 체계적으로 적용하여 얻어진다.
3) 원인(causes) : 이상이 발생한 원인을 의미한다.
4) 결과(consequences) : 이상이 발생할 경우 그것에 대한 결과이다.
5) 위험(hazard) : 손실, 손상, 부상 등을 초래할 수 있는 결과를 의미한다.
6) 유인어(guide words) : 간단한 용어(말)로서 창조적 사고를 유도하고 자극하여 이상을 발견하고, 의도를 한정하기 위해 사용된다. 즉, 다음과 같은 의미를 나타낸다.
① No 또는 Not : 설계의도의 완전한 부정
② More 또는 Less : 정량적인 양(압력, 온도, 반응, 흐름률(flow rate) 등의 증가 또는 감소)
③ As well As : 성질상의 증가
④ part of : 성질상의 감소, 일부 변경
⑤ Reverse : 설계 의도의 논리적인 반대(역)
⑥ Other than : 완전한 대체

02 산업안전보건법상 안전인증대상 기계·기구 등이 적합한지를 확인하기 위해 안전인증기관에서 심사하는 심사의 종류를 4가지 쓰시오.　　　　　　　　　　　　　　　▶ 14/1(기)

1) 예비심사
2) 서면심사
3) 기술능력 및 생산체계 심사
4) 제품심사(개별 및 형식별 제품심사)
　[주] 안전인증 심사의 종류 및 방법 : 시행규칙 제110조 제1항

03 산업안전보건법에서 정하고 있는 중대재해의 종류 3가지를 쓰시오.

1) 사망자가 1명 이상 발생한 재해
2) 3개월 이상의 요양이 필요한 부상자가 동시에 2명 이상 발생한 재해
3) 부상자 또는 직업성 질병자가 동시에 10명 이상 발생한 재해
　[주] 산업안전보건법에서 사용하는 정의 : 시행규칙 제2조

> **길잡이**
> ▶ **산업재해의 정의**(법 제2조)
> 　1) 근로자가 업무에 관계되는 건설물, 설비, 원재료, 가스, 분진 등에 의하거나
> 　2) 작업 또는 그 밖의 업무로 인하여
> 　3) 사망 또는 부상하거나 질병에 걸리는 것을 말한다.

04 인체계측자료의 응용원칙 사항을 3가지 쓰시오.

1) 최대치수와 최소치수
2) 조절범위(조절식)
3) 평균치를 기준으로 한 설계

05 다음은 달비계의 최대적재하중을 정하는 경우 안전계수이다. (   ) 안에 알맞은 수치를 쓰시오.

▶ 15/1(기)

(1) 달기와이어로프 및 달기 강선의 안전계수 (①) 이상
(2) 달기체인 및 달기 훅의 안전계수 : (②) 이상
(3) 달기강대와 달비계의 하부 및 상부지점의 안전계수는 강재의 경우 (③) 이상, 목재의 경우 (④) 이상

① 10   ② 5   ③ 2.5   ④ 5

06 A사업장의 근로자수 300명 연간 재해건수 15건, 휴업일수 288이다. 연간 근로일수 280일, 일일근로시간 8시간일 때 도수율과 강도율을 구하시오.

1) 도수율 $= \dfrac{재해건수}{연근로시간수} \times 10^6 = \dfrac{15}{300 \times 280 \times 8} \times 10^6 = 22.32$

2) 강도율 $= \dfrac{근로손실일수}{연근로시간수} \times 1000 = \dfrac{288 \times 280/365}{300 \times 280 \times 8} \times 1000 = 0.33$

07 이동식 크레인의 방호장치 3가지를 쓰시오.

1) 권과방지장치   2) 과부하방지장치
3) 비상정지장치   4) 제동장치

▶ 1) 양중기(크레인, 이동식크레인, 차량작업부에 탑재되는 이삿짐운반용 리프트, 간이리프트, 곤돌라, 승강기)의 방호장치
   ① 과부하방지장치
   ② 권과방지장치
   ③ 비상정지장치
   ④ 제동장치
  2) 승강기의 방호장치
   ① 파이널 리미트 스위치(final limit switch)
   ② 속도조절기
   ③ 출입문 인터록(interlock)

08 위험예지훈련 4R(라운드)를 순서대로 쓰시오.

1) 제1단계 : 현상파악
2) 제2단계 : 본질추구
3) 제3단계 : 대책수립
4) 제4단계 : 목표설정

09 공기압축기를 가동하는 때 작업 시작 전 점검사항 4가지를 쓰시오.

 16/2(기).17/3(산),18/1(산)

1) 공기저장 압력용기의 외관상태
2) 드레인밸브의 조작 및 배수
3) 압력방출장치의 기능
4) 언로우드밸브의 기능
5) 윤활유의 상태
6) 회전부의 덮개 또는 울
7) 그 밖의 연결부위의 이상 유무

길잡이

▶ 공기압축기의 방호장치
1) 안전밸브 : 공기탱크의 파손, 전동기의 과부하방지를 위한 방호장치
2) 역지밸브(역류방지밸브) : 공기압축기의 운전정지 시 탱크 내 공기의 역류방지기(체크밸브)
3) 언로우드밸브(unloading valve) : 일정한 조건하에서 공기압축기를 무부하로 하여 압력상승을 방지하기 위해 사용하는 밸브
4) 릴리프밸브(relief valve) : 공기탱크내의 압력이 최고사용압력에 달하면 압송을 정지하고 소정의 압력까지 강하하면 다시 압송을 하여 공기탱크내의 압력을 설정값 이하로 유지하는 압력제어 밸브

---

10 보일러의 방호장치 3가지를 쓰시오.

1) 압력방출장치
2) 압력제한스위치
3) 고·저수위 조절장치
4) 도피밸브, 가용전, 방폭문, 화염검출기

11 안전모의 성능시험항목 5가지를 쓰시오.

 1) 내관통성시험 2) 충격흡수성시험
3) 내전압성시험 4) 내수성시험
5) 난연성시험 6) 턱끈풀림시험

> **길잡이** ▶ 안전모의 시험항목과 성능기준
>
> 1) 시험성능기준
>
> | 항목 | 성능기준 |
> | --- | --- |
> | 1. 내관통성 | AE, ABE종 안전모는 관통거리가 9.5mm 이하, AB종 안전모는 관통거리가 11.1mm 이하여야 한다. |
> | 2. 충격흡수성 | 최고전달충격력이 4450N을 초과해서는 안 되며, 모체와 착장체의 기능이 상실되지 않아야 한다. |
> | 3. 내전압성 | AE, ABE종 안전모는 교류 20kV에서 1분간 전열파괴 없이 견뎌야 하고, 이때 누설되는 충전전류는 10mA 이하여야 한다. |
> | 4. 내수성 | AE, ABE종 안전모는 질량증가율이 1% 미만이어야 한다. |
> | 5. 난연성 | 모체가 불꽃을 내며 5초 이상 연소되지 않아야 한다. |
> | 6. 턱끈풀림 | 150N 이상 250N 이하에서 턱 끈이 풀려야 한다. |
>
> 2) 부가성능기준
>
> | 항목 | 성능기준 |
> | --- | --- |
> | 1. 측면변형방호 | 최대측면변형은 40mm, 잔여변형은 15mm 이내이어야 한다. |
> | 2. 금속용융물 분사방호 | · 용융물에 의해 10mm 이상의 변형이 없고, 관통되지 않아야 한다.
· 금속용물의 방출을 정지한 수 5초 이상 불꽃을 내며 연소되지 않을 것 |

12 LD_{50}에 대해서 간단하게 설명하시오.

 LD_{50} : 1회 투여로 인하여 7 ~ 10일 이내에 실험동물의 50%를 치사시키는 양을 말한다.

>
>
> ▶ 1) **치사량** : LD(Lethal dose)
>   ① MLD : 실험동물 가운데 한 마리를 치사시키는데 필요한 최소의 양을 말한다.
>   ② LD_{50}(Lethal dose) : 1회 투여로 인하여 7 ~ 10일 이내에 실험동물의 50%를 치사시키는 양을 말하며 실험동물 체중 1kg당 mg으로 나타낸다.
>   ③ LC_{50}(Lethal Concentration : 치사농도) : 실험동물의 50%가 사망하는 기체상태의 유해물질의 농도를 말한다.
>   ④ LT_{50} : 일정 농도에서 실험동물의 50%가 사망하는데 소요되는 시간을 말한다.
> 2) **급성독성물질(안전보건규칙)**
>   ① LD_{50}(경구, 쥐)이 kg당 300mg(체중) 이하인 화학물질
>   ② LD_{50}(경피, 토끼 또는 쥐)이 kg당 1000mg(체중) 이하인 화학물질
>   ③ 가스 LC_{50}(쥐, 4시간 흡입)이 2500PPM 이하인 화학물질, 증기 LC_{50}(쥐, 4시간 흡입)이 10mg/l 이하인 화학물질, 분진 또는 미스트 1mg/l 이하인 화학물질
> LC_{50} : 반수치사농도 및 시간

13. 다음 [보기]의 사업의 종류와 규모에 따라 선임하여야 할 안전관리지수를 쓰시오.

[보기]
1) 펄프, 종이 및 종이제품 제조업 - 상시근로자 500명 : (①)명
2) 고무 및 플라스틱제품 제조업 - 상시근로자 300명 : (②)명
3) 우편 및 통신업 - 상시근로자 500명 : (③)명

 ① 2   ② 1   ③ 1

▶ 안전관리자를 두어야 할 사업의 종류, 규모, 안전관리자의 수(시행령 별표3)

사업의 종류		규모	안전관리자수
1. 토사석 광업 2. 식료품제조업, 음료제조업 3. 목재 및 나무제품제조 : 가구제외 4. 펄프, 종이 및 종이제품제조업 5. 코크스, 연탄 및 석유정제품제조업 6. 화학물질 및 화학제품제조업 : 의약품 제외 7. 의료용 물질 및 의약품제조업 8. 고무 및 플라스틱제품제조업 9. 비금속광물제조업 1차금속제조업 10. 1차금속제조업 11. 금속가공제품제조업 : 기계 및 기구 제외	12. 전자제품, 컴퓨터, 영상, 음향 및 통신장비제조업 13. 의료, 정밀, 광학기기 및 시계제조업 14. 전기장비제조업 15. 기타 기계 및 장비제조업 16. 자동차 및 트레일러제조업 17. 기타 운송장비제조업 18. 가구제조업 19. 기타 제품제조업 20. 서적, 잡지 및 기타 인쇄물출판물 21. 해체, 선별 및 원료재생업 22. 자동차종합수리업, 자동차전문수리업	상시근로자 500 이상	2명 이상
		상시근로자 50명 이상 500명 미만	1명 이상
23. 농업, 임업 및 어업 24. 제2호부터 제19호까지의 사업을 제외한 사업 25. 전기, 가스, 증기 및 공기조절공급업 26. 하수·폐기물 및 분뇨처리업 26의 2. 폐기물수집, 운반, 처리 및 원료재생업(제21호에 해당하는 사업 제외) 26의 3. 환경정화 및 복원사업 27. 운수업 28. 도매 및 소매업 29. 숙박 및 음식점업 30. 영상·오디오기록물제작 및 배급업	31. 방송업 32. 우편 및 통신업 33. 부동산업 33의 2. 임대업 : 부동산 제외 34. 연구개발업 35. 사진처리업 36. 사업시설관리 및 조경서비스업 36의 2. 청소년수련시설운영업 37. 보건업 38. 예술, 스포츠 및 여가관련 서비스업 39. 수리업(제22호에 해당하는 사업은 제외) 40. 기타 개인서비스업	상시근로자 1000명 이상	2명 이상
		상시근로자 50명 이상 1000명 미만	1명 이상
41. 건설업	공시금액 800억원 이상 1500억원 미만		2명 이상
	공사금액 120억원 이상(토목공사업은 150억원 이상) 800억원 미만		1명 이상

14 전기기계·기구를 적절하게 설치하기 위하여 고려하여야 할 사항 3가지를 쓰시오.

 1) 전기기계·기구의 충분한 전기적 용량 및 기계적 강도
2) 습기·분진 등 사용 장소의 주위 환경
3) 전기적·기계적 방호수단의 적정성

주 전기기계·기구의 적정설치 등 : 안전보건규칙 제303조

산업안전기사 실기 필답형 — 2019년 제3회

01 산업안전보건위원회의 근로자위원 구성인원을 쓰시오.

1) 근로자 대표
2) 근로자 대표가 지명하는 1명 이상의 명예감독관
3) 근로자 대표가 지명하는 9명 이내의 해당 사업장의 근로자(명예감독관의 수를 제외한 수의 근로자)

> **길잡이**
> ▶ 산업안전보건위원회의 사용자위원과 근로자위원
>   1) **사용자위원**
>   ① 해당 사업의 대표자(같은 사업으로서 다른 지역에 사업장이 있는 경우에는 그 사업장의 최고책임자)
>   ② 안전관리자
>   ③ 보건관리자
>   ④ 산업보건의(해당 사업장에 선임되어 있는 경우로 한정)
>   ⑤ 해당 사업의 대표자가 지명하는 9명 이내의 해당 사업장 부서의 장
>   2) **근로자위원**
>   ① 근로자 대표
>   ② 명예감독관이 위촉되어 있는 사업장은 근로자 대표가 지명하는 1명 이상의 명예감독관
>   ③ 근로자 대표가 지명하는 9명 이내의 근로자(명예감독관의 수를 제외한 수의 근로자)

02 근로자의 정기안전보건교육내용을 4가지 쓰시오.

1) 산업안전 및 사고예방에 관한 사항
2) 산업보건 및 직업병 예방에 관한 사항
3) 건강증진 및 질병예방에 관한 사항
4) 유해·위험 작업환경 관리에 관한 사항
5) 산업안전보건법 및 산업재해보상보험제도에 관한 사항
6) 직무스트레스 예방 및 관리에 관한 사항
7) 직장 내 괴롭힘, 고객의 폭언 등으로 인한 건강장해 예방 및 관리에 관한 사항

[주] 교육대상별 교육내용 : 시행규칙 별표 8의2

03 안전인증제품인 보호구에 표시할 사항을 4가지 쓰시오.

1) 형식 또는 모델명
2) 규격 또는 등급
3) 제조자명
4) 제조번호 및 제조연월
5) 안전인증번호

04 산업안전보건법상 안전인증대상 보호구 5가지를 쓰시오.

1) 추락 및 감전위험 방지용 안전모
2) 안전화
3) 안전장갑
4) 방진마스크
5) 방독마스크
6) 송기마스크
7) 전동식 호흡보호구
8) 보호복
9) 안전대
10) 차광 및 비산물 위험방지용 보안경
11) 용접용 보안면
12) 방음용 귀마개 또는 귀덮개

[주] 안전인증대상 기계·기구 등 : 시행령 제14조 제1항

▶ **자율안전확인대상 보호구**
  1) 안전모(추락 및 감전 위험방지용 제외)
  2) 보안경(차광 및 비산물 위험방지용 제외)
  3) 보안면(용접용 제외)

05 산업안전보건법상 안전보건 총괄책임자의 직무를 4가지 쓰시오.

1) 작업의 중지 및 재개
2) 도급사업 시의 안전, 보건 조치
3) 수급인의 산업안전보건관리비의 집행 감독 및 그 사용에 관한 수급업체 간의 협의 조정
4) 안전인증대상 기계 · 기구 등과 자율안전 확인대상 기계·기구 등의 사용여부 확인
5) 위험성 평가의 실시에 관한 사항

주 안전보건 총괄책임자의 직무 등 : 시행령 제24조

▶ **안전보건 총괄책임자의 지정 대상사업**(시행령 제23조)
1) 상시근로자가 100명 이상인 사업
2) 상시근로자(수급인과 하수급인에게 고용된 근로자 포함)가 50명 이상인 사업
   ① 1차 금속제조업
   ② 선박 및 보트 건조업
   ③ 토사석 광업
3) 총 공사금액(수급인과 하수인의 공사금액을 포함한 금액)이 20억원 이상인 건설업

---

06 동력식 수동대패기에 대한 물음을 답하시오.

(1) 방호장치의 명칭 :
(2) 방호장치의 종류 2가지 :

1) **방호장치** : 칼날접촉예방장치(덮개)
2) **방호장치의 종류** : ① 고정식 덮개 ② 가동식 덮개

주 방호장치 자율안전기준 고시 : 고용노동부고시 제2022-70호

▶ **목재가공용 기계의 방호장치**
1) **둥근톱기계의 방호장치**
   ① 반발예방장치 : 분할날, 반발장치 기구(finger), 반발방지롤(roll)
   ② 톱날 접촉예방장치(보호덮개)
2) **띠톱기계의 방호장치**
   ① 목재가공용 띠톱 기계(스파이크가 부착되어 있는 이송롤러기 또는 요철형 이송롤러기)
   ② 띠톱 기계의 절단에 필요한 톱날부위와 위험한 톱날부위 : 덮개 또는 울 설치
3) **모떼기 기계의 방호장치** : 날 접촉예방장치(자동이송장치를 부착한 것은 제외)
4) **원형톱 기계의 방호장치** : 톱날접촉예방장치

07
다음은 산업안전보건법상 유해·위험방지를 위하여 방호조치가 필요한 기계·기구 등이다. 기계·기구별로 방호장치를 하나씩 쓰시오. ▶ 14/3(산),16/2(기),18/1(기)

해답
1) **예초기** : 날 접촉예방장치
2) **원심기** : 회전체 접촉예방장치
3) **공기압축기** : 압력방출장치
4) **금속절단기** : 날 접촉예방장치
5) **지게차** : 헤드가드, 백레스트, 전조등, 후미등, 안전벨트
6) **포장기계** : 구동부 방호 연동장치

[주] 유해·위험한 기계·기구 등의 방호조치 : 시행규칙 제98조 제1항

08
가죽제 안전화의 성능시험 종류 4가지를 쓰시오.

해답
1) 내충격성시험   2) 박리저항시험
3) 내답발성시험   4) 인장강도시험
5) 내유성시험   6) 내압박성시험
7) 은면결렬시험   8) 인열강도시험

09
인간 · 기계체계의 유형 3가지를 쓰시오.

해답
1) 수동체계
2) 기계화체계(반자동체계)
3) 자동체계

길잡이
▶ 인간 · 기계체계의 기본기능
  1) 감지기능
  2) 정보보관기능(정보저장기능)
  3) 정보처리 및 의사결정기능
  4) 행동기능

10 달비계에 사용하는 와이어로프 사용금지사항 4가지를 쓰시오.

▶ 14/1(산),14/3(기),15/2(기),18/3(기)

1) 이음매가 있는 것
2) 와이어로프의 한 꼬임[스트랜드(strand)를 말한다. 이와 같다]에서 끊어진 소선(素線)[필러(pillar) 선은 제외한다]의 수가 10% 이상(비자전로프의 경우에는 끊어진 소선의 수가 와이어로프 호칭 지름이 6배 길이 이내에서 4개 이상이거나 호칭지름 30배 길이 이내에서 8개 이상인)인 것
3) 지름의 감소가 공칭지름의 7%를 초과하는 것
4) 꼬인 것
5) 심하게 변형 또는 부식된 것
6) 열과 충격에 의해 손상된 것

[주] 달비계에 사용하는 와이어로프 사용금지 사항 : 안전보건규칙 제63조 제1호

1) 달비계에 사용하는 달기체인의 사용금지사항(안전보건규칙 제63조)
   ① 달기체인의 길이가 달기체인이 제조된 때의 길이, 이 5%를 초과한 것
   ② 링의 단면지름이 달기체인이 제조된 때의 해당 링의 지름의 10%를 초과하여 감소한 것
   ③ 균열이 있거나 심하게 변형된 것
2) 달비계에 사용하는 섬유로프 또는 섬유벨트의 사용금지사항
   ① 꼬임이 끊어진 것
   ② 심하게 손상되거나 부식된 것

11 재해조사 시 유의사항을 3가지 쓰시오.

1) 사실을 수집한다(이유는 뒤에 확인).
2) 목격자 등이 증언하는 사실 이외의 추측의 말은 참고로만 한다.
3) 조사는 신속히 행하고, 긴급 조치하여 2차 재해의 방지를 도모한다.
4) 사람, 기계설비 양면의 재해요인을 모두 도출한다.
5) 객관적인 입장에서 공정하게 조사하며 조사는 2인 이상이 한다.
6) 책임추궁보다 재발방지를 우선으로 하는 기본태도를 갖는다.
7) 피해자에 대한 구급조치를 우선한다.

12 흙막이지보공 설치 시 정기점검사항 3가지를 쓰시오.

1) 부재의 손상, 변형, 변위 및 탈락의 유무와 상태
2) 버팀대의 긴압의 정도
3) 부재의 접속부, 부착부 및 교차부의 상태
4) 침하의 정도

▶ 터널지보공 설치시 수시점검사항
   1) 부재의 손상, 변형, 부식, 변위, 탈락의 유무 및 상태
   2) 부재의 긴압 정도
   3) 부재의 접속부 및 교차부의 상태
   4) 기둥침하의 유무 및 상태

13 다음은 안전검사대상 유해·위험기계 등의 검사주기에 관한 사항이다. ( ) 안에 알맞은 내용을 쓰시오.

(1) 크레인(이동식크레인은 제외), 리프트(이삿짐운반용 리프트는 제외) 및 곤돌라 : 사업장에 설치가 끝난 날부터 3년 이내에 최초 안전검사를 실시하되, 그 이후부터 2년마다 한다. 단, 건설현장에 사용하는 것은 최초로 설치한 날부터 (①)개월마다 실시
(2) 이동식크레인, 이삿짐운반용 리프트 및 고소작업대 : 신규 등록 이후 3년 이내에 최초 안전검사를 실시하되, 그 이후부터 (②)마다 한다.
(3) 프레스, 전단기, 압력용기, 국소배기장치, 원심기, 화학설비 및 부속설비, 건조설비 및 그 부속설비, 롤러기, 사출성형기, 컨베이어 및 산업용 로봇(11종) : 사업장에 설치가 끝난 날부터 3년 이내에 최초 안전검사를 실시하되, 그 이후부터 2년마다 한다. 단, 공정안전보고서를 제출하여 확인을 받은 압력용기는 (③)년마다 실시한다.

 ① 6   ② 2   ③ 4

[주] 안전검사의 주기 : 시행규칙 제126조 제1항

산업안전기사 실기 필답형 — 2020년 제1회

01 비, 눈 그밖에 기상상태의 악화로 작업을 중지시킨 후에 그 비계에서 작업을 하는 경우 해당 작업을 시작하기 전에 점검하여야 할 사항 3가지를 쓰시오. ▶ 13/3(기),14/2(기)

해답
1) 발판재료의 손상여부 및 부착 또는 결림 상태
2) 해당 비계의 연결부 또는 접속부의 풀림 상태
3) 연결재료 및 연결 철물의 손상 또는 부식 상태
4) 손잡이의 탈락 여부
5) 기둥의 침하, 변형, 변위 또는 흔들림 상태
6) 로프의 부착상태 및 매단 장치의 흔들림 상태

[주] 비계의 점검·보수 : 안전보건규칙 제58조

02 안전성 평가의 6단계를 순서대로 나열하시오.

해답
1) 1단계 : 관계자료의 정비검토
2) 2단계 : 정성적 평가
3) 3단계 : 정량적 평가
4) 4단계 : 안전대책
5) 5단계 : 재해정보에 의한 재평가
6) 6단계 : FTA에 의한 재평가

> **길잡이**
> ▶ 화학공장설비의 안전성 평가 5단계
> 1) 1단계 : 관계자료의 작성준비
> 2) 2단계 : 정성적 평가
> 3) 3단계 : 정량적 평가
> 4) 4단계 : 안전대책
> 5) 5단계 : 재평가

03 양중기에 사용하는 달기체인의 사용금지 사항 2가지를 쓰시오.

 1) 달기체인의 길이가 달기체인이 제조된 때의 길이의 5%를 초과한 것
2) 링의 단면지름이 달기체인이 제조된 때의 해당의 링 지름의 10%를 초과하여 감소한 것
3) 균열이 있거나 심하게 변형된 것
[주] 늘어난 달기체인 등의 사용금지 : 안전보건규칙 제167조

04 로봇작업 시 특별안전보건교육을 실시할 경우 교육내용 4가지를 쓰시오.

 1) 로봇의 기본원리, 구조 및 작업방법에 관한 사항
2) 이상발생시 응급조치에 관한 사항
3) 안전시설 및 안전기준에 관한 사항
4) 조작방법 및 작업순서에 관한 사항
[주] 교육대상별 교육내용 : 시행규칙 [별표 5]

05 산업안전 보건법상 안전보건 관리규정에 포함시켜야 할 사항 4가지를 쓰시오.

 1) 안전·보건관리 조직과 그 직무에 관한 사항
2) 안전·보건교육에 관한 사항
3) 작업장 안전관리에 관한 사항
4) 작업장 보건관리에 관한 사항
5) 사고조사 및 대책수립에 관한 사항
[주] 안전보건관리규정의 작성 등 : 법 제25조

06 산업안전 보건기준에 관한 규칙에서 누전에 의한 감전의 위험을 방지하기 위해 접지를 실시하여야 하는 것 중 코드와 플러그를 접속하여 사용하는 전기 기계·기구를 3가지를 쓰시오.

1) 사용전압이 대지전압 150V를 넘는 것
2) 냉장고, 세탁기, 컴퓨터 및 주변기기 등과 같은 고정형 전기기계·기구
3) 고정형, 이동형 또는 휴대형 전동기계·기구
4) 물 또는 도전성이 높은 곳에서 사용하는 전기기계·기구, 비접지형 콘센트
5) 휴대형 손전등
주 전기기계·기구의 접지 : 안전보건규칙 제302조

07 제조업 중 전기 계약용량이 300kW 이상인 업종으로 유해·위험방지계획서 제출대상 사업장의 종류 3가지를 쓰시오.

1) 1차 금속 제조업
2) 금속가공제품 제조업(기계 및 가구는 제외)
3) 비금속 광물 제조업

> **길잡이**
>
> ▶ 제조업 등 유해위험방지계획서 제출대상
> 1) 전기계약용량이 300kW 이상인 13개 업종으로 건설물, 기계, 기구 및 설비 등 일체를 설치, 이전, 변경하는 경우
>   ① 금속가공제품(기계 및 가구는 제외한다) 제조업
>   ② 비금속 광물제품 제조업
>   ③ 기타 기계 및 장비 제조업
>   ④ 자동차 및 트레일러 제조업
>   ⑤ 식료품 제조업
>   ⑥ 고무제품 및 플라스틱제품 제조업
>   ⑦ 목재 및 나무제품 제조업
>   ⑧ 기타 제품 제조업
>   ⑨ 1차 금속 제조업
>   ⑩ 가구 제조업
>   ⑪ 화학물질 및 화학제품 제조업
>   ⑫ 반도체 제조업
>   ⑬ 전자부품 제조업
> 2) 모든 업종의 사업장에서 다음 5개 설비를 설치, 이전, 변경하는 경우
>   ① 용해로(금속 또는 비금속 광물)
>   ② 화학설비
>   ③ 건조설비
>   ④ 가스집합용접장치
>   ⑤ 허가, 관리대상 유해화학물질 및 분진작업 관련설비

08 다음은 롤러기의 표면속도와 급정지거리(안전거리)를 나타낸 것이다. (   ) 안에 알맞은 수치를 쓰시오.

롤러의 표면속도(m/min)	급정지거리
(①) 이상	롤러 원주(π D)의 (②)
(③) 미만	롤러 원주(π D)의 (④)

해답 ① 30   ② $\frac{1}{2.5}$ ③ 30   ④ $\frac{1}{3}$

> **길잡이**
> ▶ 롤러기의 표면속도
> $$V = \frac{\pi DN}{1000}(m/\min)$$
> 여기서, V : 표면속도(m/min)
>   D : 롤러 원통직경(mm)
>   N : 회전수(rpm)

09 어느 회사의 근로자 수가 1000명, 강도율이 6.3, 연간근로일수가 275일, 근로시간은 1일 8시간이다. 재해발생으로 인한 근로손실일수를 구하시오.

해답
1) 강도율 $= \frac{\text{근로손실일수}}{\text{연근로시간수}} \times 1000$

2) 근로손실일수 $= \text{강도율} \times \text{연근로시간수} \times \frac{1}{1000}$

$= 6.3 \times \left(1000 \times 275 \times \frac{8\text{시간}}{1\text{일}}\right) \times \frac{1}{1000} = 13860$ 일

여기서, 연근로시간수 = 근로자수 × 연간근로일수 × 근로시간 / 일
                = 1000명 × 275일 × 8시간/일

10 A회사의 제품은 10,000시간 동안 10개의 제품에 고장이 발생된다고 한다. 이 제품의 수명이 지수분포를 따른다고 할 경우 1) 고장률과 2) 900시간 동안 적어도 1개의 고장날 확률을 구하시오.

1) 고장률 $(\lambda) = \dfrac{고장건수}{시간} = \dfrac{10}{10,000} = 0.001$
2) 고장날 확률(불신뢰도)
   ① 신뢰도 $R_{(t)} = e^{-\lambda t} = e^{-0.001 \times 900} = 0.4065 \, (40.65\%)$
   ② 불신뢰도 $F_{(t)} = 1 - R(t) = 1 - 0.4065 = 0.5935 \, (59.35\%)$

11 안전밸브 또는 파열판을 설치하여야 할 화학설비 및 그 부속설비 3가지를 쓰시오.

1) 압력용기(안지름이 600mm 이하인 압력용기는 제외하며, 관형 열교환기는 관의 파열로 인한 압력상승이 동체의 최고사용압력을 초과할 우려가 있는 경우에 한함)
2) 정변위 압축기(다단압축기인 경우에는 압축기의 각단)
3) 정변위 펌프(도출축에 차단밸브가 설치된 것에 한함)
4) 배관(2개 이상의 밸브에 의하여 차단되어 대기온도에서 액체의 열팽창에 의하여 구조적으로 파열이 우려되는 것에 한함)
5) 기타 화학설비 및 그 부속설비(이상 화학반응, 밸브의 막힘 등 이상상태로 인한 압력상승으로 해당 설비의 최고 사용압력을 구조적으로 초과할 우려가 있는 것에 한함)

12 산업안전보건법상 안전보건표지의 금지표지 중 출입금지 표지를 그리시오.
(단, 색상은 글자로 표기하고, 크기에 대한 기준은 표시하지 않는다)

1) **바탕** : 흰색
2) **기본모형** : 빨간색
3) **관련부호 및 그림** : 검은색

13 중량물 취급작업시 작업계획서의 작성내용 3가지를 쓰시오.

1) 추락위험을 예방할 수 있는 안전대책
2) 낙하위험을 예방할 수 있는 안전대책
3) 전도위험을 예방할 수 있는 안전대책
4) 협착위험을 예방할 수 있는 안전대책
5) 붕괴위험을 예방할 수 있는 안전대책

14 아세틸렌 용접장치 발생기실의 설치장소 3가지를 쓰시오.

1) 발생기는 전용의 발생기실 내에 설치할 것
2) 발생기실은 건물의 최상층에 위치하여야 하며 화기사용 설비로부터 3m를 초과하는 장소에 설치할 것
3) 발생기실을 옥외에 설치한 때는 그 개구부를 다른 건축물로부터 1.5m 이상 떨어지도록 할 것

▶ 아세틸렌 용접장치 발생기실의 구조
  1) 벽은 불연성의 재료로 하고 철근콘크리트 또는 그밖에 이와 동등하거나 그 이상의 강도를 가진 구조로 할 것
  2) 지붕 천장에는 얇은 철판이나 가벼운 불연성 재료를 사용할 것
  3) 바닥면의 1/16 이상의 단면적을 가진 배기통을 옥상으로 돌출시키고 그 개구부를 창이나 출입구로부터 1.5m 이상 떨어지도록 할 것
  4) 출입구의 문은 불연성 재료로 하고 두께 1.5mm 이상의 철판이나 그밖에 그 이상의 강도를 가진 구조로 할 것
  5) 벽과 발생기 사이에는 발생기의 조정 또는 카바이트 공급 등의 작업을 방해하지 않도록 간격을 확보할 것

산업안전기사 실기 필답형 — 2020년 제2회

01 감응식 방호장치를 설치한 프레스에서 광선을 차단한 후 200ms 후에 슬라이드가 정지하였다. 이 때 방호장치의 안전거리는 최소 몇 mm 이상이어야 하는가?

해답 감응식 방호장치 안전거리(D)
D = 1.6Tm = 1.6 × 200 = 320mm

02 8장의 연평균근로자수는 1500명이며 연간재해건수가 60건이 발생하여 이중 사망이 3건, 근로손실일수가 1300일인 경우의 연천인율을 구하시오.

해답 연천인율 = $\frac{재해자수}{연평균근로자수} \times 100 = \frac{60}{1500} \times 1000 = 40$

 길잡이

▶ 제2방법
1) 도수율 = $\frac{재해건수}{연근로시간수} \times 10^6 = \frac{60}{1500 \times 8 \times 300} \times 10^6 = 16.67$
2) 연천인율 = 도수율 × 2.4 = 16.67 × 2.4 = 40

03 다음 [보기]는 연삭숫돌에 관한 내용이다. ( ) 안에 알맞은 내용을 쓰시오.

[보기]
사업주는 연삭숫돌을 사용하는 작업의 경우 작업을 시작하기 전에는 (①) 이상, 연삭숫돌을 교체한 후에는 (②) 이상 시험운전을 하고 해당 기계에 이상이 있는 지를 확인하여야 한다.

해답 ① 1분 ② 3분

주 연삭숫돌의 덮개 : 안전보건규칙 제122조

04 양립성의 종류 2가지를 쓰고 사례를 들어 간략히 설명하시오.

1) **개념양립성** : 사람들이 사용할 코드와 기초가 얼마나 의미를 가진 것인가에 관한 것으로 예로서 온수손잡이는 빨간색, 냉수손잡이는 파란색으로 나타내는 것이다.
2) **운동(이동)양립성** : 표시장치 및 제어장치의 움직임과 사용시스템의 응답을 관련시키는 것으로 예로서 라디오의 소리를 크게 하기 위해 다이얼을 시계방향으로 돌리는 것이다.
3) **공간양립성** : 제어장치와 관련 표시장치의 공간적 배열에 관한 것으로 예로서 5개의 표시장치를 수평으로 배열할 경우 해당 제어장치를 각각 그 아래에 수평으로 배치하면 공간양립성이 좋아질 것이다.

> **길잡이**
> ▶ **양립성**(compatability) : 양립성이란 자극이나 반응 또는 자극-반응의 조합 등의 관계 인간의 기대와 모순되지 않는 것을 의미하며, 적합성이라고도 한다.

05 다음 [표]는 안전보건관리책임자 등 교육대상자별 교육시간을 나타낸 것이다. (   ) 안에 알맞은 교육시간을 쓰시오.

교육대상	교육시간	
	신규교육	보수교육
1. 안전보건관리책임자	(①)	(②)
2. 안전관리자	(③)	24시간 이상
3. 건설재해예방전문지도기관종사자	34시간 이상	(④)

① 6시간 이상
② 6시간 이상
③ 34시간 이상
④ 24시간 이상

[주] 안전보건교육 교육과정별 교육시간 : 규칙 별표4

06 자율검사프로그램의 인정을 취소하거나 인정받은 자율검사프로그램의 내용에 따라 검사를 하도록 하는 등 시정을 명할 수 있는 경우 2가지를 쓰시오.

1) 거짓이나 그밖에 부정한 방법으로 자율검사프로그램을 인정받은 경우
2) 자율검사프로그램을 인정받고도 검사를 하지 아니한 경우
3) 인정받은 자율검사프로그램의 내용에 따라 검사를 하지 아니한 경우
4) 자격을 가진 사람 또는 자율안전검사기관이 검사를 하지 아니한 경우
주 자율검사프로그램 인정의 취소 등 : 법 제99조

07 다음과 같은 사고가 발생하였을 때 재해를 분석하시오.

> 작업자가 기름이 묻어있는 바닥에 넘어지면서 선반에 머리를 부딪치는 사고가 발생하였다.
> 1) 사고유형 :
> 2) 기인물 :
> 3) 가해물 :

1) 사고유형 : 전도
2) 기인물 : 바닥
3) 가해물 : 선반

08 안전관리자수를 정수 이상으로 증원하게 하거나 교체하여 임명할 것을 명할 수 있는 경우 3가지를 쓰시오.

1) 해당 사업장의 연간재해율이 같은 업종의 평균재해율의 2배 이상인 경우
2) 중대재해가 연간 2건 이상 발생한 경우
3) 관리자가 질병이나 그밖에 사유로 3개월 이상 직무를 수행할 수 없게 된 경우
4) 화학적 인자로 인한 직업성 질병자가 연간 3명 이상 발생한 경우
주 안전관리자 등의 증원, 교체임명 명령 : 시행규칙 제12조

09 다음 [보기] 내용은 차광보안경에 관한 설명이다. (　) 안에 알맞은 내용을 쓰시오.

[보기]
(1) (①) : 착용자의 시야를 확보하는 보안경을 일부로서 렌즈 및 플레이트 등을 말한다.
(2) (②) : 필터와 플레이트의 유해광선을 차단할 수 있는 능력을 말한다.
(3) (③) : 필터 입사에 대한 투과광속의 비를 말하며, 분광투과율을 측정한다.

① 접안경
② 차광도 번호
③ 시감투과율

주) 안전인증 보호구 : 고용노동부고시(제2020-35호)

10 타워크레인의 작업 중지 등에 관한 내용이다. (　) 안에 알맞은 내용을 쓰시오.

(1) 순간풍속이 (　)를 초과할 경우에는 타워크레인의 설치, 수리, 점검 또는 해체작업을 중지하여야 한다.
(2) 순간풍속이 (　)를 초과하는 경우에는 타워크레인의 운전작업을 중지하여야 한다.

1) 10m/s
2) 15m/s

길잡이

▶ 폭풍 등에 의한 이탈방지, 이상유무점검, 붕괴, 도괴 등의 방지
  1) 순간풍속이 30m/sec 초과시
     ① 옥외에 설치된 주행크레인에 대하여 이탈방지조치를 할 것
     ② 옥외에 설치된 양중기 작업을 하는 경우 미리 기계 각 부위의 이상유무를 점검할 것
  2) 순간풍속이 35m/sec 초과시
     ① 건설작업용 리프트(지하 설치시는 제외)에 대하여 받침수를 증가시키는 등 붕괴방지 조치를 할 것
     ② 옥외에 설치된 승강기에 대하여 도괴방지 조치를 할 것

11 다음 FT도에서 컷셋(cut set)을 모두 구하시오.

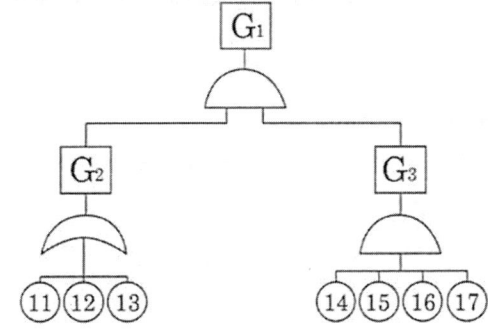

$G_1 \rightarrow G_2 \cdot G_3 \Rightarrow \begin{bmatrix} ⑪ \cdot G_3 \\ ⑫ \cdot G_3 \\ ⑬ \cdot G_3 \end{bmatrix} \rightarrow \begin{matrix} ⑪ \ ⑭ \ ⑮ \ ⑯ \ ⑰ \\ ⑫ \ ⑭ \ ⑮ \ ⑯ \ ⑰ \\ ⑬ \ ⑭ \ ⑮ \ ⑯ \ ⑰ \end{matrix}$

12 다음 내용은 낙하물 방지망 또는 방호선반의 설치기준이다. ( ) 안에 알맞은 내용을 쓰시오.

(1) 높이 (①)이내마다 설치하고, 내민 길이는 벽면으로부터 (②) 이상으로 할 것
(2) 수평면과의 각도는 (③)도 이상 (④)도 이하를 유지할 것

① 10m   ② 2m
③ 20   ④ 30

▶ 추락방호망 설치기준(안전보건규칙 제42조 2항)
  1) **추락방호망 설치위치** : 작업면으로부터 가까운 지점에 설치하여야 하며, 작업면으로부터 망의 설치지점까지의 수직거리는 10m를 초과하지 아니할 것
  2) **추락방호망 각도** : 수평으로 설치할 것
  3) **방호망의 처짐** : 짧은 변 길이의 12% 이상일 것
  4) **내민길이** : 3m 이상

13 가스폭발 위험장소 또는 분진폭발 위험장소에 설치되는 건축물 등에 대해서는 해당되는 부분을 내화구조로 하여야 하며 그 성능이 항상 유지될 수 있도록 점검, 보수 등 적절한 조치를 하여야 한다. 다음 건축물 등에 대해서 내화구조로 해야 할 해당하는 부분을 쓰시오.

> (1) 건축물의 기둥 및 보 : (①)
> (2) 위험물 저장, 취급용기의 지지대(높이가 30cm 이하인 것은 제외한다) : (②)
> (3) 배관, 전선 등의 지지대 : (③)

해답 ① 지상 1층(지상 1층의 높이가 6m를 초과하는 경우에는 6m)까지
② 지상으로부터 지지대의 끝부분까지
③ 지상으로부터 1단(1단의 높이가 6m를 초과하는 경우에는 6m까지

주 내화기준 : 안전보건규칙 제270조

산업안전기사 실기 필답형 — 2020년 제3회

01 K사업장의 근무상황 및 재해발생현황이 다음과 같을 경우 이 사업장의 종합재해지수를 구하시오.

(1) 연평균 근로자수 : 400명
(2) 재해건수 : 80건, 근로손실일수 : 800일
(3) 근로시간 : 1일 8시간, 연간 280일 근무

해답
1) 도수율 $= \dfrac{\text{재해건수}}{\text{연근로시간수}} \times 10^6 = \dfrac{80}{400 \times 8 \times 280} \times 10^6 = 89.29$
2) 강도율 $= \dfrac{\text{근로손실일수}}{\text{연근로시간수}} \times 10^3 = \dfrac{800}{400 \times 8 \times 280} \times 10^3 = 0.89$
3) 종합재해지수 $= \sqrt{\text{도수율} \times \text{강도율}} = \sqrt{89.29 \times 0.89} = 8.91$

02 다음 [보기]는 연삭숫돌에 관한 내용이다. ( ) 안에 알맞은 내용을 쓰시오.

[보기]
사업주는 연삭숫돌을 사용하는 작업의 경우 작업을 시작하기 전에는 (①) 이상, 연삭숫돌을 교체한 후에는 (②) 이상 시험운전을 하고 해당 기계에 이상이 있는지를 확인하여야 한다.

해답 ① 1분 ② 3분

[주] 연삭숫돌의 덮개 등 : 안전보건규칙 제122조

03 보일링현상 방지대책 3가지를 쓰시오.

해답
1) 주변의 지하수위를 감소시킨다.
2) 흙막이벽의 근입심도를 깊게 한다(널말뚝을 깊게 박는다).
3) 굴착토를 즉시 원상 매립한다.
4) 작업을 중지시킨다.

04 동력으로 작동되는 기계·기구로서 유해·위험방지를 위한 방호조치를 하지 아니하고는 양도, 대여, 설치 또는 사용에 제공하거나 양도, 대여의 목적으로 진열해서는 아니 되는 유해·위험기계 기구 2가지를 쓰시오.

1) 예초기 2) 원심기
3) 공기압축기 4) 금속절단기
5) 지게차 6) 포장기계(진공포장기, 래핑기로 한정)
[주] 유해·위험방지를 위한 방호조치가 필요한 기계·기구 : 영 별표 20

▶ 유해·위험기계·기구 등에 설치해야 할 방호장치(시행규칙 제98조) 14/3(기)
1) 예초기 : 날접촉 예방장치
2) 원심기 : 회전체접촉 예방장치
3) 공기압축기 : 압력방출장치
4) 금속절단기 : 날접촉 예방장치
5) 지게차 : 헤드가드, 백레스트, 전조등, 후미등, 안전벨트
6) 포장기계 : 구동부 방호 연동장치

---

05 Fool proof와 관계되는 기계·기구를 3가지 쓰시오.

1) 가드(guard) 2) inter lock기구
3) 오버런기구 4) 밀어내기기구
5) 트립기구 6) 기동방지기구

---

06 산업안전보건법에서 관리감독자 정기안전·보건교육의 내용을 4가지 쓰시오. 단, 산업안전보건법 및 일반관리에 관한 사항은 생략할 것

1) 작업공정의 유해·위험과 재해예방 대책에 관한 사항
2) 표준안전 작업 방법 및 지도 요령에 관한 사항
3) 관리 감독자의 역할과 임무에 관한 사항
4) 안전보건교육 능력 배양에 관한 사항
5) 유해·위험 작업 환경관리에 관한 사항
6) 산업안전 및 사고예방에 관한 사항
7) 산업보건 및 직업병 예방에 관한 사항
8) 직무스트레스 예방 및 관리에 관한 사항
9) 산업안전보건법령 및 산업재해보상보험제도에 관한 사항
10) 직장 내 괴롭힘, 고객의 폭언 등으로 인한 건강장해 예방 및 관리에 관한 사항
[주] 교육대상별 교육내용 : 시행규칙 별표 5

07 감전방지용 누전차단기를 설치하여야 할 전기기계·기구 3가지를 쓰시오.

1) 대지전압이 150V를 초과하는 이동형 또는 휴대형 전기기계·기구
2) 물 등 도전성이 높은 액체가 있는 습윤 장소에서 사용하는 저압(1,500V 이하 직류전압이나 1,000V 이하의 교류전압)용 전기기계·기구
3) 철판, 철골 위 등 도전성이 높은 장소에서 사용하는 이동형 또는 휴대형 전기기계·기구
4) 임시배선의 전로가 설치되는 장소에서 사용하는 이동형 또는 휴대형 전기기계·기구

[주] 누전차단기에 의한 감전방지 : 안전보건규칙 제304조

> **길잡이**
> ▶ 누전에 의한 감전의 위험을 방지하기 위해 접지를 실시하는 코드와 플러그를 접속하여 사용하는 전기기계·기구
> (안전보건규칙 제302조)
> 1) 사용전압이 대지전압 150V를 넘는 것
> 2) 냉장고, 세탁기, 컴퓨터 및 주변기기 등과 같은 고정형 전기기계·기구
> 3) 고정형, 이동형 또는 휴대형 전기기계·기구
> 4) 물 또는 도전성이 높은 곳에서 사용되는 전기기계·기구, 비접지형 콘센트
> 5) 휴대형 손전등

08 건축물 해체작업 시 작업계획에 포함되어야 하는 사항 4가지를 쓰시오.

1) 해체의 방법 및 해체순서 도면
2) 가설설비, 방호설비, 환기설비 및 살수·방화설비 등의 방법
3) 사업장 내 연락방법
4) 해체물의 처분계획
5) 해체작업용 기계·기구 등의 작업계획서
6) 해체작업용 화약류 등의 사용계획서
7) 기타 안전·보건에 관한 사항

[주] 해체작업시 작업계획서의 작성내용 : 안전보건규칙 별표4

Guide 작업계획서의 내용 중 짧고, 간단하고, 쉬운 내용부터 순서를 정하여 암기하고, 정답은 4가지만 쓰면 됩니다.

09 다음 FT도의 미니멀 컷셋을 구하시오.

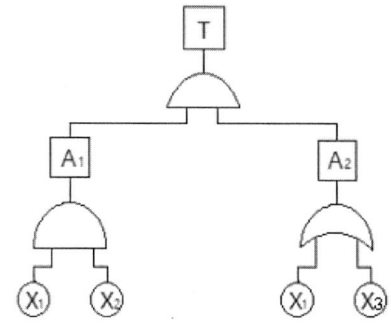

해답 $T \to A_1 A_2 \to X_1 \cdot X_2 \cdot A_2 \to \begin{matrix} X_1 \cdot X_2 \cdot X_1 \\ X_1 \cdot X_2 \cdot X_3 \end{matrix} \to \begin{matrix} X_1 \cdot X_2 \\ X_1 \cdot X_2 \cdot X_3 \end{matrix} \to X_1 \cdot X_2$
  [컷셋]   [미니멀컷셋]

길잡이
▶ 1) 컷과 미니멀 컷
   ① 컷 : 정상사상을 일으키는 기본사상의 집합을 말한다.
   ② 미니멀 컷 : 컷 중 필요 최소한의 컷을 말한다.
2) 컷과 미니멀 컷을 구하는 법
   ① 컷 : AND 게이트는 가로로 나열시키고 OR 게이트는 세로로 나열시켜 말단사상까지 진행시켜 구한다.
   ② 미니멀 컷(최소 컷셋) : 컷 중에 타 컷셋을 포함하고 있는 것을 배제하고 남은 컷셋들을 의미한다.

10 화학설비 또는 그 부속설비의 용도를 변경하는 경우(사용하는 원재료의 종류를 변경하는 경우도 포함) 사용 전 점검사항 3가지를 쓰시오.

해답
1) 그 설비내부에 폭발이나 화재의 우려가 있는 물질이 있는지 여부
2) 안전밸브, 긴급차단장치 및 그 밖의 방호장치 기능의 이상 유무
3) 냉각장치, 가열장치, 교반장치, 압축장치, 계측장치 및 제어장치 기능의 이상 유무
   [주] 사용 전 점검 등 : 안전보건규칙 제277조

11 다음 내용은 아세틸렌 용접장치의 방호장치에 관한 사항이다. (   )에 알맞은 내용을 쓰시오.

(1) 사업주는 아세틸렌 용접장치의 취관마다 안전기를 설치하여야 한다. 다만, 주관 및 (①)에 가장 가까운 (②)마다 안전기를 부착한 경우에는 그러하지 아니하다.
(2) 사업주는 가스용기가 (③)와 분리되어 있는 아세틸렌 용접장치에 대하여 (③)와 가스용기 사이에 안전기를 설치하여야 한다.

해답 ① 취관   ② 분기관   ③ 발생기

[주] 아세틸렌 용접장치 안전기설치 : 안전보건규칙 제289조

12 소음이 심한 기계로부터 1.5m 떨어진 곳의 음압수준이 100dB이라면 이 기계로부터 5m 떨어진 곳의 음압수준은 얼마인가?

해답
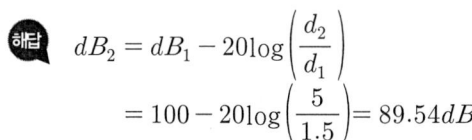
$$dB_2 = dB_1 - 20\log\left(\frac{d_2}{d_1}\right)$$
$$= 100 - 20\log\left(\frac{5}{1.5}\right) = 89.54 dB$$

13 프레스기의 작업시작 전 점검사항 3가지를 쓰시오.

해답
1) 클러치 및 브레이크의 기능
2) 크랭크축, 플라이휠, 슬라이드, 연결봉 및 연결나사의 풀림 유무
3) 1행정 1정지 기구, 급정지장치 및 비상정지의 기능
4) 슬라이드 또는 칼날에 의한 위험방지기구의 기능
5) 프레스의 금형 및 고정 볼트 상태
6) 방호장치의 기능
7) 절단기의 칼날 및 테이블의 상태

[주] 작업시작 전 점검사항 : 안전보건규칙 [별표3]

산업안전기사 실기 필답형 2020년 제4회

01 '작업발판 일체형 거푸집'이란 거푸집의 설치·해체, 철근조립, 콘크리트 타설, 콘크리트 면처리 작업 등을 위하여 거푸집을 작업발판과 일체로 제작하여 사용하는 거푸집을 말한다. 작업발판 일체형 거푸집의 종류 4가지를 쓰시오.

해답
1) 갱폼
2) 슬립폼
3) 클라이밍폼
4) 터널라이닝폼

[주] 작업발판 일체형 거푸집의 안전조치 : 안전보건규칙 제337조

길잡이

▶ 1) **갱폼**(gang form) : 사용할 때마다 작은 부재의 조립, 분해를 반복하지 않고 대형화, 단순화하여 한번에 설치하고 해체하는 거푸집 시스템을 말한다.
2) **스립폼**(slip form) : 수직적 또는 수평적으로 연속된 구조물을 시공이음이 없이 균일한 형상으로 시공하기 위하여 거푸집을 연속적으로 이동시키면서 콘크리트를 타설하는데 사용되는 거푸집이다.
3) **클라이밍폼**(climbing form) ; 벽체용 거푸집으로서 거푸집과 벽체 마감공사를 위한 비계틀을 일체로 조립하여 한꺼번에 인양시켜 설치하는 거푸집을 말한다.
4) **터널라이닝폼**(tunnel lining form) : 벽식 철근콘크리트 구조를 시공할 경우 벽과 바닥의 콘크리트타설을 한 번에 가능하게 하기 위하여 벽체용 거푸집과 슬래브 거푸집을 일체로 제작하여 한 번에 설치하고 해체할 수 있도록 한 거푸집이다.

02 다음 FT도에서 컷 셋(cut set)을 구하시오.

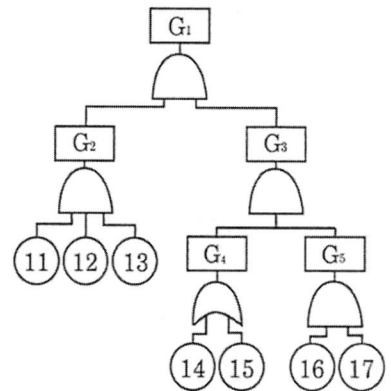

해답 $G_1 \to G_2 \cdot G_3 \to (⑪ \cdot ⑫ \cdot ⑬) G_3 \to (⑪ \cdot ⑫ \cdot ⑬) G_4 \cdot G_5 \to$
$(⑪ \cdot ⑫ \cdot ⑬ \cdot ⑭) G_5 \quad ⑪ \cdot ⑫ \cdot ⑬ \cdot ⑭ \cdot ⑯ \cdot ⑰$
$(⑪ \cdot ⑫ \cdot ⑬ \cdot ⑮) G_5 \quad ⑪ \cdot ⑫ \cdot ⑬ \cdot ⑮ \cdot ⑯ \cdot ⑰$
cut set

03 산업안전보건법상 안전보건표지의 안내표지 중 응급구호표지를 그리시오. (단, 색상은 글자로 표기하고 크기에 대한 기준은 표시하지 않는다)

1) 바탕색 : 녹색
2) 관련부호 및 그림 : 흰색

04 타워크레인을 설치, 조립 및 해체하는 작업시 작업계획서 내용 4가지를 쓰시오.

해답
1) 타워크레인의 종류 및 형식
2) 설치, 조립 및 해체순서
3) 작업도구, 장비, 가설설비 및 방호설비
4) 작업인원의 구성 및 작업근로자의 역할범위
5) 타워크레인의 지지방법

[주] 사전조사 및 작업계획서 내용 : 안전보건규칙 별표4

05 다음은 산업안전보건법상 유해 · 위험방지를 위하여 방호조치가 필요한 기계 · 기구 등이다. 기계 · 기구별로 방호장치를 하나씩 쓰시오.
1) 예초기
2) 원심기
3) 공기압축기
4) 금속절단기
5) 지게차
6) 포장기계(진공포장기, 랩핑기로 한정)

해답
1) 예초기 : 날접촉 예방장치
2) 원심기 : 회전체접촉 예방장치
3) 공기압축기 : 압력방출장치
4) 금속절단기 : 날접촉 예방장치
5) 지게차 : 헤드가드, 백레스트, 전조등, 후미등, 안전벨트
6) 포장기계 : 구동부 방호 연동장치

[주] 유해 · 위험한 기계 · 기구 등의 방호장치 : 시행규칙 제98조

06 다음 내용은 아세틸렌 용접장치를 사용하여 금속의 용접, 용단 또는 가열작업을 하는 경우 준수사항이다. ( ) 안에 알맞은 수치를 쓰시오.

(1) 발생기에서 (①)m이내 또는 발생기실에서 (②)m 이내의 장소에서는 흡연, 화기의 사용 또는 불꽃이 발생할 위험한 행위를 금지시킬 것
(2) 발생기실에서는 관계근로자가 아닌 사람이 출입하는 것을 금지할 것

해답 ① 5   ② 3

▶ 아세틸렌 용접장치의 관리 등(안전보건규칙 제290조)
  1) 발생기의 종류, 형식, 제작업체명, 매 시 평균가스발생량 및 1회 카바이드 공급량을 발생기실 내의 보기 쉬운 장소에 게시할 것
  2) 발생기실에는 관계근로자가 아닌 사람이 출입하는 것을 금지할 것
  3) 발생기에는 5m이내 또는 발생기실에서 3m이내의 장소에서는 흡연, 화기의 사용 또는 불꽃이 발생할 위험한 행위를 금지시킬 것
  4) 도관에는 산소용과 아세틸렌용의 혼동을 방지하기 위한 조치를 할 것
  5) 아세틸렌 용접장치의 설치장소에는 적당한 소화설비를 갖출 것
  6) 이동식 아세틸렌용접장치의 발생기는 고온의 장소, 통풍이나 환기가 불충분한 장소 또는 진동이 많은 장소 등에 설치하지 않도록 할 것

07 관리대상 유해물질을 취급하는 작업장에 게시사항 5가지를 쓰시오.

1) 관리대상 유해물질의 명칭 2) 인체에 미치는 영향
3) 취급상의 주의사항 4) 착용하여야 할 보호구
5) 응급조치와 긴급방제 요령

[주] 명칭 등의 게시 : 안전보건규칙 제442조

08 사업장에 근로자가 1,440명이 있고 연간 50주, 주 40시간 작업을 한다. 평균출근 94%, 지각 및 조퇴 5000시간, 근로손실일수 1200일, 사망 1명, 조기출근과 잔업은 100,000시간이다. 강도율을 계산하시오.

강도율 = $\dfrac{\text{근로손실일수}}{\text{연근로시간수}} \times 1000$

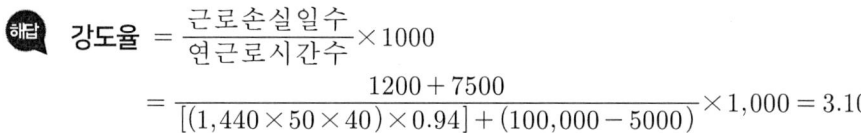

= $\dfrac{1200+7500}{[(1{,}440 \times 50 \times 40) \times 0.94] + (100{,}000 - 5000)} \times 1{,}000 = 3.10$

09 과압에 따른 폭발을 방지하기 위하여 폭발방지성능과 규격을 갖춘 파열판을 설치하여야 하는 경우 3가지를 쓰시오.

1) 반응폭주 등 급격한 압력상승 우려가 있는 경우
2) 급성독성물질의 누출로 인하여 주위의 작업환경을 오염시킬 우려가 있는 경우
3) 운전 중 안전밸브에 이상 물질이 누적되어 안전밸브가 작동되지 아니할 우려가 있는 경우

[주] 파열판의 설치 : 안전보건규칙 제262조)

> **길잡이**
>
> ▶ **안전밸브 또는 파열판의 설치**(안전보건규칙 제261조)
> 다음 각호의 설비에 대해서는 과압에 따른 폭발을 방지하기 위하여 폭발방지 성능과 규격을 갖춘 안전밸브 또는 파열판을 설치하여야 한다.
> 1) 압력용기(안지름 150mm 이하인 압력용기는 제외하며, 압력용기 중 관형 열교환기의 경우에는 관의 파열로 인하여 상승한 압력이 압력용기의 최고사용압력을 초과할 우려가 있는 경우만 해당)
> 2) 정변위 압축기
> 3) 정변위 펌프(토출축에 차단밸브가 설치된 것만 해당)
> 4) 배관(2개 이상의 밸브에 의하여 차단되어 대기온도에서 액체의 열팽창에 의하여 파열될 우려가 있는 것으로 한정)
> 5) 그밖에 화학설비 및 그 부속설비로서 해당 설비의 최고사용압력을 초과할 우려가 있는 것

10 정전기 방지대책 4가지를 쓰시오.

1) 접지(부도체 물질은 부적합)
2) 가습
3) 보호구 착용
4) 대전방지제 사용
5) 배관 내 액체의 유속제한 정치시간의 확보
6) 도전성 재료사용
7) 제전장치 사용

11 다음 사항에 대한 도수율을 구하시오.

- 평균근로자수 : 800명
- 연간재해발생건수 : 5건
- 연근로자일수 및 일일시간수 : 300일/년, 8시간/일

$$도수율 = \frac{재해건수}{연근로시간수} \times 10^6$$
$$= \frac{5}{800 \times 8 \times 300} \times 10^6 = 2.6$$

12 산업안전보건법상의 채용 시 및 작업내용 변경 시 교육내용 3가지를 쓰시오.

1) 기계·기구의 위험성과 작업의 순서 및 동선에 관한 사항
2) 작업개시 전 점검에 관한 사항
3) 정리정돈 및 청소에 관한 사항
4) 사고발생시 긴급조치에 관한 사항
5) 물질안전보건자료에 관한 사항
6) 산업안전 및 사고예방에 관한 사항
7) 산업보건 및 직업병 예방에 관한 사항
8) 직무스트레스 예방 및 관리에 관한 사항
9) 산업안전보건법령 및 산업재해보상보험제도에 관한 사항
10) 직장 내 괴롭힘, 고객의 폭언 등으로 인한 건강장해 예방 및 관리에 관한 사항

[주] 안전보건교육 교육대상별 교육내용 : 시행규칙 [별표5]

13 시스템의 위험분석 기법의 종류 4가지를 쓰시오.

해답
1) FTA(결함수분석법)
2) ETA(사상수분석법)
3) THERP(인간과오율예측기법)
4) FMEA(고장의형과영향분석)

> **길잡이**
> ▶ 시스템 위험분석 기법
> 1) FTA(결함수분석법) : 정상사상인 재해현상으로부터 기본사상인 재해원인을 향해 연역적분석(top-down) 및 재해발생 확률을 산정할 수 있는 정량적 분석이 가능한 위험분석 기법이다.
> 2) ETA(사상수분석법) : 시스템의 안전도를 나타내는 시스템모델의 하나로서 귀납적이고 정량적인 분석방법으로 재해의 확대요인을 분석하는데 적합한 위험분석 기법이다.
> 3) THERP(인간과오율예측기법) : 인간의 과오를 정량적으로 평가하기 위해 개발된 기법이다.
> 4) FMEA(고장의형과영향분석) : 시스템에 영향을 미치는 전체요소의 고장을 형태별로 분석하여 그 영향을 정성적 및 귀납적 방법으로 검토하는 위험분석 기법이다.

14 다음 방폭구조의 기호를 쓰시오.
   (1) 내압방폭구조 : (①)
   (2) 충전방폭구조 : (②)

해답 ① d   ② q

> **길잡이**
> ▶ 방폭구조의 기호[폭구조의 상징(심벌), EX)]
>
> | 방폭구조 | 기호 |
> |---|---|
> | 1. 내압방폭구조 | d |
> | 2. 압력방폭구조 | p |
> | 3. 안전증방폭구조 | e |
> | 4. 본질안전방폭구조 | ia 또는 ib |
> | 5. 유입방폭구조 | o |
> | 6. 특수방폭구조 | s |
> | 7. 충전방폭구조 | q |
> | 8. 몰드방폭구조 | m |
> | 9. 비점화방폭구조 | n |

산업안전기사 실기 필답형 — 2021년 제1회

01 하인리히와 아담스의 사고연쇄성이론 5단계를 각각 쓰시오.

해답

1) 하인리히의 사고연쇄성이론 5단계
   ① 1단계 : 사회적 환경과 유전적 요소
   ② 2단계 : 개인적 결함
   ③ 3단계 : 불안전한 행동 및 불안전한 상태
   ④ 4단계 : 사고
   ⑤ 5단계 : 재해

2) 아담스의 사고연쇄성이론 5단계
   ① 1단계 : 관리구조
   ② 2단계 : 작전적에러
   ③ 3단계 : 전술적에러
   ④ 4단계 : 사고
   ⑤ 5단계 : 상해 또는 손해

> **길잡이**
> ▶ 버드의 사고연쇄성이론 5단계
>   1) 1단계 : 통제부족(관리소홀)
>   2) 2단계 : 기본원인(기원)
>   3) 3단계 : 직접원인(징후)
>   4) 4단계 : 사고(접촉)
>   5) 5단계 : 상해(손해, 손실)

02 다음 조건에 따른 강도율을 구하시오.

(1) 평균근로자수 : 300명
(2) 근무연수 및 시간 : 연간 300일, 1일 8시간 근무
(3) 근로손실일수 : 7500일(1급) 2명, 5500일(4급) 1명, 600일(10급) 1명
(4) 휴업일수 : 300일 1명

해답 강도율 $= \dfrac{\text{근로손실일수}}{\text{연근로시간수}} \times 1000$

$= \dfrac{(7500 \times 2) + 5500 + 600 + \left(300 \times \dfrac{300}{365}\right)}{300 \times 300 \times 8} \times 1000 = 29.65$

03 물에 젖은 작업자의 손이 전압 300V인 충전부분에 접촉되어 감전·사망하였다. 이 경우 1) 인체에 흐른 심실세동전류(mA)와 2) 통전시간(ms)을 구하시오. (단, 인체의 저항은 1000Ω으로 하고, 소수 넷째자리에서 반올림하여 소수 셋째자리까지 표기할 것) ▶ 14/3(산)

해답 1) 심실세동전류(I)

$\therefore I = \dfrac{V}{R}$

여기서, ┌ V(전압) = 300V
       └ R(인체저항-손이 물에 젖으면 1/25로 감소) : 1000/25 = 40Ω

$\therefore I = \dfrac{V}{R} = \dfrac{300}{40} = 7.5A = 7500mA$

2) 통전시간(T)

$I = \dfrac{165}{\sqrt{T}} mA$

$\therefore T = \left(\dfrac{165}{I}\right)^2 = \left(\dfrac{165}{7500}\right)^2 = 4.84 \times 10^{-4} \sec (\times 1000) = 0.484ms$

[주] 1s(second)=1000ms(millisecond)

04 산업안전보건법상 공정안전보고서에 포함되어야 하는 사항 4가지를 쓰시오.

1) 공정안전자료
2) 공정위험성 평가서
3) 안전운전계획
4) 비상조치계획

　주) 공정안전보고서의 내용 : 시행령 제44조

05 산업안전보건법령상 채용 시의 교육 및 작업내용 변경 시의 교육내용 4가지를 쓰시오.

1) 기계·기구의 위험성과 작업의 순서 및 동선에 관한 사항
2) 작업개시 전 점검에 관한 사항
3) 정리정돈 및 청소에 관한 사항
4) 사고발생시 긴급조치에 관한 사항
5) 물질안전보건자료에 관한 사항
6) 산업안전 및 사고예방에 관한 사항
7) 산업보건 및 직업병 예방에 관한 사항
8) 직무스트레스 예방 및 관리에 관한 사항
9) 산업안전보건법령 및 산업재해보상보험제도에 관한 사항
10) 직장 내 괴롭힘, 고객의 폭언 등으로 인한 건강장해 예방 및 관리에 관한 사항

06 다음 내용은 가설통로 설치 시 준수할 사항이다. ( ) 안에 알맞은 내용을 쓰시오.

(1) 경사가 (①) 초과 시 미끄러지지 않게 할 것
(2) 수직갱에 가설된 통로길이 15m 이상시 (②) m이내마다 계단참을 설치할 것
(3) 건설공사에 사용되는 높이 8m 이상 비계다리에는 (③)m이내마다 계단참을 설치할 것

 ① 15　　② 10　　③ 7

> ▶ 가설통로의 구조(가설통로 설치시 준수사항) (안전보건규칙 제23조)
> 1) 견고한 구조로 사용할 것
> 2) 경사는 30° 이하로 할 것(계단을 설치하거나 높이 2m 미만의 가설통로로서 튼튼한 손잡이를 설치한 때에는 그러하지 아니하다)
> 3) 경사가 15° 도를 초과하는 때에는 미끄러지지 아니하는 구조로 할 것
> 4) 추락의 위험이 있는 장소에서 안전난간을 설치할 것(작업상 부득이한 때에는 필요한 부분에 한하여 임시로 이를 해체할 수 있음)
> 5) 수직갱에 가설된 통로의 길이가 15m 이상인 경우에는 10m이내마다 계단참을 설치할 것
> 6) 건설공사에 사용하는 높이 8m 이상인 비계다리에는 7m이내마다 계단참을 설치할 것

07 다음은 산업안전보건법상 작업장의 조도기준에 관한 사항이다. ( ) 안에 알맞은 내용을 쓰시오.

초정밀작업	정밀작업	보통작업	그 밖의 작업
(①)Lux 이상	(②)Lux 이상	(③)Lux 이상	(④)Lux 이상

 ① 750　　② 300　　③ 150　　④ 75

08 다음은 롤러기 설치위치 기준이다. ( ) 안에 알맞은 수치를 쓰시오.

급정지장치의 종류	설치위치
손조작로프식	밑면에서 (①)m 이내
복부조작식	밑면에서 (②)m 이상 (③)m 이내
무릎조작식	밑면에서 (④)m 이내

① 1.8　　② 0.8m　　③ 1.1m　　④ 0.6

09 국소배기장치의 후드 설치기준 3가지를 쓰시오.

1) 유해물질이 발생하는 곳마다 설치할 것
2) 유해인자의 발생형태와 비중, 작업방법 등을 고려하여 해당 분진 등의 발산원을 제어할 수 있는 구조로 설치할 것
3) 후드형식은 가능하면 포위식 또는 부스식 후드를 설치할 것
4) 외부식 또는 리시버식 후드는 해당분진 등의 발산원에 가장 가까운 위치에 설치할 것

> 길잡이
>
> ▶ 국소배기장치의 덕트 설치기준(안전보건규칙 제73조)
>   1) 가능하면 길이는 짧게 하고 굴곡부의 수는 적게 할 것
>   2) 접촉부의 안쪽은 돌출된 부분이 없도록 할 것
>   3) 청소구를 설치하는 등 청소하기 쉬운 구조로 할 것
>   4) 덕트 내부에 오염물질이 쌓이지 않도록 이송속도를 유지할 것
>   5) 연결부위 등은 외부공기가 들어오지 않도록 할 것

10 공사용 가설도로를 설치하는 경우에 준수할 사항 3가지를 쓰시오.

1) 도로는 장비 및 차량이 안전하게 운행할 수 있도록 견고하게 설치할 것
2) 도로와 작업장이 접하여 있을 경우에는 방책 등을 설치할 것
3) 도로는 배수를 위하여 경사지게 설치하거나 배수시설을 설치할 것
4) 차량의 속도제한 표지를 부착할 것

주 가설도로 설치시 준수사항 : 안전보건규칙 제379조

11 연삭숫돌의 파괴원인 4가지를 쓰시오.

1) 숫돌의 회전속도가 빠를 때
2) 숫돌 자체에 균열이 있을 때
3) 숫돌에 과대한 충격을 가할 때
4) 숫돌의 측면을 사용하여 작업할 때
5) 숫돌의 불균형이나 베어링 마모에 의한 진동이 있을 때
6) 숫돌 반경방향의 온도변화가 심할 때
7) 작업에 부적당한 숫돌을 사용할 때
8) 숫돌의 치수가 부적당할 때
9) 플랜지가 현저히 작을 때(플랜지 직경=숫돌 직경×1/3)

12 FTA에 의한 재해사례 연구순서 4가지를 쓰시오.

1) 1단계 : 톱사상(정상사상) 선정
2) 2단계 : 사상의 재해원인 규명
3) 3단계 : FT도 작성
4) 4단계 : 개선계획의 작성

13 방진마스크 성능기준 항목 5가지를 쓰시오.

1) 흡기저항
2) 포집효율
3) 누설율
4) 머리끈 인장강도
5) 배기저항
6) 배기밸브 작동
7) 이산화탄소 농도

14 노사협의체에 대한 다음 물음에 답하시오.

(1) 노사협의체의 설치대상 :
(2) 정기회의 주기 :

1) 공사금액 120억원(토목공사업은 150억원) 이상인 건설공사
2) 2개월

[주] 1) 노사협의체의 설치대상 : 시행령 제63조
　　 2) 노사협의체의 운영 등 : 시행령 제65조

산업안전기사 실기 필답형
2021년 제2회

01 산업안전보건법령상 연삭기 덮개의 시험방법 중 연삭기 작동시험 확인사항으로 다음 ( ) 안에 알맞은 내용을 쓰시오.

(1) 연삭 (①)과 덮개의 접촉여부
(2) 탁상용 연삭기는 덮개, (②) 및 (③) 부착상태의 접합성 여부

해답 ① 숫돌 ② 워크레스트 ③ 조정편

[주] 연삭기 덮개의 시험방법 : 방호장치 자율안전기준 고시 별표4의2

02 다음 [그림]을 보고 전체의 신뢰도를 0.85로 설계하고자 할 때 부품 R_X의 신뢰도를 구하시오.

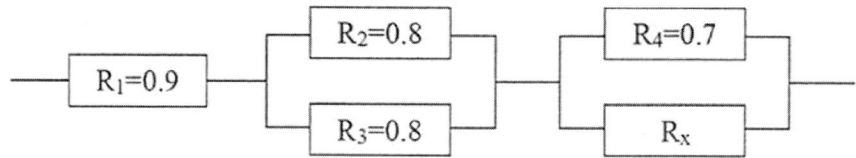

해답
$R = R_1 \times [1-(1-R_2)(1-R_3)] \times [1-(1-R_4)(1-R_x)]$

$R_x = 1 - \left[\dfrac{1 - \dfrac{R}{R_1 \times [1-(1-R_2)(1-R_3)]}}{1-R_4} \right]$

$= 1 - \left[\dfrac{1 - \dfrac{0.85}{0.9 \times [1-(1-0.8)(1-0.8)]}}{1-0.7} \right]$

$= 0.95$

03 충전전로 인근에서 작업을 하는 경우 다음 [보기]의 충전전로의 선간작업에 따른 접근한계거리를 쓰시오.

[보기]
(1) 380V (2) 1.5kV (3) 6.6kV (4) 22.9kV

 1) 30cm 2) 45cm 3) 60cm 4) 90cm

▶ 충전전로의 선간작업에 따른 접근한계거리(안전보건규칙 제320조 1항 8호)

충전전로의 선간전압(단위:kV)	충전전로에 대한 접근한계거리(cm)	충전전로의 선간전압(단위:kV)	충전전로에 대한 접근한계거리(cm)
0.3 이하	접촉금지	121 초과 145 이하	150
0.3 초과 0.75 이하	30	145 초과 169 이하	170
0.75 초과 2 이하	45	169 초과 242 이하	230
2 초과 15 이하	60	242 초과 362 이하	380
15 초과 37 이하	90	362 초과 550 이하	550
37 초과 88 이하	110	550 초과 800 이하	790
88 초과 121 이하	130		

04 산업안전보건법령상 관리감독자의 정기교육내용 5가지를 쓰시오.

1) 산업안전 및 사고예방에 관한 사항
2) 산업보건 및 직업병 예방에 관한 사항
3) 유해·위험 작업환경 관리에 관한 사항
4) 산업안전보건법령 및 산업재해보상보험 제도에 관한 사항
5) 직무스트레스 예방 및 관리에 관한 사항
6) 직장 내 괴롭힘, 고객의 폭언 등으로 인한 건강장해 예방 및 관리에 관한 사항
7) 작업공정의 유해·위험과 재해 예방대책에 관한 사항
8) 표준안전 작업방법 및 지도요령에 관한 사항
9) 관리감독자의 역할과 임무에 관한 사항
10) 안전보건교육 능력배양에 관한 사항

[주] 안전보건교육 교육대상별 교육내용 : 규칙 별표5

05 크레인을 사용하여 작업을 할 때 작업시작 전 점검사항 2가지를 쓰시오.

1) 권과방지장치, 브레이크, 클러치 및 운전장치의 기능
2) 주행로의 상측 및 트롤리가 횡행하는 레일의 상태
3) 와이어로프가 통하고 있는 곳의 상태
  [주] 작업시작 전 점검사항 : 안전보건규칙 별표3

06 다음 [보기]의 건설업 산업안전보건관리비를 계산하시오.

[보기]
(1) 일반건설공사(갑)
(2) 낙찰률 : 70%
(3) 재료비 : 25억원
(4) 관급재료비 : 3억원
(5) 직접노무비 : 10억원
(6) 관리비(간접비포함) : 10억원
(7) 법정요율 : 1.86%, 기초액 :5,349,000

1) 안전관리비 = [대상액(재료비+직접노무비)×법정요율+기초액]×1.2

$$= [(25+10) \times 10^8 \times \frac{1.86}{100} + 5,349,000] \times 1.2 = 84,538,800원$$

2) 안전관리비 = (관급재료비+사급재료비+직접노무비)×요율+기초액

$$= (3+25+10) \times 10^8 \times \frac{1.86}{100} + 5,349,000 = 76,029,000원$$

3) 안전관리비는 1)과 2) 중 적은 금액(76,029,000원)으로 선정함

07 하인리히의 재해구성비율 1 : 29 : 300의 법칙의 의미에 대해서 설명하시오.

다음의 비율(횟수)로 사고가 발생함을 의미한다.
1) 중상 또는 사망 : 1회
2) 경상 : 29회
3) 무상해사고 : 300회

08 산업안전보건법령에 따른 차량계하역운반기계 등을 사용하는 작업시 작업계획서의 작성내용 2가지를 쓰시오.

해답
1) 해당 작업에 따른 추락, 낙하, 전도, 협착 및 붕괴 등의 위험예방대책
2) 차량계 하역운반기계 등의 운행경로 및 작업방법

[주] 사전조사 및 작업계획서 내용 : 안전보건규칙 별표4

09 화물의 낙하에 의하여 지게차 운전자에게 위험을 미칠 우려가 있는 작업장에서 사용된 지게차의 헤드가드가 갖추어야 하는 사항 2가지를 쓰시오.

해답
1) 강도는 지게차의 최대하중의 2배의 값의 등분포정하중에 견딜 수 있을 것
2) 상부틀의 각 개구의 폭 또는 길이가 16cm 미만일 것
3) 운전자가 앉아서 조작하거나 서서 조작하는 지게차의 헤드가드는 산업표준화법에 따른 한국산업표준에서 정하는 높이 기준 이상일 것
   ① 입식 : 1.88m
   ② 좌식 : 0.903m

[주] 지게차의 헤드가드 : 안전보건규칙 제180조

10 A사업장에 연간근로자수가 400명이고 연간 재해자수는 8명이다. 연천인율을 계산하시오.

해답 연천인율 $= \dfrac{재해자수}{연근로자수} \times 1000 = \dfrac{8}{400} \times 1000 = 20$

11 다음 물음에 답하시오.

(1) 아세틸렌 70%(폭발범위 2.5~81vol%), 클로로벤젠 30%(폭발범위 1.3~7.1vol%) 일 때 혼합기체의 공기 중 폭발하한계 값을 구하시오.
(2) 아세틸렌 위험도(H)를 구하시오.

1) 혼합기체의 폭발하한계(L)

$$L = \frac{V_1 + V_2}{\frac{V_1}{L_1} + \frac{V_2}{L_2}} = \frac{70 + 30}{\frac{70}{2.5} + \frac{30}{1.3}} = 1.96 vol\%$$

2) 아세틸렌의 위험도(H)

$$H = \frac{U - L}{L} = \frac{81 - 2.5}{2.5} = 31.4$$

12 위험장소 경고표시를 그리고 색채를 쓰시오.

1) 바탕색 : 노란색   2) 도형 및 테두리색 : 검정색

13 산업안전보건법령상 비계(달비계, 달대비계 및 말비계는 제외)의 높이가 2m 이상인 작업 장소에 설치해야 하는 작업발판에 대한 다음 (   ) 안에 알맞은 내용을 쓰시오.

(1) 발판재료는 작업할 때의 하중을 견딜 수 있도록 견고한 것으로 할 것
(2) 작업발판의 폭은 (①)cm 이상으로 하고, 발판재료 간의 틈은 (②)cm 이하로 할 것. 다만, 외줄비계의 경우에는 고용노동부장관이 별도로 정하는 기준에 따른다.
(3) 추락의 위험이 있는 장소에는 (③)을 설치할 것

1) 40
2) 3
3) 안전난간

[주] 작업발판의 구조 : 안전보건규칙 제56조

14 다음은 양립성에 대한 사례이다. 각각 어떤 양립성에 해당하는지 (   ) 안에 알맞은 내용을 쓰시오.

(1) 자동차 핸들을 오른쪽으로 돌리면 오른쪽으로 움직이고, 왼쪽으로 돌리면 왼쪽으로 움직이는 것 : (   ) 양립성
(2) 오른쪽 스위치를 켜면 오른쪽 전등이 켜지고, 왼쪽 스위치를 켜면 왼쪽 전등이 켜지는 것 : (   ) 양립성
(3) 간장통은 검은색, 식초통은 흰색이라고 인지하는 것 : (   ) 양립성

 1) 운동
2) 공간
3) 개념

길잡이

▶ 1) 양립성(compatability)의 종류
  ① 개념양립성 : 코드와 기호를 인간들의 사고와 양립(일치)
  ② 운동양립성 : 조종장치와 표시장치의 움직임이 인간의 기대와 양립(일치)
  ③ 공간양립성 : 공간적 구성(배열)이 인간의 기대와 양립(일치)
  ④ 양식양립성 : 직무에 알맞은 자극과 응답방식(양식)에 대한 것
2) 양립성의 종류별 사례
  ① 공간양립성(spatial compatibility) : 오른쪽 버튼을 누르면, 오른쪽 기계가 작동
  ② 운동양립성(movement compatibility) : 조정장치를 오른쪽으로 움직이면, 기계나 표시장치도 오른쪽으로 움직인다. 자동차 핸들조작방향으로 바퀴가 회전
  ③ 개념양립성(conceptual compatibility) : 온수는 빨간색, 냉수는 파란색, 보행자의 신호등의 사람이 걷는 그림
  ④ 양식양립성(modality compatibility, 문화적인 관습) : 온수는 왼쪽, 냉수는 오른쪽, 스위치를 켤 때 위로 올리면 켜지고 아래로 내리면 꺼지지만 반대인 나라도 있음

산업안전기사 실기 필답형 — 2021년 제3회

01 산업안전보건법상 대통령령으로 정하는 크기, 높이 등에 해당하는 건설공사를 착공하려는 경우 유해위험방지계획서를 작성, 제출해야 할 대상공사의 종류 4가지를 쓰시오.

해답
(1) 다음 각목의 어느 하나에 해당하는 건축물 또는 시설 등의 건설, 개조 또는 해체(이하 '건설등'이라함)공사
 1) 지상높이가 31m 이상인 건축물 또는 인공구조물
 2) 연면적 3만m² 이상인 건축물
 3) 연면적 5천m² 이상인 시설로서 다음의 어느 하나에 해당하는 시설
  ① 문화 및 집회시설(전시장 및 동물원, 식물원은 제외)
  ② 판매시설, 운수시설(고속철도의 역사 및 집배송 시설은 제외)
  ③ 종교시설
  ④ 의료시설 중 종합병원
  ⑤ 숙박시설 중 관광숙박시설
  ⑥ 지하도상가
  ⑦ 냉동·냉장 창고시설
(2) 연면적 5천m² 이상인 냉동·냉장창고시설의 설비공사 및 단열공사
(3) 최대지간의 길이(다리의 기둥과 기둥의 중심사이의 거리)가 50m 이상인 다리의 건설등 공사
(4) 터널의 건설등 공사
(5) 다목적댐, 발전용댐, 저수용량 2천만톤 이상의 용수전용댐 및 지방상수도 전용댐의 건설등 공사
(6) 깊이 10m 이상인 굴착공사

주) 유해위험방지계획서 제출대상 : 시행령 제42조

02 산업용 로봇의 작동범위에서 해당로봇에 대하여 교시 등의 작업을 하는 경우에는 해당 로봇의 예기치 못한 작동 또는 오조작에 의한 위험을 방지하기 위하여 관련지침을 정하고 그 지침에 따라 작업을 시켜야 한다. 로봇작업 시 지침에 포함되어야 할 사항 5가지를 쓰시오(단, 그밖에 로봇의 예기치 못한 작동 또는 오조작에 의한 위험을 방지하기 위하여 필요한 조치는 제외).

해답
1) 로봇의 조작방법 및 순서
2) 작업중의 매니퓰레이터의 속도
3) 2명 이상의 근로자에게 작업을 시킬 경우의 신호방법
4) 이상을 발견한 경우의 조치
5) 이상을 발견하여 로봇의 운전을 정지시킨 후 이를 재가동시킬 경우의 조치

[주] 교시 등(매니퓰레이터의 작동순서, 위치, 속도의 설정, 변경 또는 그 결과를 확인하는 것) 작업시 지침에 관한 사항 : 안전보건규칙 제222조

---

03 다음 [보기] 내용은 안전난간대 구조에 대한 설명이다. (   ) 안에 알맞은 내용을 쓰시오.

[보기]
(1) 상부난간대 : 바닥면, 발판 또는 경사로의 표면으로부터 (①)cm 이상
(2) 난간대 : 지름 (②)cm 이상 금속제 파이프
(3) 하중 : 구조적으로 가장 취약한 지점에서 가장 취약한 방향으로 작용하는 (③)kg 이상의 하중에 견딜 수 있는 튼튼한 구조일 것

해답 ① 90 ② 2.7 ③ 100

[주] 안전난간의 구조 및 설치요건 : 안전보건규칙 제13조

---

04 산업안전보건법령상 용융고열물을 취급하는 설비를 내부에 설치한 건축물에 대하여 수증기 폭발을 방지하기 위하여 사업주가 해야 하는 조치 2가지를 쓰시오.

해답
1) 바닥은 물이 고이지 아니하는 구조로 할 것
2) 지붕, 벽, 창 등은 빗물이 새어들지 아니하는 구조로 할 것

[주] 건축물의 구조 : 안전보건규칙 제249조

05 다음 [보기] 내용은 산업안전보건법상 지게차의 헤드가드가 갖추어야 할 사항이다. ( ) 안에 알맞은 내용을 쓰시오.

[보기]
(1) 강도는 지게차의 최대하중의 (①)배 값(4톤을 넘는 값에 대해서는 4톤으로 한다)
(2) 상부틀의 각 개구의 폭 또는 길이가 (②)cm 미만일 것

해답
1) 2
2) 16

[주] 헤드가드 : 안전보건규칙 제180조

06 산업안전보건법령상 누전에 의한 감전의 위험을 방지하기 위해 접지를 실시하는 코드와 플러그를 접속하여 사용하는 전기기계·기구를 5가지 쓰시오.

해답
1) 사용전압이 대지전압 150V를 넘는 것
2) 냉장고, 세탁기, 컴퓨터 및 주변기기 등과 같은 고정형 전기기계·기구
3) 고정형, 이동형 또는 휴대형 전동기계·기구
4) 물 또는 도전성이 높은 곳에서 사용하는 전기기계·기구, 비접지성 콘센트
5) 휴대용 손전등

[주] 전기기계·기구의 접지 : 안전보건규칙 제302조

07 미국방성 위험성평가 MIL-STD-882B에서 분류한 재해의 위험도 수준을 4가지 범주로 구분하여 쓰시오.

해답
1) 범주Ⅰ : 파국적
2) 범주Ⅱ : 위기적
3) 범주Ⅲ : 한계적
4) 범주Ⅳ : 무시

08 선반작업을 하는 작업장의 현재 조도는 150lux이다. 선반작업은 정밀작업 기준으로 조명을 설치하여야 한다. 선반작업을 하는 장소의 작업면 조도기준을 쓰시오.

해답 300lux 이상

> **길잡이**
> ▶ 작업면의 조도기준(안전보건규칙 제8조)
> 1) 초정밀작업 : 750lux 이상
> 2) 정밀작업 : 300lux 이상
> 3) 보통작업 : 150lux 이상
> 4) 그 밖의 작업 : 75lux 이상

09 다음 조건에 대한 종합재해지수를 구하시오.
(단, 소수 넷째자리에서 반올림해서 소수 셋째자리까지 구하시오)

(1) 작업자수 : 500명 (2) 연근무시간 : 2400시간
(3) 연간재해발생건수 : 210건 (4) 근로손실일수 : 900일

해답 종합재해지수 $= \sqrt{도수율 \times 강도율}$
$= \sqrt{(\dfrac{재해건수}{연근로시간수} \times 10^6) \times (\dfrac{근로손실일수}{연근로시간수} \times 10^3)}$
$= \sqrt{(\dfrac{210}{500 \times 2400} \times 10^6) \times (\dfrac{900}{500 \times 2400} \times 10^3)} = 11.456$

10 달비계에 사용하는 달기체인의 사용금지 사항 2가지를 쓰시오.

해답
1) 달기체인의 길이가 달기체인이 제조된 때의 길이의 5%를 초과한 것
2) 링의 단면지름이 달기체인이 제조된 때의 해당 링 지름의 10%를 초과하여 감소한 것
3) 균열이 있거나 심하게 변형된 것
   [주] 늘어난 달기체인 등의 사용금지 : 안전보건규칙 제63조

11. 인간의 주의에 대한 특성 3가지를 쓰시오.

해답 1) 선택성   2) 변동성   3) 방향성

> **길잡이**
> ▶ 주의의 특성
> 1) **선택성** : 여러 종류의 자극을 지각할 때 소수의 특정한 것에 한하여 선택하는 기능
> 2) **변동성(단속성)** : 주의에는 주기적으로 부주의적 리듬이 존재한다.
> 3) **방향성** : 주시점만 인지하는 기능

12. 가스집합용접장치의 가스장치실의 설치기준(가스장치실의 구조) 3가지를 쓰시오.

해답
1) 가스가 누출된 경우에는 그 가스가 정체되지 않도록 할 것
2) 지붕과 천장에는 가벼운 불연성 재료를 사용할 것
3) 벽에는 불연성 재료를 사용할 것

[주] 가스장치실의 구조 등 : 안전보건규칙 제292조

13. 다음은 분리식 방독마스크의 분포포집율이다. ( ) 안에 알맞은 내용을 쓰시오.

등급	염화나트륨(NaCl) 및 파라핀 오일 시험(%)
특급	(①) 이상
1급	(②) 이상
2급	(③) 이상

해답 1) 99.95   2) 94.0   3) 80.0

> **길잡이**
> ▶ 안면부여과식 방독마스크 분진포집효율
>
> | 등급 | 염화나트륨(NaCl) 및 파라핀 오일 시험(%) |
> |---|---|
> | 특급 | (99.0) 이상 |
> | 1급 | (94.0) 이상 |
> | 2급 | (80.0) 이상 |

14 산업안전보건법령상 산업안전보건위원회 회의록 작성사항 3가지를 쓰시오. (단, 그밖에 토의사항은 제외)

 1) 개최일시 및 장소
2) 출석위원
3) 심의내용 및 의결, 결정사항

주 산업안전보건위원회의 회의 등 : 시행령 제37조

산업안전기사 실기 필답형 — 2022년 제1회

01 산업안전보건법령상 건설공사발주자에 대한 다음 ( ) 안에 알맞은 내용을 쓰시오.

(1) 총공사금액이 (①)원 이상 건설공사의 건설공사발주자는 산업재해 예방을 위하여 건설공사의 계획, 설계 및 시공단계에서 다음 각 호의 구분에 따른 조치를 하여야 한다.
(2) 건설공사 계획단계 : 해당 건설공사에서 중점적으로 관리하여야 할 유해, 위험 요인과 이의 감소방안을 포함한 (②)을 작성할 것
(3) 건설공사 설계단계 : 제1호(건설공사 계획단계)에 따른 (②)을 설계자에게 제공하고, 설계자로 하여금 유해, 위험요인의 감소방안을 포함한 (③)을 작성하게 하고 이를 확인할 것
(4) 건설공사 시공단계 : 건설공사 발주자로부터 건설공사를 최초로 도급받은 수급인에게 제2호(건설공사 설계단계)에 따른 설계안전보건대장을 제공하고, 그 수급인에게 이를 반영하여 안전한 작업을 위한 (④)을 작성하게 하고 그 이행여부를 확인할 것

1) 50억 2) 기본안전보건대장
3) 설계안전보건대장 4) 공사안전보건대장

[주] 건설공사발주자의 산업재해 예방조치 : 법 제67조

02
다음 내용은 아세틸렌 용접장치의 안전기의 설치에 관한 사항이다. ( ) 안에 알맞은 내용을 쓰시오.

(1) 사업주는 아세틸렌 용접장치의 (①)마다 안전기를 설치하여야 한다. 다만, 주관 및 취관에 가장 가까운 (②)마다 안전기를 부착한 경우에는 그러하지 아니하다.
(2) 사업주는 가스용기가 발생기와 분리되어 있는 아세틸렌 용접장치에 대하여 (③)와 가스용기 사이에 안전기를 설치하여야 한다.

① 취관 ② 분기관 ③ 발생기

[주] 안전기의 설치 : 안전보건규칙 제289조

03 산업안전보건법상 화물의 하중을 직접 지지하는 양중기의 달기 와이어로프의 절단하중이 2000kg일 때 최대 안전하중(kg)은 얼마인가? 단, 운반하역 표준안전작업지침에서 규정한 2줄 걸이 이상은 고려하지 않는다.

해답 안전계수 = $\dfrac{절단하중}{최대안전하중}$

최대안전하중 = $\dfrac{절단하중}{안전계수} = \dfrac{2000}{5} = 400\text{kg}$

 길잡이

▶ (1) 와이어로프 등 달기구의 안전계수(안전보건규칙 제163조)
   1) 근로자가 탑승하는 운반구를 지지하는 달기와이어로프 또는 달기체인의 경우 : 10 이상
   2) 화물의 하중을 직접 지지하는 달기와이어로프 또는 달기체인의 경우 : 5 이상
   3) 훅, 샤클, 클램프, 리프팅 빔의 경우 : 3 이상
   4) 그 밖의 경우 : 4 이상
 (2) 표준안전작업지침상 2줄 걸이 이상을 고려하였을 경우 최대안전하중
    최대안전하중 = 400 × 2 = 800kg

---

04 산업안전보건법령상 안전인증대상 보호구 3개를 쓰시오.

해답
1) 추락 및 감전 위험방지용 안전모
2) 안전화
3) 안전장갑
4) 방진마스크
5) 방독마스크
6) 송기마스크
7) 전동식 호흡보호구
8) 보호복
9) 안전대
10) 차광 및 비산물 위험방지용 보안경
11) 용접용 보안면
12) 방음용 귀마개 또는 귀덮개

[주] 안전인증대상 기계 등 : 시행령 제74조

05 2m 떨어진 곳에서의 조도가 150lux(럭스)일 때 3m 떨어진 곳에서의 조도(lux)를 구하시오.

 조도 $= 150(lux) \times \left(\dfrac{2}{3}\right)^2 = 66.67 lux$

06 산업안전보건법상 방호조치를 하지 아니하고는 양도, 대여, 설치 또는 사용에 제공하거나 양도, 대여의 목적으로 진열하여서는 안 되는 기계, 기구 5가지를 쓰시오.

1) 예초기
2) 원심기
3) 공기압축기
4) 금속절단기
5) 지게차
6) 포장기계(진공포장기, 랩핑기로 한정한다)

[주] 유해, 위험방지를 위한 방호조치가 필요한 기계기구 : 시행령 [별표20]

07 산업안전보건법령상 근로자의 위험방지를 위하여 타워크레인을 설치, 조립, 해체작업을 할 경우 작성하는 작업계획서 내용 3가지를 쓰시오.

1) 타워크레인의 종류 및 형식
2) 설치, 조립 및 해체순서
3) 작업도구, 장비, 가설설비 및 방호설비
4) 작업인원의 구성 및 작업근로자의 역할범위
5) 지지방법

[주] 사전조사 및 작업계획서의 내용 : 안전보건규칙[별표4]

08 산업재해통계업무처리규정에 의거 다음 사업장에서의 사망만인율을 구하시오.
단, 근로자수는 〈산업재해보상보험법〉이 적용되는 근로자수를 말한다.

- 연근로시간 2400시간
- 사망자수 2명
- 재해자수 10명
- 임금근로자수 2000명
- 재해건수 11건

 사망만인율 $= \dfrac{\text{사망자 수}}{\text{상시 근로자 수}} \times 10{,}000$

$= \dfrac{2}{2000} \times 10{,}000 = 10$

▶ 상시근로자수(임금근로자수) 관계식 (시행규칙 별표 1)

상시근로자수 $= \dfrac{\text{연간국내공사실적액} \times \text{노무비율}}{\text{건설업월평균임금} \times 12}$

09 사다리식 통로 등을 설치하는 경우 준수사항 5가지를 쓰시오.

1) 견고한 구조로 할 것
2) 심한 손상, 부식 등이 없는 재료를 사용할 것
3) 발판의 간격은 일정하게 할 것
4) 발판과 벽과의 사이는 15cm 이상의 간격을 유지할 것
5) 폭은 30cm 이상으로 할 것
6) 사다리가 넘어지거나 미끄러지는 것을 방지하기 위한 조치를 할 것
7) 사다리 상단은 걸쳐놓은 지점으로부터 60cm 이상 올라가도록 할 것
8) 사다리식 통로의 길이가 10m 이상인 경우에는 5m이내마다 계단참을 설치할 것
9) 사다리식 통로의 기울기는 75도 이하로 할 것. 다만, 고정식 사다리식 통로의 기울기는 90도 이하로 하고, 그 높이가 7m 이상인 경우에는 바닥으로부터 높이가 2.5m 되는 지점부터 등받이울을 설치할 것
10) 접이식 사다리 기둥은 접혀지거나 펼쳐지지 않도록 철물 등을 사용하여 견고하게 조치할 것

주 사다리식 통로 등의 구조 : 안전보건규칙 제24조

10 산업안전보건법령상 근로자가 작업이나 통행 등으로 인하여 전기기계, 기구 또는 전로 등의 충전부분에 접촉하거나 접근함으로써 감전 위험이 있는 충전부분에 대하여 감전을 방지하기 위한 방호조치사항 3가지를 쓰시오.

해답
1) 충전부가 노출되지 않도록 폐쇄형 외함이 있는 구조로 할 것
2) 충전부에 충분한 절연효과가 있는 방호망이나 절연덮개를 설치할 것
3) 충전부는 내구성이 있는 절연물로 완전히 덮어 감쌀 것
4) 발전소, 변전소 및 개폐소 등 구획되어 있는 장소로서 관계근로자가 아닌 사람의 출입이 금지되는 장소에 충전부를 설치하고, 위험표시 등의 방법으로 방호를 강화할 것
5) 전주 위 및 철탑 위 등 격리되어 있는 장소로서 관계근로자가 아닌 사람이 접근할 우려가 없는 장소에 충전부를 설치할 것

[주] 전기기계, 기구 등의 충전부 방호 : 안전보건규칙 제301호

11 산업안전보건법령상 차량계 하역운반기계 등을 이송하기 위하여 자주(自走) 또는 견인에 의하여 화물자동차에 싣거나 내리는 작업을 할 때 발판, 성토 등을 사용하는 경우 해당 차량계 하역운반기계 등의 전도 또는 굴러 떨어짐에 의한 위험을 방지하기 위한 준수사항 4가지를 쓰시오.

해답
1) 싣거나 내리는 작업은 평탄하고 견고한 장소에서 할 것
2) 발판을 사용하는 경우에는 충분한 길이, 폭 및 강도를 가진 것을 사용하고 적당한 경사를 유지하기 위하여 견고하게 설치할 것
3) 가설대 등을 사용하는 경우에는 충분한 폭 및 강도와 적당한 경사를 확보할 것
4) 지정운전자의 성명, 연락처 등을 보기 쉬운 곳에 표시하고 지정운전자 외에는 운전하지 않도록 할 것

[주] 차량계 하역운반기계 등의 이송 : 안전보건규칙 제174조

12 Swain의 인간오류 중 작위적 오류(Commission error)와 부작위적 오류(Omission error)에 대해 설명하시오

1) 작위적 오류(Commission error) : 필요한 직무(task) 또는 절차의 불확실한 수행으로 인한 error
2) 부작위적 오류(Omission error) : 필요한 직무 또는 절차를 수행하지 않는데 기인한 error

▶ 휴먼에러의 심리적 분류(Swain)
1) Omission error(생략과오, 부작위실수) : 필요한 task 또는 절차를 수행하지 않는데 기인한 error
2) Time error(시간적 과오, 지연오류) : 필요한 task 또는 절차의 수행지연으로 인한 error
3) Commission error(작위실수, 수행적 과오) : 필요한 task 또는 절차의 불확실한 수행으로 인한 error
4) Sequential error(순서적 과오) : 필요한 task 또는 절차의 순서착오로 인한 error
5) Extraneous error(불필요한 과오) : 불필요한 task 또는 절차를 수행함으로써 기인한 error

13 다음 [보기]는 인간관계의 메커니즘에 관한 내용이다. (   ) 안에 알맞은 내용을 쓰시오.

(1) (①) : 자기 속의 억압된 것을 다른 사람의 것으로 생각하는 것
(2) (②) : 다른 사람의 행동 양식이나 태도를 투입시키거나 다른 사람 가운데서 자기와 비슷한 점을 발견하는 것
(3) (③) : 남의 행동이나 판단을 표본으로 하여 그것과 같거나 그것에 가까운 행동 또는 판단을 취하는 것

① 투사
② 동일화
③ 모방

14 다음 내용은 산업안전보건법상 위험물을 저장, 취급하는 화학설비 및 그 부속설비를 설치하는 경우 폭발이나 화재에 따른 피해를 줄일 수 있도록 설비 및 시설 간에 유지하여야 할 안전거리이다. ( ) 안에 알맞은 내용을 쓰시오.

구분	안전거리
1. 단위공정시설 및 설비로부터 다른 단위공정 시설 및 설비의 사이	설비의 바깥 면으로부터 (①)m 이상
2. 플레어스택으로부터 단위공정시설 및 설비, 위험물질 저장탱크 또는 위험물질 하역설비의 사이	플레어스택으로부터 반경 (②)m 이상. 다만, 단위공정 등이 불연재로 시공된 지붕아래에 설치된 경우에는 그러하지 아니하다.
3. 위험물질 저장탱크로부터 단위공정시설 및 설비, 보일러 또는 가열로의 사이	저장탱크의 바깥면으로부터 (③)m 이상. 다만, 저장탱크의 방호벽, 원격조정 화설비 또는 살수설비를 설치한 경우에는 그러하지 아니하다.
4. 사무실, 연구실, 실험실, 정비실 또는 식당으로부터 단위공정시설 및 설비, 위험물질 저장탱크, 위험물질 하역설비, 보일러 또는 가열로의 사이	사무실 등의 바깥면으로부터 (④)m 이상. 다만, 난방용 보일러인 경우 또는 사무실 등의 벽을 방호구조로 설치한 경우에는 그러하지 아니하다.

① 10
② 20
③ 20
④ 20

주 똥안전거리 : 안전보건규칙 [별표8]

01 공정안전보고서의 기재내용 4가지를 쓰시오.

 1) 공정안전자료
2) 공정위험성평가서
3) 안전운전계획
4) 비상조치계획

02 다음 [보기]의 용어를 간단히 설명하시오.

[보기]
(1) fail safe   (2) fool proof

 1) fail safe : 인간이나 기계에 과오나 동작상의 실수가 있어도 사고방지를 위해 2중, 3중으로 통제를 가하는 것을 의미한다.
2) fool proof : 인간이 기계 등의 취급을 잘못해도 사고로 연결되는 일이 없도록 기계 등이 안전을 확보하는 연동기구(inter look)를 의미한다.

03 산업안전보건법상의 안전보건관리규정 작성사항 4가지를 쓰시오(단, "그밖에 안전 및 보건에 관한 사항"은 제외한다).

 1) 안전 및 보건에 관한 관리조직과 그 직무에 관한 사항
2) 안전보건교육에 관한 사항
3) 작업장의 안전 및 보건관리에 관한 사항
4) 사고조사 및 대책수립에 관한 사항

[주] 안전보건관리규정의 내용 : 법 제25조

04 비, 눈 그밖에 기상상태의 악화로 작업을 중지시킨 후 또는 비계를 조립 · 해체하거나 변경한 후에 그 비계에서 작업하는 경우 해당 작업시간 전 점검사항 4가지를 쓰시오.

해답
1) 발판재료의 손상여부 및 부착 또는 결림 상태
2) 해당 비계의 연결부 또는 접속부의 풀림 상태
3) 연결재료 및 연결철물의 손상 또는 부식 상태
4) 손잡이의 탈락 여부
5) 기둥의 침하, 변형, 변위 또는 흔들림 상태
6) 로프의 부착상태 및 매단 장치의 흔들림 상태

[주] 비계의 점검보수 : 안전보건규칙 제58조

05 다음 [보기] 내용에 대한 안전해석 기법의 종류를 쓰시오.

[보기]
· 사상의 안전도를 사용한 시스템의 안전도를 나타내는 시스템 모델의 하나로서 귀납적이고, 정량적인 분석방법으로 재해의 확대요인을 분석하는데 적합한 방법이다.

해답 사상(사건) 수 분석법(ETA)

06 다음 [보기]에서 안전인증대상 기계 · 기구 및 설비 등에 해당하는 것을 3가지만 골라 쓰시오.

[보기]
프레스, 컨베이어, 산업용로봇, 크레인, 압력용기, 파쇄기, 연삭기

해답 프레스, 크레인, 압력용기

[주] 안전인증대상 기계 · 기구 등 : 시행령 제74조

07 어떤 기계를 1시간 가동하였을 때 고장발생률이 0.004일 경우, 다음 물음에 답하시오.
(1) 평균고장간격(MTBF)을 구하시오.
(2) 기계를 10시간 가동하였을 때 신뢰도를 구하시오.

해답

1) $MTBF = \dfrac{1}{\lambda}$
  $= \dfrac{1}{0.004} = 250$시간

2) 신뢰도(Rt)
  $Rt = e^{-\lambda t}$
  $= e^{-0.004 \times 10} = 0.96$

08 다음 안전표시의 명칭을 쓰시오.

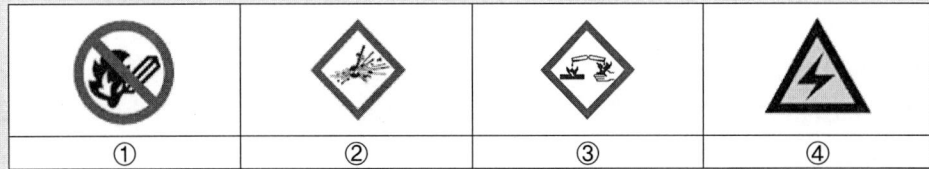

해답
1) 화기금지
2) 폭발성물질경고
3) 부식성물질경고
4) 고압전기경고

09 부두·안벽 등 하역작업을 하는 장소에 하여야 하는 조치 3가지를 쓰시오.

해답
1) 작업장 및 통로의 위험한 부분에는 안전하게 작업할 수 있는 조명을 유지할 것
2) 부두 또는 안벽의 선을 따라 통로를 설치하는 경우에는 폭을 90cm 이상으로 할 것
3) 육상에서의 통로 및 작업장소로서 다리 또는 선거(船渠) 갑문(閘門)을 넘는 보도 등의 위험한 부분에는 안전난간 또는 울타리 등을 설치할 것

[주] 하역작업장의 조치기준 : 안전보건규칙 제390조

10 용접·용단 작업시 화재감시자를 지정하여 배치하여야 할 장소 3곳을 쓰시오.

1) 작업반경 11m 이내에 건물구조 자체나 내부(개구부 등으로 개방된 부분을 포함)에 가연성 물질이 있는 장소
2) 가연성 물질이 11m 이상 떨어져 있지만 불꽃에 의해 쉽게 발화될 우려가 있는 장소
3) 가연성 물질이 금속으로 된 칸막이 벽 천장 또는 지붕의 반대쪽 면에 인접해 있어 열전도나 열복사에 의해 발화될 우려가 있는 장소

[주] 화재감시자 : 안전보건규칙 제241조

11 다음 [보기] 내용은 사다리식 통로 등의 구조에 대한 사항이다. ( ) 안에 알맞은 내용을 쓰시오.

[보기]
(1) 사다리식 통로의 길이가 10m 이상인 경우에는 (①)m이내마다 계단참을 설치할 것
(2) 사다리식 통로의 기울기는 75° 이하로 할 것. 다만, 고정식 사다리식 통로의 기울기는 (②)° 이하로 하고, 그 높이가 7m 이상인 경우에는 바닥으로부터 높이가 (③)m 되는 지점부터 등받이울을 설치할 것

① 5 ② 90 ③ 2.5

[주] 사다리식 통로 등의 구조 : 안전보건규칙 제24조

12 다음 [표]는 화재의 종류에 따른 유형(등급) 및 색상을 나타낸 것이다. ( ) 안에 알맞은 용어를 쓰시오.

유형(등급)	화재의 분류	색상
A급	일반화재	(③)
B급	유류화재	(④)
C급	(①)	청색
D급	(②)	무색

① 전기화재
② 금속화재
③ 백색
④ 황색

13 특수형태 근로자의 최초 노무제공시 교육내용 5가지를 쓰시오.

 1) 산업안전 및 사고예방에 관한 사항
2) 산업보건 및 직업병 예방에 관한 사항
3) 건강증진 및 질병 예방에 관한 사항
4) 유해ㆍ위험 작업환경 관리에 관한 사항
5) 산업안전보건법령 및 산업재해보상보험 제도에 관한 사항
6) 직무스트레스 예방 및 관리에 관한 사항
7) 직장 내 괴롭힘, 고객의 폭언 등으로 인한 건강장해 예방 및 관리에 관한 사항
8) 기계ㆍ기구의 위험성과 작업의 순서 및 동선에 관한 사항
9) 작업개시 전 점검에 관한 사항
10) 정리정돈 및 청소에 관한 사항
11) 사고발생 시 긴급조치에 관한 사항
12) 물질안전보건자료에 관한 사항
13) 교통안전 및 운전안전에 관한 사항
14) 보호구 착용에 관한 사항

[주] 특수형태 근로종사자에 대한 안전보건교육 중 최초 노무제공시 교육내용 : 시행규칙 별표5

14 전기기계ㆍ기구를 설치할 경우 고려해야 할 위험요소 3가지를 쓰시오.

 1) 충분한 전기적 용량 및 기계적 강도
2) 습기, 분진 등 사용 장소의 주위환경
3) 전기적, 기계적 방호수단의 적정성

[주] 전기기계ㆍ기구의 적정설치 등 : 안전보건규칙 제303조

산업안전기사

실기 필답형

01 인간 · 기계 통합시스템에서 인간 · 기계시스템의 기본기능 4가지를 쓰시오.

1) 감지
2) 정보보관
3) 정보처리 및 의사결정
4) 행동기능

> 길잡이 ▶ 인간-기계 체계와 기능(임무 및 기본기능)
>
>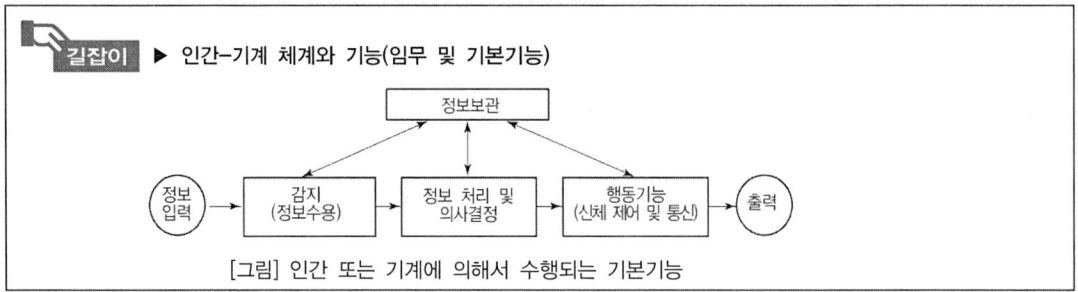
>
> [그림] 인간 또는 기계에 의해서 수행되는 기본기능

02 산업안전보건법상 안전보건관리 담당자의 업무내용을 4가지만 쓰시오.

1) 안전보건교육 실시에 관한 보좌 및 지도 · 조언
2) 위험성 평가에 관한 보좌 및 지도 · 조언
3) 작업환경측정 및 개선에 관한 보좌 및 지도 · 조언
4) 건강진단에 관한 보좌 및 지도 · 조언
5) 산업재해 발생의 원인조사, 산업재해 통계의 기록 및 유지를 위한 보좌 및 지도 · 조언
6) 산업안전 · 보건과 관련된 안전장치 및 보호구 구입 시 적격품 선정에 관한 보좌 및 지도 · 조언

[주] 안전보건관리 담당자의 업무 : 시행령 제25조

03 산업안전보건법상 안전인증 대상 보호구 8가지를 쓰시오.

1) 추락 및 감전위험방지용 안전모
2) 안전화
3) 안전장갑
4) 방진마스크
5) 방독마스크
6) 송기마스크
7) 전동식 호흡보호구
8) 보호복
9) 안전대
10) 차광 및 비산물 위험방지용 보안경
11) 용접용 보안면
12) 방음용 귀마개 또는 귀덮개

[주] **안전인증대상 기계 등** : 시행령 제74조

Guide 안전인증 대상 보호구 12종 중 순서에 관계없이 8가지를 쓰면 됩니다. 신체부위별로 머리에 8종, 손 1종, 발 1종, 허리 1종, 몸 전체 1종으로 구분되어 있습니다.

04 산업안전보건법상 근로자의 정기교육 내용 3가지를 쓰시오.

1) 산업안전 및 사고예방에 관한 사항
2) 산업보건 및 직업병 예방에 관한 사항
3) 건강증진 및 질병예방에 관한 사항
4) 유해·위험 작업환경 관리에 관한 사항
5) 산업안전보건법령 및 산업재해보상보험 제도에 관한 사항
6) 직무스트레스 예방 및 관리에 관한 사항
7) 직장 내 괴롭힘, 고객의 폭언 등으로 인한 건강장해 예방 및 관리에 관한 사항

[주] **안전보건교육 교육대상별 교육내용** : 시행규칙 별표5

05 로봇의 작동범위에서 그 로봇에 관하여 교시 등의 작업을 할 때 작업시작 전 점검사항 3가지를 쓰시오.

 1) 외부 전선의 피복 또는 외장의 손상 유무
2) 매니퓰레이터(manipulator) 작동의 이상 유무
3) 제동장치 및 비상정지장치의 기능
[주] 작업시작 전 점검사항 : 안전보건규칙 별표3

06 산업안전보건법상 교류아크용접기에 자동전격방지기를 설치해야 하는 장소 2가지를 쓰시오.

 1) 선박의 이중 선체 내부, 밸러스트 탱크(ballast tank, 평형수 탱크), 보일러 내부 등 도전체에 둘러싸인 장소
2) 추락할 위험이 있는 높이 2m 이상의 장소로 철골 등 도전성이 높은 물체에 근로자가 접촉할 우려가 있는 장소
3) 근로자가 물, 땀 등으로 인하여 도전성이 높은 습윤상태에서 작업하는 장소
[주] 교류아크용접기 등 : 안전보건규칙 제306조

07 다음 FT도에서 정상사상 A1의 발생확률(%)을 계산하시오. ①, ③, ⑤, ⑦ 발생확률은 20%, ②, ④, ⑥ 발생확률은 10%이다. 단, 답은 소수 5번째 자리까지 표시하시오.

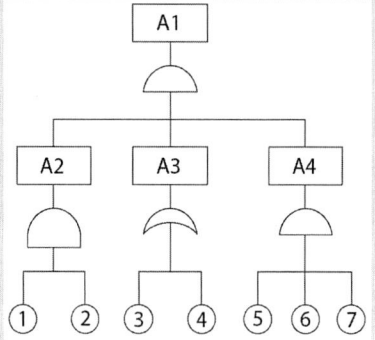

 $A1 = A_2 \times A_3 \times A_5$
= ①×②×[1−(1−③)(1−④)]×⑤×⑥×⑦
= 0.2×0.1×[1−(1−0.2)(1−0.1)]×0.2×0.1×0.2
= 2.24×10^{-5} = 0.00002%

08 다음 내용은 정전기로 인한 화재 폭발 등을 방지하기 위한 조치사항이다. ( ) 안에 알맞은 내용을 쓰시오.

> 정전기에 의한 화재 또는 폭발 등의 위험이 발생할 우려가 있는 경우에는
> 1) 해당 설비에 대하여 확실한 방법으로 (①)를 하거나,
> 2) (②) 재료를 사용하거나
> 3) 가습 및 점화원이 될 우려가 없는 (③)를 사용하는 등
> 정전기의 발생을 억제하거나 제거하기 위하여 필요한 조치를 하여야 한다.

해답 ① 접지　　② 도전성　　③ 제진장치

[주] 정전기로 인한 화재 폭발 등 방지 : 안전보건규칙 제325조

09 다음 내용은 말비계를 조립하여 사용하는 경우에 준수하여야 할 사항이다. ( ) 안에 알맞은 내용을 쓰시오.

> (1) 지주부재의 하단에는 (①)를 하고, 근로자가 양측 끝부분에 서서 작업하지 않도록 할 것
> (2) 지주부재와 수평면의 기울기를 (②)도 이하로 하고, 지주부재와 지주부재 사이를 고정시키는 보조부재를 설치할 것
> (3) 말비계의 높이가 (③)m를 초과하는 경우에는 작업발판의 폭을 (④)cm 이상으로 할 것

해답 ① 미끄럼방지장치　　② 75
　　　③ 2　　　　　　　　④ 40

[주] 말비계 : 안전보건규칙 제67조

10 기계설비의 방호의 기본원리 3가지를 쓰시오.

해답
1) 위험원의 제거
2) 차단(위험원의 격리)
3) 덮어씌움(위험원의 방호)
4) 위험에 적응

11 다음 [보기] 내용은 추락방호망의 설치기준이다. (   ) 안에 알맞은 내용을 쓰시오.

[보기]
(1) 추락방호망의 설치위치는 가능하면 작업면으로부터 가까운 지점에 설치하여야 하며, 작업면으로부터 망의 설치지점까지의 수직거리는 (①)m를 초과하지 아니할 것
(2) 추락방호망은 수평으로 설치하고, 망의 처짐은 짧은 변 길이의 (②)% 이상이 되도록 할 것
(3) 건축물 등의 바깥쪽으로 설치하는 경우 추락방호망의 내민 길이는 벽면으로부터 (③)m 이상 되도록 할 것. 다만, 그물코가 20mm 이하인 추락방호망을 사용한 경우에는 낙하물 방지망을 설치한 것으로 본다.

  ① 10   ② 12   ③ 3

[주] 추락방호망의 설치기준 : 안전보건규칙 제42조 2항

12 사업장의 안전 및 보건을 유지하기 위하여 안전보건관리규정에 포함되어야 할 내용 4가지를 쓰시오. 단, 그밖에 안전 및 보건에 관한 사항은 제외한다.

1) 안전 및 보건에 관한 관리조직과 그 직무에 관한 사항
2) 안전보건교육에 관한 사항
3) 작업장의 안전 및 보건관리에 관한 사항
4) 사고조사 및 대책수립에 관한 사항

[주] 안전보건관리규정의 작성 : 법 제25조

13 다음 [보기] 내용은 화학설비 및 그 부속설비의 안전기준에 관한 내용이다. (   ) 안에 알맞은 내용을 쓰시오.

[보기]
급성 독성물질이 지속적으로 외부에 유출될 수 있는 화학설비 및 그 부속설비에 파열판과 안전밸브를 (①)로 설치하고 그 사이에는 (②) 또는 (③)를 설치하여야 한다.

① 직렬
② 압력지시계
③ 자동경보장치

[주] 파열판 및 안전밸브의 직렬설치 : 안전보건규칙 제263조

14 사업장의 재해로 인한 신체장애 등급 판정이 아래와 같을 때 요양근로손실일수를 구하시오.

장해등급	사망	1급	2급	3급	9급	10급
재해자 수	2명	1명	1명	1명	1명	4명

요양근로손실일수 = (7500×2)+7500+7500+7500+1000+(600×4)
　　　　　　　　　= 40900일

▶ 근로손실일수의 산정기준(국제기준)
　1) 사망 및 영구 전노동불능(신체장애등급 : 1~3) : 7500일
　2) 영구 일부노동불능(신체장애등급 : 4~14) : 다음과 같다.

신체장애등급	4	5	6	7	8	9	10	11	12	13	14
근로손실일수	5500	4000	3000	2200	1500	1000	600	400	200	100	50

　3) 일시 전노동불능 : 휴업일수×300/365

01 다음 [보기] 내용은 산업안전보건법상 소음에 관련된 용어의 뜻을 설명한 것이다. (   ) 안에 알맞은 내용을 쓰시오.

> [보기]
> (1) "소음작업"이란 1일 8시간 작업을 기준으로 (①)db 이상의 소음이 발생하는 작업을 말한다.
> (2) "강렬한 소음작업"이란 다음 각목의 어느 하나에 해당하는 작업을 말한다.
>   ① 90db 이상의 소음이 1일 (②)시간 이상 발생하는 작업
>   ② 100db 이상의 소음이 1일 (③)시간 이상 발생하는 작업

해답
1) 85
2) 8
3) 2

 용어의 정의 : 안전보건규칙 제512조

길잡이 강렬한 소음작업(안전보건규칙 제512조)
1) 90db 이상의 소음이 1일 8시간 이상 발생하는 작업
2) 95db 이상의 소음이 1일 4시간 이상 발생하는 작업
3) 100db 이상의 소음이 1일 2시간 이상 발생하는 작업
4) 105db 이상의 소음이 1일 1시간 이상 발생하는 작업
5) 110db 이상의 소음이 1일 30분 이상 발생하는 작업
6) 115db 이상의 소음이 1일 15분 이상 발생하는 작업

02 다음 [보기]는 위험성 평가에 관한 내용이다. 위험성 평가실시 순서를 번호로 쓰시오.

[보기]
1) 평가대상의 선정 등 사전준비
2) 근로자의 작업과 관계되는 유해, 위험요인의 파악
3) 파악된 유해, 위험요인별 위험성의 추정
4) 추정한 위험성의 허용 가능한 위험성 인지 여부의 결정
5) 위험성 감소대책의 수립 및 실행
6) 위험성 평가 실시내용 및 결과에 관한 기록

해답

03 다음 사항에 대한 종합재해지수(F·S·I)를 구하시오.

- 평균근로자수 : 400명
- 연근로일수 및 하루근로시간수 : 280일/연, 8시간/일
- 연간요양재해발생건수 : 80건
- 근로손실일수 : 800일
- 재해자수 : 100명

 종합재해지수 $= \sqrt{\text{도수율} \times \text{강도율}}$

$$= \sqrt{\left(\frac{\text{재해건수}}{\text{연근로시간수}} \times 10^6\right) \times \left(\frac{\text{근로손실일수}}{\text{연근로시간수}} \times 10^3\right)}$$

$$= \sqrt{\left(\frac{80}{400 \times 8 \times 280} \times 10^6\right) \times \left(\frac{800}{400 \times 8 \times 280} \times 10^3\right)}$$

$$= 8.93$$

04 충전전로 인근에서 작업을 하는 경우는 노즐 충전부에 접근한계 거리 이내로 접근하여서는 안 된다. 다음의 충전전로의 선간전압에 따른 접근한계 거리를 쓰시오.

(1) 380V :
(2) 1.5kV :
(3) 6.6kV :
(4) 22.9kV :

해답
1) 380V : 30cm
2) 1.5kV : 45cm
3) 6.6kV : 60cm
4) 22.9kV : 90cm

길잡이 ▶ 접근한계거리(안전보건규칙 제321조)

충전전로의 선간전압(단위 : kV)	충전전로에 대한 접근한계거리(cm)
0.3 이하	접촉금지
0.3 초과 0.75 이하	30
0.75 초과 2이하	45
2 초과 15 이하	60
15 초과 37 이하	90
37 초과 88 이하	110
88 초과 121 이하	130
121 초과 145 이하	150
145 초과 169 이하	170
169 초과 242 이하	230
242 초과 362 이하	380
362 초과 550 이하	550
550 초과 800이하	790

05 산업안전보건법상 과압에 따른 폭발을 방지하기 위하여 폭발방지 성능과 규격을 갖춘 안전밸브 또는 파열판을 해당 설비에 설치하여야 한다. 이중 사업주가 배관에 파열판을 설치하여야 하는 경우 3가지를 쓰시오(단, 배관은 2개 이상의 밸브에 의하여 차단되어 대기온도에서 열팽창에 의하여 파열될 우려가 있는 것으로 한정한다).

해답
1) 반응폭주 등 급격한 압력상승의 우려가 있는 경우
2) 급성독성물질의 누출로 인하여 주위의 작업환경을 오염시킬 우려가 있는 경우
3) 운전 중 안전밸브에 이상 물질이 누적되어 안전밸브가 작동되지 아니할 우려가 있는 경우

 파열판의 설치 : 안전보건규칙 제262조

06 가설통로 설치 시 준수사항 5가지를 쓰시오.

1) 견고한 구조로 할 것
2) 경사가 30° 이하로 할 것
3) 경사가 15°를 초과하는 때에는 미끄러지지 않는 구조로 할 것
4) 추락의 위험이 있는 장소에는 안전난간을 설치할 것
5) 수직갱에 가설된 통로의 길이가 15m 이상인 때에는 10m 이내마다 계단참을 설치할 것
6) 건설공사에 사용하는 높이 8m 이상인 비계다리에는 7m 이내마다 계단참을 설치할 것

[주] 가설통로의 구조 : 안전보건규칙 제23조

07 비, 눈 그 밖의 기상상태 악화로 작업을 중지시킨 후 또는 비계를 조립, 해체하거나 변경한 후에 그 비계에서 작업을 시작하기 전 점검해야 할 사항을 구체적으로 4가지 쓰시오.

1) 발판 재료의 손상여부 및 부착 또는 걸림 상태
2) 해당 비계의 연결부 또는 접속부의 풀림 상태
3) 연결재료 및 연결철물의 손상 또는 부식 상태
4) 손잡이의 탈락 여부
5) 기둥의 침하, 변형, 변위 또는 흔들림 상태
6) 로프의 부착상태 및 매단 장치의 흔들림 상태

[주] 비계의 점검보수 : 안전보건규칙 제58조

08 산업안전보건법상 가연성 물질이 있는 장소에서 화재위험성 작업을 하는 경우 화재 예방을 위해 필요한 준수사항 3가지를 쓰시오.

1) 작업준비 및 작업절차 수립
2) 작업장 내 위험물의 사용, 보관 현황 파악
3) 화기작업에 따른 인근 가연성 물질에 대한 방호조치 및 소화기구 비치
4) 용접불티 비산방지덮개, 용접방화포 등 불꽃, 불티 등 비산방지조치
5) 인화성 액체의 증기 및 인화성 가스가 남아 있지 않도록 환기 등의 조치
6) 작업근로자에 대한 화재예방 및 피난교육 등 비상조치

[주] 화재 위험작업 시의 준수사항 : 안전보건규칙 제241조

09 다음은 근로자가 상시 작업하는 장소의 작업면의 조도 기준이다. (   ) 안에 알맞은 숫자를 쓰시오.

(1) 초정밀작업 : (①)lux 이상
(2) 정밀작업 : (②)lux 이상
(3) 보통작업 : (③)lux 이상
(4) 그 밖의 작업 : (④)lux 이상

1) 750
2) 300
3) 150
4) 75

[주] 조도기준 : 안전보건규칙 제8조

10 산업안전보건법령상 타워크레인을 설치(상승작업을 포함), 해체하는 작업에서 근로자에게 실시해야 하는 특별안전·보건교육의 내용을 4가지 쓰시오(단, 채용 시 교육 및 작업내용 변경 시 교육 공통내용 및 그 밖에 안전보건 관리에 필요한 사항 제외).

1) 붕괴, 추락 및 재해방지에 관한 사항
2) 설치, 해체순서 및 안전작업 방법에 관한 사항
3) 부재의 구조, 재질 및 특성에 관한 사항
4) 신호방법 및 요령에 관한 사항
5) 이상발생 시 응급조치에 관한 사항
6) 그 밖에 안전보건 관리에 필요한 사항

[주] 안전보건교육 교육대상별 교육내용 : 시행규칙 [별표5]

11 보호구 안전인증 고시상 차광보안경의 종류 4가지를 쓰시오.

1) 자외선용   2) 적외선용
3) 복합용   4) 용접용

[주] 보호구 안전인증고시 : 노동고용부고시 제2020-35호

12 산업안전보건법상 사업장에 유해하거나 위험한 설비가 있는 경우 중대산업사고를 예방하기 위하여 대통령령으로 정하는 바에 따라 공정안전보고서를 작성하고 고용노동부장관에게 제출하여 심사를 받아야 한다. 다음 사항은 공정안전보고서를 작성해야 하는 유해, 위험물질의 규정량 (kg)을 표시한 것이다. ( ) 안에 알맞은 내용을 쓰시오.

> 유해 · 위험물질 규정량(kg)
> - 인화성가스 – 제조 · 취급 : (①)/저장 : 200,000
> - 암모니아 – 제조 · 취급 · 저장 : (②)
> - 염산(중량 20% 이상) – 제조 · 취급 · 저장 : (③)
> - 황산(중량 20% 이상) – 제조 · 취급 · 저장 : (④)

1) 5,000
2) 10,000
3) 20,000
4) 20,000

주 유해·위험물질 규정량 : 시행령 [별표3]

13 유해위험 방지계획서를 작성, 제출하여야 할 대통령령으로 정하는 기계·기구 및 설비 3가지를 쓰시오(단, 건설공사는 제외).

1) 금속이나 그 밖의 광물 용해로
2) 화학설비
3) 건조설비
4) 가스집합 용접장치
5) 근로자의 건강에 상당한 장해를 일으킬 우려가 있는 물질로서 고용노동부령으로 정하는 물질의 밀폐, 환기, 배기를 위한 설비

주 유해위험 방지계획서 제출대상 : 시행령 제42조

14 산업안전보건법상 유해, 위험 작업을 하는 근로자에 대해서는 작업조건에 맞는 보호구를 작업하는 근로자 수 이상으로 지급하고 착용하도록 하여야 한다. 다음 작업조건에 맞는 보호구를 ( ) 안에 쓰시오.

1) 물체가 떨어지거나 날아올 위험 또는 근로자가 추락할 위험이 있는 작업 : (①)
2) 높이 또는 깊이 2m 이상의 추락할 위험이 있는 장소에서 하는 작업 : (②)
3) 물체가 흩날릴 위험이 있는 작업 : (③)
4) 고열에 의한 화상 등의 위험이 있는 작업 : (④)

 1) 안전모
2) 안전대
3) 보안경
4) 방열복

> **길잡이** 보호구의 지급 등(안전보건규칙 제32조)
> 1) 물체가 떨어지거나 날아올 위험 또는 근로자가 추락할 위험이 있는 작업 : 안전모
> 2) 높이 또는 깊이 2m 이상의 추락할 위험이 있는 장소에서 하는 작업 : 안전대
> 3) 물체의 낙하, 충격, 물체에의 끼임, 감전 또는 정전기의 대전에 의한 위험이 있는 작업 : 안전화
> 4) 물체가 흩날릴 위험이 있는 작업 : 보안경
> 5) 용접 시 불꽃이나 물체가 흩날릴 위험이 있는 작업 : 보안면
> 6) 감전의 위험이 있는 작업 : 절연용 보호구
> 7) 고열에 의한 화상 등의 위험이 있는 작업 : 방열복
> 8) 선창 등에서 분진이 심하게 발생하는 하역작업 : 방진마스크
> 9) 섭씨 영하 18° 이하인 급냉동 어창에서 하는 하역작업 : 방한모, 방한복, 방한화, 방한장갑
> 10) 물건을 운반하거나 수거, 배달하기 위하여 「자동차관리법」 제3조 제1항 제5호에 따른 이륜자동차(이하 "이륜자동차"라 한다)를 운행하는 작업 : 「도로교통법 시행규칙」 제32조 제1항 각호의 기준에 적합한 승차용 안전모

산업안전기사 실기 필답형
2023년 제2회

01 충전전로 인근에서 작업을 하는 경우에는 노출 충전부에 접근한계거리 이내로 접근하여서는 안 된다. 다음의 충전전로의 선간전압에 따른 접근한계거리를 쓰시오.

(1) 380V :
(2) 1.5kV :
(3) 6.6kV :
(4) 22.9kV :

해답
1) 380V : 30cm
2) 1.5kV : 45cm
3) 6.6kV : 60cm
4) 22.9kV : 90cm

길잡이 접근한계거리(안전보건규칙 제321조)

▶ **접근한계거리** : 접근한계거리에서 ① 번에서 ⑥ 번까지는 암기하여야 합니다.

충전전로의 선간전압(단위 : kV)	충전전로에 대한 접근한계거리(cm)
0.3 이하	접촉금지
0.3 초과 0.75 이하	30
0.75 초과 2이하	45
2 초과 15 이하	60
15 초과 37 이하	90
37 초과 88 이하	110
88 초과 121 이하	130
121 초과 145 이하	150
145 초과 169 이하	170
169 초과 242 이하	230
242 초과 362 이하	380
362 초과 550 이하	550
550 초과 800이하	790

주 접근한계거리 : 안전보건규칙 제321조 제1항 8호

02 잠함 또는 우물통의 내부에서 근로자가 굴착작업을 하는 경우에 잠함 또는 우물통의 급격한 침하에 의한 위험을 방지하기 위하여 준수하여야 할 사항을 2가지 쓰시오.

해답
1) 침하관계도에 따라 굴착방법 및 재하량 등을 정할 것
2) 바닥으로부터 천장 또는 보까지의 높이는 1.8m 이상으로 할 것
[주] 급격한 침하로 인한 위험방지 : 안전보건규칙 제376조

03 감전방지용 누전차단기를 설치해야 하는 전기기계·기구 3가지를 쓰시오.

해답
1) 대지전압이 150V를 초과하는 이동형 또는 휴대형 전기기계·기구
2) 물 등 도전성이 높은 액체가 있는 습윤장소에서 사용하는 저압(1.5천V 이하 직류전압을 말한다)용 전기기계·기구
3) 철판, 철골 위 등 도전성이 높은 장소에서 사용하는 이동형 또는 휴대형 전기기계·기구
4) 임시배선의 전로가 설치되는 장소에서 사용하는 이동형 또는 휴대형 전기기계·기구
[주] 누전차단기에 의한 감전방지 : 안전보건규칙 제304조

04 다음 [보기]는 경고표지에 관한 용도 및 사용장소에 관한 내용이다. ( ) 안에 적당한 표지종류를 쓰시오.

[보기]
(가) 폭발성 물질이 있는 장소 : (①)
(나) 돌 및 블록 등 떨어질 우려가 있는 물체가 있는 장소 : (②)
(다) 경사진 통로 입구 : (③)
(라) 휘발유 등 화기의 취급을 극히 주의해야 할 물질이 있는 장소 : (④)

해답
1) 폭발성물질 경고
2) 낙하물 경고
3) 몸균형상실 경고
4) 인화성물질 경고
[주] 안전보건표지의 종류별 용도, 사용장소, 형태 및 색채 : 시행규칙 [별표7]

05 건설업 중 건설공사 유해위험 방지계획서의 1) 제출기간과 2) 첨부서류 3가지를 쓰시오.

1) 제출기한 : 해당 공사의 착공 전날까지
2) 첨부서류 :
   ① 공사개요
   ② 안전보건관리계획
   ③ 작업공사 종류별 유해위험 방지계획
   [주] 유해위험 방지계획서 제출서류 등 : 시행규칙 제423조 [별표10]

06 다음은 달비계의 최대 적재하중을 정하는 경우 안전계수이다. ( ) 안에 알맞은 수치를 쓰시오.

1) 달기 와이어로프 및 달기 강선의 안전계수 (①)이상
2) 달기체인 및 달기훅의 안전계수 : (②)이상
3) 달기강대와 달비계의 하부 및 상부지점의 안전계수는 강재의 경우 (③) 이상, 목재의 경우 (④) 이상

1) ① 10
2) ② 5
3) ③ 2.5   ④ 5
[주] 작업발판의 최대적재하중 : 안전보건규칙 제55조

07 방호조치를 하지 아니하고는 양도, 대여, 설치 또는 사용에 제공하거나 양도, 대여를 목적으로 진열해서는 안 되는 기계·기구 4가지를 쓰시오.

1) 예초기
2) 원심기
3) 공기압축기
4) 금속절단기
5) 지게차
6) 포장기계(진공포장기, 랩핑기로 한정함)
[주] 유해, 위험방지를 위하여 방호조치가 필요한 기계·기구 등 : 시행규칙 제98조, 시행령 [별표20]

08 안전보건관리규정에 관련된 다음 물음에 답하시오.

1) 소프트웨어 개발 및 공급원 사업장인 경우 안전보건관리 규정을 작성해야 할 상시근로자 수를 쓰시오.
2) 안전보건관리 규정에 포함되는 사항 3가지를 쓰시오(단, 그 밖에 안전 및 보건에 관한 사항은 제외).

해답
1) 300명
2) 안전보건관리 규정에 포함되는 사항
   ① 안전 및 보건에 관한 조직과 그 직무에 관한 사항
   ② 안전보건교육에 관한 사항
   ③ 작업장의 안전 및 보건관리에 관한 사항
   ④ 사고조사 및 대책수립에 관한 사항

[주] 안전보건규정의 작성 : 법 제25조

사업의 종류	상시근로자 수
1. 농업 2. 어업 3. 소프트웨어 개발 및 공급업 4. 컴퓨터 프로그래밍, 시스템 통합 및 관리업 5. 정보서비스업 6. 금융 및 보험업 7. 임대업(부동산 제외) 8. 전문 과학 및 기술 서비스업(연구개발업은 제외) 9. 사업지원 서비스업 10. 사회복지 서비스업	300명 이상
11. 제1호부터 제10호까지의 사업을 제외한 사업	100명 이상

09 로봇작업 시 특별안전보건 교육을 실시할 경우 교육내용 4가지를 쓰시오.

해답
1) 로봇의 기본원리·구조 및 작업방법에 관한 사항
2) 이상발생 시 응급조치에 관한 사항
3) 안전시설 및 안전기준에 관한 사항
4) 조작방법 및 작업순서에 관한 사항

[주] 교육대상별 교육내용 : 시행규칙 [별표5]

10 다음 [보기] 내용은 목재가공용 둥근톱 기계의 방호장치 중 분할날에 대한 것이다. (   ) 안에 알맞은 내용을 쓰시오.

[보기]
1) 분할날은 견고히 고정할 수 있으며 분할날과 톱날 원주면과의 거리는 (①)이내로 조정, 유지할 수 있어야 한다.
2) 분할날의 조임볼트는 둥근톱 직경에 따라 볼트를 (②) 이상 사용하여 체결하고 볼트에 (③)를 하여야 한다.

1) ① 12m
2) ② 2개   ③ 이완방지조치

> **길잡이** 둥근톱 기계의 분할날 안전기준
> 1) 분할날의 두께(t^2) $1.1t_1 \leq t_2 < b$
>   여기서, t_1 : 톱날두께
> b : 톱날진폭
> 2) 분할날의 길이 $= \pi D \times \dfrac{1}{4} \times \dfrac{2}{3}$
>   여기서, D : 둥근톱 기계의 직경

11 산업안전보건위원회의 근로자위원 구성인원을 쓰시오.

1) 근로자 대표
2) 근로자 대표가 지명하는 1명 이상의 명예 감독관
3) 근로자 대표가 지명하는 9명 이내의 해당 사업장의 근로자(명예 감독관의 수를 제외한 수의 근로자)

> **길잡이** 산업안전보건위원회의 사용자위원과 근로자위원
> 1) 사용자위원
>   ① 해당 사업의 대표자(같은 사업으로서 다른 지역에 사업장이 있는 경우에는 그 사업장의 최고책임자)
>   ② 안전관리자
>   ③ 보건관리자
>   ④ 산업보건의(해당 사업장에 선임되어 있는 경우로 한정)
>   ⑤ 해당 사업의 대표자가 지명하는 9명 이내의 해당 사업장 부서의 장
> 2) 근로자위원
>   ① 근로자 대표
>   ② 명예 감독관이 위촉되어 있는 사업장은 근로자 대표가 지명하는 1명 이상의 명예 감독관
>   ③ 근로자 대표가 지명하는 9명 이내의 근로자(명예 근로자의 수를 제외한 수의 근로자)

12 다음 방폭구조의 기호를 쓰시오.

방폭구조	방폭기호
내압방폭구조	①
유입방폭구조	②
본질안전방폭구조	③
안전증방폭구조	④
몰드방폭구조	⑤

1) d
2) o
3) ia, ib
4) e
5) m

▶ 방폭구조의 기호[방폭구조의 상징(심벌), EX]

방폭구조	기호
1. 내압방폭구조	d
2. 압력방폭구조	p
3. 안전증방폭구조	e
4. 본질안전방폭구조	ia 또는 ib
5. 유입방폭구조	o
6. 특수방폭구조	s
7. 충전방폭구조	q
8. 몰드방폭구조	m
9. 비점화방폭구조	n

13 터널의 강(鋼)아치 지보공의 조립 시 위험방지 대책 4가지를 쓰시오.

1) 조립간격은 조립도에 따를 것
2) 주재가 아치작용을 충분히 할 수 있도록 쐐기를 박는 등 필요한 조치를 할 것
3) 연결볼트 및 띠장 등을 사용하여 주재 상호 간을 튼튼하게 연결할 것
4) 터널 등의 출입구 부분에는 받침대를 설치할 것
5) 낙하물이 근로자에게 위험을 미칠 우려가 있는 경우에는 널판 등을 설치할 것

14 파단하중이 42.8kN인 와이어로프로 1200kg의 화물을 2줄걸이로 하여 상부각도 108°의 각도로 들어올릴 때 1) 와이어로프의 안전율을 구하고, 2) 와이어로프의 사용이 적합한지 부적합한지를 그 이유와 함께 쓰시오.

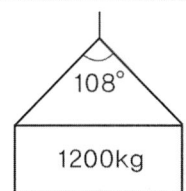

 1) 안전율

① 와이어로프에 걸리는 가중(W)

$$W = (화물의 무게/2) \div \cos(\theta/2)$$
$$= (1200 \times 9.8/2) \div \cos(108/2)$$
$$= 10014N$$
$$= 10.014kN$$

② 와이어로프 안전율 $= \dfrac{파단하중}{안전하중}$
$$= \dfrac{42.8}{10.014} = 4.17kN$$

2) 안전율 4.27로 **부적합**(화물을 지지하는 경우 와이어로프의 안전율은 5이상이어야 함)

산업안전기사 실기 필답형 — 2023년 제3회

01 다음 [보기] 내용은 HAZOP(위험 및 위험성 검토) 기법에 사용되는 가이드 워드(guide words)에 관한 것이다. ( ) 안에 알맞은 용어를 쓰시오.

1) 설계의도 외에 다른 공정변수가 부가되는 상태, 성질상의 증가 : (①)
2) 설계의도대로 완전히 이루어지지 않는 상태, 일부 변경, 성질상의 감소 : (②)
3) 설계 의도의 완전한 부정 : (③)
4) 양(압력, 반응, flow late, 온도 등)의 증가 또는 감소 : (④)

1) ① as well as
2) ② part of
3) ③ no 또는 not
4) ④ more 또는 less

> **길잡이** 상기 [보기] 외의 유인어(guide words)
> 1) Reverse : 설계 의도의 논리적인 역
> 2) Other than : 완전한 대체(통상 운전과 다르게 되는 상태)

02 산업안전보건법상 안전관리자를 정수 이상으로 증원하거나 교체할 것을 명령할 수 있는 경우를 2가지 쓰시오.

1) 해당 사업장의 연간재해율이 같은 업종의 평균재해율의 2배 이상인 경우
2) 중대재해가 연간 2건 이상 발생한 경우. 다만, 해당 사업장의 전년도 사망만인율이 같은 업종의 평균 사망만인율 이하인 경우는 제외한다.
3) 관리자가 질병이나 그 밖의 사유로 3개월 이상 직무를 수행할 수 없게 된 경우
4) 화학적 인자로 인한 직업성 질병자가 연간 3명 이상 발생한 경우

[주] 안전관리자 등의 증원, 교체임명 명령 : 시행규칙 제12조

03 다음 [보기] 내용은 양중기의 와이어로프 또는 달기체인의 안전계수이다. ( ) 안에 알맞은 수치를 쓰시오.

> 1) 근로자가 탑승하는 운반구를 지지하는 달기와이어로프 또는 달기체인의 경우 : (①) 이상
> 2) 화물의 하중을 직접 지지하는 달기와이어로프 또는 달기체인의 경우 : (②) 이상
> 3) 훅, 샤클, 클램프, 리프팅, 빔 등의 경우 : (③) 이상
> 4) 기타 : (④) 이상

 1) ① 10
2) ② 5
3) ③ 3
4) ④ 4

04 미니멀 컷 셋(minimal cut set)과 미니멀 패스 셋(minimal path set)을 설명하시오.

 1) **미니멀 컷** : 정상사상을 일으키기 위한 필요 최소한의 컷을 미니멀 컷이라 한다.
2) **미니멀 패스** : 정상사상이 일어나지 않는 필요 최소한의 패스를 미니멀 패스라고 한다.

 컷과 패스

1) 컷과 미니멀 컷
   ① 컷(cut) ; 컷이란 그 속에 포함되어 있는 모든 기본사상(여기서는 통상사상, 생략 결함사상 등을 포함한 기본사상)이 일어났을 때, 정상사상을 일으키는 기본사상의 집합을 말한다.
   ② 미니멀 컷(minimal path) : 컷 중 그 부분 집합만으로는 정상사상을 일으키는 일이 없는 것, 특히 정상사상을 일으키기 위한 필요 최소한의 컷을 미니멀 컷이라 한다.
2) 패스(path)와 미니멀 패스(minimal path)
   ① 패스란 그 속에 포함되는 기본사상이 일어나지 않을 때, 처음으로 정상사상이 일어나지 않는 기본사상의 집합을 말한다.
   ② 미니멀 패스는 그 필요 최소한의 패스를 말한다.

05 사망인율 계산공식과 사망자수에 포함되지 않는 경우 2가지를 쓰시오.

 1) 사고사망만인율 계산식

$$\text{사고사망만인율} = \frac{\text{사고사망자수}}{\text{상시근로자수}} \times 10,000$$

2) 사고사망자수 산정에서 제외되는 경우
   ① 방화, 근로자간 또는 타인 간의 폭행에 의한 경우
   ② 「도로교통법」에 따라 도로에서 발생한 교통사고에 의한 경우(해당 공사의 공사용 차량, 장비에 의한 사고는 제외한다)
   ③ 태풍, 홍수, 지진, 눈사태 등 천재지변에 의한 불가항력적인 재해의 경우
   ④ 작업과 관련이 없는 제3자의 과실에 의한 경우(해당 목적물 완성을 위한 작업자 간의 과실은 제외한다)
   ⑤ 그 밖에 야유회, 체육행사, 취침, 휴식 중의 사고 등 건설작업과 직접 관련이 없는 경우

[주] 사고사망인율 산정식 : 시행규칙 [별표 1]

> **길잡이** 상시근로자수 산정식
>
> $$\text{상시근로자수} = \frac{\text{연내국내공사실적액} \times \text{노무비율}}{\text{건설업 월평균임금} \times 12}$$

06 특급방진마스크를 사용해야 하는 장소 2가지를 쓰시오.

 1) 베릴륨(Be) 등과 같이 독성이 강한 물질을 함유한 분진 등 발생장소
2) 석면 취급장소

> **길잡이**
>
> ▶ 방진마스크의 등급별 사용장소
>
> | 등급 | 사용 장소 |
> |---|---|
> | 특급 | ① 베릴륨(Be) 등과 같이 독성이 강한 물질을 함유한 분진 등의 발생장소
② 석면 취급장소 |
> | 1급 | ① 특급마스크 착용장소를 제외한 분진 등 발생장소
② 금속 흄(fume) 등과 같이 열적으로 생기는 분진 등 발생장소
③ 기계적으로 생기는 분진 등 발생장소 (규소 등과 같이 2급 마스크를 착용하여도 무방한 경우는 제외) |
> | 2급 | · 특급 및 1급 마스크 착용장소를 제외한 분진 등 발생장소 |
>
> 단, 배기밸브가 없는 안면부여과식 마스크는 특급 및 1급 마스크 착용장소에서 사용하여서는 안 된다.

07 방호조치를 하지 아니하고는 양도, 대여, 설치 또는 사용에 제공하거나 양도, 대여의 목적으로 진열하여서는 안 되는 기계·기구 4가지와 각각의 방호장치를 쓰시오.

1) 예초기 : 날접촉 예방장치
2) 원심기 : 회전체접촉 예방장치
3) 공기압축기 : 압력 방출장치
4) 금속절단기 : 날접촉 예방장치
5) 포장기계 : 구동부방호 연동장치
6) 지게차 : 헤드가드, 백레스트, 전조등, 후미등, 안전벨트

[주] 기계·기구의 방호조치 : 시행규칙 제46조

08 사업장의 안전 및 보건에 관한 중요사항을 심의·의결하기 위하여 사업장에 근로자위원과 사용자위원이 같은 수로 구성되는 기구를 구성·운영하여야 한다. 다음 물음에 답하시오.

1) 기구의 명칭을 쓰시오.
2) 기구의 정기회의 개최주기를 쓰시오.
3) 근로자위원과 사용자위원을 각각 쓰시오.

1) 산업안전보건위원회
2) 분기마다
3) 사용자위원과 근로자위원
   ① 사용자위원
      ㉠ 해당 사업의 대표자(같은 사업으로서 다른 지역에 사업장이 있는 경우에는 그 사업장의 최고책임자)
      ㉡ 안전관리자
      ㉢ 보건관리자
      ㉣ 산업보건의(해당 사업장에 선임되어 있는 경우로 한정)
      ㉤ 해당 사업의 대표자가 지명하는 9명 이내의 사업장 부서의 장
   ② 근로자위원
      ㉠ 근로자 대표
      ㉡ 명예 감독관이 위촉되어 있는 사업장은 근로자 대표가 지명하는 1명 이상의 명예 감독관
      ㉢ 근로자 대표가 지명하는 9명 이내의 근로자(명예 감독관의 수를 제외한 수의 감독관)

09 다음 [보기]의 사업의 종류와 규모에 따라 선임해야 할 안전관리자 수를 ( ) 안에 쓰시오.

(1) 상시근로자 600명인 식료품 제조업 : (①)명 이상
(2) 상시근로자 200명인 1차금속 제조업 : (②)명 이상
(3) 상시근로자 300명인 플라스틱제품 제조업 : (③)명 이상
(4) 총공사금액 1000억원 이상인 건설업 : (④)명 이상

해답 ① 2   ② 1   ③ 1   ④ 2

 길잡이 안전관리자를 두어야 할 사업의 종류, 규모, 안전관리자의 수(시행령 별표3)

사업의 종류		규모	안전관리자수
1. 토사석 광업 2. 식료품제조업, 음료제조업 3. 목재 및 나무제품제조 : 가구제외 4. 펄프, 종이 및 종이제품제조업 5. 코크스, 연탄 및 석유정제품제조업 6. 화학물질 및 화학제품제조업 : 의약품 제외 7. 의료용 물질 및 의약품제조업 8. 고무 및 플라스틱제품제조업 9. 비금속광물제조업 1차금속제조업 10. 1차금속제조업 11. 금속가공제품제조업 : 기계 및 기구 제외	12. 전자제품, 컴퓨터, 영상, 음향 및 통신장비제조업 13. 의료, 정밀, 광학기기 및 시계제조업 14. 전기장비제조업 15. 기타 기계 및 장비제조업 16. 자동차 및 트레일러제조업 17. 기타 운송장비제조업 18. 가구제조업 19. 기타 제품제조업 20. 서적, 잡지 및 기타 인쇄물출판물 21. 해체, 선별 및 원료재생업 22. 자동차종합수리업, 자동차전문수리업	상시근로자 50명 이상 500명 미만	1명 이상
		상시근로자 500명 이상	2명 이상
23. 농업, 임업 및 어업 24. 제2호부터 제19호까지의 사업을 제외한 사업 25. 전기, 가스, 증기 및 공기조절공급업 26. 하수·폐기물 및 분뇨처리업 26의 2. 폐기물수집, 운반, 처리 및 원료재생업(제21호에 해당하는 사업 제외) 26의 3. 환경정화 및 복원사업 27. 운수업 28. 도매 및 소매업 29. 숙박 및 음식점업 30. 영상·오디오기록물제작 및 배급업	31. 방송업 32. 우편 및 통신업 33. 부동산업 33의 2. 임대업 : 부동산 제외 34. 연구개발업 35. 사진처리업 36. 사업시설관리 및 조경서비스업 36의 2. 청소년수련시설운영업 37. 보건업 38. 예술, 스포츠 및 여가관련 서비스업 39. 수리업(제22호에 해당하는 사업은 제외) 40. 기타 개인서비스업	상시근로자 50명 이상 1,000명 미만	1명 이상
		상시근로자 1,000명 이상	2명 이상
41. 건설업	공사금액 800억원 이상 1500억원 미만		2명 이상 (다만, 전체 공사기간중 전·후 15에 해당하는 기간은 1명 이상)
	공사금액 120억원 이상(토목공사업은 150억원 이상) 800억원 미만		1명 이상

10 물에 젖은 작업자의 손이 전압 300V인 충전부분에 접촉되어 감전·사망하였다. 이 경우 1) 인체에 흐른 심실세동전류(mA)와 2) 통전시간(ms)을 구하시오(단, 인체의 저항은 1,000Ω으로 하고 소수 넷째자리에서 반올림하여 소수 셋째자리까지 표기할 것).

 1) 심실세동전류(I)

$$I = \frac{V}{R}$$

여기서 ┌ V(전압) = 300V
└ R(인체저항 – 손이 물에 젖으면 1/25로 감소) : 1,000/25 = 40Ω

$$I = \frac{V}{R} = \frac{300}{40} = 7.5A = 7500mA$$

2) 통전시간(T)

$$I = \frac{165}{\sqrt{T}} mA$$

$$T = \left(\frac{165}{I}\right)^2 = \left(\frac{165}{7500}\right)^2 = 4.84 \times 10^{-4} \sec (\times 1000) = 0.484ms$$

[주] 1s(second)=1000ms(millisecond)

11 연삭숫돌의 파괴원인 4가지를 쓰시오.

 1) 숫돌의 회전속도가 빠를 때
2) 숫돌 자체에 균열이 있을 때
3) 숫돌에 과대한 충격을 가할 때
4) 숫돌에 측면을 사용하여 작업할 때
5) 숫돌의 불균형이나 베어링 마모에 의한 진동이 있을 때
6) 숫돌 반경 방향의 온도변화가 심할 때
7) 작업에 부적당한 숫돌을 사용할 때
8) 숫돌의 치수가 부적당할 때
9) 플랜지가 현저히 작을 때(플랜지 직경=숫돌 직경×1/3)

12 인체계측자료의 응용원칙 3가지를 쓰시오.

1) **최대치수와 최소치수** : 최대치수 또는 최소치수를 기준으로 하여 설계한다(극단에 속하는 사람을 위한 설계).
2) **조절범위(조절식)** : 체격이 다른 여러 사람에게 맞도록 만드는 것이다(조정할 수 있도록 범위를 두는 설계)..
3) **평균치를 기준으로 한 설계** : 최대치수나 최소치수, 조절식으로 하기가 곤란할 때 평균치를 기준으로 하여 설계한다(평균적인 사람을 위한 설계).

   Guide 문제조건에 설명하라는 말이 없으면 3가지 종류만 쓰면 됩니다.

13 사업주가 근로자에게 시행해야 하는 안전보건교육 중 건설업 기초안전보건 교육내용 2가지를 쓰시오.

1) 산업안전보건법령 주요내용(건설일용근로자 관련부분)
2) 안전의식제고에 관한 사항

 건설업 기초안전보건교육에 대한 내용 및 시간(시행규칙 [별표 5])

구분	교육내용	시간
공통	산업안전보건법령 주요내용(건설일용근로자 관련부분)	1시간
	안전의식 제고에 관한 사항	
교육대상별	작업별 위험요인과 안전작업 방법(재해사례 및 예방대책)	2시간
	건설 직종별 건강장해 위험요인과 건강관리	1시간

산업안전기사 실기 필답형 2024년 제1회

01 산업안전보건법상 안전보건관리규정에 포함될 사항 3가지만 쓰시오.
단, 그 밖에 안전 및 보건에 관한 사항은 제외한다.

[해답]

1) 안전 및 보건에 관한 관리조직과 그 직무에 관한 사항
2) 안전보건교육에 관한 사항
3) 작업장의 안전 및 보건 관리에 관한 사항
4) 사고 조사 및 대책 수립에 관한 사항

㈜ 안전보건관리규정의 작성 : 법제참고

[길잡이]

1) 안전보건관리규정을 작성해야 할 사업의 종류 및 상시근로자 수(규칙 별표2)
   (제 25조제1항 관련)

사업의 종류	상시근로자 수
1. 농업 2. 어업 3. 소프트웨어 개발 및 공급업 4. 컴퓨터 프로그래밍, 시스템 통합 및 관리업 5. 정보서비스업 6. 금융 및 보험업 7. 임대업 : 부동산 제외 8. 전문, 과학 및 기술 서비스업(연구개발업은 제외한다) 9. 사업지원 서비스업 10. 사회복지 서비스업	300명 이상
11. 제1호부터 제10호까지의 사업을 제외한 사업	100명 이상

2) 안전보건관리규정 작성시기(시행규칙 제25조) : 안전보건관리규정을 작성해야 할 사유가 발생한 날부터 30일 이내

1) 안전보건관리규정에 포함된 사항(규정내용)은 매년 출제될 정도로 출제율이 매우 높았습니다.
2) 길잡이에서 제 1호부터 제 10호까지의 사업을 제외한 사업: 제조업
3) 작성 시기도 꼭 알아 두어야합니다

02 산업안전보건법상 유해·위험 방지를 위한 방호조치를 하지 아니하고는 양도, 대여, 설치 또는 사용에 제공하거나 양도·대여의 목적으로 진열해서는 아니 되는 기계, 기구 4가지를 쓰시오.

1) 예초기
2) 원심기
3) 공기압축기
4) 금속절단기
5) 지게차
6) 포장기계(진공포장기, 래핑기로 한정)

> **길잡이**
>
> ▶ 유해·위험기계·기구등에 대한 방호 조치(법 제 80조)
>   1) 방호조치(고용노봉부령)를 하지 아니하고는 양도, 대여, 설치 또는 사용에 제공하거나 양도·대여를 목적으로 진열해서는 아니되는 유해·위험기계 등
>   2) 유해·위험기계 등의 범위: 동력으로 작동되는 기계·기구로서 다음 각호에 해당하는 것
>   ① 작동부분에 돌기 부분이 있는 것
>   ② 동력잔달부분 또는 속도조절부분이 있는 것
>   ③ 회전기계에 물체 등이 말려 들어갈 부분이 있는 것
>   3) 유해·위험기계·기구 등에 설치해야할 방호장치
>   ① 예초기 : 날접총예방장치
>   ② 원심기 : 회전체 접촉 예방장치
>   ③ 공기압축기 : 압력방출장치
>   ④ 금속절단기 : 날접촉예방장치
>   ⑤ 지게차 : 헤드가드, 백레스트(backrest), 전조등, 후미등, 안전벨트
>   ⑥ 포장기구 : 구동부 방호 연동장치

매년 출제할 정도로 출제율 매우 높습니다. 반드시 암기하여야 합니다

03 다음[보기] 내용은 산업안전보건법상 철골작업을 중지하여야 하는 조건이다. ( )안에 알맞은 수치를 쓰시오

> [보기]
> 1) 풍속: (①) m/s 이상인 경우
> 2) 강우량: (②) mm/h 이상인 경우
> 3) 강설량: (③) cm/h 이상인 경우

① 10
② 1
③ 1

㈜ 철골작업을 중지해야 할 경우(철골작업의 제한) : 안전보건규칙 제 383조

숫자와 단위(m/s, mm/h, cm/h)를 완벽하게 암기하여야 합니다

04 근로자수 1440명이 주당 40시간씩 연간 50주 근무하고 조기출근 및 잔업시간 합계가 100,000시간, 출근율 94%인 사업장에서 연간 40건의 재해발생으로 인한 근로손실일수 1200일과 사망재해가 1건 발생하였을 때 강도율을 구하시오

$$강도율 = \frac{총근로손실일수}{연근로시간수} \times 1000$$
$$= \frac{1200+7500}{(1400 \times 40 \times 50 \times 0.94)+100,000} \times 1000$$
$$= 3.099 = 3.10$$

▶ 근로손실일수 산정

1) 근로손실일수의 산정기준(국제기준)
   ① 사망 및 영구전노동불능(신체장해등급 :1-3) : 7500일
   ② 영구일부노동불능(신체장해등급 : 4-14) : 다음과 같다

신체장해등급	4	5	6	7	8	9	10	11	12	13	14
근로손실일수	5,500	4,000	3,000	2,200	1,500	1,000	600	400	200	100	50

2) 일시전노동불능 : 근로 손실일수 = 휴업일수 × 300/365

 1) 재해율 계산문제에 관계되는 공식 6가지 ① 도수율, ② 강도율, ③ 연천인율, ④ 도수율과 연천인율의 관계식, ⑤ 환산도수율과 환산강도율, ⑥ 종합재해지수)는 기본적으로 암기하여야 합니다.
2) 재해율 계산 풀이과정을 표준화시켜 완전하게 숙지하여야 합니다

05 다음[보기]내용은 산업안전보건법상 누전차단기를 접속하는 경우에 준수할 사항이다. ( )안에 알맞은 내용(또는 수치)을 쓰시오

[보기]

1) 전기기계 · 기구에 설치되어 있는 누전차단기는 정격감도전류가(①)mA 이하이고 작동시간은 (②) 초 이내일 것.
2) 다만, 정격부하전류가 50A 이상인 전기기계 · 기구에 접속되는 누전차단기는 오작동을 방지하기 위하여 정격감도전류는 200mA 이하로, 작동시간은 0.1초 이내로 할 수 있다

① 30
② 0.03

㈜ 누전차단기 접속 시 준수사항 : 안전보건규칙 제 303조(전기기계 · 기구의 적정 설치 등) ⑤ 항

 1) 전기설비 중 누전 차단기에 대한 법규내용은 출제율이 높습니다
2) 숫자와 단위를 정확히 암기하고 단서조항도 꼭 알아두십시오

06 보호구안전인증고시상 안전모의 성능시험 항목 4가지를 쓰시오

1) 내관통성
2) 충격흡수성
3) 내전압성
4) 내수성
5) 난연성
6) 턱끈풀림

▶ 안전모의 시험성능기준(고용노동부고시 제 2023-64호)

항목	시험성능기준
내관통성	AE, ABE종 안전모는 관통거리가 9.5mm이하이고, AB종 안전모는 관통거리가 11.1mm 이하이어야 한다.
충격흡수성	최고전달충격력이 4450N을 초과해서는 안되며, 모체와 착장제의 기능이 상실되지 않아야 한다.
내전압성	AE, ABE종 안전모는 교류 20kV에서 1분간 절연파괴 없이 견뎌야하고, 이때 누설되는 충전전류는 10mA 이하이어야 한다.
내수성	AE, ABE종 안전모는 질량증가율이 1% 미만이어야 한다.
난연성	모체가 불꽃을 내며 5초 이상 연소되지 않아야 한다.
턱끈풀림	150N 이상 250N 이하에서 턱끈이 풀려야 한다.

보호구 시험성능기준 중 안전모에 대한 것이 가장 중요합니다.

07 다음[보기] 내용은 방호장치 안전인증 고시상 안전밸브 형식 표시사항을 나타낸 것이다. 형식 표시사항의 의미를 각각 쓰시오.
단, 마지막 B는 제외한다

[보기]
S F Ⅱ 1 - B

1) S : 요구성능
2) F : 유량제한기구
3) Ⅱ : 호칭입구표기구분
4) 1 : 호칭압력구분

▶ 안전밸브의 성능기준(방호장치 안전인증고시 제 2021-22호, 별표 3)
1) 안전밸브의 형식표시

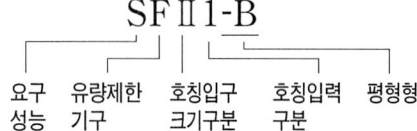

2) 안전밸브 형식구분

형식구분	내용		
1. 요구성능	요구성능의 기호	요구성능	용도
	S	증기의 분출압력을 요구	증기(steam)
	G	가스의 분출압력을 요구	가스
2. 유량제한기구	형식기호	요구성능	
	L	양정식	
	F	전량식	

형식구분	내용					
3. 호칭입구크기구분	호칭지름의 구분	I	II	III	IV	V
	범위(mm)	25이하	25초과 50이하	50초과 80이하	80초과 100이하	100초과
4. 호칭압력구분	호칭압력의 구분	1	3	5	10	21	22
	설정압력의 범위(KPa)	1이하	1초과 3이하	3초과 5이하	5초과 10이하	10초과 21이하	21초과

 24년도 1회에 처음 출제된 문제입니다
처음 출제된 문제라도 내용이 간단하면 바로 암기하기 바랍니다

08
다음[보기]내용은 산업안전보건법상 안전보건개선계획의 수립·시행 명령에 관한 사항이다. ( )안에 알맞은 내용을 쓰시오

[보기]
1) 고용노동부 장관은 「사업주가 필요한 안전조치 또는 보건조치를 이행하지 아니하여 중대재해가 발생한 사업장」에 안전보건진단을 받아(①)를 수립하여 시행할 것을 명할 수 있다.
2) 사업주는 수립·시행 명령을 받은 날부터 (②) 이내에 관할 지방고용노동관서의 장에게 해당 계획서를 제출해야 한다.

해답
① 안전보건개선계획서
② 60일

개선계획
건개선계획 수립대상 사업장(법 제 49조)
업재해율이 같은 업종의 규모별 평균 산업재해율보다 높은 사업장
사업주가 안전보건조치 의무를 이행하지 아니하여 중대재해가 발생한 사업장
유해인자의 노출기준을 초과한 사업장
대통령령으로 정하는 수 이상의 직업성질병자가 발생한 사업장
안전보건진단을 받아 개선계획을 수립, 제출해야되는 사업장(시행령 제 49조)
① 사업자가 필요한 안전조차보건조치를 이행하지 아니하여 중대재해가 발생한 사업장
② 산업재해율이 같은 업종 평균 산업재해율의 2배 이상인 사업장
③ 직업병 질병자가 연간 2명 이상(상시 근로자 1,000명 이상 사업장의 경우 3명 이상)인 사업장
④ 작업환경불량, 화재·폭발 또는 누출사고 등으로 사업장 주변까지 피해가 확산된 사업장으로서 고용노동부령으로 정하는 사업장
3) 안전·보건 개선계획서에 포함해야 되는 내용(시행규칙 제 61조)
① 시설
② 안전·보건교육
③ 안전·보건관리체제
④ 산업재해예방 및 작업환경의 개선을 위하여 필요한 사항
4) 안전보건개설계획서의 제출시기 : 개선계획서 수립·시행 명령을 받은 날부터 60일 이내

1) 일반적인 개선계획 수립 대상 사업장과 안전보건진단을 받아 개선계획을 수립해야할 사업장을 구분하여 암기 바랍니다(같은 내용도 1가지 있음)
2) 개선계획서에 포함해야 되는 내용도 중요합니다

09 클러치 맞물림개수가 4개, 매분행정수가 300SPM 일 때 양수기동식 방로장치의 안전거리 (mm)를 구하시오

해답

$$D_m = 1.6\,T_m$$
$$= 1.6 \times \left(\frac{1}{\text{클러치물림개소수}} + \frac{1}{2}\right) \times \frac{60,000}{SPM}$$
$$= 1.6 \times \left(\frac{1}{4} + \frac{1}{2}\right) \times \frac{60,000}{300} = 240\,mm$$

여기서, Dm : 안전거리(mm)
Tm : 누름단추를 누른 직후부터 슬라이드가 하사점에 도달할 때 까지의 소요시간(ms)

1) 중요도는 ☆☆이지만 어려운 계산문제가 아니므로 계산과정을 익혀두기 바랍니다
2) 해답에서는 (풀이)과정이 있어야 하며 여기서 나오는 기호의 의미는 답안 작성 시는 제외시켜도 됩니다

10 다음 [보기] 내용은 산업안전보건법상 「작업중지의 해제」에 관한 사항이다. (   )안에 알맞은 내용 (또는 수치)을 쓰시오

[보기]

1) 사업주가 작업중지의 해제를 요청할 경우에는 작업중지명령 해제신청서를 작성하여 사업장의 소재지를 관할하는 지방고용노동관서의 장에게 제출해야한다.
2) 사업주가 작업중지명령 해제신청서를 제출하는 경우에는 미리 유해·위험요인 개선내용에 대하여 중대재해가 발생한 해당작업(①)의 의견을 들어야 한다.
3) 지방고용노동관서의 장은 작업중지명령 해제를 요청받은 경우에는 (②)으로 하여금 안전·보건을 위하여 필요한 조치를 확인하도록 하고, 천재지변 등 불가피한 경우를 제외하고는 해제요청일 다음 날부터 (③)일 이내 (토요일과 공휴일을 포함하되, 토요일과 공휴일이 연속하는 경우에는 3일까지만 포함)에 (④)를 개최하여 심의한 후 해당 조치가 완료되었다고 판단될 경우에는 즉시 작업중지명령을 해제해야 한다.

해답

① 근로자
② 근로감독관
③ 4
④ 작업중지해제 심의 위원회

주 작업중지의 해제 : 시행규칙 제 69조

 금번 시험에 처음 출제된 법규 문제입니다. (   )에 들어가는 용어와 숫자를 암기하기 바랍니다.

11 산업안전보건법상 다음 [표]의 그림에 해당하는 안전보건표지의 명칭을 각각 쓰시오

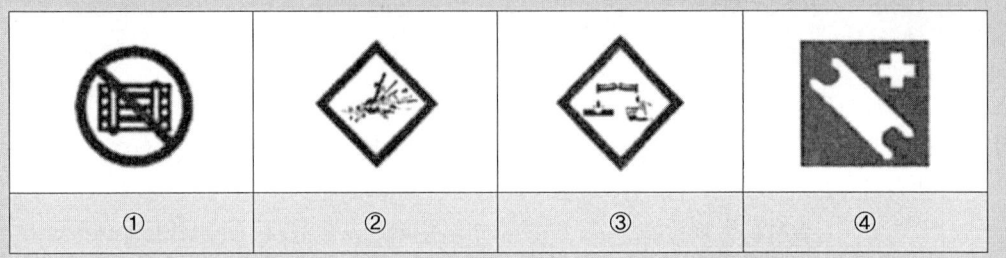

① 물체이동금지
② 폭발성물질경고
③ 부식성물질경고
④ 들 것

주) 안전보건표지의 종류와 형태 : 시행규칙 별표6

 1) 안전보건표지의 종류, 형태, 색체(색도기준)등은 출제율이 높은 편이므로 모두 잘 알아두어야합니다.
2) 안전표지를 그리는 문제도 출제됩니다.

12 산업안전보건법상 안전인증 심사 중 형식 별 제품 심사기간은 60일로 하는 보호구의 종류 5가지를 쓰시오

1) 추락 및 감전위험방지용 안전모
2) 안전화
3) 안전장갑
4) 방진마스크
5) 방독마스크
6) 송기마스크
7) 전동식 호흡 보호구
8) 보호복

▶ 안전인증 심사의 종류 및 방법 (시행규칙 제110조)

안전인증 심사의 종류		심사기간
1. 예비심사		7일
2. 서면심사		15일 (외국에서 제조한 경우 30일)
3. 기술능력 및 생산체계 심사		30일 (외국에서 제조한 경우 45일)
4. 제품심사	개별제품심사	15일
	형식별제품심사	30일
		다음 방호장치와 보호구는 60일 • 방폭구조 전기기계·기구 • 추락 및 감전위험방지용안전모 • 안전화 • 안전장갑 • 방진마스크 • 방독마스크 • 송기마스크 • 전동식 호흡보호구 • 보호복

처음 출제된 법규문제입니다. 심사의 종류, 심사기간 암기하여야합니다.

13 공정안전보고서의 제출·심사·확인 및 이행상태 평가 등에 관한 규정(고용노동부고시)상 공정안전보고서의 내용 중 공정위험성 평가서에 적용하는 위험성 평가기법에 있어「저장탱크설비, 유틸리티 설비 및 제조공정 중 고체 건조·분쇄 설비 등 간단한 단위공정」에 대한 위험성 평가 기법을 다음[보기]에서 2가지를 선택하여 쓰시오

[보기]
방호계층 분석 기법
이상 위험도 분석 기법
작업자실수분석 기법
상대위험순위결정 기법

해답

1) 작업자실수분석 기법
2) 상대위험순위 결정기법

길잡이

▶ **공정위험성 평가기법** (고용노동부고시 제 2016-40호)

제조공정	제조공정 중 반응, 분리(증류, 추출 등), 이송시스템 및 전기·계량시스템등의 단위공정	저장탱크 설비 및 제조공정 중 고체건조·분쇄설비 등 간단한 단위 공정
종류	1. 위험과 운전분석 기법 2. 공정위험분석 기법 3. 이상위험도분석기법 4. 원인결과분석기법 5. 결함수분석기법 6. 사건수분석기법 7. 공정안전성분석기법 8. 방호계층분석기법	1. 체크리스트기법 2. 작업자실수분석기법 3. 사고예상질문분석기법 4. 위험과 운전분석기법 5. 상대위험순위결정기법 6. 공정위험분석기법 7. 공정안정성분석기법

 제조공정별 위험성 평가기법의 종류를 구분할 수 있도록 하여야 합니다

산업안전기사 실기 필답형 — 2024년 제2회

01 산업안전보건법상 산업용 로봇이 예기치 못한 작동 또는 오조작에 의한 위험방지 조치사항 4가지를 쓰시오

다음 사항에 대한 지침을 정하여 그 지침에 따라 작업을 시킬 것
1) 로봇의 조작방법 및 순서
2) 작업 중의 매니퓰레이터의 속도
3) 2명 이상의 근로자에게 작업을 시킬 경우의 신호방법
4) 이상을 발견한 경우의 조치
5) 이상을 발견하여 로봇의 운전을 정지시킨 후 이를 재가동시킬 경우의 조치

(주) 산업용 로봇의 수리 등 작업시의 조치 등 : 안전보건규칙 제 224조

02 물질안전보건자료에 관한 교육을 실시하여야 가는 경우 2가지를 쓰시오

1) 물질안전보건자료대상물질을 제조 · 사용 · 운반 또는 저장하는 작업에 근로자를 배치하게 된 경우
2) 새로운 물질안전보건자료대상물질이 도입된 경우
3) 유해성 · 위험성 정보가 변경된 경우

(주) 물질안전보건자료에 관한 교역의 시기 · 내용 · 방법 등 : 시행규칙 제169조

03 1) 산업안전보건법상이 중대산업사고의 정의를 쓰고
2) 중대산업사고를 예방하기 위하여 작성하고 제출하여야 할 보고서의 이름을 쓰시오

1) 중대산업사고의 정의 : 사업장이 대통령령으로 정하는 유해·위험설비가 있는 경우 그 설비로부터의 위험물질 누출, 화재, 및 폭발 등으로 인하여 사업장 내의 근로자에게 즉시 피해를 주거나 사업장 인근 지역에 피해를 줄 수 있는 사고를 말한다
2) 중대사업사고 예방을 위한 제출보고서 : 공정안전보고서

04 안전보건관리규정에 관계된 다음 물음에 답하시오

1) 안전보건관리규정에 포함되는 사항 3가지를 쓰시오
2) 자동차 제조업인 경우 상시근로자수가 몇 명 이상일때 안전보건관리규정을 작성해야 하는가?

1) 안전보건관리규정에 포함되는 사항
   ① 안전 및 보건에 관한 관리조직과 그 직무에 관한 사항
   ② 안전보건교육에 관한 사항
   ③ 작업장의 안전 및 보건 관리에 관한 사항
   ④ 사고 조사 및 대책 수립에 관한 사항
   ⑤ 그 밖에 안전 및 보건에 관한 사항
2) 자동차 제조업 상시로로자수 : 100명 이상

주) 안전보건관리규정의 작성 : 법제25조

길잡이

▶ 안전보건관리규정을 작성해야 할 사업의 종류 및 상시근로자 수 (규칙 별표 2)

사업의 종류	상시근로자 수
1. 농업 2. 어업 3. 소프트웨어 개발 및 공급업 4. 컴퓨터 프로그래밍, 시스템 통합 및 관리업 5. 정보서비스업 6. 금융 및 보험업 7. 임대업 : 부동산 제외 8. 전문, 과학 및 기술 서비스업(연구개발은 제외한다) 9. 사업지원 서비스업 10. 사회복지 서비스업	300명 이상
11. 제1호부터 제10호까지의 사업을 제외한 사업	100명 이상

---

05 안전검사 주기에 관계되는 다음 ( )안에 알맞는 숫자 (또는 용어)를 쓰시오

1) 산업용로봇은 최초 (①)년 이내에 안전검사를 받고 그 이후부터는 (②) 년마다 검사를 받는다
2) 건설용 곤돌라는 최초로 설치한 날부터 (③)개월마다 검사를 받는다

해답

① 3 ② 2 ③ 6

길잡이

▶ 안전검사대상 유해 · 위험기계 등의 검사주기 (시행규칙 제 126조)
  1) 크레인(이동식크레인은 제외), 리프트(이삿짐 운반용 리프트는 제외) 및 곤돌라 : 사업장에 설치가 끝난 날부터 3년 이내에 최초 안전검사를 실시하되, 그 이후부터 2년마다(건설현장에 사용하는 것은 최초로 설치한 날부터 6개월마다)
  2) 이동식크레인, 이삿짐운반용 리프트 및 고소작업대 : 신규등록 이후 3년 이내에 최초 안전검사를 실시하되, 그 이후부터 2년마다
  3) 프레스, 전단기, 압력용기, 국소배기장치, 원심기, 롤러기, 사출성형기, 컨베이어 및 산업용 로봇: 사업장에 설치가 끝난 날부터 3년 이내에 최초 안전검사를 실시하되, 그 이후부터 2년마다 (공정안전보고서를 제출하여 확인을 받은 압력용기는 4년마다)

 출제율이 매우 높습니다

06 산업안전보건법상 산업안전보건위원회의 회의록 작성사항 3가지를 쓰시오.

1) 개최일시 및 장소
2) 출석위원
3) 심의 내용 및 의결·결정 사항

주 산업안전보건위원회의 회의 등 : 시행령 제37조

07 다음 [보기] 내용은 양중기의 종류 중 정리를 설명한것이다.
( ) 안에 알맞는 내용을 쓰시오

[보기]

1) 동력을 사용하여 중량물을 매달아 상하 및 좌우(수평 또는 선회를 말한다)로 운반하는 것을 목적으로 하는 기계 또는 기계장치 : (①)
2) 훅이나 그 밖의 달기구 등을 사용하여 화물을 권상 및 횡행 또는 권상동작만을 하여 양중하는 것 : (②)

① 크레인
② 호이스트

길잡이

▶ 양중기의 종류 (안전보건규칙 제132조 제 ①항)
1) 크레인(호이스트 포함)
2) 이동식 크레인
3) 리프트(이삿짐운반용은 적재하중 0.1톤 이상인 것)
4) 곤돌라
5) 승강기(최대하중이 0.25 톤 이상인 것)

(길잡이) 양중기의 종류는 꼭 암기하여야 합니다

08 안전인증대상 기계등에서 설치·이전하는 경우 안전인증을 받아야하는 기계 3가지를 쓰시오

1) 크레인
2) 리프트
3) 곤돌라

㈜ 안전인증 대상 기계등 : 시행규칙 제107조

▶주요 구조부분을 변경하는 경우 안전인증을 받아야 하는 기계 및 설비 (시행규칙 제 107조)
  1) 프레스
  2) 전단기 및 절곡기
  3) 크레인, 리프트, 곤돌라
  4) 압력용기
  5) 롤러기
  6) 사출성형기
  7) 고소 작업대

09 건설용 리프 등을 이용한 작업을 할 경우 실시하는 특별안전 교육내용 4가지를 쓰시오. 단, 그 밖에 안전·보건관리에 필요한 사항은 제외한다

1) 방호장치의 기능 및 사용에 관한 사항
2) 기계, 기구, 달기 체인 및 와이어 등의 점검에 관한 사항
3) 화물의 권상·권하 작업방법 및 안전작업 지도에 관한 사항
4) 기계·기구에 특성 및 동작원리에 관한 사항
5) 신호방법 및 공동작업에 관한 사항
6) 그 밖에 안전·보건관리에 필요한 사항

㈜ 특별교육 대상 작업별 교육매운 : 규칙[별표5]

별교육을 받아야 할 대상 작업이 39 개로 모두 암기할 수 있으므로 실기시험에 출제된 것만 암기 하여야 합니다

10 1500kg의 화물이 달기 와이어로프에 의해 60°의 각도로 매달아 들어올릴 때
1) 안전율을 구하고 2) 산업안전기준에 만족 또는 불만족 여부를 구분하시오.
단, 파단하중은 42.8 KN 이다

1) 달기 와이어로프의 안전율
   ① 로프에 걸리는 하중(W)
   $$W = \frac{화물무게}{2} \div \cos\left(\frac{로프각도}{2}\right)$$
   $$= \frac{1500 Kg}{2} \div \cos\left(\frac{60}{2}\right) \times \frac{9.8 N}{1 Kg} = 8487.05 N$$

   ② 안전율 $= \frac{파단하중}{최대사용하중}$
   $$= \frac{42.8 KN}{8.49 KN} = 5.04$$

2) 화물이 하중을 직접 지지하는 달기와이어로프의 안전율기준은 5이상이므로 만족한 상태이다

11 블레비 (BLEVE : 비등액체 팽창증기폭발)에 영향을 주는 인자 3가지를 쓰시오.

▶ 18. 1 기

1) 주위온도와 압력상태
2) 저장된 물질의 종류와 형태
3) 저장용기의 재질
4) 내용물의 인화성 및 독성여부
5) 내용물의 물리적 역학상태

> 길잡이
> ▶BLEVE(boiling liquid expanding vapor explosion)
> Bleve(블레비)란 비등상태의 액화가스가 기화하여 팽창하고 폭발하는 현상이다.
> 화염전파속도 : 250m/sec 전후

12 산업안전보건법상 허가대상물질 작업장에 부착하는 안전보건표지 기본내용에 포함되는 사항 2가지를 쓰시오

1) (허가물질명칭) 제조/사용/보관 중
2) 보호구/보호복 착용
3) 흡연 및 음식물 섭취 금지

주 안전보건표지의 종류와 형태 : 시행규칙[별표6]

1) 안전표지 명칭쓰기 및 그리기 2) 종류쓰기 3) 색도기준 쓰기 등이 출제됩니다

13 대통령령으로 정하는 사업의 종류 및 규모에 해당하는 사업으로서 해당 제품의 생산 공정과 직접적으로 관련된 건설물·기계·기구 및 설비 등 전부를 설치·이전하거나 그 주요 구조 부분을 변경하려는 경우 유해위험방지계획서를 제출할 때 첨부서류 3가지를 쓰시오
(단, 그 밖에 고용노동부장관이 정하는 도면 및 서류 제외)

1) 건축물 각 층의 평면도
2) 기계·설비의 개요를 나타내는 서류
3) 기계·설비의 배치도면
4) 원재료 및 제품의 취급, 제조 등의 작업방법의 개요

주 제출서류 등 : 시행규칙 제42조 제1항

14 달비계에 사용하는 섬유로프 또한 섬유벨트의 사용금지사항 2가지를 쓰시오

1) 꼬임이 끊어진 것
2) 심하게 손상되거나 부식된 것

주 섬유로프 금지사항 : 안전보건규칙 제63조 제1항 9호

산업안전기사 실기 필답형 — 2024년 제3회

01 산업전보건법상 누전에 의한 감전을 방지하기 위하여 코드와 플러그를 접속하여 사용하는 전기·기계 중 접지를 실시하여야 하는 노출된 비충전 금속제 3가지를 쓰시오

1) 사용전압이 대지전압 150V를 넘는것
2) 냉장고·세탁기·컴퓨터 및 주변기기 등과 같은 고정형 전기기계·기구
3) 고정형·이동형 또는 휴대형 전동기계·기구
4) 물 또는 도전성(導電性)이 높은 곳에서 사용하는 전기기계·기구, 비접 지형 콘센트
5) 휴대형 손전등

주 전기기계·기구의 접지 : 안전보건규칙 제 302조

02 「작업발판 일체형 거푸집」이란 거푸집의 설치·해체, 철근조립, 콘크리트타설, 콘크리트 면 처리작업 등을 위하여 거푸집을 작업발판과 일체로 제작하여 사용하는 거푸집을 말한다. 작업발판 일체형 거푸집의 종류 4가지를 쓰시오

1) 갱폼
2) 슬립폼
3) 클라이밍 폼
4) 터널 라이닝 폼

주 작업발판 일체형 거푸집의 안전조치 : 안전보건규칙 제 331조의 3

▶ 작업발판 일체형 거푸집의 종류
1) 갱폼(gang form) : 사용할 때마다 작은 부재의 조립, 분해를 반복하지 않고 대형화, 단순화 하여 한 번에 설치하고 해체하는 거푸집 시스템을 말한다.
2) 슬립 폼(slip form) : 수직적 또는 수평적으로 연속된 구조물을 시공이음이 없이 균일한 형상으로 시공하기 위하여 거푸집을 연속적으로 이동시키면서 콘크리트를 타설하는데 사용되는 거푸집이다.
3) 클라이밍 폼(Climbing form) : 벽체용 거푸집으로서 거푸집과 벽체 마감공사를 위한 비계들을 일체로 조립하여 한꺼번에 인양시켜 설치하는 거푸집을 말한다.
4) 터널 라이닝폼(tunnel Lining form) : 벽식 철근콘크리트 구조를 시공할 경우 벽과 바닥의 콘크리트타설을 한 번에 가능하게 하기 위하여 벽체용 거푸집과 슬래브 거푸집을 일체로 제작하여 한 번에 설치하고 해체할 수 있도록 한 거푸집이다.

출제율이 매우 높습니다

03 다음[보기]에서 산업안전보건법상 위험물의 종류에 해당되는 것을 골라 (   )안에 쓰시오

[보기]
마그네슘분말, 아세틸렌, 과염소산, 등유, 리튬

1) 인화성가스 : (①)
2) 인화성액체 : (②)
3) 산화성액체 및 산화성 고체 : (③)

① 아세틸렌
② 등유
③ 과염소산

04 다음 [표]는 내전압용 절연장갑의 성능기준에 있어 각 등급에 대한 최대사용전압과 색상을 나타낸 것이다. ( )안에 알맞은 수치를 쓰시오.

등급	최대사용전압		색상
	교류(V, 실효값)	직류(V)	
00	500	(①)	갈색
0	(②)	1,500	빨간색
1	7,500	11,250	흰색
2	17,000	25,500	노란색
3	26,500	39,750	녹색
4	(③)	(④)	등색

[비고] 직류는 교류값에 1.5배 곱해준다

① 750
② 1,000
③ 36,000
④ 54,000

05 양중기의 종류 5가지를 쓰시오

1) 크레인(호이스트 포함)
2) 이동식 크레인
3) 리프트(이삿짐운반용은 적재하중 0.1톤 이상인 것)
4) 곤돌라
5) 승강기

주) 양중기의 종류 : 안전보건규칙 제 132조

06 1급 방진마스크 사용 장소를 3곳으로 쓰시오

1) 특급마스크 착용장소를 제외한 분진 등 발생장소
2) 금속 등과 같이 열적으로 생기는 분진 등 발생장소
3) 기계적으로 생기는 분진 등 발생장소

▶ 방진마스크 사용장소

등급	사용장소
특급	① 베릴륨(Be) 등과 같이 독성이 강한 물질을 함유한 분진 등의 발생장소 ② 석면 취급장소
1급	① 특급마스크 착용장소를 제외한 분진 등 발생장소 ② 금속 흄(fume) 등과 같이 열적으로 생기는 분진 등 발생장소 ③ 기계적으로 생기는 분진 등 발생장소(규소 등과 같이 2급 마스크를 착용하여도 무방한 경우는 제외)
2급	• 특급 및 1급 마스크 착용장소를 제외한 분진 등 발생장소

단, 배기밸브가 없는 안면부여과식 마스크는 특급 및 1급 마스크 착용장소에서 사용하여서는 안 된다.

07 다음 사진을 보고 물음에 답하시오

1) 해당 사진의 보호구 명칭을 쓰시오
2) 해당 보호구가 갖추어야 할 구조조건 2가지를 쓰시오

1) 안전블록
2) 안전블록의 구조조건
    ① 안전블록을 부착하여 사용하는 안전대는 신체 지지의 방법으로 안전그네만을 사용할 것
    ② 안전블록은 정격 사용길이를 명시할 것

> 길잡이
> ▶ **안전블록** : 안전그네와 연결하여 추락발생 시 추락을 억제할 수 있는 자동 잠김장치가 갖추어져 있고 죔줄이 자동적으로 수축되는 장치를 말한다

08 산업안전보건법상 인체에 대전된 정전기에 의한 화재 또는 폭발의 위험이 있는 경우 조치할 상황 4가지를 쓰시오

1) 정전기 대전방지용 안전화 착용
2) 제전복 착용
3) 정전기 제전용구 사용
4) 작업장 바닥 등에 도전성을 갖출 것

주) 인체에 대전된 정전기에 의한 위험 방지 조치사항: 안전보건규칙 제 325조 제 ②항

> **길잡이**
>
> ▶ 정전기로 인한 화재 · 폭발 등 방지(안전보건규칙 제 325조): 위험물 설비 사용시 정전기에 의한 화재 · 폭발등의 위험이 발생할 우려가 있는 경우 정전기 발생을 억제하거나 제거하기 위한 조치사항
> 1) 확실한 방법으로 접지를 할 것
> 2) 도전성 재료 사용
> 3) 가습
> 4) 점화원이 될 우려가 없는 제전장치 사용

09 근로자가 반복하여 계속적으로 중량물을 취급하는 작업을 할 때 작업시작 전 점검사항 2가지를 쓰시오

1) 중량물 취급의 올바른 자세 및 복장
2) 위험물이 날아 흩어짐에 따른 보호구의 착용
3) 카바이드 · 생석회(산화칼슘) 등과 같이 온도상승이나 습기에 의하여 위험성이 존재하는 중량물의 취급방법
4) 그 밖에 하역운반기계등의 적절한 사용방법

주) 작업시작전 점검사항 : 안전보건규칙[별표 3]

10 연삭숫돌의 파괴원인 4가지를 쓰시오.

1) 숫돌의 회전속도가 빠를 때
2) 숫돌 자체에 균열이 있을 때
3) 숫돌에 과대한 충격을 가할 때
4) 숫돌의 측면을 사용하여 작업할 때
5) 숫돌의 불균형이나 베어링 마모에 의한 진동이 있을 때
6) 숫돌 반경방향의 온도변화가 심할 때
7) 작업에 부적당한 숫돌을 사용할 때
8) 숫돌의 치수가 부적당할 때
9) 플랜지가 현저히 작을 때(플랜지 직경=숫돌. 직경 x 1/3)

11 산업안전보건법상 회사의 대표이사는 매년 회사의 안전 및 보건에 관한 계획을 수립하여 이사회에 보고하고 승인을 받아야 한다. 이사회에 보고·승인을 받아야 할 회사에 관련된 다음 ( )안에 알맞은 용어(또는 숫자)를 쓰시오

1. 상시근로자(①)이상을 사용하는 회사
2. 「건설산업기본법」제23조에 따라 평가하여 공시된 시공능력의 순위 상위 (②)

① 500명
② 1천위(1000위)

㈜ 이사회에 보고 승인대상 지사 등 : 시행령 제 13조

12 다음 재해발생 형태에 관련된 [보기]에 (   )안에 알맞은 용어를 쓰시오

1) (   ) : 사람이 인력(중력)에 의하여 건축물, 구조물, 가설물, 수목, 사다리 등의 높은 장소에서 떨어지는 것
2) (   ) : 사람이 거의 평면 또는 경사면 층계 등에서 구르거나 넣어짐 또는 미끄러진 경우와 물체가 전도 · 전복된 경우
3) (   ) : 두 물체 사이의 움직임에 의하여 일어난 것으로 직선 운동하는 물체 사이의 협착, 회전부와 고정체 사이의 끼임. 롤러 등 회전체 사이에 물리거나 또는 회전체 · 돌기부 등에 감긴 경우
4) (   ) : 건축물, 용기 내 또는 대기 중에서 물질의 화학적, 물리적 변화가 급격히 진행되어 열. 폭음. 폭발압이 동반하여 발생하는 경우

1) 떨어짐 (추락)
2) 넘어짐 (전도)
3) 끼임 (협착, 감김)
4) 폭발

㈜ 산업재해 용어 : 산업재해 기록분류에 관한 지침(KOSHA GUIDE G83-2016)

재해발생형태 (사고유형) 는 자주 출제되지는 않지만 기본적으로 알아두어야할 사항입니다 틀려서는 안되는 문제입니다

13 다음[보기] 내용은 산업안전보건법상 중대산업사고를 예방하기 위한 사항이다. ( )안에 알맞은 내용을 쓰시오

[보기]

1) 사업주는 사업장에 대통령령으로 정하는 유해하거나 위험한 설비가 있는 경우 그 설비로부터의 위험물질 누출, 화재 및 폭발 등으로 인하여 사업장 내의 근로자에게 즉시 피해를 주거나 사업장 인근 지역에 피해를 줄 수 있는 사고로서 대통령령으로 정하는 사고 (이하 "중대산업사고'라 한다)를 예방하기 위하여 대통령령으로 정하는 바에 따라 (①)를 작성하고 고용노동부장관 에게 제출하여 심사를 받아야 한다. 이 경우 (①)의 내용이 중대산업사고를 예방하기 위하여 적합하다고 통보받기 전에는 관련된 유해하거나 위험한 설비를 가동해서는 아니 된다.
2) 사업주는 제1항에 따라 (①)를 작성할 때 (②)의 심의를 거쳐야 한다. 다만, (②)가 설치되어 있지 아니한 상업장의 경우에는 근로자의 대표의 의견을 들어야 한다.

① 공정안전보고서
② 산업안전보건위원회

주 공정안전보고서의 작성제출 : 산업안전보건법 제 44조

P.A.R.T

01

실기 작업형
산업안전기사

산업안전기사 실기 작업형(A형) — 2013년 제1회

01 동영상은 작업자 2명이 전주에서 활선작업(작업자 1명은 밑에서 절연용방호구를 올리고 다른 작업자 1명은 크레인 위에서 물건을 받아 전로에 절연용방호구를 설치하는 작업)장면을 보여주고 있다. 동영상의 작업상황과 같은 활선작업을 할 경우 내재되어 있는 핵심위험요인(위험 point) 2가지를 쓰시오. ▷ 07, 09, 13기, 10산

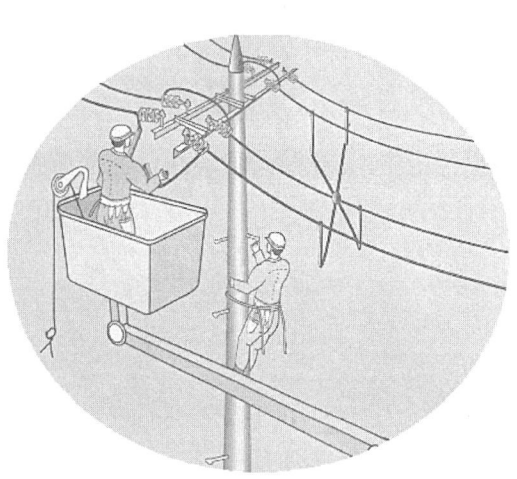

해답
1) 활선작업에 필요한 절연장갑 등 보호구 미착용으로 활선에 접촉되어 감전될 수 있다.
2) 크레인의 붐대가 활선에 접촉되어 감전될 수 있다.

02 동영상 화면은 이동식크레인을 이용하여 30kV의 전압이 흐르는 고압선 주변에서 화물 인양작업을 하던 중에 이동식크레인의 붐대가 고압선에 닿아 스파크가 발생되며 작업자가 감전사고가 발생되는 장면을 보여주고 있다. 동영상 작업상황에서의 감전을 방지하기 위한 안전대책을 3가지 쓰시오. ▷ 04, 05, 06기

해답
1) 해당 충전전로에 절연용 방호구를 설치할 것
2) 감전의 위험을 방지하기 위한 방책을 설치할 것
3) 크레인의 붐대와 고압선과 3m 이상의 이격거리를 둘 것
4) 크레인에 대하여 접지공사를 실시할 것
5) 크레인 작업시 감시인을 두고 작업을 감시하도록 할 것

03 동영상 화면은 경사진 벨트컨베이어를 이용하여 작업하는 장면(작업자 1명은 경사진 컨베이어 위에 회전하는 벨트 양끝 부분의 강재로 된 모서리에 양발을 벌리고 서있으며 밑에 작업자가 포대를 컨베이어에 올리던 중에 컨베이어 위에 양발을 벌리고 있는 작업자 발에 포대 끝부분이 부딪혀서 무게 중심을 잃고 컨베이어 오른쪽으로 쓰러지면서 작업자 팔이 컨베이어 하단으로 물려 들어가는 사고장면)을 보여주고 있다. 동영상의 작업상황에 대한 (1) 작업방법의 문제점(작업자 측면에서의 문제점) (2) 재해발생시 조치사항(안전대책)을 각각 쓰시오.

➡ 13기, 08산

04 동영상 화면은 작은 자재를 손으로 잡고 전기드릴을 이용하여 구멍을 뚫다가 자재가 튕겨서 손을 다치는 사고장면을 보여주고 있다. 동영상 작업상황에 대한 위험요인을 3가지 쓰시오. ➡ 07기

[해답]
1) 작은 자재(물건)를 바이스나 클램프에 장착하지 않고 직접 손으로 지지하고 드릴작업을 하고 있어 손을 다칠 위험이 있다.
2) 자재에 구멍을 뚫을 때에는 작은 드릴로 구멍 뚫고 큰 드릴로 구멍을 뚫어야 하는데 처음부터 큰 드릴을 사용하여 구멍을 뚫어서 위험하다.
3) 안전모, 보호구 등 보호구를 착용하지 않아서 눈 및 얼굴을 다칠 위험이 있다.

[해답] **(1) 작업방법의 문제점(작업자 측면에서의 문제점)** : 작업자가 양발을 컨베이어 양 끝에 지지하여 불안전한 자세로 작업을 하고 있으며, 포대를 컨베이어에 일정하게 올리지 않아 포대에 작업자 발을 부딪쳐 넘어지게 되었다.
(2) 재해발생시 조치사항 : 피재기계 정지

> **길잡이**
> 1) 드릴링 작업시 안전작업수칙
>   ① 공작물을 견고하게 고정하고 가공물을 손으로 잡고 구멍을 뚫지 말 것
>   ② 작은 구멍을 먼저 뚫은 뒤 큰 구멍을 뚫을 것
>   ③ 안전모, 보안경 등 보호구를 착용할 것(장갑 착용 금지)
> 2) 얇은 금속판(철판, 동판 등)에 구멍을 뚫을 경우 : 각목 등 나무판을 밑에 깔고 기구로 고정한 후 구멍을 뚫을 것

05 동영상 화면은 작업자가 비계 위에 설치된 작업발판 위에서 작업하는 장면을 보여주고 있다. ① 작업발판의 폭과 ② 발판재료간의 틈을 쓰시오. ▶ 07 기

해답
① 작업발판의 폭 : 40cm 이상
② 발판재료간의 틈 : 3cm 이하

[주] 작업발판의 구조 : 안전보건규칙 제56조

06 동영상은 이동식크레인을 이용하여 배관을 인양하는 작업장면(크레인 밑에서 작업자가 안전모 미착용상태에서 수신호를 하고 있으며 보조로프가 없이 배관이 흔들거리고 있음)을 보여주고 있다. 동영상의 작업상황에서 화물의 낙하·비래 위험을 방지하기 위한 사전점검 및 위험을 방지하기 위한 사전점검 및 위험방지 조치사항을 3가지 쓰시오. ▶ 07,10 산

해답
1) 작업반경 내 관계자 이외의 자의 출입을 금지시킨다.
2) 화물인양 도중에 화물이 빠질 우려가 있는지에 대해 확인한다.
3) 와이어로프, 훅의 해지장치 등에 대한 안전 상태를 점검한다.
4) 안전모 등 보호구를 착용한다.

07 동영상 화면의 보호장구에 대한 다음 물음에 답하시오. ▶ 03, 06기, 04산
(1) 보호구 명칭 :
(2) 정의 :
(3) 갖추어야 할 일반구조 2가지 :

해답 (1) 보호구의 명칭 : 안전블록
(2) 정의 : 안전그네와 연결하여 추락발생시 추락을 억제할 수 있는 자동잠김장치가 갖추어져 있고 죔줄이 자동적으로 수축되는 장치를 말한다.
(3) 갖추어야 할 일반구조
① 안전블록을 부착하여 사용하는 안전대는 신체지지의 방법으로 안전그네만을 사용할 것
② 안전블록은 정격 사용길이가 명시될 것
③ 안전블록의 줄은 합성섬유로프, 웨빙(webbing), 와이어로프이어야 하며, 와이어로프인 경우 최소 지름이 4mm 이상일 것

08 동영상 화면은 작업자가 맨손으로 유해물질인 황산(H_2SO_4)을 취급하는 작업장면을 보여주고 있다. 황산 등과 같은 유해물질이 인체에 흡입될 수 있는 경로를 2가지 쓰시오.

▶ 01, 07, 08, 13기

해답
1) 호흡기(코·입 등)
2) 소화기
3) 피부점막

09 동영상은 작업자가 전기부품(소형변압기)을 유기물질에 담가서 절연처리를 한 후 건조작업을 하는 작업장면(작업자는 일반 작업복을 입고, 안전모, 보안경, 안전장갑, 안전화 등 보호구를 착용하지 않은 상태이며 양손으로 전기부품을 사각형의 스테인리스로 된 유기화합물통에 넣었다 빼서 선반에 올리는 작업을 하다가 화면이 바뀌면서 전기부품을 건조시키기 위해 건조실에 넣고 문을 닫는 장면)을 보여주고 있다. 동영상의 작업상황에서 작업자가 다음 부위에 착용해야 할 보호구의 명칭을 각각 쓰시오.

▶ 06, 13 산

(1) 눈 :
(2) 손 :
(3) 피부 :

해답
(1) 보안경
(2) 유기화합물용 안전장갑(고무장갑)
(3) 유기화합물용 보호복(불침투성 보호복)

산업안전기사 실기 작업형(B형)
2013년 제1회

01 동영상은 전주를 세우기 위해 바닥을 파고 항타기가 콘크리트파일을 옮기는 중에 고압전선로에 접촉되어 아크가 발생되는 장면을 보여주고 있다. 동영상에서와 같은 항타기·작업시의 안전작업수칙을 2가지만 쓰시오. ▶ 04, 08, 13 기

증가할 때마다 10cm이상 증가시킬 것. 다만 차량 등의 높이를 낮춘 상태에서 이동하는 경우에는 이격거리를 120cm 이상으로 할 것)

 1) 작업반경 내에는 근로자의 출입을 금지시킬 것
2) 감전방지를 위해 방책(또는 가설울타리)을 설치하거나 충전전로에 절연용 방호구를 설치할 것
3) 감시인을 배치하여 작업을 감시할도록 할 것
4) 항타기·항발기 등 차량 등의 작업시에는 충전전로(고압선 등)의 충전부로부터 300cm이상 이격시킬 것(대지전압이 50kV를 초과하는 경우에는 10kV

02 동영상은 작업자가 전동권선기에 동선을 감는 작업 중에 기계가 정지하여 기계내부를 손으로 점검하다가 사고가 발생하는 장면을 보여주고 있다. 동영상에 나타난 (1) 재해형태와 (2) 재해발생원인(1가지)을 쓰시오. ➡ 07,13기, 04,05산

03 동영상 화면은 작업자가 사출성형기에 끼인 이물질을 제거하기 위해 잡아당기다가 감전으로 뒤로 넘어지는 사고발생 장면을 보여주고 있다. 동영상에서와 같이 사출성형기의 청소작업시 사고방지를 위한 예방대책을 3가지만 쓰시오.
➡ 04, 06, 07, 13 기

해답 (1) 재해형태(재해유형) : 감전(전류접촉)
(2) 재해발생원인 : 내전압용 절연장갑 등 절연용 보호구 미착용

해답
1) 작업시작 전에 전원을 차단할 것
2) 작업시 절연용고무장갑 등 보호구를 착용할 것
3) 금형 청소작업시에는 수공구 등을 사용하여 청소할 것

04 동영상 화면은 사진을 보고 다음 물음에 답하시오. (단, 정화통의 문자표는 무시한다.) ▶ 04, 05, 09기, 06, 11산
(1) 사진에 나타난 방독마스크의 종류를 쓰시오.
(2) 정화통에 들어있는 흡수제의 명칭을 1가지 쓰시오.
(3) 시험가스농도가 0.5%, 사용한 유해가스농도가 25ppm(+20%)이었을 때 정화통의 파과시간을 쓰시오.

05 동영상은 경사진 박공지붕 설치작업 중에 사고가 발생되는 장면(지붕위 작업장소에 작업 발판·안전난간·안전방망 등이 안전시설이 설치되어 있지 않고 지붕 위쪽 중간에서 작업자들이 음료수를 마시면서 앉아 휴식을 취하던 중에 작업자 왼쪽과 뒤편에 적치되어 있던 적재물이 작업자에게 굴러와 충돌하여 작업자가 앞으로 쓰러지는 사고장면)을 보여주고 있다. 안전대책을 3가지 쓰시오.
▶ 04, 13기, 06, 07산

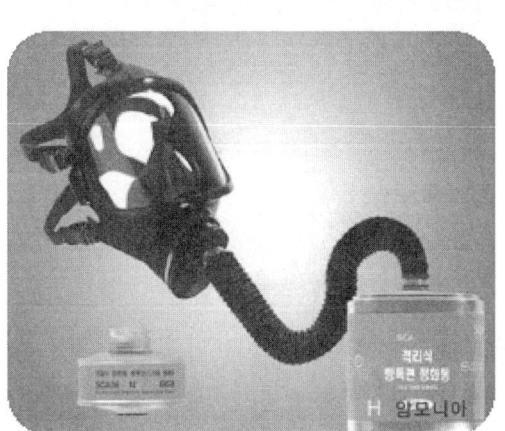

해답
(1) 암모니아용 방독마스크
(2) 큐프라마이트
(3) 40분

길잡이
▶ 암모니아(NH₃) 파과시간

시험가스농도(%) (±10%)	파과농도 (ppm, ±20%)	파과시간(분)
1.0	25.0	60
0.5		40
0.1		50

해답
1) 폭 30cm 이상의 작업발판을 설치할 것
2) 안전방망을 설치하고, 안전대 부착설비를 설치하여 안전대를 착용할 것
3) 작업자는 위험한 장소에서 휴식을 취하지 않도록 할 것
4) 부재를 한 곳에 과적하여 적치하지 않도록 할 것

06 동영상은 작업자가 어두운 장소에서 손전등을 들고 컨베이어 벨트를 점검하다가 부주의하여 한 눈을 판 사이에 작업자의 손이 벨트에 끼이는 사고장면을 보여주고 있다. 컨베이어 점검작업의 조치사항을 2가지 쓰시오. ➡ 06, 08,13 기

07 동영상은 석면취급 작업장면(작업자가 방진마스크를 착용하고 브레이크 라이닝 패드를 제작하는 과정)을 보여주고 있다. 작업자가 석면분진이 비산하는 작업장에 장기간 노출시 발생위험이 높은 직업성 질병 또는 직업병의 명칭을 3가지 쓰시오. ➡ 04, 07기, 03, 04, 05산

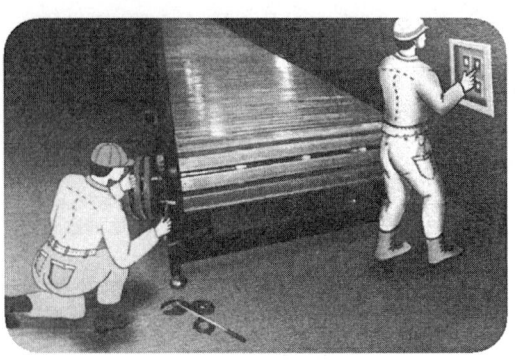

 1) 작업시작 전에 전원을 차단하고 점검 중에 스위치를 넣지 않도록 시건장치를 설치하고 점검중임을 나타내는 통전금지표지판을 설치할 것
2) 조명을 밝게 하도록 할 것

 1) 석면폐증(진폐증)
2) 폐암
3) 악성중피종

> 길잡이
▶ 컨베이어의 작업시작 전 점검사항
 (안전보건규칙 별표 3 제13호)
 1) 원동기 및 풀리(pulley) 기능의 이상 유무
 2) 이탈 등의 방지장치 기능의 이상 유무
 3) 비상정지장치 기능의 이상 유무
 4) 원동기·회전축·기어 및 풀리 등의 덮개 또는 울 등의 이상 유무

08 동영상 화면은 작업자가 인쇄용 윤전기의 롤러를 걸레로 청소작업 중에 사고발생장면(전원을 끄지 않고 서로 맞물려서 돌아가는 롤러를 앞으로 체중을 실어서 힘있게 걸레로 닦고 있다.가 작업자의 손이 롤러기 사이에 끼이는 장면)을 보여주고 있다. 동영상을 참고하여 롤러기의 청소 등의 작업시 안전작업수칙을 3가지만 쓰시오.   ▶ 04, 07기, 06산

해답 1) 작업 전에는 안전점검을 실시한다.
2) 2인 이상의 공동작업(협동작업)인 경우 의사전달을 확실한 방법으로 하여야 한다.
3) 작업 중에는 주유·분해·수리 등 위험한 행위를 하지 않는다.

09 동영상 화면은 작업자가 스프레이건(spray gun)으로 배관류를 눕혀 놓고 페인트를 도포하는 작업장면을 보여주고 있다. 작업자가 착용한 방독마스크의 흡수관(정화통)에 사용하는 흡수제의 주성분 3가지를 쓰시오.   ▶ 06, 08, 13기, 08산

해답 1) 활성탄
2) 소다라임
3) 큐프라마이트
4) 호프카라이트

> **길잡이**
> ▶ 방독마스크의 흡수관의 종류 및 흡수제 주성분
> 1) 할로겐가스용(보통가스용) : 활성탄, 소다라임
> 2) 유기가스용 : 활성탄
> 3) 일산화탄소용 : 호프카라이트
> 4) 암모니아용 : 큐프라마이트

산업안전기사 실기 작업형(C형)
2013년 제1회

01 동영상은 슬라이싱 머신(slicing machine)에 의해 무채를 썰어내는 작업 중 갑자기 기계가 멈추어서 기계를 점검하던 중에 슬라이싱 머신 칼날에 손을 베이는 사고가 발생하는 장면을 보여주고 있다. 슬라이싱 머신의 무채를 썰어내는 부분에 형성되는 ① 위험점의 종류와 ② 위험점의 정의를 쓰시오.

 02,03,05,08,11 기, 03,11산

길잡이
▶ 슬라이싱 머신(slicing machine)
1) 방호장치 명칭 : 인터록(연동장치)
2) 재해원인 분석
   ① 기인물 : 슬라이싱 머신
   ② 가해물 : 칼날
3) 슬라이싱 머신 작업시 안전대책
   ① 위험점에 시건장치 또는 인터록(연동장치) 등 방호장치 설치
   ② 덮개 설치
   ③ 울 설치

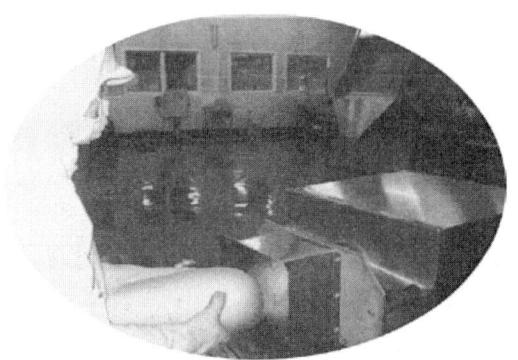

해답
① 위험점 : 절단점
② 정의 : 회전하는 운동부분 자체와 운동하는 기계 자체에 위험이 형성되는 위험점

02 동영상은 작업자 A가 정지된 컨베이어의 구동체인의 안전커버를 벗기고 점검조정을 하고 있는데 작업자 B가 전원스위치 쪽으로 다가와 전원을 가동시켜서 작업자 A가 벨트에 손이 끼이는 사고 발생장면을 보여주고 있다. 컨베이어를 사용하여 작업을 할 때에 작업시작 전 점검사항 가지를 쓰시오. ▶ 07 기

03 동영상 화면은 석면을 취급하는 장소에서 작업자가 반면형 마스크를 쓰고 작업하는 장면을 보여주고 있다. 석면분진에 장기간 노출시 발생위험이 높은 질병(직업병) 3가지를 쓰시오. ▶ 04,05기, 03,04산

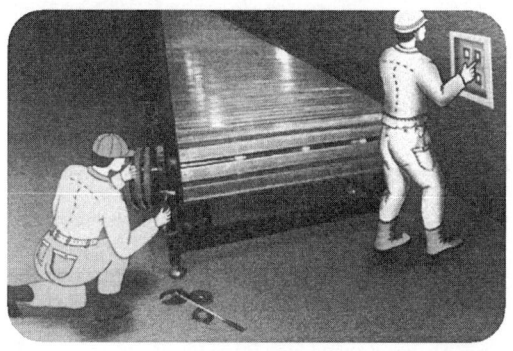

해답
1) 원동기 및 풀리 기능의 이상 유무
2) 이탈 등의 방지장치 기능의 이상 유무
3) 비상정지장치 기능의 이상 유무
4) 원동기·회전축·기어 및 풀리 등의 덮개 또는 울 등의 이상 유무

[주] 컨베이어 등을 사용하여 작업을 할 때 작업시작 전 점검사항 : 안전보건규칙 별표 3

해답
1) 석면폐증
2) 폐암
3) 악성중피종(中皮腫)

> **길잡이**
> ▶ 컨베이어의 안전기준(안전보건규칙 제191조~제193조)
> 1) **이탈 및 역주행 방지장치** : 정전·전압강하 등에 따른 화물 또는 운반구의 이탈 및 역주행을 방지하는 장치를 갖출 것
> 2) **비상정치장치** : 근로자의 신체의 일부가 컨베이어에 말려드는 등 위험해질 우려가 있는 경우 및 비상시에는 즉시 컨베이어 등의 운전을 정지시킬 수 있는 비상정지장치를 설치할 것
> 3) **덮개 또는 울** : 컨베이어 등으로부터 화물이 떨어져 근로자가 위험해질 우려가 있는 경우에는 해당 컨베이어 등에 덮개 또는 울을 설치하는 등 낙하방지를 위한 조치를 할 것

04 동영상 화면은 지하에 설치된 폐수처리조 등 밀폐공간 내에서 슬러지 처리작업 중 작업자가 쓰러지는 사고발생 장면을 보여주고 있다. 동영상과 같은 밀폐된 장소에 작업자가 들어갈 때 필요한 호흡용 보호구의 종류를 2가지 쓰시오.
➡ 00,06 산

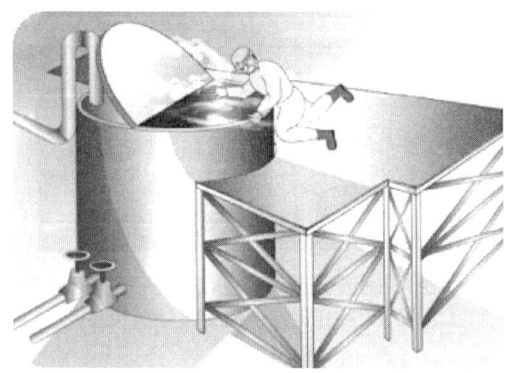

해답
1) 송기마스크
2) 공기호흡기

> **길잡이**
> ▶ 밀폐공간 내에서 작업을 할 경우 비상시 피난용구
> 1) 호흡용 보호구
> 2) 로프 및 구명밧줄
> 3) 도르래
> 4) 안전대(안전벨트)
> 5) 패재자 구조용 발판

05 동영상은 터널 내에서 발파작업을 하기 위해 준비하는 장면(작업자가 가늘고 긴 철물(봉)을 이용해서 화약을 장전구 안으로 3~4개 정도 밀어 넣은 후에 접속한 전선을 꼬아서 폭파스위치에 연결시키는 장면)을 보여주고 있다. 동영상의 작업상황 중에 작업자의 위험한 행동 1가지를 쓰시오.
➡ 13 기

해답 철로 된 봉으로 화약을 장전하던 중에 정전기나 스파크 등으로 화약이 폭발할 수 있다.

06 동영상은 A작업자(맨손, 슬리퍼 착용)가 변압기의 1차전압을 측정하기 위해 유리창너머의 B작업자에게 전원을 투입하라는 신호를 보내고 전압측정을 완료한 후에 다시 전원을 차단하라고 신호를 보내고 측정기기를 철거하다가 감전사고가 발행하는 장면을 보여주고 있다. 재해발생 원인 3가지를 쓰시오. ▶ 07,13 산

07 동영상은 컨베이어가 작동하는 상태에서 작업자가 컨베이어 벨트 끝부분에 발을 짚고 올라서서 불안정한 자세로 형광등을 교체하다가 추락하는 재해사례를 보여주고 있다. 작업자의 불안전한 행동 2가지를 쓰시오. ▶ 03, 07 기

해답
1) 절연용 고무장갑 등 절연용 보호구를 착용하지 않았다.
2) A작업자와 B작업자 간의 신호전달이 잘 이루어지지 않았다.
3) A작업자가 전원차단 신호를 보낸 후 전원차단을 확인하지 않고 기기를 만졌다.(안전확인 소홀)

해답
1) 작업 전에 전원을 차단하여 컨베이어를 정지시키지 않은 채 형광등을 교체작업을 하고 있다.
2) 컨베이어 위에 불안전한 곳을 딛고 서서 불안전한 자세로 작업을 하고 있다.
3) 안전모, 절연용 안전장갑 등 보호구를 착용하지 않았다.

08 동영상 화면은 방열복 및 방열장갑 등을 보여주고 있다. 방열복의 성능시험항목 3가지를 쓰시오. ▶ 08 산, 13 기

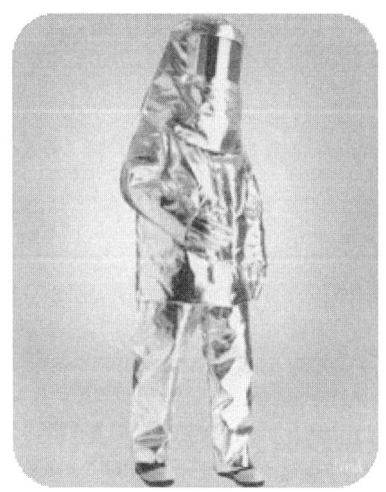

해답
1) 난연성 시험
2) 절연저항 시험
3) 내열성 시험
4) 내한성 시험
5) 열전도율 시험
6) 열충격성 시험
7) 광선시감투과율 시험
8) 표면마모저항 시험

09 동영상 화면은 작업자가 승강기 설치 전 피트 내에서 작업(피트 내의 나무판자로 엉성하게 이어붙인 발판 위에서 벽면에 돌출되어 못을 망치로 제거하는 작업) 중에 개구부에서 추락하는 사고장면을 보여주고 있다. 위험요인을 3가지 쓰시오. ▶ 07, 08, 13 기

해답
1) 작업자가 안전대를 착용하지 않고 작업을 하고 있다.
2) 추락을 예방할 수 있는 안전방망(추락방호망)을 설치하지 않았다.
3) 못이 튀어서 작업자가 다칠 수 있다.
4) 작업지휘자를 배치하지 않았다.

산업안전기사 실기 작업형(A형)

2013년 제2회

01 동영상 화면은 아파트 창틀을 설치하는 작업 중에 추락사고가 발생하는 사고발생 장면을 보여주고 있다. 작업자의 추락사고원인 2가지를 쓰시오. ▶ 04,06기

해답 추락사고원인
1) 안전난간 미설치
2) 안전방망 미설치
3) 안전대부착설비 미설치 및 안전대 미착용

02 동영상은 프레스기로 철판에 구멍을 뚫는 작업장면을 보여주고 있다. 프레스기에 급정지기구가 부착되어 있지 않을 경우에 유효한 프레스기의 방호장치를 2가지만 쓰시오. ▶ 00,01,07,13기

해답
1) 수인식 방호장치
2) 손쳐내기식 방호장치
3) 게이트가드식 방호장치
4) 양수기동식 방호장치

> **길잡이**
> ▶ 급정지기구가 부착되어 있어야만 유효한 프레스기의 방호장치
> 1) 양수조작식 방호장치
> 2) 감응식 방호장치

03 터널 계측은 굴착지반의 거동, 지보공 부재의 변위, 응력의 변화 등에 대한 정밀측정을 실시함으로써 시공의 안전성을 사전에 확보하고 설계시의 조사치와 비교·분석하여 현장조건에 적정하도록 수정·보완하는데 그 목적이 있다. 터널 계측의 항목을 3가지만 쓰시오. ▶ 07,13기

04 동영상 화면은 크롬도금작업 장면을 보여주고 있다. 동영상에서와 같이 유해물질 취급시 일반적인 주의사항을 4가지 쓰시오. ▶ 07산, 13기

해답
1) 유해물질 발생원의 봉쇄
2) 작업공정의 은폐 및 작업장의 격리
3) 유해물의 위치, 작업공정의 변경
4) 실내환기 및 점화원의 제거
5) 정리정돈 철저

해답
1) 내공변위 측정
2) 천단침하 측정
3) 지표면 침하 측정
4) 지중변위 측정
5) 지중침하 측정
6) 지중수평변위 측정
7) 지하수위 측정
8) 록볼트 축력 측정
9) 뿜어붙이기 콘크리트 응력 측정
10) 터널 내 탄성파 속도 측정

[주] **터널 계측의 목적 및 항목** : 터널공사 표준안전작업지침(고용노동부 고시)

05 동영상은 1만 볼트가 인가된 배전반 점검 중에 작업자 1명이 사고가 발생하여 쓰러지는 장면을 보여주고 있다. (1) 사고유형과 (2) 가해물을 쓰시오.

➡ 07, 13기

06 동영상은 회전중인 인쇄용 롤러를 걸레로 청소작업하는 장면을 보여주고 있다. 인쇄용 롤러의 청소작업 중 사고가 발생하였을 때 핵심위험요인(사고요인)을 2가지 쓰시오.

➡ 06산, 07,13기

해답 (1) 사고유형 : 감전
(2) 가해물 : 전류 또는 전기

해답
1) 전원을 차단하여 롤러기를 정지시키지 않은 상태에서 청소를 하고 있기 때문에 롤러에 말려들어갈 수 있다.
2) 체중을 롤러에 걸쳐 닦고 있어서 손이 미끄러져 롤러에 말려들어갈 위험이 있다.
3) 회전중인 롤러의 물려들어가는 쪽을 직접 손으로 눌러서 닦고 있기 때문에 걸레와 함께 손이 말려들어가게 된다.
4) 방호장치가 없어서 회전하는 롤러에 걸레의 윗부분이 넣어져서 손이 말려들어갈 수 있다.
5) 유기용제에 의해 중독될 수 있다.

07 동영상은 폭발성 물질(화학약품 등)을 취급하는 작업장에서 부주의로 폭발사고가 발생한 상황이다. 다음 물음에 답하시오. ➡ 07,10,13기, 04,05산
(1) 작업자가 폭발성 또는 인화성 물질 저장소에 들어갈 때 신발에 물을 묻히는 이유를 쓰시오.
(2) 소화방법을 쓰시오.

08 동영상은 방독마스크 사진을 보여주고 있다. 다음 물음에 답하시오.
(1) 방독마스크의 종류를 쓰시오.
(2) 방독마스크의 정화통 속에 들어 있는 흡수제의 주성분을 쓰시오.
(3) 정화통의 시험가스(시험연기)의 종류를 쓰시오. ➡ 06,07,08,13기

 (1) 이유 : 신발과 바닥면의 마찰로 인해 발생하는 정전기 발생을 줄이기 위해서이다.
(2) 소화방법 : 다량의 주수에 의한 냉각 소화

길잡이
▶ 작업자가 정전기를 발생시키는 동작
 1) 작업자가 걸을 때의 신발과 바닥의 마찰
 2) 작업자 동작시의 의복의 마찰

해답 (1) 종류 : 할로겐가스용 방독마스크
(2) 흡수제 주성분 : 활성탄
(3) 시험가스의 종류 : 염소

길잡이
▶ 본 문제는 동영상 화면에서 방독마스크의 정화통에 '할로겐가스용' 이라는 글자가 표시 되어 있다. 따라서 방독마스크의 종류를 구분하는 것은 정화통에 표시되어 있는 용도를 확인하면 된다.

09 동영상은 NFB(no fuse breaker, 배선용 차단기)의 전원투입작업을 하기 위해 중앙제어실에서 스피커를 통해 지시되는 작업내용을 듣다가 헷갈려 하며 놀라면서 뒤를 돌아보는 장면을 보여주고 있다. 동영상의 작업상황에 대한 안전대책을 3가지 쓰시오. ▶ 13기, 05,09산

해답
1) 작업지시를 확실하게 확인한 후에 전원투입작업을 실시하도록 한다.
2) 감전방지를 위해 절연장갑을 착용하고 작업을 한다.
3) 각 차단기별로 회로명을 확실하게 표기하여 오작동을 방지한다.

산업안전기사 실기 작업형(B형) — 2013년 제2회

01 동영상은 슬라이싱 머신(slicing machine)에 의해 무채를 썰어내는 작업 중 갑자기 기계가 멈추어서 작업자가 기계를 점검하는 도중에 재해가 발생하는 장면을 보여 주고 있다. 동영상의 재해사례를 방지하기 위한 안전대책을 3가지 쓰시오. ▷ 03,06기, 00,06,13산

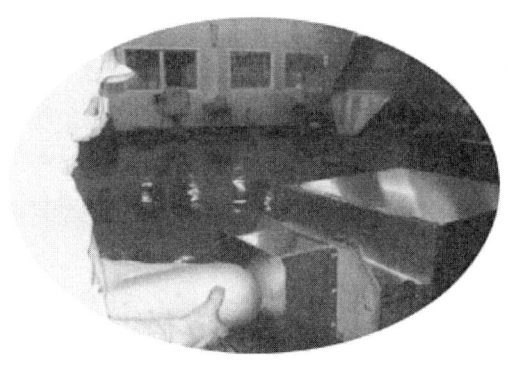

해답
1) 작업점에 시건장치(잠금장치) 설치 또는 인터록(연동장치) 등 방호장치 설치
2) 덮개 설치
3) 울 설치
4) 점검 전에 반드시 기계작동을 정지시킬 것

02 동영상 화면은 영상표시단말기(VDT)에 의한 작업상황을 보여주고 있다. 영상표시 단말기 작업으로 인해 나타날 수 있는 장해에 대해서 3가지만 쓰시오. ▷ 00기, 02,13산

해답
1) 장시간 앉아 있는 작업자세로 요통장해(허리통증) 발생
2) 반복 작업에 의한 어깨 결림, 손목통증 등의 장해
3) 장시간 화면에 시선집중 등으로 시력저하 초래

03 동영상 화면은 거푸집 인양을 위해 가이데릭의 설치작업(파이프를 세우고 밑에는 철사로 고정한 상태이며, 지렛대 역할을 하는 버팀대는 눈이 쌓여 있는 바닥 위에 있는 나무토막 하나에 고정시킨 상태임) 장면을 보여주고 있다. 동영상에 나타난 가이데릭 설치시 불안전한 상태를 2가지만 쓰시오. ▸ 04기, 06,13산

해답
1) 눈 위에 설치한 버팀대가 미끄러질 위험이 있다.
2) 파이프의 밑 부분에만 철사로 고정하여 파이프가 무너질 위험이 있다.
3) 결속자재로 절단되기 쉬운 철사를 사용하였다.

04 동영상은 A작업자가 변압기의 2차전압을 측정하기 위해 유리창 너머의 B작업자에게 전원을 투입하라는 신호를 주고 측정완료 후 다시 차단하라는 신호를 보낸 다음 측정기기를 만지다가 감전사고가 발생하는 장면(A 작업자는 맨손에 슬리퍼를 착용하고 있음)을 보여주고 있다. 동영상의 작업상황에서 감전사고 방지를 위해 작업자가 착용하여야 할 보호장구 2가지를 쓰시오. ▸ 07기, 13산

해답
1) 절연용 고무장갑
2) 절연장화

> **길잡이**
> ▶ 상기 동영상의 재해발생원인
> 1) 절연용 고무장갑 등 절연용 보호구를 착용하지 않았다.
> 2) A 작업자가 B 작업자 간의 신호전달이 잘 이루어지지 않았다.
> 3) A 작업자가 전원차단 신호를 보낸 후 전원차단을 확인하지 않고 기기를 만졌다. (안전확인 소홀)

05 동영상 화면은 작업자가 LPG 저장소라고 표시되어 있는 문을 열고 어두운 저장소내로 들어가 왼쪽에 있는 스위치를 눌러서 불을 점등하려는 순간 스파크로 인해서 폭발이 일어나는 장면을 보여주고 있다. LPG가스 등 가스용기를 설치·저장(보관)해서는 안되는 장소를 3가지 쓰시오. ▶ 07,13산

06 동영상은 이동식 크레인에 의해 배관을 와이어로프로 한번만 빙 둘러서 인양하는 작업 중에 밑에서 작업 중이던 2명의 작업자 중 1명이 흔들리면서 날아온 배관에 부딪쳐서 쓰러지는 사고장면을 보여주고 있다. 동영상의 사고사례에서 재해형태와 정의를 쓰시오. ▶ 07기, 09,13산

해답
1) 통풍 또는 환기가 불충분한 장소
2) 화기를 사용하는 장소 및 그 부근
3) 위험물 또는 인화성 액체를 취급하는 장소 및 부근

해답
1) **재해형태** : 비래·낙하
2) **정의** : 물건이 주체가 되어 사람이 맞는 경우

07 동영상은 화학실험실에서 근로자가 실험 중에 위험물질이 든 병을 잠시 바닥에 놓아두고 이동하려다가 미끄러져 병을 발로 차서 병이 깨지는 장면을 보여주고 있다. 동영상에서와 같은 위험물질을 취급하는 실험실(또는 작업장) 바닥이 갖추어야 조건을 2가지만 쓰시오.
➡ 08, 13산

해답
1) 바닥은 불침투성 재료로 미끄럽지 않아야 한다.
2) 이동통로에는 장애물이 없도록 하고 위험물질을 임시로 놓는 장소와 이동통로는 확실 하게 구분시킨다.

08 동영상 화면은 안전화의 사진(정지 영상)을 보여주고 있다. 안전화의 완성품에 대한 성능 시험 방법을 4가지 쓰시오.
➡ 10, 13산

해답
1) 내압박성 시험
2) 내충격성 시험
3) (몸통과 겉창) 박리저항 시험
4) 내답발성 시험

주) 안전화의 성능기준 및 시험 방법 : 보호구 안전인증고시 제2017-64호

09 동영상은 작업자가 둥근톱기계에 의해 합판을 절단하는 작업 중에 옆눈질을 하는 등 부주의로 인해 손가락이 절단되는 사고가 발생하는 장면을 보여주고 있다. 사고원인을 2가지만 쓰시오. ▶ 10, 13산

해답
1) 작업에 집중하지 않고 작업 중에 옆눈질을 하는 등 작업태도가 불량하다.
2) 톱날접촉예방장치(방호덮개) 등 방호장치를 설치하지 않았다.
3) 보안경, 방진마스크, 안전모 등 보호구를 착용하지 않았다.

산업안전기사 실기 작업형

2013년 제3회

01 동영상은 김치공장의 제조공정 중 슬라이싱 머신(slicing machine)에 의해 무채를 썰어내는 작업 중에 갑자기 기계가 멈추어서 작업자가 기계를 점검하다가 기계가 작동되어 슬라이싱 칼날에 손을 베이는 사고장면을 보여주고 있다. 사고방지를 위해 설치해야 하는 방호장치의 명칭을 쓰시오. ▶ 02,03,09,11,13기, 08산

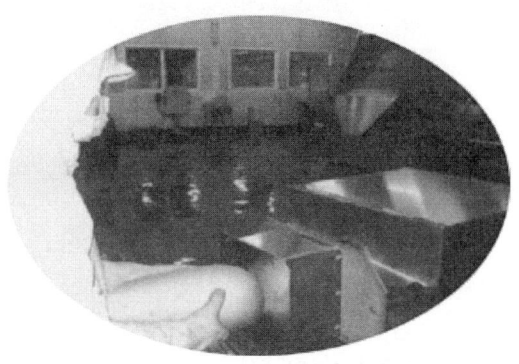

해답 인터록(inter lock) 장치(연동장치)

> **길잡이**
> ▶ 상기 동영상의 작업상황에서의 기인물·가해물
>   1) 기인물 : 슬라이싱 머신
>   2) 가해물 : 슬라이싱 칼날

02 동영상의 보호구 사진에 대한 다음 물음에 답하시오.(단, 정화통의 문자표기는 무시한다.)
 (1) 방독마스크의 종류를 쓰시오.
 (2) 방독마스크의 형식을 쓰시오.
 (3) 방독마스크의 시험가스 종류를 쓰시오. ▶ 10, 13기

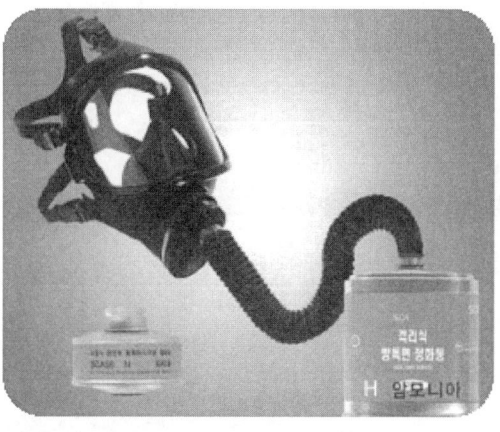

해답 (1) 종류 : 암모니아용 방독마스크
 (2) 형식 : 격리식 전면형
 (3) 시험가스 종류 : 암모니아 가스

> **길잡이**
> ▶ 본 문제는 동영상의 방독마스크 정화통에 '암모니아용'이라는 용도 표시가 되어 있다.

03 동영상 화면은 띠톱으로 강재를 절단하는 작업 중에 사고가 발생하는 장면(작업자가 보안경을 착용하지 않은 상태에서 고개를 숙이고 강재를 절단한 후, 띠톱을 정지 시키고 작업대에서 강재를 꺼내려다가 일반 면장갑 손등부분이 띠톱날에 걸리는 사고장면)을 보여주고 있다. 동영상의 작업상황에 대한 위험요소 3가지를 쓰시오.   ▶ 13기

04 동영상은 작업자가 방진마스크를 착용하고 석면을 취급하는 작업 장면을 보여주고 있다. 다음 물음에 답하시오.
(1) 작업자가 마스크를 착용하고 있으나 석면분진 폭로 위험성에 노출되어 있어 직업성 질병에 이환될 우려가 있다. 그 이유를 상세히 설명하시오.
(2) 석면분진에 장기간 노출시 발생위험이 높은 질병 3가지를 쓰시오.

해답
1) 띠톱기계 등 회전기계 작업시 장갑을 착용하여 위험하다.
2) 보안경을 착용하지 않은 상태에서 고개를 숙여 작업하다가 칩이 튀어 눈을 다칠 위험이 있다.
3) 공구를 사용하지 않고 손에 힘을 주어 강재를 제거하는 등 작업방법에 문제가 있다.

해답 (1) 이유 : 해당 작업자가 착용한 마스크는 방진 전용마스크가 아니기 때문에 석면분진이 마스크를 통해 흡입될 수 있다.
(2) **직업병(질병) 명칭**
① 석면폐증
② 폐암
③ 악성중피종(中皮腫)

05 동영상은 타워크레인을 이용하여 철제 비계를 인양하던 도중 신호수(작업자)가 있는 곳에서 다소 흔들리며 내려오다가 신호수와 부딪치는 사고장면을 보여주고 있다. 동영상에서와 같이 타워크레인의 화물인양작업시 재해발생원인 3가지를 쓰시오.

해답
1) 보조로프를 사용하지 않아 화물의 흔들림을 방지하지 못하였다.
2) 신호수(작업자)가 크레인의 권상하중 아래에 있었다..
3) 운전자와 신호수 간에 신호체계가 제대로 정해지지 않았다.
4) 정격하중 이상의 화물을 매달았다.
5) 크레인의 작업반경 내에 출입금지조치를 하지 않았다.

06 동영상은 비계에 작업발판을 설치하던 중에 위에 작업자가 자재를 밑으로 떨어뜨려 아래 작업자가 맞는 사고발생 장면을 보여주고 있다. (1) 재해형태와 (2) 정의를 각각 쓰시오. 06,11,13기, 09산

해답
(1) 재해형태 : 낙하
(2) 정의 : 물체가 주체가 되어 사람이 맞는 경우

07 동영상은 A 작업자가 변압기의 2차전압을 측정하기 위해 유리창 너머의 B 작업자에게 신호를 주고 전원을 켠 후, 다시 차단하라고 신호를 보내고 기기를 만지다가 감전사고가 발생하는 장면을 보여주고 있다. 재해발생원인을 3가지만 쓰시오.
➡ 07, 13기

08 동영상 화면은 작업자가 수중에서 펌프 작업 중 접속부위에 감전되는 사고장면을 보여주고 있다. 습윤한 장소에서 사용되는 이동전선의 사용 전 점검사항 3가지를 쓰시오.
➡ 13기

 1) 절연용 고무장갑 등 절연용 보호구를 착용하지 않았다.
2) A 작업자와 B 작업자의 신호전달이 잘 이루어지지 않았다.
3) A 작업자가 전원차단신호를 보낸 후 전원차단을 확인하지 않고 기기를 만졌다. (안전확인 소홀)

 1) 전선의 피복 또는 손상유무 점검
2) 접속부위의 절연상태 점검
3) 절연저항 측정

09 동영상은 자동차 부품인 브레이크 라이닝을 화학약품을 사용하여 세척하는 작업 장면(세정제가 바닥에 흩어져 있으며 고무장화 등을 착용하지 않고 작업을 하고 있음)을 보여주고 있다. 착용해야할 보호구 3가지를 쓰시오. ▶ 13 기

해답
1) 보안경
2) 고무장갑 및 고무장화
3) 불침투성 보호복
4) 방독마스크

산업안전기사 실기 작업형(A형) 2014년 제1회

01 동영상은 작업자 2명이 전주에서 절연용 방호구 설치작업(작업자 1명은 밑에서 절연용 방호구를 올리고, 다른 작업자 1명은 크레인 위에서 물건을 받아 활선에 절연용 방호구를 설치하는 작업)을 하다 감전사고가 발생하는 장면을 보여주고 있다. 동영상의 전기작업시 감전사고의 원인이 되는 핵심위험요인 2가지를 쓰시오.

▶ 14 기

> **길잡이**
> ▶ 활선작업시 착용해야 할 절연용 보호구
> 1) 절연용 안전모
> 2) 절연화
> 3) 절연장갑
> 4) 절연복

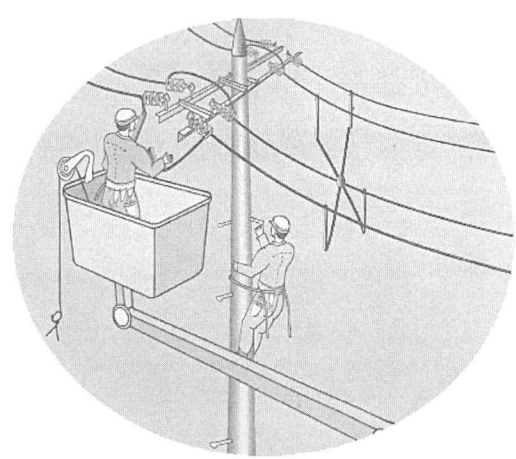

해답
1) 신호체계가 확립되어 있지 않고 신호전달이 잘 이루어지지 않았다.
2) 작업자의 복장이 불량하고 절연용 보호구를 착용하지 않았다.
3) 크레인 붐대가 활선에 접촉되어 감전의 위험이 있다.

02 동영상은 스팀 배관의 보수를 위해 플랜지의 누출부위를 점검하던 중 스팀이 터져 나와 사고가 발생한 장면을 보여주고 있다. 동영상에서와 같은 사고를 산업재해 기록·분류에 관한 기준에 따라 분류할 경우에 해당되는 재해발생형태(사고유형)를 쓰시오. ▶ 14 기

해답 재해형태 : 이상온도 접촉

▶ 상해종류 : 화상(화재 또는 고온물 접촉으로 인한 상해)

03 동영상은 선반작업[선반의 샤프트를 사포연마기(샌드페이퍼링 기계)를 사용하여 연마하는 작업] 중에 손을 다치는 사고가 발생한 상황을 보여주고 있다. 동영상의 재해상황에 대한 재해요인 2가지를 쓰시오. ▶ 04, 14기, 06산

해답
1) 회전물에 샌드페이퍼를 감아 손으로 지지하고 있기 때문에 손이 감겨 들어간다.
2) 작업에 집중하지 못하여(곁눈질 등) 실수로 작업복과 손이 말려 들어간다.
3) 왼손을 기계 위에 올려놓고 있어 손이 미끄러져 회전물에 말려 들어간다.

[주] 1) 사포연마기(sand papering machine) : 사포(砂布)를 둥근 회전판에 붙여 다듬질 하는 기계
2) 샌드페이퍼(sand paper, 사포) : 금강사나 유리분말을 점결제로 종이나 천에 도포한 것

▶ 상기 동영상 작업시 위험점
1) 위험점 : 회전말림점
2) 회전말림점의 정의 : 회전축, 드릴축, 커플링 등과 같이 회전하는 부분에 작업복 등이 말려드는 위험이 형성되는 점

04 동영상은 터널 공사 중 다이너마이트를 설치하는 장면을 보여주고 있다. 터널 등의 건설작업을 하는 경우 낙반 등에 의한 위험방지조치사항 2가지를 쓰시오.

▶ 06, 14기

해답
1) 터널지보공 및 록볼트의 설치
2) 부석의 제거

[주] 터널 건설작업시 낙반 등에 의한 위험의 방지 : 안전보건규칙 제351조

> **길잡이**
> 1) 터널 등의 건설작업시 터널 등의 출입구 부근의 지반의 붕괴나 토석의 낙하에 의한 위험 방지조치사항(안전보건규칙 제352조)
>   ① 흙막이지보공 설치
>   ② 방호망 설치
> 2) 터널 내부의 시계(視界)가 배기가스나 분진 등에 의하여 현저하게 제한되는 경우 필요한 조치사항(안전보건규칙 제353조)
>   ① 환기를 할 것
>   ② 물을 뿌릴 것

05 동영상은 브레이크 라이닝 작업 중 장갑을 끼고 작업을 하다가 손이 말려들어가는 사고발생 장면을 보여주고 있다. 재해요인 2가지를 쓰시오.

해답
1) 장갑을 착용한 상태에서 작업을 하기 때문에 손이 말려 들어갔다.
2) 비상정지장치 등 방호장치 미설치로 손이 말려들어가는 사고가 발생하였다.
3) 보안경을 착용하지 않아 작업 중 이물질이 눈에 튀어들어가 눈을 다칠 수 있다.

06 동영상 화면은 작업자가 전신주 위에 올라가 형강 교체작업을 하는 장면을 보여주고 있다. 작업자가 착용하고 있는 안전대의 종류를 쓰시오.
➡ 04,06,14기, 00,01산

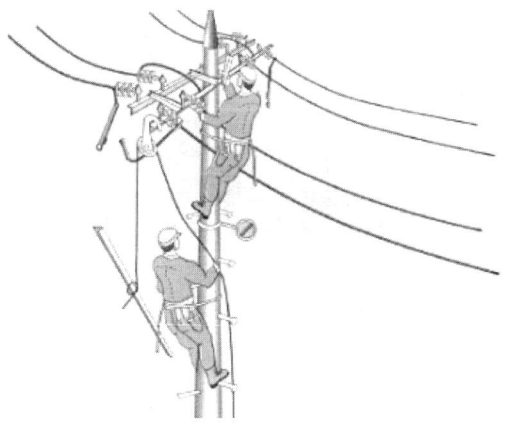

해답 벨트식

> **길잡이**
> ▶ 안전대의 종류
> 1) 벨트 : 신체지지의 목적으로 허리에 착용하는 띠모양의 부품을 말한다.
> 2) 안전그네 : 신체지지의 목적으로 전신에 착용하는 띠모양의 것으로서 상체 등 일부분만 지지하는 것은 제외한다.

07 동영상은 조립식 비계발판을 설치하던 중 사고가 발생하는 장면을 보여주고 있다. 비계의 높이가 2m 이상인 작업장소에 설치하는 작업발판의 설치기준 3가지를 쓰시오. (단, 작업발판의 폭과 틈의 기준은 제외한다.)
➡ 06,14 기

해답
1) 발판재료는 작업시의 하중을 견딜 수 있도록 견고한 것으로 할 것
2) 작업발판의 지지물은 하중에 의하여 파괴될 우려가 없는 것을 사용할 것
3) 작업발판재료는 뒤집히거나 떨어지지 아니하도록 둘 이상의 지지물에 연결하거나 고정시킬 것
4) 작업발판을 작업에 따라 이동시킬 때에는 위험방지에 필요한 조치를 할 것
5) 추락의 위험성이 있는 장소에는 안전난간을 설치할 것

> **길잡이**
> 1) 작업발판의 폭 : 40cm 이상
> 2) 발판재료간의 틈 : 3cm 이하

08 동영상은 작업자가 베레스트 탱크 내에서 슬러지 제거작업 중에 가스질식으로 의식을 잃는 사고가 발생한 상황이다. 다음 물음에 답하시오.

➡ 06,14기, 04,05산

(1) 동영상에서와 같은 작업상황에서 작업을 할 때에 안전작업수칙을 3가지 쓰시오.
(2) 동영상에서 사고방지에 필요한 비상시 피난용구를 4가지만 쓰시오.

(2) 비상시 피난용구
① 로프 및 구명밧줄
② 도르래
③ 호흡용 보호구
④ 안전대(안전벨트)
⑤ 피해자 구조용 발판

> **길잡이**
> ▶ 동영상 작업상황에서의 위험 point(핵심위험요인)
> 1) 탱크 내가 산소결핍상태로 되어 있어 호흡이 곤란하여 질식한다.
> 2) 탱크 내부로 내려가다가 사다리에서 발을 헛디뎌 추락한다.
> 3) 탱크 내에 유해가스가 포함되어 있어 중독된다.
> 4) 가연성 가스가 포함되어 있어 회중전등을 사용하였을 경우 폭발한다.
> 5) 탱크 내가 어두워서 부딪친다.

해답 (1) 안전작업수칙
① 작업 전 산소농도 및 유해가스 농도를 측정한다.
② 작업시작 전 및 작업 중에 당해 작업장을 적정한 공기상태가 유지되도록 환기 하여야 한다. (환기 곤란시는 송기마스크를 착용할 것)
③ 작업지휘자(관리감독자) 등 작업 감시자를 배치한다.

09 동영상 화면은 방음보호구 중 귀마개를 보여주고 있다. 귀마개의 기호와 성능기준을 쓰시오. ▶ 14 기, 03,06 산

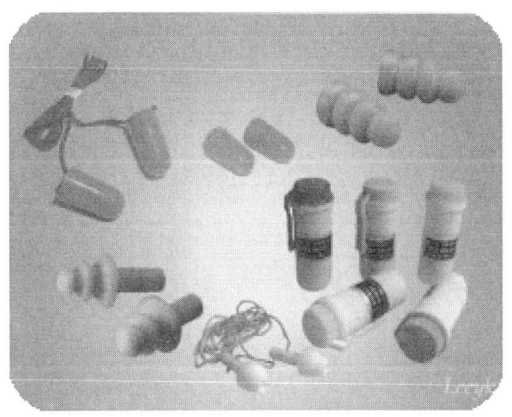

해답
1) EP-1(1종) : 저음에서 고음까지 차음하는 것
2) EP-2(2종) : 고음만을 차음하는 것

산업안전기사 실기 작업형(B형) — 2014년 제1회

01 동영상은 휴대용 연삭기에 의한 연삭작업 장면을 보여주고 있다. 휴대용 연삭기의 (1) 방호장치와 (2) 노출각도를 쓰시오. ▶ 14 기

해답
(1) 방호장치 : 덮개
(2) 노출각도 : 180° 이내

02 동영상 화면은 교류아크용접 작업 중 재해가 발생한 사례(작업자는 일반 캡모자와 목장갑을 착용한 상태에서 용접을 하다가 슬러지를 털어낸 뒤 육안으로 용접부위를 확인한 후 다시 용접을 위해 아크 불꽃을 켜는 순간 감전되어 쓰러진다) 장면을 보여주고 있다. 용접 작업시 눈과 감전재해 위험으로부터 작업자를 보호하기 위해 착용해야 할 보호구 명칭 2가지를 쓰시오. ▶ 14 기

해답
1) 용접용 보안면
2) 용접용 장갑

03 동영상은 작업자(일반작업복만 착용, 안전모 및 보안경, 안전장갑 등 보호구 미착용)가 소형변압기를 스텐으로 된 사각형의 유기물질통에 담갔다가 빼내어서 앞쪽 선반에 올리는 절연처리 작업을 한 후에 소형변압기를 건조시키기 위해 건조기에 넣는 장면을 보여주고 있다. 동영상과 같은 작업시 작업자가 다음 부위에 착용해야 할 보호구의 명칭을 쓰시오.
① 눈 :
② 손 :
③ 피부 :

해답 ① 눈 : 보안경
② 손 : 유기화합물용 안전장갑 (고무장갑)
③ 피부 : 불침투성 보호의

04 동영상은 건물의 해체작업장면을 보여주고 있다. 다음 물음에 답하시오.
(1) 해체작업시 작업자는 해체용 기계(장비)로부터 최소한 얼마 이상 떨어져 있어야 하는가?
(2) 해체건물의 높이가 10m일 때 해체건물과 해체용 기계 사이의 안전이격거리를 계산하시오. ▶ 14 기, 03 산

해답 (1) 작업자와 해체용 기계의 이격거리 : 4m 이상
(2) 해체건물과 해체용 기계의 이격거리 : 0.5h=0.5×10=5m

05 동영상은 작업자가 피트 뚜껑을 한쪽으로 열어 놓고 불안정한 나무발판 위에 발을 올려 놓은 상태에서 왼손으로 피트 뚜껑을 잡고 오른손으로 플래시를 안쪽으로 비추면서 내부를 점검하던 중에 발이 미끄러지는 사고 장면을 보여주고 있다. 동영상에서와 같이 피트에서 작업을 할 때 지켜야 할 안전작업수칙 3가지를 쓰시오.

06 동영상은 작업자가 영상표시단말기 (VDT)를 사용하여 작업하는 장면(작업자가 영상표시단말기 앞에 있는 의자에 앉아서 키보드를 손으로 조작하는데 의자높이가 맞지 않아 다리를 구부리고 앉아 있는 모습, 키보드의 위치가 높아서 불편한 손의 자세 등)을 보여주고 있다. 동영상의 영상표시단말기 작업상의 개선사항을 3가지만 쓰시오. ▶ 14기, 02,03산

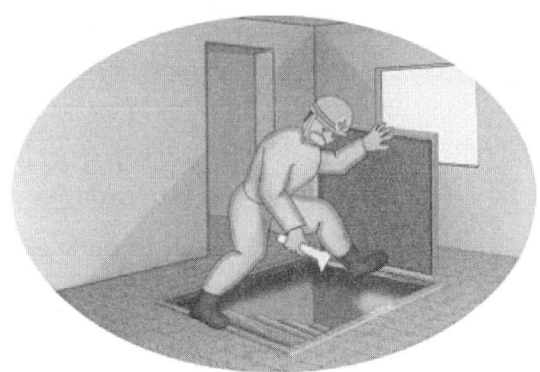

해답
1) 피트에 안전난간·울 등을 설치하여 추락재해를 방지한다.
2) 열어 놓은 피트 뚜껑은 다른 작업자가 잡아주도록 한다.
3) 피트 내부를 점검할 때에는 안전대를 착용하도록 한다.
4) 작업지휘자를 배치한 후 점검작업을 실시한다.
5) 통행인이 피트에 빠지지 않도록 출입금지 표지판을 설치한다.

해답
1) 앉은 자세가 의자 앞쪽으로 기울어져 있어 요통의 위험이 있으므로 허리를 등받이 깊숙이 지지하여 편안하게 앉는다.
2) 키보드의 위치가 높아서 손목통증의 위험이 있으므로 키보드를 조작하기 편한 위치에 놓는다.
3) 모니터가 작업자와 너무 근접하여 시력 저하의 우려가 있으므로 모니터를 보기 편한 위치에 놓이도록 조정한다.

 길잡이
▶ VDT 작업으로 인해 나타날 수 있는 장애
1) 장시간 VDT 화면에 시선집중 : 시력 저하
2) 장시간 앉아있는 작업자세 : 요통
3) 키보드 조작(반복작업) : 어깨결림, 손목통증 등

07 동영상 화면은 LPG 저장소에 가스누설 검지경보장치를 설치하지 않아 사고가 발생하는 장면을 보여주고 있다. LPG(액화석유가스) 저장소에 설치하는 가스누설 검지 경보장치의 ① 검지센서의 설치위치와 ② 경보장치 설정값(%)을 쓰시오.

➡ 05,14기, 02,03산

해답 ① 검지센서의 설치위치 : LPG는 공기보다 무거우므로 바닥에 인접한 낮은 곳에 설치
② 경보장치 설정값 : LPG 폭발하한값의 25%

08 동영상은 작업자 A가 아파트 창틀에서 작업발판을 처마 위에 있는 작업자 B에게 건네준 후 B가 있는 옆 처마 위로 이동하다가 발을 헛디뎌서 추락하는 사고 장면을 보여주고 있다.(A 작업자가 밟고 있던 콘크리트 부스러기가 추락할 때 같이 떨어지고 주변의 정리정돈이 불량하다). 동영상에서 작업자의 추락사고 원인 3가지를 쓰시오.

➡ 14 기

해답
1) 안전난간을 설치하지 않았다.
2) 안전방망을 설치하지 않았다.
3) 안전대를 착용하지 않았다.

09 동영상 화면을 보고 다음 물음에 답하시오. (단, 정화통의 문자표기는 무시한다.)
① 방독마스크의 종류(명칭)를 쓰시오.
② 방독마스크가 직결식 전면형일 경우 누설률은 몇 %인가?
③ 정화통 내에 들어있는 흡수제의 명칭을 쓰시오. ▶ 14기, 09산

 ① 암모니아용 방독마스크
② 0.05% 이하
③ 큐프라마이트

산업안전기사 실기 작업형(C형)
2014년 제1회

01 동영상 화면은 섬유기계 작업 중에 사고가 발생하는 장면(섬유공장에서 실을 감는 기계가 돌아가다가 갑자기 실이 끊어져서 기계가 멈추어서 작업자가 회전하는 대형 회전체의 문을 열고 허리까지 안으로 집어넣고 내부를 들여다보며 점검을 할 때 갑자기 기계가 돌아가며 작업자의 몸이 회전체에 끼이는 사고 장면)을 보여주고 있다. 동영상에서와 같은 사고발생의 핵심위험요인 2가지를 쓰시오.

➡ 04, 14 기

02 동영상 화면에서와 같이 지게차에 적재된 화물이 현저하게 시계를 방해할 경우 운전자의 조치사항 3가지를 쓰시오.

➡ 14기

해답
1) 유도자를 지정하여 지게차를 유도하거나 후진으로 서행한다.
2) 경적과 경광등을 사용한다.
3) 하차하여 주변의 안전을 확인한 후 운전한다.

해답
1) 기계의 전원을 차단하여 정지시키지 않고 내부를 점검하였다.
2) 회전체의 문이 열렸을 때는 기계가 작동하지 않도록 하는 연동기구(interlock)를 설치 하지 않았다.
3) 장갑을 착용하고 있어 회전체에 말려들어갈 위험이 있다.

03 동영상은 크레인에 의해 전주를 운반하다가 근처에 있던 작업자가 맞아 쓰러지는 사고장면을 보여주고 있다. 다음 물음에 답하시오.
① 가해물 :
② 재해형태 :
③ 감전방지용 안전모 종류 2가지 :

04 동영상은 30kV 전압이 흐르는 고압선 근처에서 이동식 크레인을 이용하여 화물 인양작업 중에 크레인의 붐대가 고압선에 닿아 밑에서 작업하던 작업자가 감전되는 사고발생 장면을 보여주고 있다. 고압선 인근에서 이동식 크레인 작업시 감전방지 대책 2가지를 쓰시오.

해답
① 가해물 : 전주
② 재해형태 : 비래
③ 감전방지용 안전모 : AE형, ABE형

해답
1) 크레인 붐대가 고압선에 접촉되지 않도록 3m 이상의 이격거리를 둘 것
2) 방책을 설치하거나 감시인을 배치할 것
3) 해당 전압에 적합한 절연용 보호구 등을 착용하도록 할 것

05 동영상은 브레이크 패드 제조작업 중에 석면을 사용하는 장면을 보여주고 있다. 석면취급 작업시 안전작업수칙 내용 3가지를 쓰시오. (단, 근로자는 석면의 위험성을 인지하고 있다.) ▶ 14기, 03,산

위하여 필요한 조치

주) 작업수칙(석면의 제조·사용작업에 근로자를 종사하도록 하는 경우에 석면분진의 발산과 근로자의 오염을 방지하기 위한 작업수칙) : 안전보건규칙 제482조

길잡이

▶ 석면 분진에 장기간 노출시 발생위험이 높은 질병
1) 석면폐증
2) 폐암
3) 악성중피종(中皮腫)

해답
1) 진공청소기 등을 이용한 작업장 바닥의 청소방법
2) 작업자의 왕래와 외부기류 또는 기계진동 등에 의하여 분진의 흩날리는 것을 방지하기 위한 조치
3) 분진이 쌓일 염려가 있는 깔개 등을 작업장 바닥에 방치하는 행위를 방지하기 위한 조치
4) 분진이 확산되거나 작업자가 분진에 노출될 위험이 있는 경우에는 선풍기 사용 금지
5) 용기에 석면을 넣거나 꺼내는 작업
6) 석면을 담은 용기의 운반
7) 여과집진방식 집진장치의 여과재 교환
8) 해당 작업에 사용된 용기 등의 처리
9) 이상상태가 발생한 경우의 응급조치
10) 보호구의 사용·점검·보관 및 청소
11) 그 밖의 석면분진의 발산을 방지하기

06 동영상은 지게차에 경유를 주입하는 동안에 운전자가 시동을 켠 채 운전석에서 내려와 다른 작업자와 흡연을 하며 이야기를 나누고 있는 장면을 보여주고 있다. 사고가 발생될 수 있는 과정을 원인과 결과로 기술하시오. ▶ 14기

07 동영상은 승강기 개구부에서 작업자 A는 안전난간에 밧줄을 걸어 화물을 끌어올리고, 작업자 B는 화물을 밑에서 올려주는 작업 중에 화물이 떨어져 작업자 B가 다치는 사고 장면을 보여주고 있다. 승강기 개구부에서 화물 인양시 준수사항 2가지를 쓰시오. ▶ 14기

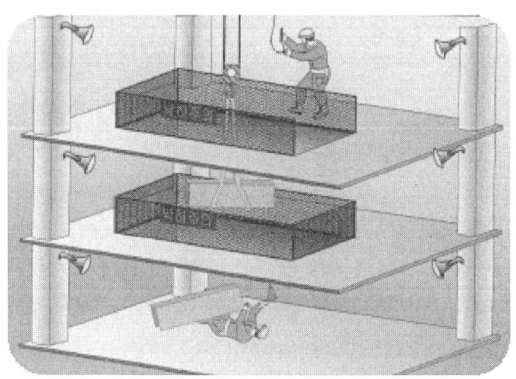

해답 경유 등 인화성 물질이 있는 장소에서 흡연을 하기 때문에 나화로 인해 화재 및 폭발이 발생할 수 있다.

해답
1) 화물의 낙하 위험을 방지하기 위해 낙하물방지망을 설치한다.
2) 작업지휘자의 지시에 따라 화물 인양작업을 하도록 한다.

08 동영상은 항타기·항발기를 이용하여 전주 세우기 작업을 하는 장면을 보여주고 있다. 항타기 또는 항발기를 조립하는 경우 점검사항 3가지를 쓰시오.

➡ 14 기

해답
1) 본체의 연결부의 풀림 또는 손상의 유무
2) 권상용 와이어로프·드럼 및 도르래의 부착상태의 이상 유무
3) 권상장치의 브레이크 및 쐐기장치 기능의 이상 유무
4) 권상기의 설치상태의 이상 유무
5) 버팀의 방법 및 고정상태의 이상 유무

[주] 항타기·항발기 조립시 점검 : 안전보건규칙 제207조

09 동영상 화면을 보고 다음 물음에 답하시오. (단, 정화통의 문자표기는 무시한다.)
① 방독마스크의 명칭을 쓰시오
② 방독마스크 흡수제의 성분 1가지를 쓰시오
③ 방독마스크의 시험가스 종류를 쓰시오

해답
① 할로겐가스용 방독마스크
② 활성탄, 소다라임
③ 염소가스

산업안전기사 실기 작업형(A형) — 2014년 제2회

01 동영상 화면은 작업자가 작업발판용 목재토막을 가공대 위에 올려놓고 한 발로 목재를 밟아서 고정하고 톱질을 하다가 목재토막의 흔들림으로 인해 작업자가 균형을 잃고 바닥에 넘어지는 장면을 보여준다. ① 가해물 ② 재해형태를 쓰시오.
▶ 14산

해답
① 가해물 : 바닥
② 재해형태 : 전도

길잡이
▶ 기인물 : 작업발판용 목재토막

02 동영상은 작업자가 물이 차 있는 단무지 저장고에서 작업중에 물을 퍼내기 위해 펌프를 작동함과 동시에 감전되어 쓰러지는 장면이다. 작업자가 감전사고를 당한 원인을 인체의 피부저항과 관련하여 설명하시오.
▶ 14기

해답 인체가 수중에 있을 때는 피부저항이 1/25로 감소되어 쉽게 감전된다.

03 동영상은 작업자가 반면형 방진마스크를 착용하고 석면분진이 휘날리는 작업장에서 청소작업을 하고 있다. 석면을 취급하는 작업장에서 장기간 작업시 발생할 수 있는 직업성 질병의 종류 3가지를 쓰시오. ▶ 14 기

해답
1) 석면폐증
2) 폐암
3) 악성중피종

04 이동식 크레인을 사용하여 작업을 할 때 작업시작 전 점검사항 2가지를 쓰시오. (단, 권과방지장치나 그 밖의 경보장치 기능은 제외한다.) ▶ 14 기

해답
1) 브레이크·클러치 및 조정장치의 기능
2) 와이어로프가 통하고 있는 곳 및 작업장소의 지반상태

주) 작업시작 전 점검사항 : 안전보건규칙 별표 3

05 동영상은 버스를 정비하기 위해 차량용 리프트로 버스를 들어 올린 상태에서 A 작업자가 버스 밑으로 들어가 샤프트 계통을 점검하던 중에 근처에 있던 B 작업자가 주변상황을 전혀 살피지 않고 버스에 올라 엔진을 시동하여 그 순간 버스 밑에서 작업하던 A 작업자가 회전하는 샤프트에 말려들어가는 사고발생 장면을 보여주고 있다. 안전대책 3가지를 쓰시오. ➡ 14기

06 동영상은 고압전선 옆에서 이동식 크레인 작업 중에 크레인 붐대가 고압선에 닿아 작업자에게 감전사고가 발생하는 장면을 보여주고 있다. 감전 방지대책 3가지를 쓰시오. ➡ 14기

해답 1) 버스점검·정비작업 중임을 알리는 표지판을 설치한다.
2) 기동장치에 감금장치를 설치하고 열쇠를 별도로 보관한다.
3) 작업지휘자를 배치한 후에 작업하도록 한다.

해답 1) 이동식 크레인 붐대를 고압선에서 3m 이상 이격시킨다.
2) 방책을 설치하거나 감시인을 배치한다.
3) 해당 충전전로에 절연용 방호구를 설치한다.
4) 이동식 크레인에 접지시설을 설치한다.

07 동영상은 작업자가 방독마스크를 착용한 상태에서 강관 여러 개를 눕혀 놓고 스프레이건으로 페인트칠을 하는 작업장면을 보여주고 있다. 방독마스크에 사용하는 흡수제 종류 2가지를 쓰시오. ▶ 14 기

08 동영상은 작업자가 승강기 설치 전에 피트 내의 나무판자를 엉성하게 이어붙인 발판 위에서 벽면에 돌출되어 있는 못을 망치로 제거하던 중에 밑으로 떨어지는 장면을 보여주고 있다. 사고발생의 위험요인 3가지를 쓰시오. ▶ 14기

해답
1) 활성탄
2) 소다라임
3) 큐프라마이트

해답
1) 작업발판 미고정 등 설치 불량
2) 안전난간 및 추락방지망 미설치
3) 안전대 미착용

09 동영상 화면에 나타난 보호구(방열복)의 성능시험항목 3가지를 쓰시오.
▶ 14기

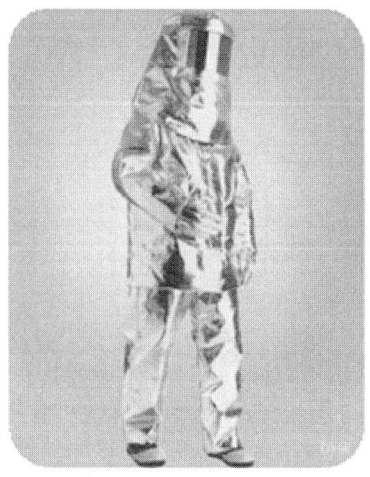

1) 난연성 시험
2) 내열성 시험
3) 내한성 시험
4) 절연저항시험
5) 인장강도시험

산업안전기사 실기 작업형(B형) — 2014년 제2회

01 동영상은 컨베이어를 정지시킨 상태에서 작업자가 점검작업을 하던 중에 다른 작업자가 전원버튼을 눌러서 점검 중이던 작업자가 벨트에 손이 끼이는 사고사례 장면이다. 컨베이어의 작업시작 전 점검사항 3가지를 쓰시오.

> **길잡이**
> 1) 상기 동영상에서 컨베이어 점검시 안전대책
>   ① 작업지휘자 또는 감시인을 배치한다.
>   ② 점검작업 중임을 알리는 표지판을 전원스위치에 설치한다.
>   ③ 전원스위치에 잠금장치를 설치한다.
> 2) 컨베이어 벨트 끝부분에 발을 짚고 올라서서 형광등 교체 작업을 하다가 추락할 경우 불안전한 행동 2가지 [14기]
>   ① 컨베이어 벨트 위에 올라가 작업하는 자세가 불안정하여 추락한다.
>   ② 컨베이어 전원을 차단하지 않고 작업을 하고 있어 추락한다.

해답
1) 원동기 및 풀리 기능의 이상 유무
2) 이탈 등의 방지장치 기능의 이상 유무
3) 비상정지장치 기능의 이상 유무
4) 원동기·회전축·기어 및 풀리 등의 덮개 또는 울 등의 이상 유무

02 동영상은 탁상용 연삭기를 이용하여 봉강 연마중에 파편이 얼굴에 튀어 다치는 사고사례 장면을 보여주고 있다. ① 기인물과 ② 방호장치 명칭을 쓰시오.

▶ 14기

해답
① **기인물** : 탁상용 연삭기
② **방호장치** : 덮개 또는 칩비상방지 투명판

03 동영상은 A작업자(안전장갑 미착용, 발은 슬리퍼 착용)가 변압기의 2차 전압을 측정하기 위해 유리창 너머의 B작업자에게 전원을 투입하라는 신호를 보내고 측정완료 후 다시 전원을 차단하라는 신호를 보낸 후 측정기기를 철거하다가 감전 사고가 발생하는 장면을 보여주고 있다. 감전 재해발생원인 3가지를 쓰시오.

▶ 14기

해답
1) 작업자가 절연용 안전장갑 및 안전화 등 보호구를 착용하지 않았다.
2) 작업자 간에 신호체계전달이 잘 이루어지지 않았다.
3) 작업자가 전원차단 여부 확인을 소홀히 하였다.

04 동영상은 콘크리트 전주 세우기 작업 중에 감전사고가 발생하는 장면을 보여주고 있다. 재해발생의 직접원인 2가지를 쓰시오. ▶ 14기

해답
1) 충전전로에 대한 접근한계거리를 준수하지 않았다.
2) 충전전로에 절연용 방호구를 설치하지 않았다.

길잡이
▶ 고압선 근처에서 항타기 · 항발기 작업시 안전작업수칙 14기
1) 절연용 보호구 착용
2) 절연용 방호구 착용
3) 작업반경 내 가설울타리 설치(방책) 및 출입금지 조치
4) 감시인 배치 등

05 동영상은 실험실에서 작업자가 맨손(마스크 미착용)으로 황산(H_2SO_4)을 비커에 따르는 장면을 보여주고 있다. 화학물질이 인체에 흡수되는 경로 2가지를 쓰시오. ▶ 14기

해답
1) 호흡기
2) 소화기
3) 피부점막

길잡이
1) DMF(dimethyl formamide) 작업장에 비치하여야 할 보호장구
　① 불침투성 보호장갑
　② 불침투성 보호장화
　③ 불침투성 보호복
2) 변압기를 유기화합물 통에 담가서 절연처리를 할 경우 손, 눈, 몸에 착용해야 할 보호장구
　① 손 : 유기화합물용 안전장갑
　② 눈 : 보안경
　③ 몸 : 유기화합물용 보호복

06 동영상은 퍼지작업 장면을 보여주고 있다. 퍼지작업의 종류 4가지를 쓰시오.   ▶ 14기

해답
1) 진공퍼지
2) 압력퍼지
3) 스위프퍼지
4) 사이펀퍼지

07 동영상은 덤프트럭 운전자가 운전석에서 내려 덤프트럭 적재함을 올리고 실린더 유압장치 밸브를 수리하던 중 적재함 사이에 끼이는 사고가 발생하는 장면이다. 동영상에서와 같이 차량계 하역운반기계 등의 수리 또는 부속장치의 장착 및 해제 작업을 할 경우 작업시작 전 조치사항 3가지를 쓰시오.   ▶ 14기

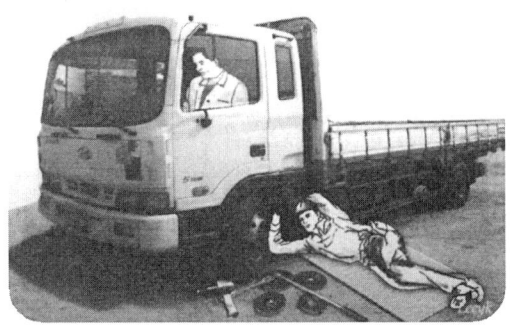

해답
1) 해당 작업의 지휘자를 지정하여 작업순서를 결정하고 작업을 지휘할 것
2) 안전지주 또는 안전블록 등의 사용상황 등을 점검할 것
3) 하역장치 및 유압장치 기능의 이상유무를 점검할 것

08 동영상은 터널 내 발파작업을 위해 강봉(철근)으로 화약류를 장전하는 장면을 보여 주고 있다. 동영상의 작업상황 중 화약 장전시 위험상황을 1가지 쓰시오. ▶14기

 강봉(철근)으로 화약류 장전시는 마찰·충격·정전기 등에 의해 폭발의 위험이 있다.

> **길잡이**
> ▶ 화약류의 장전작업시 준수사항
> 1) 장전구는 마찰·충격·정전기 등에 의한 폭발의 위험이 없는 안전한 것을 사용한다.(안전보건규칙)
> 2) 장전구(삽입봉)는 곧고 견고하며 마디가 없는 나무가 가장 좋고, 약포 지름보다 약간 굵고 적당한 길이(보통 1.8m 정도)로 하고 개수는 충분히 준비하여야 한다. (발파작업 표준안전작업지침)

09 동영상 화면에 나타난 보호장구의 (1) 명칭 (2) 화면의 보호장구가 갖추어야 하는 구조 2가지를 쓰시오. ▶14기

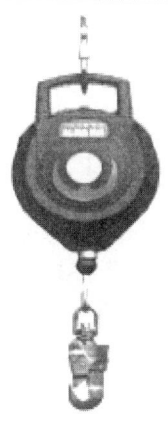

(1) 명칭 : 안전블록
(2) 안전블록의 구조
① 안전그네와 연결하여 추락발생시 추락을 억제할 수 있는 자동잠김장치를 갖추어야 한다.
② 죔줄이 자동적으로 수축되는 장치를 갖추어야 한다.

산업안전기사 실기 작업형(A형) — 2014년 제3회

01 동영상은 작업자가 모터 벨트부분에 묻은 기름과 먼지를 걸레로 청소하던 중에 모터상부 고정부분에 손이 끼이는 사고사례를 보여주고 있다. 동영상의 사고사례에서 ① 위험점 ② 재해형태를 쓰시오. ▶ 14기

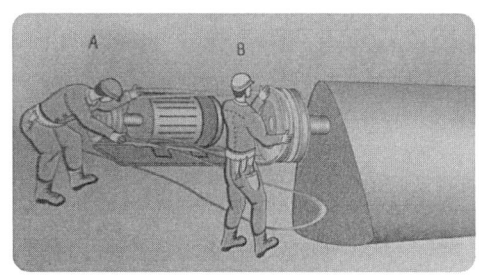

 ① 위험점 : 접선물림점
② 재해형태 : 협착

길잡이
1) 접선물림점 : 회전하는 부분의 접선방향에서 만들어지는 위험점
2) 협착 : 물건에 끼워진 상태, 말려든 상태

02 동영상 화면은 작업자가 어두운 장소에서 플래시를 들고 컨베이어 벨트를 점검하다가 부주의(고개를 돌려 옆을 보는 행동을 함)하여 손이 컨베이어의 롤러기 사이에 끼여 말려들어가는 사고 장면을 보여주고 있다. 동영상의 사고사례에서 사고를 방지하기 위해 사전에 조치할 사항 2가지를 쓰시오. ▶ 14기

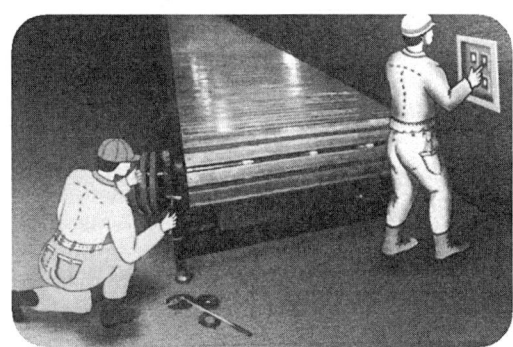

1) 조명을 밝게 한다.
2) 전원을 차단하고 잠금장치를 설치한 후 통전금지표지판을 설치한다.

길잡이
▶ 컨베이어 등을 사용하여 작업을 할 때 작업시작 전 점검사항(안전보건규칙 별표 3)
  1) 원동기 및 풀리(pulley) 기능의 이상 유무
  2) 이탈 등의 방지장치 기능의 이상 유무
  3) 비상정지장치 기능의 이상 유무
  4) 원동기·회전축·기어 및 풀리 등의 덮개 또는 울 등의 이상 유무

03 동영상은 작업자가 사출성형기에 끼인 이물질을 제거하다기 감전으로 뒤로 넘어지는 사고사례 장면이다. 사출성형기에 끼인 잔류물 제거시 사고예방대책 3가지를 쓰시오. ▶ 14기

해답
1) 작업시작 전 전원을 차단한다.
2) 작업시 절연용 보호구(절연용 안전장갑 등)를 착용한다.
3) 이물질 제거작업시 전용공구를 착용한다.

04 동영상은 작업자 1명이 절연용 방호구를 위로 올리고 다른 작업자는 크레인 붐대 상측에 설치한 전용탑승설비 위에서 물건을 받아 활선에 절연용 방호구 설치작업을 하다가 감전사고가 발생하는 사고사례 장면이다. 핵심위험요인 2가지를 쓰시오. ▶ 14기

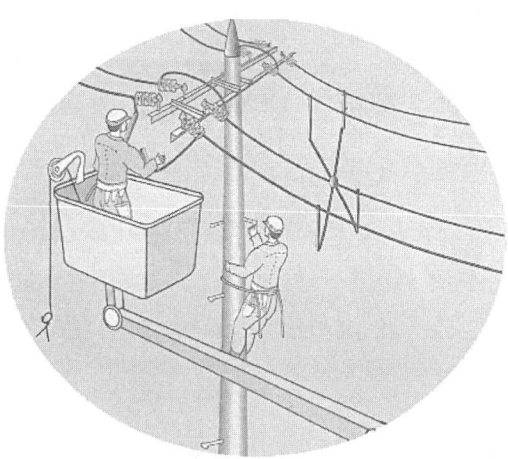

해답
1) 크레인 붐대가 활선에 접촉되어 감전의 위험이 있다.
2) 작업자 간에 신호전달이 이루어지지 않아 위험하다.
3) 작업자의 복장이 불량하여 위험하다.

05 동영상 화면과 관련된 특수화학설비 내부의 이상상태를 조기에 파악하기 위하여 설치해야 할 장치를 3가지를 쓰시오.
▶ 14기

해답
1) 온도계·압력계·유량계 등의 계측장치
2) 자동경보장치

[주] 특수화학설비 내부의 이상상태를 조기에 파악하기 위한 장치 : 안전보건규칙 제273조, 제274조, 제275조

길잡이

▶ **특수화학설비의 종류**(안전보건규칙 제273조)
1) 발열반응이 일어나는 반응장치
2) 증류·정류·증발·추출 등 분리를 하는 장치
3) 가열시켜 주는 물질의 온도가 가열되는 위험 물질의 분해온도 또는 발화점보다 높은 상태에서 운전되는 설비
4) 반응폭주 등 이상화학반응에 의하여 위험물질이 발생할 우려가 있는 설비
5) 온도가 섭씨 350℃이상이거나 게이지 압력이 980kPa 이상인 상태에서 운전되는 설비
6) 가열로 또는 가열기

06 동영상은 작업자 혼자서 배관 용접작업(교류아크용접기를 이용하여 대형관의 플랜지 아래 부위를 작업자의 왼손으로는 플랜지 회전스위치를 조작해 가며, 오른손으로 용접작업을 하고 있으며 작업장 주위에는 인화성 물질로 보이는 작은 용기 등이 쌓여져 있다.)을 하는 장면을 보여주고 있다. 위험요인을 ① 작업자 측면과 ② 작업 현장 측면에서 각각 쓰시오.
▶ 14기

해답
① 단독작업으로 작업장의 상황파악이 어렵고, 양손을 사용해서 작업하므로 위험하다.
② 용접 작업장 주위에 있는 인화성 물질로 인해 화재의 위험이 있다.

07 동영상 화면과 연관된 아파트 창틀에서 작업시 추락사고 발생원인 3가지를 간략히 쓰시오. ▶ 14기

해답
1) 안전난간 미설치
2) 안전방망 미설치
3) 안전대부착설비 미설치 및 안전대 미착용

08 동영상에서 보여주는 (1) 마스크의 명칭 (2) 등급 3종류 (3) 산소농도가 몇 % 이상인 장소에서 사용하는지를 각각 기술하시오. ▶ 14기

해답
(1) 명칭 : 방진마스크
(2) 등급 : ① 특급 ② 1급 ③ 2급
(3) 산소농도 : 18% 이상

09 동영상은 박공지붕 설치작업 중 추락사고가 발생하는 장면(작업자들이 적재물이 쌓여져 있는 앞에서 휴식을 취하던 중 적재물이 굴러와 작업자 등에 부딪쳐서 작업자가 앞으로 쓰러지는 장면)을 보여주고 있다. 위험요인 3가지를 쓰시오. ▶ 14기

해답
1) 작업자가 위험한 장소에서 휴식을 취하고 있다.
2) 적재물을 한 곳에 과적하여 적재하였다.
3) 안전대 부착설비가 없고 안전대도 착용하지 않았다.
4) 추락방지망을 설치하지 않았다.

산업안전기사 실기 작업형(B형) — 2014년 제3회

01 동영상은 인쇄 윤전기 청소작업 중에 발생한 사고사례(작업자가 빙글빙글 서로 맞물려서 돌아가는 롤러를 체중을 앞으로 기울여 힘을 주어 걸레로 닦아 위험하게 맞물리는 지점까지 걸레를 집어넣고 닦다가 작업자의 손이 롤러 사이에 끼이는 사고가 발생하였다) 장면이다. 동영상을 참고하여 핵심위험요인 2가지를 쓰시오.
▶ 14기

해답
1) 회전중인 롤러의 맞물려 돌아가는 쪽에서 체중을 실어 직접 손으로 눌러 닦고 있기 때문에 손이 말려 들어가게 된다.
2) 안전장치가 없어서 걸레가 롤러기 사이로 물려 들어가도 롤러가 멈추지 않아 손이 말려 들어간다.

02 동영상은 30° 정도의 경사진 컨베이어가 작동하고 있으며 컨베이어 옆쪽에 시멘트 포대가 많이 쌓여 있고, A작업자는 경사진 컨베이어 위에 회전하는 벨트 양 끝부분의 강재로 된 모서리에 양발을 벌리고 서 있으며, 밑에 있는 B작업자는 포대를 일정한 방향이 아닌 각기 다르게(삐뚤삐뚤하게) 컨베이어에 올리던 중 컨베이어 위에 있는 A작업자의 발에 포대 끝부분이 부딪쳐 A작업자가 무게 중심을 잃고 컨베이어 오른쪽으로 쓰러진 후 팔이 기계 하단으로 들어가는 사고사례 장면을 보여주고 있다. 동영상의 사고 장면에서 작업자 측면에서의 사고요인이 되는 문제점 2가지를 쓰시오.
▶ 14기

해답
1) 작업자가 양발을 컨베이어 양 끝에 지지하여 불안전 자세로 서서 작업을 하고 있다.
2) 시멘트 포대를 컨베이어 위에 삐뚤삐뚤하게 올려서 작업자의 발에 부딪혀 작업자가 넘어졌다.

03 동영상은 작업자가 전동 권선기에 동선을 감는 작업중에 기계가 정지하여 맨손으로 점검을 하다가 사고가 발생되는 장면을 보여주고 있다. (1) 재해형태와 사고원인 1가지를 쓰시오. ▶ 14기

04 동영상은 펌프에 의해 수조에 물을 퍼올리던 중 수조에서 작업하던 작업자가 감전되는 사고장면을 보여주고 있다. 사고방지대책 3가지를 쓰시오. ▶ 14기

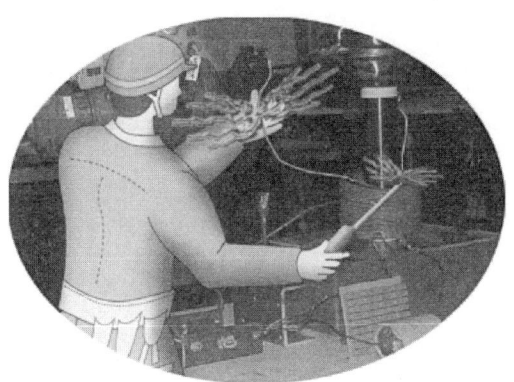

해답
(1) 재해형태 : 감전
(2) 사고원인 : 내전압용 절연장갑 등 절연용 보호구를 착용하지 않고 맨손으로 작업을 하였다.

해답
1) 펌프와 전선의 이음새 부분(접속부위)을 작업 전에 점검한다.
2) 수중 및 습윤한 장소에서 사용하는 전선은 수분의 침투가 불가능한 것을 사용한다.
3) 감전방지용 누전차단기를 설치한다.

05 동영상에서와 같이 밀폐공간에서 작업(그라인더 작업)을 할 경우 위험요인 3가지를 쓰시오. ▶ 14기

06 동영상은 지하에 설치된 폐수처리조에서 슬러지 제거작업을 하고 있는 장면이다. 작업자에게 필요한 호흡용 보호구 2가지를 쓰시오. ▶ 14기

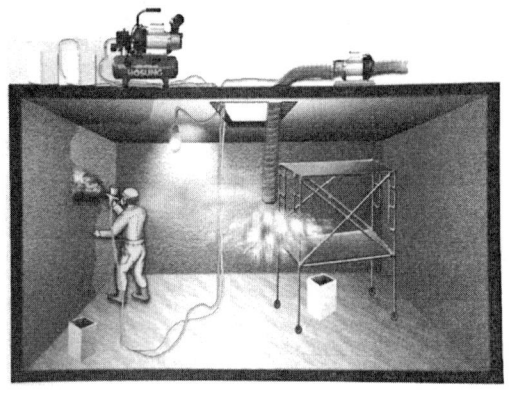

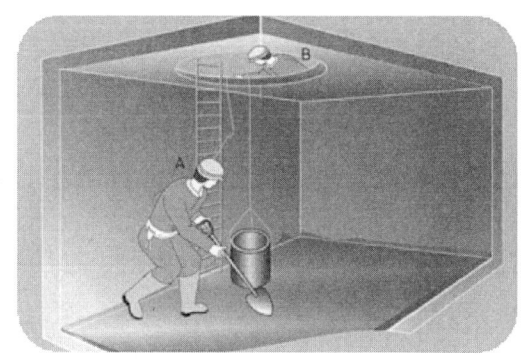

해답
1) 작업시작 전에 산소농도 및 유해가스 농도를 측정하지 않고 환기를 충분히 시키지 않아 위험하다.
2) 밀폐공간에서 호흡용 보호구를 착용하지 않아 질식의 위험이 있다.
3) 외부와 연락할 수 있는 통신설비가 없고 감시인을 배치하지 않았다.

해답
1) 송기마스크
2) 공기호흡기

07 동영상에서와 같이 고압선 주위에서 항타기·항발기 작업시 안전작업수칙 2가지를 쓰시오. ▶ 14기

해답
1) 항타기·항발기 붐대를 고압선에서 3m 이상 이격시킨다.
2) 절연용 보호구를 착용한다.
3) 작업반경 내 출입금지 조치 및 방책(가설울타리)을 설치한다.

08 동영상은 이동식 크레인을 이용하여 배관을 위로 인양하는 작업장면을 보여주고 있다. 배관 인양시 화물의 낙하·비래 위험을 방지하기 위한 사전점검 및 조치사항 3가지를 쓰시오. ▶ 14기

해답
1) 인양도중에 화물이 빠지지 않도록 화물을 양쪽 끝부분 두 군데를 묶어서(2줄걸이) 수평으로 보조로프를 사용하여 흔들거리지 않게 인양한다.
2) 와이어로프 및 훅의 해지장치의 안전상태를 점검한다.
3) 작업반경 내에 출입을 금지시킨다.

09 동영상의 보호장구(방진마스크, 분리식)의 등급을 3가지로 구분하고 각각의 여과재 분진포집효율을 쓰시오. ▶ 14기

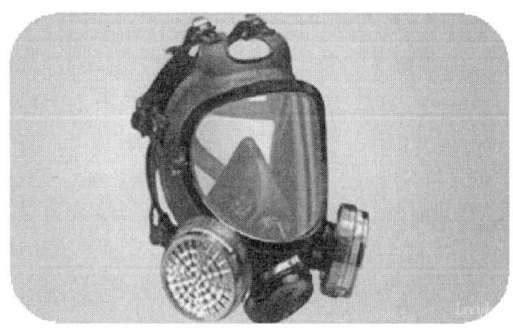

해답
1) 특급 : 99.95% 이상
2) 1급 : 94.0% 이상
3) 2급 : 80.0% 이상

길잡이
▶ 안면부 여과재의 분진포집효율
1) 특급 : 99.0% 이상
2) 1급 : 94.0% 이상
3) 2급 : 80.0% 이상

산업안전기사 실기 작업형(C형) — 2014년 제3회

01 동영상은 호이스트식 천장크레인을 이용하여 화물을 옮기는 작업으로 마그네틱(magnetic)을 금형 위에 올려놓고, 작업자가 오른손으로 금형을 잡고 왼손으로 상하좌우 조정장치(전선외관에 피복이 벗겨져 있음)를 작동하면서 이동하다가 갑자기 쓰러지면서 오른손이 마그네틱 스위치 ON/OFF봉을 건드려 금형이 작업자 발등에 떨어지는 사고가 발생하는 장면(크레인에는 훅 해지장치 미부착, 안전모 미착용, 목장갑 착용)을 보여주고 있다. 동영상의 사고사례에서 위험요인 3가지를 쓰시오. ▶ 07, 14기

3) 조정장치 전선 피복이 벗겨져 있어 내부 전선의 단선으로 크레인이 오작동하여 화물이 낙하할 위험이 있다.

해답
1) 훅에 해지장치가 없어 슬링와이어가 이탈하면서 화물이 떨어질 위험이 있다.
2) 화물이 떨어질 위험장소에서 조정장치를 조작하고 있다.

02 동영상은 장갑을 낀 작업자가 연삭기를 이용하여 브레이크 라이닝을 연마하는 작업 장면을 보여주고 있다. 안전대책 2가지를 쓰시오. ▶ 07, 14 기

해답
1) 연삭기 작업시에는 말려들어갈 위험이 있으므로 장갑착용을 금지한다.
2) 파편이나 칩 등이 눈에 들어갈 수 없도록 보안경을 착용한다.
3) 덮개, 비상정지장치 등의 방호장치를 설치한다.

03 동영상은 승강기 컨트롤 패널(control panel)의 전압측정 등 점검 중으로 개폐기에는 통전중이라는 표지가 붙어있고 면장갑을 착용한 작업자가 개폐기의 문을 열어 전원을 차단하고 문을 닫은 후 다른 곳 패널에서 점검하다가 감전되어 쓰러지는 장면을 보여주고 있다. 동영상에서와 같은 감전사고를 예방하기 위한 감전방지 대책 3가지를 쓰시오. ▶ 04,10,14기, 06산

해답
1) 해당 잔류전하를 확실하게 방전시키고 검전기구에 의해서 잔류전하가 없음을 확인한 후 작업을 실시한다.
2) 개폐기에 통전금지 표지판을 부착하거나 감시인을 배치한다.
3) 내전압용 절연장갑 등 절연용 보호구를 착용한다.

04 동영상은 작업자가 전신주 위에 설치된 변압기의 볼트를 조이기 위해 전주에 올라 서서 전주에 박혀있는 발판(볼트)을 딛고 볼트조임 작업을 하다가 추락하는 사고 장면을 보여주고 있다. 위험요인 2가지를 쓰시오. ▶ 14기

05 동영상은 폭발성 물질의 저장소에 작업자가 들어가기 전에 신발에 물을 묻히는 장면을 보여주고 있다. 다음 물음에 답하시오.
(1) 작업자가 신발에 물을 묻히는 이유를 상세히 설명하시오.
(2) 폭발성 물질의 화재시에 적합한 소화방법을 쓰시오. ▶ 14기, 04,05산

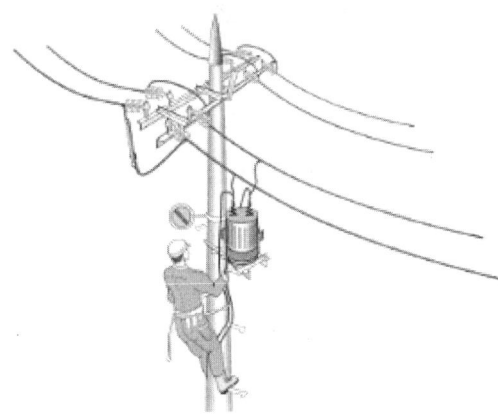

해답
1) 작업자가 딛고 선 발판이 불안정하여 추락위험이 있다.
2) 작업자가 안전대를 전주에 걸지 않고 작업자세도 불안정하여 위험하다.

해답 (1) 신발에 물을 묻히는 이유: 폭발성 물질은 정전기에 의한 불꽃방전으로 폭발의 위험성이 있기 때문에 작업화(신발)와 바닥면의 접촉(마찰)으로 인해 발생하는 정전기 발생을 줄이기 위해서이다.
(2) **소화방법** : 다량 주수에 의한 냉각소화

> **길잡이**
> ▶ 작업자가 정전기를 발생시키는 동작
> 1) 작업자가 걸을 때의 신발과 바닥의 마찰
> 2) 작업자 동작시의 의복의 마찰

06 동영상은 크롬도금 작업장면을 보여주고 있다. 동영상에서와 같이 유해물질 취급 시 일반적인 주의 사항(안전수칙) 4가지를 쓰시오. ➡ 03,14기, 01산

해답
1) 생산공정 및 작업방법의 개선
2) 유해물질을 취급하는 설비의 밀폐화 또는 자동화
3) 유해한 생산공정의 격리와 원격조작의 채용
4) 국소배기에 의한 유해물질의 확산방지
5) 전체 환기에 의한 유해물질의 희석 배출
6) 작업장의 정리정돈 및 청소

07 동영상은 터널굴착 작업장면을 보여주고 있다. 터널굴착시 실시하는 계측항목 3가지를 쓰시오. ➡ 03,13기, 01산

해답
1) 터널 내 육안조사
2) 내공변위 측정
3) 천단침하 측정
4) 록볼트 인발시험 및 축력 측정
5) 지표면 침하 측정
6) 지중변위 측정
7) 지중침하 측정
8) 지중수평변위 측정
9) 지하수위 측정
10) 뿜어붙이기 콘크리트 응력 측정
11) 터널 내 탄성파 속도 측정
12) 주변 구조물의 변형상태 조사

[주] 터널 계측항목 : 터널공사 표준안전작업지침 제25조

08 동영상은 크레인을 이용하여 배관을 인양하는 도중에 발생한 사고사례(배관을 와이어로 가운데 한 군데만을 묶어서 위로 끌어올리다가 배관이 다시 작업자들 머리 부분까지 내려오는 것을 2명의 작업자가 밑에서 배관을 손으로 지지하던 중 배관이 흔들리면서 날아와 작업자 1명의 몸에 부딪치는 사고가 발생함. 화면에서 와이어 끈을 보여주는데 끈의 일부분이 손상되어 옆 부분이 조금 찢겨진 곳이 보임) 장면이다. 배관 인양작업 중 위험요인 2가지를 쓰시오. ▶14기

해답
1) 배관을 인양하는 와이어가 손상되어 끈이 끊어질 위험이 있다.
2) 작업자가 크레인의 권상하중 아래에 위치하고 있기 때문에 배관의 낙하 및 비래 위험에 노출되어 있다.
3) 배관을 2줄걸이(양끝부분 2군데를 묶는 것)을 하지 않고 인양 중 흔들림 방지 조치를 하지 않았다.
4) 신호수 또는 작업지휘자를 배치하지 않았다.

09 동영상의 방독마스크를 보고 다음 물음에 답하시오. (단, 정화통의 문자표기는 무시한다.)
(1) 방독마스크의 종류를 쓰시오.
(2) 방독마스크의 정화통에 사용하는 흡수제 1가지를 쓰시오. ▶14기

해답
(1) 암모니아용 방독마스크
(2) 큐프라마이트

길잡이
▶ 파과시간 : 암모니아(NH_3) 농도가 25ppm(±20%), 시험가스 농도가 0.5%일 경우 파과시간은 40분 이상

산업안전기사 실기 작업형 2015년 제1회

01 동영상은 슬라이싱 머신(slicing machine)에 의해 무채를 썰어내는 작업 중 갑자기 기계가 멈추어서 작업자가 기계를 점검하는 장면을 보여주고 있다. 다음 물음에 답하시오.

(1) 동영상의 작업상황에 대한 위험 point(핵심위험요인)를 2가지 쓰시오.

(2) 슬라이싱 머신에 설치하는 방호장치로서 기계의 뚜껑이 열리게 되면 기계가 작동하지 않게 되는 것으로서 기계의 오작동 방지 또는 안전을 위해 관련 장치 간에 전기적 또는 기계적으로 연락을 취하게 되어 기계의 각 작동부분이 정상적으로 작동하기 위한 조건이 만족되지 않으면 자동적으로 그 기계가 작동할 수 없도록 하는 방호장치의 명칭을 쓰시오.

▶ 03,04,06,15기, 00,03산

 (1) 위험 point
① 방호장치(인터록 또는 연동장치) 미설치로 기계 점검 중 손을 다칠 수 있다.
② 기계를 완전히 정지시키지 않은 상태에서 기계를 점검하여 손을 다칠 수 있다.
(2) 방호장치 명칭 : 인터록 또는 연동장치

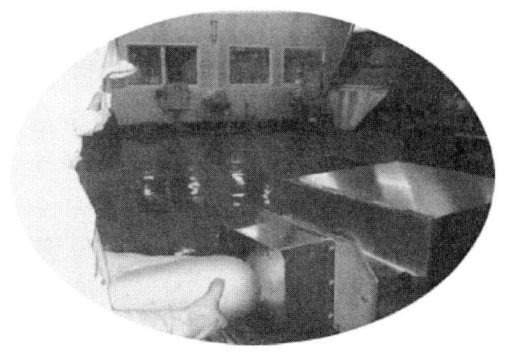

02 동영상 화면은 백호우를 이용하여 건물을 해체하는 장면을 보여주고 있다. 해체작업시 작업계획서의 작성내용 4가지를 쓰시오.   ▶ 15 기

해답
1) 해체의 방법 및 해체 순서도면
2) 해체물의 처분계획
3) 해체작업용 기계·기구 등의 작업계획서
4) 사업장 내 연락방법
5) 해체작업용 화약류 등의 사용계획서

[주] 사전조사 및 작업계획서 내용 : 안전보건규칙 별표 4

03 동영상 화면은 석면을 취급하는 작업장에서 작업자가 반면형 마스크를 쓰고 작업을 하고 있다. 다음 물음에 답하시오.   ▶ 06,15기, 04,05산

(가) 반면형 마스크를 착용하고 있으나 직업성 질환에 걸릴 우려가 높은 이유를 설명하시오.
(나) 석면분진에 장기간 노출시 걸릴 수 있는 질병의 종류 3가지를 쓰시오.

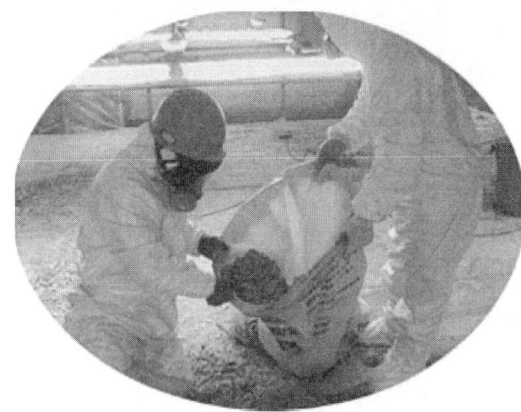

해답 (가) 특급 방진마스크를 착용하지 않아 직업성 질환에 걸릴 수 있다.
(나) 석면분진 장기간 노출시 걸리는 질병
① 석면폐증
② 악성중피종(中皮腫)
③ 폐암

04 작업자가 전기부품을 유기물질에 담가서 절연처리를 한 후 건조작업을 하고 있다. 작업자가 다음 부위에 착용해야 할 보호구의 명칭을 쓰시오. ▶ 06,15 기

① 눈 :
② 손 :
③ 피부 :

05 동영상은 선반의 샤프트를 샌드페이퍼를 사용하여 연마하는 작업 중에 손을 다치는 사고가 발생한 상황을 보여주고 있다. 다음 물음에 답하시오. ▶ 04,15기, 06산

(1) 동영상의 작업상황에 대한 위험 포인트(사고요인)를 3가지 쓰시오.
(2) 동영상에서 발생된 사고의 위험점을 쓰고 그 정의를 간략히 설명하시오.

해답
① 보안경
② 절연고무장갑
③ 절연보호의

> **길잡이**
>
> ▶ 동영상 설명
> · 소형변압기(일명 Down TR, 크기는 가로 세로 15cm 정도로 작은 변압기임)의 양쪽에 나 와있는 선을 일반 작업복만 입은 작업자(안전모 미착용, 보안경 미착용, 맨손, 신발 안 보임)가 양손으로 들고 유기화합물통(스텐으로 사각형)에 넣었다 빼서 앞쪽 선반에 올리는작업함(유기화합물을 손으로 작업), 화면 바뀌면서 선반 위 소형변압기를 건조시키기 위해 업소용 냉장고(문 4개짜리 냉장고)처럼 생긴 곳에다가 넣고 문을 닫는 화면을 보여 준다.

해답 (1) 위험의 포인트
① 회전물에 샌드페이퍼를 감아 손으로 지지하고 있기 때문에 손이 감겨 들어간다.
② (작업에 집중하지 못하여) 곁눈질을 하다 손이 말려 들어간다.
③ 왼손을 기계 위에 올려놓고 있어 손이 미끄러져 말려 들어간다.
④ 한 손으로 작업하고 있다.가 손이 말려 들어간다.

(2) ① 위험점 : 회전말림점
② 회전말림점의 정의 : 회전축, 드릴축, 커플링 등과 같이 회전하는 부분에 작업복 등이 말려드는 위험이 형성되는 점

> **길잡이**
>
> ▶ 선반에서 샤프트 연마시 안전대책
> 1) 회전기계의 샤프트를 연마할 때 회전방향에 대하여 오른손으로 아래쪽을, 왼손으로 위쪽을 잡도록 한다.
> 2) 회전기계 작업시는 손을 잘 보고 하도록 하며 회전체의 노출을 피하기 위하여 안전커버를 부착한다.

07 동영상은 30kV의 전압이 흐르는 고압선 아래에서 크레인에 의해 화물을 인양하던 중에 크레인의 붐대가 고압선에 닿아 작업자가 감전되는 사고장면을 보여주고 있다. 감전방지대책 3가지를 쓰시오.
▶ 15 기

06 동영상은 이동식 크레인을 이용하여 신호수의 신호에 따라 강관을 인양하는 중에 강관이 H빔에 부딪치면서 흔들리는 장면을 보여주고 있다. 강관 인양작업시 안전대책 3가지를 쓰시오. ▶ 06,15기

해답
1) 해당 충전전로의 전압에 적합한 절연용 방호구 등을 설치할 것
2) 크레인의 어느 부분과도 접촉하지 않도록 방책을 설치할 것
3) 감시인을 배치할 것
4) 충전전로의 충전부로부터 300cm 이상 이격시킬 것
   (50kV를 넘는 경우에는 10kV 증가시마다 10cm 씩 증가시킬 것)

[주] 충전전로 인근에서의 차량·기계장치 작업 : 안전보건규칙 제 322조

해답
1) 유도로프(보조로프)를 사용하여 화물의 흔들림을 방지할 것
2) 와이어로프나 훅으로부터 벗겨지는 것을 방지하기 위해 훅의 해지상태 및 안전상태를 점검하도록 할 것
3) 정격하중을 초과하는 하중을 걸어서 사용하지 않도록 할 것
4) 작업반경 내 특히 화물의 아래쪽에 근로자를 출입시키지 않을 것
5) 작업순서를 결정하고 작업지휘자를 배치할 것

08 동영상은 작업자가 전동권선기에 동선을 감는 작업 중에 기계가 정지하여 기계 내부를 손으로 점검하다가 사고가 발생한 장면을 보여주고 있다. 동영상에 나타난 (1) 재해형태와 (2) 재해발생원인(1가지)을 쓰시오. ▶ 15기, 04,05산

09 동영상 화면에 나오는 보호구의 사용장소에 따른 종류 2가지를 쓰시오. ▶ 15기

해답
1) 일반용
2) 내유용

주) 고무제 안전화의 성능기준 : 보호구의무안전고시

해답 (1) 재해형태 : 감전
(2) 재해발생 원인 : 절연용 보호구 미착용

길잡이

▶ 절연용 보호구
1) 절연안전모 : AE, ABE
2) 절연고무장갑 : A종, B종, C종
3) 절연고무장화 : 절연화, 절연장화
4) 절연복 : 상반신의 감전방지용

산업안전기사 실기 작업형 — 2015년 제2회

01 동영상 화면은 천장크레인(마그네틱 크레인)으로 물건(금형)을 옮기던 중에 사고가 발생하는 장면(동영상은 작업자가 금형 위에 마그네틱을 올리고 오른손으로 금형을 잡고 왼손으로 조정장치를 조정하면서 이동하다가 갑자기 넘어지면서 오른손이 마그네틱 on/off를 건드려 금형이 발등으로 떨어지는 사고가 발생하는 장면)을 보여주고 있다. 위험요인 3가지를 쓰시오. ▶ 11, 15기

4) 작업자가 양손을 동시에 사용하여 스위치를 보지 않고 조작하다가 실수로 오작동하여 화물을 떨어뜨릴 수 있다.
5) 작업지휘자(또는 신호수)를 배치하지 않고 단독으로 작업을 하고 있기 때문에 사고 발생 위험성이 크다.

해답
1) 조정장치 전선피복이 벗겨져 있어 내부 전선 단선으로 조정장치가 오동작하여 물건이 낙하할 위험이 있다.
2) 크레인 훅에 해지장치가 없어서 슬링와이어가 이탈할 위험이 있다.
3) 금형이 낙하할 위험장소에서 조정장치를 조작하고 있다.

02 동영상 화면은 작업자 1명이 경사용 컨베이어 벨트 위에서 시멘트 포대를 들어 옮겨 놓고 또 다른 작업자 1명은 바닥에서 시멘트 포대를 컨베이어 벨트 위로 실어 옮기던 중에 컨베이어 벨트 위에 작업자가 굴러 떨어지는 사고장면을 보여주고 있다. 동영상 화면의 작업상황에서 작업자 측면에서의 문제점(재해요인 또는 위험요인) 2가지를 쓰시오.

해답
1) 비상정지장치 등 방호장치를 설치하지 않았다.
2) 작업자가 컨베이어 벨트 위의 끝부분에서 불안정한 자세로 서서 작업을 하고 있다.
3) 2명의 작업자 간에 신호방법이 정해지지 않았고 작업 중에 호흡이 일치하지 않았다.
4) 안전모를 착용하지 않고 챙모자를 쓰고 있기 때문에 추락(또는 전도)시 머리를 다칠 수 있다.

03 동영상은 전주를 운반하다가 작업자가 흔들거리는 전주에 맞아 사고사 발생하는 장면을 보여주고 있다. 다음 물음에 답하시오. ▶ 15기
(1) 가해물 :
(2) 재해형태 :
(3) 전기용 안전모의 종류(2가지) :

해답
(1) 가해물 : 전주
(2) 재해형태 : 비래
(3) 전기용 안전모의 종류
① AE형
② ABE형

04 동영상은 작업자 2명이 전주에서 활선작업(작업자 1명은 밑에서 절연용방호구를 올리고 다른 작업자 1명은 크레인 위에서 물건을 받아 전로에 절연용방호구를 설치하는 작업) 장면을 보여주고 있다. 동영상의 작업상황과 같은 활선작업을 할 경우 내재되어 있는 핵심위험요인(위험 point) 2가지를 쓰시오.
▶ 07,09,13,15기, 10산

05 동영상 화면은 LPG(액화석유가스)저장소에 가스누설검지경보장치의 미설치로 인해 가스폭발사고가 발생되는 장면을 보여주고 있다. 가스누설검지경보장치에 대한 다음 물음에 답하시오.
(1) 검지센서의 설치위치
(2) 경보장치 설정치
▶ 05,12,15기,02산

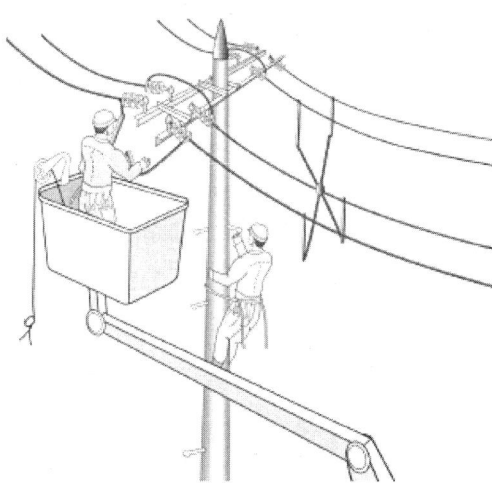

해답 (1) 검지센서의 설치위치 : LPG는 공기보다 무거우므로 바닥에 인접한 낮은 곳에 설치할 것
(2) 경보장치 설정치 : LPG 폭발하한값의 25% 이하

해답
1) 활선작업에 필요한 절연장갑 등 보호구 미착용으로 활선에 접촉되어 감전될 수 있다.
2) 크레인의 붐대가 활선에 접촉되어 감전될 수 있다.
3) 작업자간에 신호전달이 잘 이루어지지 않아 위험하다.

06 동영상 화면은 작업자가 분진마스크를 착용한 상태에서 석면 해체·취급 등 작업을 하고 있는 장면을 보여주고 있다. 동영상에서와 같이 작업자가 석면분진이 비산하는 작업장에 장기간 노출되었을 때는 직업성 질환(직업병)에 걸릴 확률이 높다. 석면분진에 의해 걸릴 수 있는 질병의 종류 3가지를 쓰고 그 이유를 설명하시오. ▶ 04,07,12,15기 03,05산

07 동영상은 작업자 A가 아파트 창틀에서 작업발판을 처마 위에 있는 작업자 B에게 건네주는 작업과정 중에 작업자 B가 옆 처마 위로 이동하다가 발을 헛디뎌서 바닥으로 추락하는 장면을 보여주고 있다. 동영상의 재해 사례에서 작업자의 추락사고 원인을 3가지 쓰시오.

해답
1) 안전난간 미설치
2) 안전방망 미설치
3) 안전대 부착설비 미설치 및 안전대 미착용

해답
1) 석면분진에 의한 직업성 질병
   ① 석면폐증
   ② 폐암
   ③ 악성중피종
2) 이유 : 작업자가 착용한 분진마스크는 특급방진마스크(석면분진 전용마스크)가 아니기 때문에 석면분진이 분진마스크를 통해 계속 흡입될 수 있기 때문에 질병에 걸리게 되는 것이다.

08 동영상은 건물의 해체작업 장면(압쇄기에 의해 건물을 해체하여 해체물을 운반하는 도중에 건축물의 잔해가 밑에 있던 작업자의 머리 위로 떨어지는 사고 장면)을 보여주고 있다. 해체작업을 할 때는 미리 작업계획을 작성하고 그 작업계획에 의하여 작업하도록 하여야 한다., 해체작업시 작업계획서에 포함되는 사항을 3가지만 쓰시오. ▶ 04,11,15기

해답
1) 해체의 방법 및 해체 순서도면
2) 가설설비·방호설비·환기설비 및 살수·방화설비 등의 방법
3) 사업장 내 연락방법
4) 해체물의 처분계획
5) 해체작업용 기계·기구 등의 작업계획서
6) 해체작업용 화약류 등의 사용계획서
7) 그 밖에 안전·보건에 관련된 사항

[주] 사전조사 및 작업계획서의 내용 : 안전보건규칙 별표 4

09 동영상 화면에서 보여주는 보호구에서 안전인증표시 외의 추가표시사항 4가지를 쓰시오.

해답
1) 파과곡선도
2) 사용시간 기록카드
3) 사용상 주의사항
4) 정화통 외부측면의 표시색

산업안전기사 실기 작업형 — 2015년 제3회

01 동영상 화면은 펌프 작업장면을 보여주고 있다. 다음 물음에 답하시오.

(1) 물 등 도전성이 높은 액체에 의한 습윤장소에서 펌프작업 중 감전사고가 발생하였다. 감전방지대책을 3가지만 쓰시오.

(2) 인체가 물에 젖어 있을 경우에 감전되기 쉬운 이유를 설명하시오.

▶ 05기, 15산

해답 (1) 감전방지대책
① 작업 전에 모터와 전선의 접속부분 및 전선피복의 손상유무를 확인할 것
② 물 등 도전성이 높은 습윤장소에서 사용하는 전선은 물기가 침입할 수 없는 것을 사용할 것
③ 전선의 접속개소는 전선의 절연성능 이상으로 절연될 수 있도록 테이프 등으로 충분히 피복할 것
④ 감전방지용 누전차단기를 설치할 것

(2) 인체가 물에 젖어 있을 경우에는 피부저항이 1/25로 감소되어 감전되기 쉽다.

02 가죽제 안전화의 뒷굽 높이를 제외한 몸통 높이를 쓰시오. ▶ 15기
① 단화 :
② 중단화 :
③ 장화 :

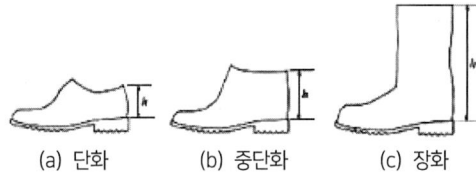

(a) 단화 (b) 중단화 (c) 장화

해답
① 단화 : 113mm 미만
② 중단화 : 113mm 이상
③ 장화 : 178mm 이상

03 동영상 화면은 30kV 전압이 흐르는 고압선 아래에서 이동식 크레인을 이용하여 화물을 운반하던 중 붐대가 고압선에 닿아 감전사고가 발생하는 장면을 보여주고 있다. 감전방지대책을 3가지 쓰시오.
▶ 04,15기, 06산

해답
1) 감전의 위험을 방지하기 위한 방책을 설치할 것
2) 해당 충전전로에 절연용 방호구를 설치할 것
3) 감시인을 두고 작업을 감시하도록 할 것

04 동영상은 운전 중인 인쇄롤러를 전면에서 양손으로 걸레를 잡고 닦고 있는 장면을 보여주고 있다. 다음 물음에 답하시오.
(1) 롤러기에 형성되는 위험점의 명칭을 쓰고, 그 위험점의 정의를 쓰시오.
(2) 동영상의 롤러기 청소작업 중 발생되는 재해형태(사고유형)를 쓰고, 그 재해형태의 정의를 쓰시오.
▶ 15기, 02,06산

05 동영상 화면은 자동차 부품을 도금한 후 세척하는 작업과정(작업자 1명이 담배를 피우며 작업을 하고 있고, 세정제가 바닥에 흘려져 있으며, 고무장화를 착용하지 않고 작업을 하고 있음)을 보여주고 있다. 위험예지훈련을 할 경우 행동목표를 2가지 쓰시오.
▶ 04,06,15기

해답
(1)
① **위험점** : 물림점
② **물림점의 정의** : 회전하는 두 개의 회전체에 물려 들어갈 위험성이 형성되는 점
(2)
① **재해형태** : 협착
② **협착의 정의** : 물건에 끼워진 상태 또는 말려든 상태

해답
1) 작업 중에는 담배를 피우지 말자!
2) 세척작업시는 고무장갑 및 고무장화를 착용하자!

길잡이
▶ 세정제로 시너 사용시 발생할 수 있는 재해형태(사고유형)
 : 화재 및 폭발

06 동영상은 박공지붕 설치작업 도중에 휴식을 취하던 중 추락사고가 발생하는 장면을 보여주고 있다. (1) 재해발생원인과 (2) 재해방지대책을 각각 3가지씩만 쓰시오. ▶ 04,15기, 06산

07 동영상은 비계 위에 설치된 작업발판 위에서 작업하는 장면을 보여주고 있다. 다음 물음에 답하시오. ▶ 15기, 06산
(1) 작업발판의 폭 :
(2) 발판 틈새 :

해답 (1) 재해발생원인
① 작업발판을 설치하지 않았다.
② 안전대부착설비 미설치 및 안전대를 착용하지 않았다.
③ 추락방지망을 설치하지 않았다.
④ 박공지붕판을 한곳에 과적하여 쌓아 놓았다.
⑤ 위험한 장소에서 휴식을 취하고 있었다..

(2) 재해방지대책
① 작업발판을 설치한 후 작업을 실시한다.
② 안전대부착설비 및 지지로프를 설치하고 안전대를 착용한다.
③ 추락방지망(안전방망)을 설치한다.
④ 박공지붕판을 한 곳에 과적하여 쌓아 놓지 않는다.
⑤ 위험한 장소에서 휴식을 취하지 않도록 한다.

해답 (1) 작업발판의 폭 : 40cm 이상
(2) 발판 틈새 : 3cm 이하

> **길잡이**
> ▶ **작업발판의 구조** : 안전보건규칙 제56조
> 1) 발판재료는 작업시의 하중을 견딜 수 있도록 견고한 것으로 할 것
> 2) 작업발판의 폭은 40cm 이상으로 하고, 발판재료간의 틈은 3cm 이하로 할 것
> 3) 추락의 위험성이 있는 장소에는 안전난간을 설치할 것(작업의 성질상 안전난간을 설치하는 것이 곤란한 때 작업의 필요상 임시로 안전난간을 해체함에 있어서 추락방지망을 치거나 근로자로 하여금 안전대를 사용하도록 하는 등 추락에 의한 위험방지조치를 한 때에는 제외)
> 4) 작업발판의 지지물은 하중에 의하여 파괴될 우려가 없는 것을 사용할 것
> 5) 작업발판재료는 뒤집히거나 떨어지지 아니하도록 2 이상의 지지물에 연결하거나 고정시킬 것
> 6) 작업발판을 작업에 따라 이동시킬 때에는 위험방지에 필요한 조치를 할 것

08 동영상은 작업자가 보호구를 착용하지 않은 채 유해물질 DMF 취급작업을 하고 있다. 피부자극성 및 부식성 관리대상 유해물질 취급시 비치하여야 할 보호구 3가지를 쓰시오. ▶ 15기

해답
1) 불침투성 보호장갑
2) 불침투성 보호장화
3) 불침투성 보호복

09 동영상은 작업발판용 목재토막을 가공대 위에 올려놓고 한발로 목재를 밟아서 고정하고 톱질을 하다가 작업자가 균형을 잃고 넘어지는 사고장면을 보여주고 있다. (1) 재해형태와 (2) 기인물을 쓰시오. ▶ 15기

해답 (1) 재해형태 : 전도
(2) 기인물 : 작업발판

산업안전기사 실기 작업형 — 2016년 제1회

01 동영상의 화면은 크랭크 프레스로 철판에 구멍을 뚫는 작업장면을 보여주고 있다. 다음 물음에 답하시오.

(1) 크랭크 프레스에 광전자식(감응식) 방호장치 설치시 방호장치의 급정지시간이 4ms일 때 광축의 설치거리는 얼마인가?

(2) 크랭크 프레스 작업 중에 작업자가 손으로 칩 등 이물질을 제거하다가 부주의로 페달을 밟아 손을 다치는 사고가 발생하였다. 사고방지대책을 2가지만 쓰시오.

해답
(1) 광축의 설치거리 = 1.6 $(T_L + T_S)$ = 1.6 × 4 = 6.4mm

(2) 사고방지대책
① 페달에 U자형 덮개를 씌운다.
② 칩 등 이물질 제거시는 수공구(플라이어, 집게 등)를 사용한다.

02 동영상화면은 전기드릴에 의해 철판의 구멍을 넓히는 작업장면(작업자는 안전모, 보안경 등 미착용 상태에서 철판을 맨손으로 잡고 작업하고 있음)을 보여주고 있다. 동영상의 작업상황에서 사고방지를 위한 위험방지대책 2가지를 쓰시오.

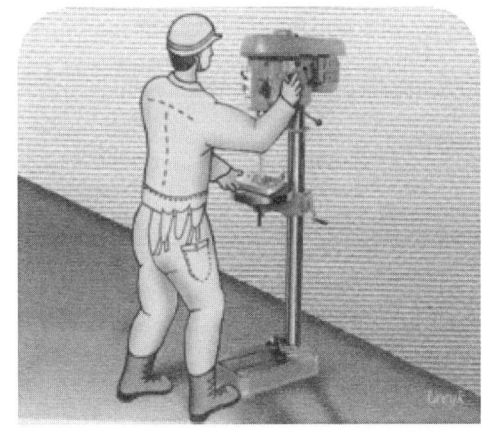

해답
1) 안전모, 보안경 등 보호구를 착용한다. (장갑착용금지)
2) 일감(철판)은 바이스나 클램프 등을 사용하여 고정시킨 후 드릴작업을 한다.

▶ 드릴링 머신의 안전작업수칙
  1) 드릴을 끼운 뒤 척핸들을 반드시 빼 놓을 것
  2) 공작물은 견고하게 고정하고 손으로 잡고 구멍을 뚫지 말 것
  3) 작은 구멍을 먼저 뚫은 뒤 큰 구멍을 뚫을 것
  4) 가공 중에 구멍이 관통되면 기계를 멈추고 손으로 돌려서 드릴을 뺄 것
  5) 칩을 제거할 때는 회전을 중지시킨 후 솔로 제거할 것
  6) 뚫린 것을 확인하기 위해 구멍에 손을 집어넣지 말 것
  7) 장갑을 끼고 작업하지 말 것
  8) 보안경을 착용할 것

03 누전차단기의 설치장소 3곳을 쓰시오.

1) 물 등 도전성이 높은 액체가 있는 습윤장소
2) 철판·철골 위 등 도전성이 높은 장소
3) 임시배선의 전로가 설치되는 장소

▶ 감전방지용 누전차단기를 설치해야 할 전기기계·기구
  (안전보건규칙 제304조)
  1) 대지전압이 150볼트를 초과하는 이동형 또는 휴대형 전기기계·기구
  2) 물 등 도전성이 높은 액체가 있는 습윤장소에서 사용하는 저압(750볼트 이하 직류전압이나 600볼트 이하의 교류전압을 말함)용 전기기계·기구
  3) 철판·철골 위 등 도전성이 높은 장소에서 사용하는 이동형 또는 휴대형 전기기계·기구
  4) 임시배선의 전로가 설치되는 장소에서 사용하는 이동형 또는 휴대형 전기기계·기구

04 동영상 화면은 작업자가 전주위에 올라가 변압기 볼트를 조이는 장면을 보여주고 있다. 위험요인 2가지를 쓰시오.

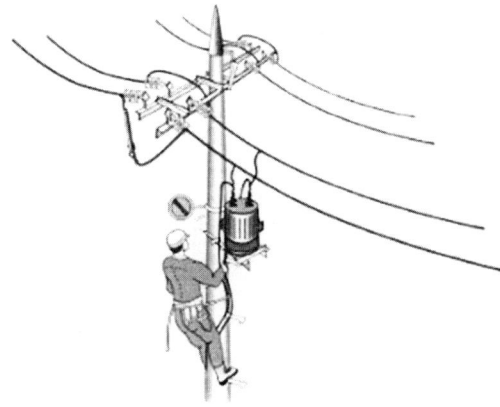

해답
1) 작업자가 안전대를 전주에 걸지 않은 상태에서 작업을 하여 위험하다.
2) 작업자가 딛고 선 발판이 불안하다.

05 동영상의 화면은 석면을 취급하는 장소에서 작업자가 반면형 마스크를 쓰고 작업하는 장면을 보여주고 있다. 다음 물음에 답하시오.
(1) 석면취급장소에서 사용하는 방진마스크의 등급 및 여과재의 분진포집효율을 쓰시오.
(2) 석면분진에 장기간 노출시 발생하는 질병(직업병)을 쓰시오.

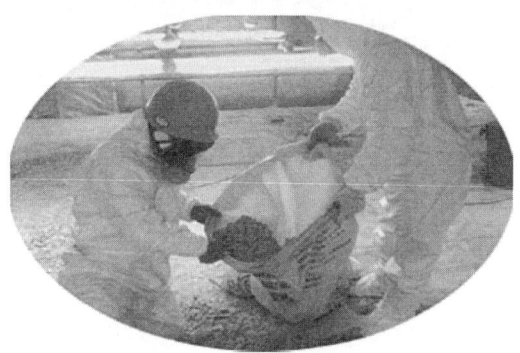

해답
(1) 특급[여과재의 분진포집효율 : 99.95% (안면부여과식 : 99.0%)]
(2) 질병의 명칭
  ① 석면폐증
  ② 폐암
  ③ 악성중피종

06 동영상 화면은 밀폐공간에서 작업 중 의식불명의 피해자가 발생되는 장면을 보여주고 있다. 밀폐공간에서 작업시 작업자를 피난시키거나 구출하기 위하여 필요한 기구 2가지를 쓰시오.

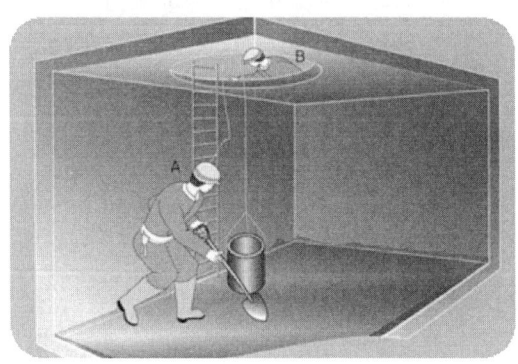

해답
1) 송기마스크
2) 사다리 및 섬유로프 등

[주] 대피용 기구의 비치 : 안전보건규칙 제625조

07 동영상은 아파트공사 현장의 비계위에 설치한 작업발판에서 작업하는 장면을 보여주고 있다.
(1) 작업발판의 폭과 (2) 발판재료간의 틈새크기를 쓰시오

해답
(1) 작업발판의 폭 : 40cm 이상
(2) 발판재료간의 틈 : 3cm 이하

> **길잡이**
> ▶ 작업발판의 구조 : 비계(달비계·달대비계 및 말비계는 제외)의 높이가 2m 이상인 작업장소에 설치하는 작업발판의 설치기준
> 1) 발판재료는 작업시의 하중을 견딜 수 있도록 견고한 것으로 할 것
> 2) 작업발판의 폭은 40cm 이상으로 하고 발판재료간의 틈은 3cm 이하로 할 것
> 3) 추락의 위험성이 있는 장소에서 안전난간을 설치할 것
> 4) 작업발판의 지지물은 하중에 의하여 파괴될 우려가 없는 것을 사용할 것
> 5) 작업발판재료는 뒤집히거나 떨어지지 않도록 2이상의 지지물에 연결하거나 고정시킬 것
> 6) 작업발판은 작업에 따라 이동시킬 때에는 위험방지에 필요한 조치를 할 것

08 동영상화면은 건설현장에서 사용하는 리프트를 보여주고 있다. 리프트를 사용하여 작업을 하는 때의 작업시작 전 점검사항 2가지를 쓰시오.

해답
1) 방호장치·브레이크 및 클러치의 기능
2) 와이어로프가 통하고 있는 곳의 상태

[주] 작업시작 전 점검사항 : 안전보건규칙 별표3

09 동영상 사진을 보고 안전모 각부의 명칭을 쓰시오

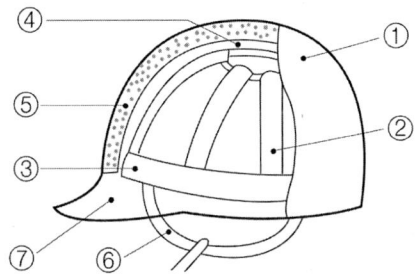

해답
① 모체
② 머리받침끈
③ 머리 고정대
④ 머리 받침고리
⑤ 충격흡수재
⑥ 턱끈
⑦ 모자챙(차양)

산업안전기사 실기 작업형 — 2016년 제2회

01 동영상은 작업자가 사출성형기에 끼인 이물질을 제거하다가 감전으로 뒤로 넘어지는 사고발생장면을 보여주고 있다. 사출성형기 이물질(잔류물)제거시 재해발생 방지대책 3가지를 쓰시오

해답
1) 작업시작 전 전원을 차단한다.
2) 작업시 절연용 보호구를 착용한다.
3) 이물질 제거에 적합한 전용공구를 사용한다.

02 동영상 화면은 탁상공구 연삭기에 의해 봉강연마작업중 파편이 튀어 얼굴에 맞는 사고사례장면을 보여주고 있다. 다음 물음에 답하시오.
1) 기인물을 쓰시오
2) 봉강연마작업시 파편이나 칩 등의 비래에 의한 위험방지를 위해 설치해야 할 방호장치 명칭을 쓰시오

해답
1) 기인물 : 탁상공구 연삭기
2) 방호장치 명칭 : 칩비산방지투명판

03 동영상은 작업자가 컨베이어가 작동하는 상태에서 컨베이어 벨트 끝부분에 발을 딛고 올라서서 형광 등을 교체하는 작업 중에 추락하는 장면을 보여주고 있다. 동영상의 사고 사례장면에서 작업자의 불안전한 행동 2가지를 쓰시오

해답
1) 작동하는 컨베이어에 올라가 작업하는 자세가 불안정하여 추락할 위험이 있다.
2) 컨베이어 전원을 차단하지 않고 작업을 하고 있어 위험이 있다.

04 동영상은 터널내 발파작업 장면을 보여주고 있다. 발파작업시 사용하는 장전구 및 발파공 충진재료를 쓰시오.

해답
1) **장전구** : 마찰, 충격, 정전기 등에 의한 폭발의 위험이 없는 안전한 것을 사용 할 것
2) **발파공의 충진재료** : 점토, 모래 등 발화성 또는 인화성의 위험성이 없는 재료를 사용 할 것

주 발파의 작업기준 : 안전보건규칙 제348조

05 화면은 작업자가 유해한 화학물질을 아무런 보호구 없이 맨손으로 취급하는 장면을 보여주고 있다. 유해물질이 흡수되는 경로를 모두 쓰시오

해답
1) 호흡기
2) 소화기
3) 피부점막

06 화면은 브레이크 패드를 제조하는 중 석면을 사용하는 장면이다. 이 작업의 안전 작업수칙에 대하여 3가지를 쓰시오(단, 근로자는 석면의 위험성을 인지하고 있다.)

해답
1) 석면이 작업자 호흡기로 침투되는걸 방지하기 위해 작업자에게 호흡용 보호구를 착용시킨다.
2) 석면작업장에는 석면이 날리지 않도록 국소배기장치를 설치하여 작업 중에 항상 가동 하도록 한다.
3) 석면을 사용하거나 석면이 붙어 있는 물질을 이용하는 작업을 하는 때에는 석면이 흩날리지 아니하도록 습기를 유지할 것

07 동영상은 지게차에 적재된 화물이 운전자의 시계를 현저하게 방해하는 장면을 보여주고 있다. 지게차 운전자 조치사항 3가지를 쓰시오

해답
1) 하차하여 주변의 안전을 확인한 후 운전한다.
2) 유도자를 지정하여 지게차를 유도 또는 후진으로 서행한다.
3) 경적과 경광등을 사용한다.

08 동영상은 건물을 해체하는 작업장면을 보여주고 있다. 건물 등의 해체작업시 작업계획서 작성내용 4가지를 쓰시오

해답
1) 해체의 방법 및 해체 순서도면
2) 가설설비·방호설비·환기설비 및 상수·방화설비 등의 방법
3) 사업장 내 연락방법
4) 해체물의 처분계획
5) 해체작업용 기계·기구 등의 작업계획서
6) 해체작업용 화약류 등의 사용계획서
7) 그 밖에 안전·보건에 관련된 사항

[주] 작업계획서 내용 : 안전보건규칙 별표 4

09 동영상화면은 방음보호구 귀마개를 보여주고 있다. 다음 [표]의 빈칸에 알맞은 내용을 쓰시오

형식	종류	기호	적요
귀마개	1종	(①)	(③)
	2종	(②)	(④)

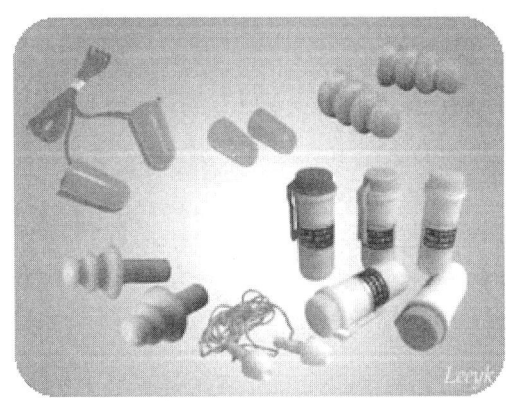

① EP-1
② EP-2
③ 저음부터 고음까지를 차음하는 것
④ 고음만을 차음하는 것

산업안전기사 실기 작업형 — 2016년 제3회

01 동영상은 강관파일을 붙이기 위해 교류아크용접기를 사용하여 용접작업을 하는 장면을 보여주고 있다. 다음 물음에 답하시오.

(1) 교류아크용접기를 사용하여 용접작업 중 감전사고가 발생하였을 경우 기인물을 쓰시오.

(2) 아크용접시 발생하는 유해광선 및 감전방지를 위해 착용해야 할 보호구를 2가지만 쓰시오.

해답
(1) 기인물 : 교류아크용접기
(2) 아크용접작업시 착용 보호구
   ① 차광보호안경(용접용 보안면)
   ② 절연장갑(용접용 장갑)

02 화면은 작업자가 컨베이어가 작동하는 상태에서 컨베이어 벨트 끝부분에 발을 짚고 올라서서 불안정한 자세로 형광등을 교체하다 추락하는 재해사례를 보여 주고 있다. 작업자의 불완전한 행동 2가지를 쓰시오

해답
1) 작동하는 컨베이어에 올라가 작업하는 자세가 불안정하여 추락할 위험이 있다.
2) 컨베이어 전원을 차단하지 않고 작업을 하고 있어 위험이 있다.

03 동영상 화면은 작업자가 피트 뚜껑을 한 쪽으로 열어 놓고 불안정한 나무 발판 위에 발을 올려놓은 상태에서 왼손으로 뚜껑을 잡고 오른손으로 플래시를 안쪽으로 비추면서 내부를 점검하는 중에 발이 미끄러지는 장면으로 보여주고 있다. 피트에서 작업을 할 때 지켜야 할 안전 작업 수칙 3가지를 쓰시오

04 동영상은 작업자가 전동권선기에 동선을 감는 작업 중에 기계가 정지하여 기계 내부를 손으로 점검하다가 사고가 발생한 장면을 보여주고 있다. 동영상에 나타난 (1) 재해형태와 (2) 재해발생원인(1가지)을 쓰시오.

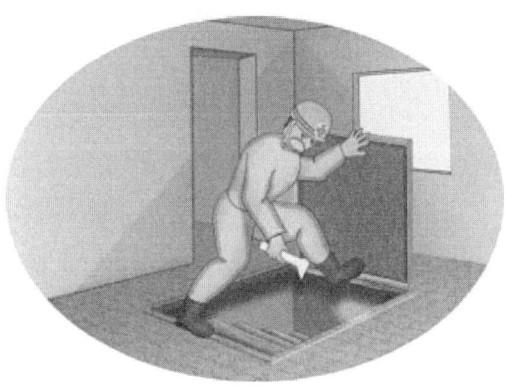

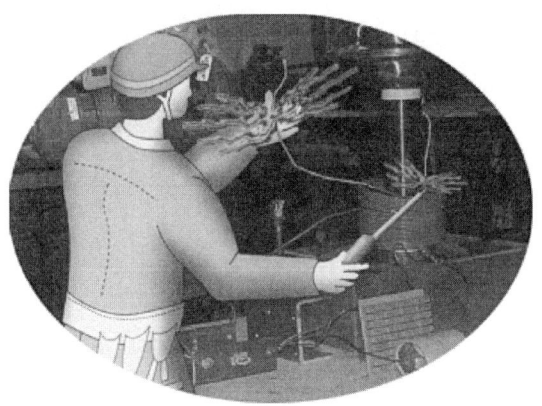

해답
1) 안전대 부착설비 설치 및 안전대 착용
2) 추락방지망 설치
3) 작업중심을 알리는 안내표지판 설치

해답 (1) 재해형태 : 감전
(2) 재해발생 원인 : 절연용 보호구 미착용

05 동영상화면도를 보고 다음 각 물음에 답하시오 (단, 정화통의 문자표기는 무시한다.)
(1) 방독마스크의 종류 :
(2) 방독마스크의 형식 :
(3) 방독마스크 시험가스 종류 :

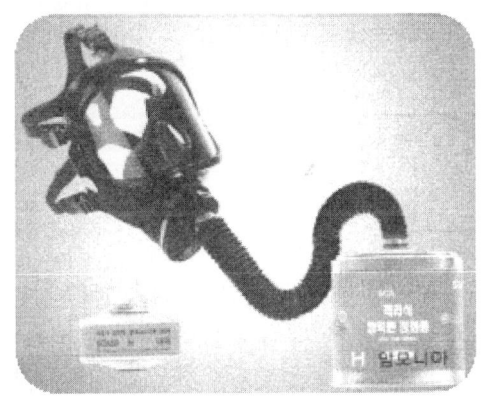

해답 (1) 암모니아용 방독마스크
(2) 격리식 전면형
(3) 암모니아 가스

06 동영상화면은 지하에 설치된 폐수처리조에서 슬러지 처리 작업 중 작업자가 쓰러지는 사고발생장면을 보여주고 있다. 산소결핍장소에 작업자가 들어갈 때 필요한 호흡용 보호구 종류 2가지를 쓰시오.

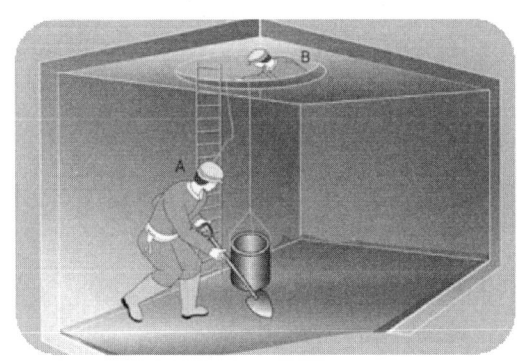

해답 1) 송기마스크
2) 공기 호흡기

07 동영상은 박공지붕 설치작업 도중에 휴식을 취하던 중 추락사고가 발생하는 장면을 보여주고 있다.
(1) 재해발생원인과 (2) 재해방지대책을 각각 3가지씩만 쓰시오.

해답 (1) 재해발생원인
① 작업발판을 설치하지 않았다.
② 안전대 부착설비 미설치 및 안전대를 착용하지 않았다.
③ 추락방지망을 설치하지 않았다.
④ 박공지붕판을 한 곳에 과적하여 쌓아 놓았다.
⑤ 위험한 장소에서 휴식을 취하고 있다.

(2) 재해방지대책
① 작업발판을 설치한 후 작업을 실시한다.
② 안전대 부착설비 및 지지로프를 설치하고 안전대를 착용한다.
③ 추락방지망(안전방망)을 설치한다.
④ 박공지붕판을 한곳에 과적하여 쌓아 놓지 않는다.
⑤ 위험한 장소에서 휴식을 취하지 않도록 한다.

08 동영상은 타워크레인에 의하여 화물인양 작업중 사고가 발생한 상황이다. 타워크레인 운전시 사고발생원인을 3가지만 쓰시오.

해답 1) 신호수를 배치하지 않았다.
2) 작업 전에 일정한 신호방법을 정하지 않았다. (작업자간에 신호체계 미확립)
3) 동요 방지를 위한 보조로프를 사용하지 않았다.
4) 매단 화물의 흔들림방지 조치를 하지 않았다.
5) 작업자가 크레인의 권상하중 아래에 있었다.
6) 크레인의 작업범위 내에 장애물이 있었다.
7) 정격하중 이상의 화물을 매달았다.

09 동영상화면은 스팀배관의 보수를 위해 누출부위를 점검하던 중에 사고발생장면을 보여주고 있다. 동영상에서와 같은 재해를 산업재해 기록·분류에 관한 기준에 따라 분류할 때 해당되는 재해발생형태를 쓰시오

해답 이상온도·접촉에 의한 화상

산업안전기사 실기 작업형 — 2017년 제1회

01 화면은 작업자 2명이 전주에서 활선작업을 하고 있다. 작업자 1명은 밑에서 절연용방호구를 올리고 다른 작업자 1명은 크레인 위에서 물건을 받아 활선에 절연용방호구 설치 작업을 하다 감전사고가 발생하는 화면을 보여 주고 있다. 활선작업시 내재되어 있는 핵심 위험요인 3가지를 쓰시오. ▶ 17 기

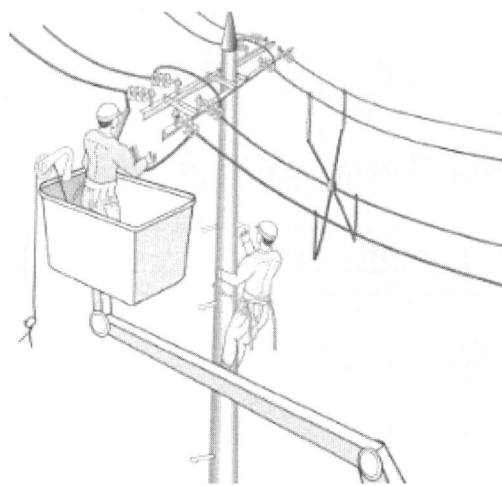

해답
1) 절연용 방호구 미설치 및 절연용 보호구 미착용으로 감전된다.
2) 전로의 활선상태를 정전상태로 착각하여 진로에 접촉되어 감전된다.
3) 전원을 차단하지 않은 상태에서 작업하여 감전된다.

02 동영상은 작업자 A, B가 작업을 하고 있으며, A는 아파트 창틀에서 B는 옆 처마 위에서 작업을 하고 있다. 창틀에서 작업 중인 A가 작업발판을 처마위에 B에게 건네준 후 B가 있는 옆 처마위로 이동하다 발을 헛디뎌 바닥으로 추락하는 화면을 보여 주고 있다. (주변에 정리정돈이 되어 있지 않고, A작업자가 밟고 있던 콘크리트 부스러기가 추락할 때 같이 떨어진다.) 상기 작업상황에서 (1) 추락사고 발생원인 3가지 (2) 기인물 (3) 가해물을 쓰시오. ▶ 17 기

해답
(1) 추락사고 발생원인
 ① 안전난간 미설치
 ② 안전방망(추락방지망) 미설치
 ③ 안전대 부착설비 미설치 및 안전대 미착용
(2) 기인물 : 작업발판
(3) 가해물 : 바닥

03 동영상은 주유소에서 담뱃불이 점화원이 되어 화재·폭발의 우려가 있는 장면(시동이 걸려 있는 지게차 운전자가 담배를 피우며 주유원과 이야기를 나누고 있는 장면)을 보여주고 있다. 담뱃불과 같은 점화원을 무엇이라 하는지 기술하시오.

➡ 07 산, 10, 17 기

04 동영상은 크레인으로 배관을 운반하는 도중에 매달린 물체(배관)가 흔들리며 H빔(골조)에 부딪치는 장면과 신호수의 불안전한 행동(안전모 등 보호구 미착용 상태, 신호방법 불량 등)을 보여주고 있다. 위험요인을 3가지만 쓰시오

➡ 07 기, 17 기

해답 나화(裸火)

> **길잡이**
> ▶ 나화(裸火)
>　1) 난방, 담뱃불, 난로, 소각 등의 나화
>　2) 보일러, torch lamp 등의 나화
>　3) 가스냉장고, FID 검출형 가스크로마토그래피 등의 작은 화염 등

해답
1) 화물의 운반시 흔들림을 방지하기 위한 보조(유도)로프를 사용하지 않았다.
2) 무전기 등을 사용하여 신호하지 않고 일정한 신호방법을 미리 정하여 두지 않아서 신호전달이 제대로 이루어지지 않았다.
3) 신호수가 안전모 등 보호구를 착용하지 않았다.
4) 화물의 이동경로에 강구조물이 위치하는 등 이동경로 설정이 잘못되었다.
5) 화물을 확실하게 체결하지 않아 화물이 낙하할 위험이 있다.

> **길잡이**
> ▶ 상기 동영상화면 작업상황에서의 안전대책
>　1) 보조로프에 의해 화물의 흔들림을 방지할 것
>　2) 신호체계를 확립할 것
>　3) 크레인 작업변경에서는 출입금지 조치를 할 것
>　4) 화물을 2줄걸이로 확실하게 체결할 것

05 동영상은 사용전압이 30kV인 고압선(충전전로)에 접근하는 장소에서 이동식크레인의 화물인양작업장면을 보여주고 있다. 감전방지대책을 2가지만 쓰시오.

해답
1) 이동식크레인을 고압선으로부터 300cm(3m) 이상 이격시킬 것 (50kV 초과 시는 10kV 초과시마다 이격 거리를 10cm 씩 증가시킬 것)
2) 감전방지를 위한 방책을 설치할 것
3) 충전전로에 절연용 방호구를 설치할 것
4) 감시인을 배치할 것

[주] 충전전로 인근에서 차량·기계장치 작업 : 안전보건규칙 제 322 조

> **길잡이**
> ▶ 시설물 건설등의 작업시의 감전방지 대책 (구법)
> 1) 해당 충전전로를 이설할 것.
> 2) 감전의 위험을 방지하기 위한 방책을 설치할 것.
> 3) 해당 충전전로에 절연용 방호구를 설치할 것.
> 4) 제①호 내지 제③호에 해당하는 조치를 하는 것이 현저히 곤란한 때에는 감시인을 두고 작업을 감시하도록 할 것.

Guide
1) 상기 문제의 해답은 안전보건규칙 신법에 관계되는 해답이며 「길잡이」내용은 법이 개정되기전의 구법 내용입니다. 추가된 내용(이격거리)과 삭제된 내용(충전전로이설)을 숙지하고 정답을 정확히 기술할 수 있어야 합니다.
2) 출제율이 매우 높습니다.

06 동영상은 포크리프트로 팔레트(pallet)를 높게 적재한 채 주행하는 장면을 보여주고 있다. 동영상에서 어떠한 위험이 잠재하고 있는지 위험의 point(핵심위험요인)를 3가지 쓰시오.

해답 위험의 Point
1) 운전자의 시야를 가려 통행자와 충돌한다.
2) 높이 적재한 팔레트가 지게차 윗부분으로부터 떨어져 다친다.
3) 중량초과로 지게차 운전석 부분이 들려서 사고가 난다.
4) 지게차 급정지시 팔레트가 무너져 보행자가 다친다.

07 동영상화면은 인화성액체의 저장소에서 증기가 대기중에 유출되어 폭발하는 장면을 보여주고 있다. (1) 폭발의 종류와 (2) 폭발의 정의를 쓰시오.

해답
1) **폭발의 종류** : 증기운 폭발(UVCE)
2) **증기운 폭발의 정의** : 다량의 가연성가스 또는 기화하기 쉬운 인화성액체가 지표면의 개방된 공간에 유출되어 다량의 가연성혼합체의 증기운을 형성하여 착화원에 의해 폭발이 일어나는 형태를 말한다.

길잡이
▶ 블레비(BLEVE : 비등액 팽창 증기폭발)
· 비점이 낮은 액체 저장탱크 주위에 화재가 발생하였을 때 저장탱크 내부의 비등현상으로 인한 압력상승으로 탱크가 파열되어 그 내용물이 증발, 팽창하면서 발생되는 폭발현상을 말한다.

08 동영상 화면은 크랭크 프레스기로 판재에 구멍을 뚫는 장면을 보여주고 있다. 동영상의 작업상황에서 위험의 포인트(핵심위험요인) 3가지를 쓰시오.

해답
1) 페달을 잘못 밟아 프레스가 작동하여 손을 다친다.
2) 눈에 이물질이 들어가 눈을 다친다.
3) 작업소음으로 인하여 난청을 일으킨다.
4) 프레스기 금형에 붙어있는 이물질을 제거하다가 손을 다친다.

09 동영상의 사진은 고무제 안전화를 보여주고 있다. 고무제 안전화의 종류 2가지를 사용장소에 따라 구분하여 쓰시오.

해답
1) 일반용 : 일반작업장
2) 내유용 : 탄화수소류의 윤활유 등을 취급하는 작업장

산업안전기사 실기 작업형 — 2017년 제2회

01 동영상은 운전중의 인쇄롤러를 전면에서 양손으로 걸레를 잡고 닦고 있는 장면을 보여주고 있다. 다음 물음에 답하시오.

▶ 00 기, 17 기

(1) 운전기의 앞면 롤러의 직경이 300mm이고 분당 회전속도가 40 rpm이다. 이 윤전기의 롤러에 방호장치인 급정지장치를 설치하고자 할 때 급정지장치의 급정지거리를 쓰시오.

(2) 롤러기에 형성되는 위험점의 종류와 위험점의 발생조건을 쓰시오.

해답

(1) ① 롤러기의 표면속도(V)

$$V = \frac{\pi D N}{1,000}$$
$$= \frac{3.14 \times 300 \times 40}{1,000}$$
$$= 37.68 m/\min$$

② 37.68 > 30이므로 급정지거리는 앞면 롤러 원주의 1/2.5 이내이어야 한다.

∴ 급정지거리
$$= \pi D \times \frac{1}{2.5}$$
$$= 3.14 \times 300 \times \frac{1}{2.5}$$
$$= 376.8 mm$$

[주] 급정지장치의 성능

앞면 롤러의 표면속도(m/min)	급정지거리
30 미만	앞면 롤러 원주의 1/3
30 이상	앞면 롤러 원주의 1/2.5

(2) ① **위험점** : 물림점
② **물림점의 발생조건** : 회전하는 두 개의 회전체가 서로 반대방향으로 맞물려 회전될 때 발생된다.

02 동영상은 자동차를 정비하기 위하여 작업자 A가 잭으로 들어올린 자동차 밑에 들어가 샤프트 계통을 점검하던 중 작업자 B가 자동차에 올라 엔진을 시동하여 작업자 A의 팔이 샤프트에 말려드는 사고 발생 장면을 보여주고 있다. 사고방지 대책을 3가지만 쓰시오.
▶ 04 기, 05 산, 17 기

03 영상표시단말기(VDT)에 대한 다음 물음에 답하시오. ▶ 00 기, 17 기
(1) 영상표시단말기 작업으로 인해 나타날 수 있는 장애에 대해서 3가지만 기술하시오.
(2) 영상표시단말기의 안전작업수칙을 4가지만 쓰시오.

해답
1) 작업지휘자를 배치하여 작업을 지휘하도록 한다.
2) 정비작업중임을 나타내는 표시판을 설치한다.
3) 시동 열쇠를 별도로 관리한다.

> **길잡이**
> (1) 동영상 화면의 작업상황에 대한 위험 point
>   1) 자동차가 움직여 잭에서 떨어져 작업자가 밑에 깔린다.
>   2) 발판이 없으므로 잭에서 차가 빠져 떨어질 때 밑에 깔린다.
>   3) 작업자 눈에 이물질이 들어간다.
>   4) 잭의 고장으로 차가 떨어져 밑에 깔린다.
>   5) 자동차의 부속품이 떨어져 작업자 머리를 다친다.
> (2) 자동차 정비작업중 샤프트 작업자의 팔이 말려드는 사고 발생시 기계설비의 위험점 : 회전말림점

해답 (1) 영상표시단말기 작업에 의한 장애
1) 시력 저하
2) 요통
3) 손목 통증 및 어깨 결림
(2) 영상표시단말기의 안전작업수칙
1) 모니터에 보안경을 부착하여 눈을 보호할 것
2) 모니터 화면의 밝기 정도를 주위 밝기의 절반 정도로 할 것.
3) 단말기 주변의 조명을 200~400Iux 정도로 할 것.
4) 의자의 높낮이 조절이 가능한 것을 사용할 것.
5) 장시간 작업을 피하고 작업 중간에 충분한 휴식을 취할 것.

04 동영상의 화면은 전신주의 형강을 교체하는 장면을 보여주고 있다. 다음 물음에 답하시오. ▶ 00 기, 03 기, 05 기, 17 기

(1) 전신주 형강의 교체작업(정전작업)을 종료한 후의 조치사항을 3가지 쓰시오.

(2) 전신주 형강의 교체작업시 착용해야 할 보호장구를 3가지 쓰시오.

길잡이

▶ 정전작업시 조치사항

단 계	실무 조치사항
작업전	① 작업지휘자에 의한 작업내용의 주지 철저 ② 개로개폐기의 시건 또는 표시 ③ 잔류전하의 방전 ④ 검전기에 의한 정전확인 ⑤ 단락접지 ⑥ 일부정전작업시 정전선로 및 활선선로의 표시 ⑦ 근접활선에 대한 방호
작업중	① 작업지휘자에 의한 지휘 ② 개폐기의 관리 ③ 단락접지의 수시확인 ④ 근접활선에 대한 방호상태의 관리
작업 종료 후	① 단락접지기구의 철거 ② 표지의 철거 ③ 작업자에 대한 위험이 없는 것을 확인 ④ 개폐기를 투입해서 송전 재개

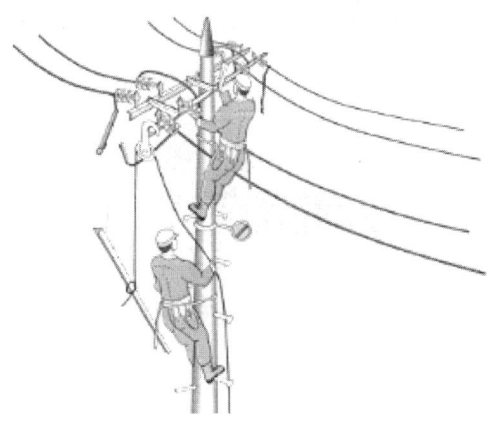

해답

(1) 정전작업 종료 후 조치사항
  ① 단락접지기구의 제거
  ② 통전금지에 관한 표지판의 제거
  ③ 개폐기의 시건장치 제거

(2) 정전작업시 착용 보호구
  ① 안전모(절연안전모 : AE, ABE)
  ② 절연고무장화(절연화, 절연장화)
  ③ 절연고무장갑(A종, B종, C종)
  ④ 안전대(안전벨트)

05 동영상의 화면도는 크롬(Cr) 도금작업을 하는 장면을 보여주고 있다. 다음 물음에 답하시오. ▶ 17 기

(1) 크롬 및 크롬화학물 등의 분진, 흄(fume) 등을 장시간 흡입하여 발생되는 직업병을 기술하시오.
(2) 동영상 화면의 크롬 도금작업장에 설치하는 국소배기장치의 후드 설치기준을 3가지만 쓰시오.

해답
(1) 직업병 : 비중격천공증(코 내부의 물렁뼈에 구멍이 생기는 병)
(2) 국소배기장치의 후드 설치기준(안전보건규칙 제72조)
   1) 유해물질이 발생하는 곳마다 설치할 것
   2) 유해인자의 발생형태 및 비중, 작업방법 등을 고려하여 해당 분진 등의 발산원을 제어할 수 있는 구조로 설치할 것
   3) 후드형식은 가능하면 포위식 또는 부스식 후드를 설치할 것
   4) 외부식 또는 레시버식 후드를 설치할 때에는 해당 분진 등의 발산원에 가장 가까운 위치에 설치할 것

06 동영상 화면은 산소결핍장소(밀폐공간)에서 작업하는 장면을 보여주고 있다. 다음 물음에 답하시오. ▶ 00 산, 17 기

(1) 밀폐공간에서 작업을 할 때에는 작업 시작전 및 작업중에 당해 작업장을 적정한 공기 상태로 유지하도록 환기하여야 한다. 적정한 공기의 산소농도 범위를 쓰시오.
(2) 밀폐공간 내에서 작업시 착용 보호구를 3가지 쓰시오.

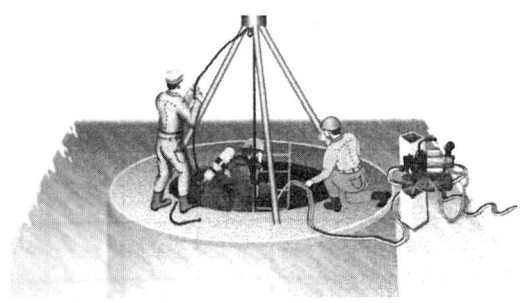

해답
(1) 적정한 공기의 산소농도 범위 : 18% 이상 ~ 23.5% 미만
(2) 착용 보호구
   1) 송기마스크
   2) 안전모
   3) 안전화

 길잡이

1) 적정공기 (안전보건규칙 제 618조)
   ① 산소(O_2)농도의 범위 : 18% 이상 23.5% 미만
   ② 탄산가스(CO_2)의 농도 : 1.5% 미만
   ③ 황화수소(H_2S)의 농도 : 10ppm 미만
   ④ 일산화탄소(CO)의 농도 : 30ppm 미만
2) 밀폐공간 : 산소결핍, 유해가스로 인한 화재·폭발등의 위험이 있는 장소

07 동영상의 화면은 교량공사의 철골을 조립하는 장면을 보여주고 있다. 다음 물음에 답하시오.

(1) 철골작업시 작업을 중지해야 할 경우 3가지를 쓰시오.

(2) 강교량의 철골 조립에 사용하는 고장력볼트의 축력을 구하기 위하여 토크를 측정하였더니 90Kg·m 이었다. 토크계수 K=0.15, 볼트의 직경 D=24mm 일 경우 고장력볼트의 축력(체결력)을 산정하시오

여기서,
- M T(토크의 크기) : 90kg·m=90
- K(토크계수) : 0.15
- D(볼트의 직경) : 25mm

길잡이

▶ 토크(torque)
1) 토크 : 물체를 그 회전축 주위로 회전시키려는 회전력을 말한다. 즉, 회전하고 있는 물체 그 회전축 주위에서 받는 우력(偶力)으로, T로 나타낸다.
2) 토크의 크기 : 볼트, 너트 등으로 구조물을 체결할 때 체결토크의 크기(T)는 발생하는 체결력(출력 : N)과 볼트의 직경(D)과의 곱에 비례하며, 비례정수를 토크계수(K)라고 한다.
   ∴ T = KND

해답 (1) 철골작업을 중지해야 할 경우
  ① 풍속이 초당 10m 이상인 경우
  ② 강우량이 시간당 1mm 이상인 경우
  ③ 강설량이 시간당 1cm 이상인 경우

(2) 토크(T)의 산정식
   T = KND 식에서
   ∴ N(출력) = $\dfrac{T}{KD} = \dfrac{90}{0.15 \times 24}$
   = 2.5 ton

08 이동식 크레인을 사용하여 작업을 하는 때에 작업시작전 점검사항을 3가지 쓰시오.

해답
1) 권과방지장치나 그밖의 경보장치의 기능
2) 브레이크·클러치 및 조종장치의 기능
3) 와이어로프가 통하고 있는 곳 및 작업장소의 지반상태

[주] 이동식 크레인의 작업시작전 점검사항 : 안전보건규칙 별표 3

길잡이
▶ 크레인의 작업시작전 점검사항 (안전보건규칙 별표 3)
  1) 권과방지장치·브레이크·클러치 및 운전장치의 기능
  2) 주행로의 상측 및 트롤리가 횡행하는 레일의 상태
  3) 와이어로프가 통하고 있는 곳의 상태

09 (1) 보호장구 화면에서 안전그네와 연결하여 추락발생시 추락을 억제할 수 있는 자동잠김장치가 갖추어져 있고 쬠줄이 자동적으로 수축되는 ① 금속장치의 명칭과 ② 화면 번호를 쓰시오.
(2) 보호장구 화면에서 신체지지의 목적으로 전신에 착용하는 띠 모양의 부품의 명칭을 쓰시오.

해답 (1) ① 금속장치의 명칭 : 안전블록
  ② 화면번호 : ○ ○
(2) 안전그네

산업안전기사 실기 작업형 — 2017년 제3회

01 동영상은 탁상용 그라인더로 둥근 봉을 연마하는 작업장면을 보여주고 있다. 다음 물음에 답하시오.

▶ 04 산, 05 산

(1) 동영상의 작업상황에 대한 위험 point (핵심위험요인)를 3가지만 쓰시오.
(2) 동영상의 그라인더 작업 중 둥근 봉이 튕겨 작업자를 가격하였다. 기인물과 가해물을 쓰시오.

해답 (1) 위험의 point
① 손의 균형을 잃어 둥근봉이 튕겨 날아가 얼굴 또는 손발을 다친다.
② 칩이 튀어 눈을 다친다.
③ 숫돌이 파손되어 얼굴이나 몸을 다친다.
④ 지석의 파편이 튀어나와 맞는다.
⑤ 손의 균형이 깨져 그라인더에 다친다.
⑥ 그라인더 지석이 파손되어 날아가 주변의 사람이 다친다.
⑦ 마찰열로 뜨겁게 된 둥근봉이 손에서 떨어져 발을 다친다.
⑧ 뒤로 돌아서다가 주변의 물건에 걸려 넘어진다.
(2) ① 기인물 : 그라인더(연삭기)
② 가해물 : 둥근봉

> **길잡이**
> 1) 그라인더 작업시 칩 또는 파편의 비래에 의한 위험을 방지하기 위해 설치하는 것 : 칩 비산방지투명판(shield)
> 2) 그라인더 작업시 숫돌과 가공면과의 각도 : 15~30도

02 동영상 화면은 장갑을 끼고 둥근톱기계로 목재를 세로로 절단하는 작업장면을 보여주고 있다. 다음 물음에 답하시오.
➡ 17 기

(1) 동영상의 작업상황에서 위험의 point (핵심위험요인)를 3가지만 쓰시오.
(2) 목재 가공용 둥근톱기계에 고정식 접촉예방장치를 설치하고자 할 때 다음 ( ) 안에 알맞은 내용을 쓰시오.
  (가) 덮개 하단과 테이블 사이의 높이 : (①)
  (나) 덮개 하단과 가공재 상면의 간격 : (②)

03 전기기계·기구 중 이동형 또는 휴대형의 것에 대하여 누전에 의한 감전위험을 방지하기 위하여 누전차단기를 접속(설치)하여야 할 장소를 3가지 쓰시오.
➡ 07 기, 17 기

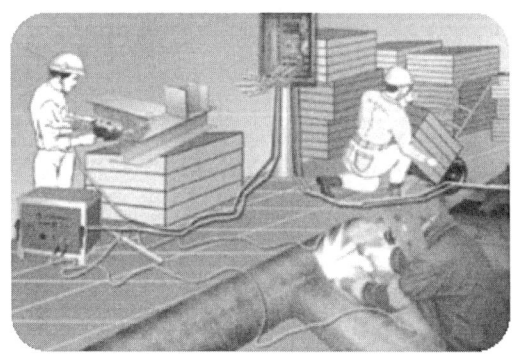

해답
1) 물 등 도전성이 높은 액체에 의한 습윤장소
2) 철판·철골 위 등 도전성이 높은 장소
3) 임시배선의 전로가 설치되는 장소

해답 (1) 위험물의 point
① 장갑의 끝이 톱니에 걸려 손이 베인다.
② 판재가 반발해 작업자가 부딪친다.
③ 톱날에 작업자 손이 베인다.
④ 톱밥이 눈에 들어가 눈을 다친다.
⑤ 벨트에 손·발이 말려 들어간다.
(2) ① 25mm ② 8mm

길잡이
▶ 둥근톱기계 작업시 필요한 안전장치 및 보조장치
1) 톱날덮개(톱날접촉예방장치)
2) 분할날   3) 밀대
4) 직각정규 5) 평행조정기

길잡이
1) 감전방지용 누전차단기를 설치하여야 할 전기기계·기구 (안전보건규칙 제304조)
  ① 대지전압이 150볼트를 초과하는 이동형 또는 휴대형 전기기계·기구
  ② 물 등 도전성이 높은 액체가 있는 습윤장소에서 사용하는 저압(750볼트 이하 직전전압이나 600볼트 이하의 교류전압을 말한다.)용 전기기계·기구
  ③ 철판·철골 위 등 도전성이 높은 장소에서 사용하는 이동형 또는 휴대형 전기기계·기구
  ④ 임시배선의 전로가 설치되는 장소에서 사용하는 이동형 또는 전기기계·기구
2) 감전방지용 누전차단기를 설치하기 어려운 경우 : 작업시작 전에 접지선 연결 및 접속부 상태 등이 적합한지 확실하게 점검할 것
3) 감전방지용 누전차단기를 설치하지 않아도 되는 전기기계·기구 및 전로
  ① 「전기용품안전관리법」에 따른 이중절연구조 또는 이와 동등 이상으로 보호되는 전기기계·기구
  ② 절연대 위 등과 같이 감전위험이 없는 장소에서 사용하는 전기기계·기구
  ③ 비접지방식의 전로

04 동영상의 화면은 전신주의 형강을 교체하는 작업장면을 보여주고 있다. 동영상의 작업상황에서 위험요인을 3가지만 찾아서 쓰시오. ➡ 17 기

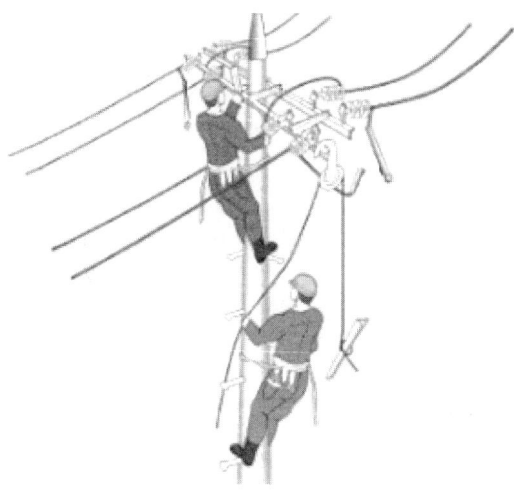

1) 작업자가 딛고 선 발판용 볼트가 빠져서 추락할 위험이 있다.
2) 절연용 안전장갑 등 보호구 미착용으로 활선에 접촉되어 감전될 위험이 있다.
3) 작업자가 흡연을 하는 등 작업에 집중하지 못하여 발이 미끄러져 추락할 위험이 있다.

길잡이
▶ 정전작업시 안전조치 사항
1) 차단장치나 단로기 등에 잠금장치 및 꼬리표(통전금지 표지판)를 부착할 것
2) 잔류전하를 완전히 방전시킬 것
3) 검전기를 이용하여 충전여부를 확인할 것
4) 단락접지기구를 이용하여 접지할 것

---

05 동영상은 작업자가 석면을 취급하는 장소에서 작업하는 장면을 보여주고 있다. 다음 물음에 답하시오. ➡ 04 기, 09 기, 17 기
(1) 동영상에서와 같은 작업상황에서의 위험요인을 쓰시오.
(2) 석면분진에 노출시 발생하는 질병의 종류 2가지만 쓰시오.

(1) 석면취급작업시 위험요인 : 방진마스크를 착용하지 않아 석면분진이 입을 통해 흡입될 수 있다.
(2) 질병의 종류
① 석면폐증
② 폐암
③ 악성중피종

06 동영상은 작업자가 밀폐공간 내에서 작업하는 장면을 보여주고 있다. 다음 물음에 답하시오. ▶ 17 기
1) 밀폐공간 작업시 위험요인 3가지를 쓰시오.
2) 산업안전보건법상의 적정공기의 정의를 쓰시오.

07 동영상의 화면은 건물 옥상(또는 공장 지붕) 철골상에 패널(panel) 설치 중에 작업자가 실족하여 추락하는 장면을 보여주고 있다. 재해원인 안전대책을 각각 2가지씩 쓰시오.
▶ 04 산, 05 산, 07 산, 17 기

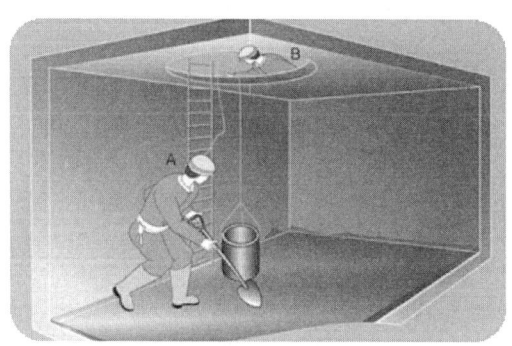

해답
1) 밀폐공간 작업시 위험요인
   ① 밀폐공간은 산소결핍(공기 중의 산소농도 18% 미만)의 위험이 있다.
   ② 밀폐공간내 유독가스 존재시 작업자의 중독의 위험이 있다.
   ③ 밀폐공간내 가연성가스 존재시 점화원에 의해 폭발·화재의 위험이 있다.
2) **적정공기** : 산소농도의 범위가 18% 이상 23.5% 미만, 탄산가스의 농도가 1.5% 미만, 황화수소의 농도가 10ppm 미만, 일산화탄소의 농도가 30ppm 미만인 수준의 공기를 말한다.

[주] 용어의 정의 : 안전보건규칙 제618조

해답
1) 재해원인(위험요인)
   ① 안전방망(추락방지망) 미설치
   ② 안전대 부착설비 미설치 및 안전대 미착용
2) 안전대책
   ① 안전방망(추락방지망) 설치
   ② 안전대 부착설비 설치 및 안전대 착용 철저

08 비계의 높이가 2m 이상인 작업장소에 설치하는 작업발판의 설치기준(구조)을 5가지 쓰시오. ▶ 17 기

09 동영상의 사진은 안전화이다 안전화의 뒷굽높이를 제외한 몸통높이를 쓰시오.
1) 단화 :
2) 중단화 :
3) 장화 :

해답
1) 발판재료는 작업시의 하중을 견딜 수 있도록 견고한 구조로 할 것.
2) 작업발판의 폭이 40cm 이상으로 하고 발판재료간의 틈은 3cm 이하로 할 것.
3) 추락의 위험성이 있는 장소에는 안전난간을 설치할 것.
4) 작업발판의 지지물은 하중에 의하여 파괴될 우려가 없는 것을 사용할 것.
5) 작업발판 재료는 뒤집히지 아니하도록 둘 이상의 지지물에 연결하거나 고정시킬 것.
6) 작업발판을 작업에 따라 이동시킬 때에는 위험방지에 필요한 조치를 할 것.

[주] 작업발판의 구조 : 안전보건규칙 제56조

해답
1) 단화 : 113mm 미만
2) 중단화 : 113mm 이상
3) 장화 : 178mm 이상

산업안전기사 실기 작업형 — 2018년 제1회

01 동영상은 자동차를 정비하기 위해 작업자 A가 자동차 밑에 들어가 샤프트 계통을 정비하던 중 작업자 B가 자동차에 올라가 엔진을 시동하여 작업자 A의 팔이 샤프트에 말려드는 사고발생 장면을 보여주고 있다. 동영상의 작업상황에 대한 사고방지대책을 3가지 쓰시오.

해답
1) 작업지휘자를 배치하여 작업을 지휘하도록 한다.
2) 정비작업중임을 나타내는 표지판을 설치한다.
3) 시동열쇠를 별도로 관리한다.

02 동영상은 활선작업 장면을 보여주고 있다. 활선작업 시 위험요인을 3가지만 쓰시오.

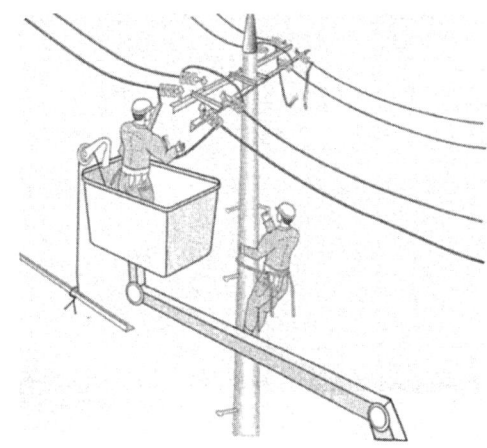

해답
1) 절연용 방호구 미설치 및 절연용 보호구 미착용으로 감전될 수 있다.
2) 전로의 활선상태를 정전상태로 착각하여 전로에 접촉되어 감전될 수 있다.
3) 활선상태에서 작업자간의 신호전달이 잘 이루어지지 않아 전로에 접촉되어 감전될 수 있다.

03 동영상은 밀폐공간에서 작업자 A가 그라인더 작업중에 다른 작업자 B가 국소배기장치 전선코드를 실수로 뽑아버리는 장면을 보여주고 있다. 위험요인을 3가지만 쓰시오.

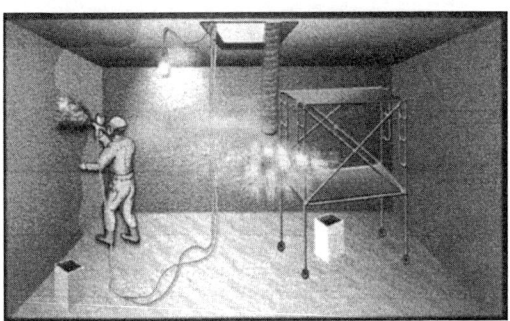

해답
1) 밀폐공간에서 작업을 할 때에 국소배기장치 전선코드에 환기중 또는 작업중임을 표시하는 표시판을 설치하지 않았다.
2) 작업지휘자 또는 감시인을 배치하지 않았다.
3) 밀폐공간에서 작업시 필요한 송기마스크, 공기호흡기 등 보호구를 착용하지 않았다.

04 동영상은 대형 개구부에서 화물인양작업 중에 화물이 떨어지는 장면(작업자 A가 개구부 바닥에서 화물을 끈에 묶고 개구부 위에서 작업자 B가 줄을 끌어당기던 중에 줄을 놓쳐 화물이 떨어져 작업자 A가 맞아서 드러누운 장면)을 보여주고 있다. 개구부에서 화물인양작업 시 준수해야 할 사항을 2가지만 쓰시오.

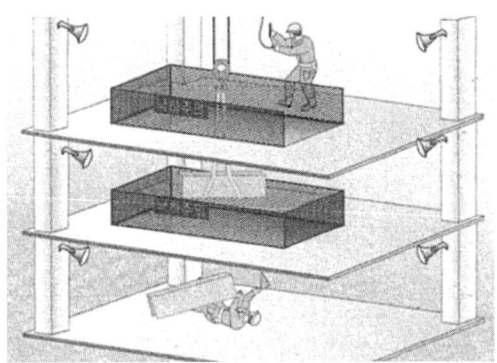

해답
1) 작업지휘자를 지정하여 작업지휘자의 지휘하에 화물인양작업을 하도록 할 것.
2) 개구부와 바닥 사이에 낙하물방지망, 수직보호망, 방호선반 등을 설치할 것.

> **길잡이**
>
> 1) 물체의 낙하·비래 등에 의한 위험방지 조치사항(안전보건규칙 제14조 ①항)
>   ① 낙하물방지망, 수직보호망 또는 방호선반의 설치
>   ② 출입금지구역의 설정
>   ③ 보호구착용
> 2) 낙하물방지망 또는 방호선반의 설치기준(안전보건규칙 제14조 ②항)
>   ① 설치위치 : 높이 10m 이내마다 설치
>   ② 내민길이 : 벽면으로부터 2m 이상
>   ③ 수평면과의 각도 : 20° 이상 30° 이하
> 3) 높이 3m 이상인 장소에서 물체투하시 위험방지 조치사항 (안전보건규칙 제15조)
>   ① 투하설비 설치
>   ② 감시인 배치

05 동영상은 드릴작업장면을 보여주고 있다. 동영상에 나타난 드릴작업 시의 문제점(위험요인)을 3가지만 쓰시오.

7) 뚫린 구멍을 측정 또는 점검하기 위하여 칩을 털어낼 때는 브러시를 사용하여야 하며, 입으로 불어내지 말 것
8) 가공중에 구멍이 관통되면 기계를 멈추고 손으로 돌려서 드릴을 뺄 것
9) 쇳가루가 날리기 쉬운 작업은 보안경을 착용할 것
10) 자동이송작업 중 기계를 멈추지 말 것
11) 큰 구멍을 뚫을 때는 반드시 작은 구멍을 먼저 뚫은 뒤 큰 구멍을 뚫을 것.

해답
1) 공작물(일감)을 기기에 고정시키지 않고 손으로 잡고 작업을 하고 있어 드릴에 손을 다친다.
2) 보안경을 착용하지 않아 쇳가루가 눈에 들어가 눈을 다친다.
3) 작업복 중 팔에 씌운 토시가 드릴에 말려들어갈 위험이 있다.
4) 드릴작업을 하는 작업장 주변의 정리정돈이 불량하다.

길잡이

▶ 드릴링 머신의 안전작업 수칙
1) 일감은 견고하게 고정시켜야 하며, 손으로 쥐고 구멍을 뚫지 말 것
2) 장갑을 끼고 작업을 하지 말 것.
3) 회전중에 주축과 드릴에 손이나 걸레가 닿아 감겨 돌아가지 않도록 할 것
4) 얇은 판이나 황동 등은 흔들리기 쉬우므로 목재를 밑에 받치고 구멍을 뚫도록 할 것
5) 드릴로 구멍을 뚫을 때 끝까지 뚫린 것을 확인하기 위하여 손으로 대보지 말 것
6) 뚫린 구멍을 뚫을 때 끝까지 뚫린 것을 확인하기 위하여 손으로 대보지 말 것

06 동영상은 사용전압이 30kV인 고압선(충전전로)에 접근하는 장소에서 이동식 크레인의 화물인양작업장면을 보여주고 있다. 감전방지대책을 2가지만 쓰시오.

1) 이동식크레인을 충전전로로부터 300cm 이상 이격시킬 것 (단, 대지전압이 50kV를 넘는 경우 10kV 증가할 때마다 이격거리를 10cm씩 증가시킬 것)
2) 충전전로에 절연용 방호구를 설치할 것
3) 차량 등과 접촉하지 않도록 방책을 설치할 것
4) 감시인을 배치할 것

[주] 충전전로 인근에서의 차량·기계장치 작업 : 안전보건규칙 제322조

▶ **절연용보호구 등의 사용**(안전보건규칙 제323조)

전기작업	감전위험방지 조치사항
1) 밀폐공간에서 전기작업 2) 이동 및 휴대장비 등을 사용하는 전기작업 3) 정전전로 또는 그 인근에서 전기작업 4) 충전전로에서의 전기작업 5) 충전전로 인근에서의 차량·기계장치 등의 작업	1) 절연용 보호구 착용 2) 절연용 방호구 설치 3) 활선작업용 기구 사용 4) 활선작업용 장치 사용

07 동영상 화면은 밀폐공간에서 작업하는 장면을 보여주고 있다. 밀폐공간에서 작업시 착용보호구를 3가지 쓰시오.

1) 송기마스크
2) 공기호흡기
3) 안전화

▶ **용어의 정의**(안전보건규칙 제618조)
1) **밀폐공간** : 산소결핍, 유해가스로 인한 질식·화재·폭발 등의 위험이 있는 장소
2) **유해가스** : 탄산가스·일산화탄소·황화수소 등의 기체로서 인체에 유해한 영향을 미치는 물질
3) **적정공기** : 산소농도의 범위가 18% 이상 23.5% 미만, 탄산가스의 농도가 1.5% 미만, 일산화탄소의 농도가 30ppm 미만, 황화수소의 농도가 10ppm 미만인 수준의 공기
4) **산소결핍** : 공기 중의 산소농도가 18% 미만인 상태
5) **산소결핍증** : 산소가 결핍된 공기를 들이마심으로써 생기는 증상

08 동영상은 경사진 박공지붕 설치작업장면 (작업자 1명은 지붕 설치작업을 하고 있으며, 다른 작업자 1명은 휴식을 취하고 있다. 또한 작업자 주변에는 슬레이트판이 쌓여져 있다.)을 보여주고 있다. 재해발생원인을 3가지 쓰시오.

09 안전화 완성품에 대한 성능시험항목을 3가지 쓰시오.

[화면번호-12, 소방용 안전화]

[화면번호-13 고무제 안전화(고무장화)]

[화면번호-14, 15 절연용 안전화]

[화면번호-16 안전화]

해답
1) 작업발판의 미설치
2) 지지로프 등 안전대 부착설비 미설치 및 안전대 미착용
3) 안전방망(추락방지망) 미설치
4) 작업자가 위험한 장소에서 휴식을 취하고 있음
5) 박공지붕의 체결상태 불량 및 부재의 과적 적치

해답
1) 내압박성 시험
2) 내충격성 시험
3) (몸통과 겉창) 박리저항 시험
4) 내답발성 시험

주) 안전화 완성품에 대한 성능시험 : 보호구 안전인증고시 별표 2

산업안전기사 실기 작업형

2018년 제2회

01 동영상은 이동식크레인을 사용하여 작업하는 장면을 보여주고 있다. 이동식크레인을 사용하여 작업시 작업시작 전 점검사항 3가지를 쓰시오.
➡ 01/기, 02/기, 04/기

해답
1) 권과방지장치나 그 밖의 경보장치의 기능
2) 브레이크·클러치 및 조종장치의 기능
3) 와이어로프가 통하고 있는 곳 및 작업장소의 지반상태

[주] 작업시작 전 점검사항 : 안전보건규칙 별표 3

> **길잡이**
> ▶ 크레인을 사용하여 작업시 작업시작 전 점검사항
> 1) 권과방지장치·브레이크·클러치 및 운전장치의 기능
> 2) 주행로의 상측 및 트롤리가 횡행하는 레일의 상태
> 3) 와이어로프가 통하고 있는 곳의 상태

02 동영상의 화면은 단무지를 만드는 공장에서 펌프작업 장면을 보여주고 있다. 다음 물음에 답하시오. ➡ 03/기, 08/기
1) 물 등 도전성이 높은 액체에 의한 습윤장소에서 펌프작업중 감전사고가 발생하였다. 감전방지 대책을 3가지만 쓰시오.
2) 인체가 물에 젖어 있을 경우에 감전되기 쉬운 이유를 설명하시오.

해답
1) 감전방지대책
① 작업 전에 모터와 전선의 접속부분 및 전선피복의 손상유무를 확인할 것
② 물 등 도전성이 높은 습윤장소에서 사용하는 전선은 물기가 침입할 수 없는 것을 사용할 것
③ 전선의 접속개소는 전선의 절연

성능 이상으로 절연될 수 있도록 테이프 등으로 충분히 피복할 것
④ 감전방지용 누전차단기를 설치할 것

2) 인체가 물에 젖어 있을 경우에는 피부저항이 1/25로 감소되어 감전되기 쉽다.

> **길잡이**
> ▶ 누전차단기를 설치해야 할 전기기계·기구
> 1) 대지전압이 150V를 초과하는 이동형 또는 휴대형 전기기계·기구
> 2) 물 등 도전성이 높은 액체가 있는 습윤장소에서 사용하는 저압(직류 750V 이하, 교류 600V 이하)용 전기기계·기구
> 3) 철판·철골 위 등 도전성이 높은 장소에서 사용하는 이동형 또는 휴대형 전기기계·기구
> 4) 임시배선의 전로가 설치되는 장소에서 사용하는 이동형 또는 휴대형 전기기계·기구

03 동영상은 거푸집의 해체작업장면을 보여주고 있다. 거푸집 동바리(기둥·보·벽체·슬래브 등) 등을 조립하거나 해체하는 작업을 하는 경우 준수사항 3가지를 쓰시오.

해답 기둥·보·벽체·슬래브 등의 거푸집 동바리 등을 조립하거나 해체하는 작업을 하는 경우 준수사항

1) 해당 작업을 하는 구역에는 관계 근로자가 아닌 사람의 출입을 금지할 것
2) 비, 눈, 그 밖의 기상상태의 불안정으로 날씨가 몹시 나쁜 경우에는 그 작업을 중지할 것
3) 재료, 기구 또는 공구 등을 올리거나 내리는 경우에는 근로자로 하여금 달줄·달포대등을 사용하도록 할 것
4) 낙하·충격에 의한 돌발적 재해를 방지하기 위하여 버팀목을 설치하고 거푸집 동바리 등을 인양장비에 매단 후에 작업을 하도록 하는 등 필요한 조치를 할 것

[주] 거푸집동바리 조립·해체작업시의 준수사항 : 안전보건규칙 제336조

> **길잡이**
>
> ▶ 거푸집동바리등의 안전조치(거푸집 동바리등을 조립하는 경우 준수사항 ; 안전보건규칙 제332조)
>   1) 깔목의 사용, 콘크리트 타설, 말뚝박기 등 동바리의 침하를 방지하기 위한 조치를 할 것
>   2) 개구부 상부에 동바리를 설치하는 경우에는 상부하중을 견딜 수 있는 견고한 받침대를 설치할 것
>   3) 동바리의 상하 고정 및 미끄러짐 방지 조치를 하고, 하중의 지지상태를 유지할 것
>   4) 동바리의 이음은 맞댄이음이나 장부이음으로 하고 같은 품질의 재료를 사용할 것
>   5) 강재와 강재의 접속부 및 교차부는 볼트·클램프 등 전용철물을 사용하여 단단히 연결할 것
>   6) 거푸집이 곡면인 경우에는 버팀대의 부착 등 그 거푸집의 부상(浮上)을 방지하기 위한 조치를 할 것

04 동영상은 크롬(Cr)도금작업을 하는 장면을 보여주고 있다. 유해물질 취급시 일반적 안전수칙(주의사항) 4가지를 쓰시오.

➡ 01/산·기, 03/기, 07/기

해답
1) 생산공정 및 작업방법의 개선
2) 유해물질을 취급하는 설비의 밀폐화와 자동화
3) 유해한 생산공정의 격리와 원격조작의 채용
4) 국소배기에 의한 유해물질의 확산방지
5) 전체 환기에 의한 유해물질의 희석 배출

> **길잡이**
>
> ▶ 크롬(Cr)분진, 흄(fume)등 흡입시 발생되는 직업병 및 크롬도금작업장에 설치하는 국소배기장치 후드설치기준
> 00/기·산, 01/기, 06/기
>   (1) 직업병 : 비중격천공증(코 내부의 물렁뼈에 구멍이 생기는 병)
>   (2) 국소배기장치의 후드 설치기준(안전보건규칙 제72조)
>   ① 유해물질이 발생하는 곳마다 설치할 것
>   ② 유해인자의 발생형태 및 비중, 작업방법 등을 고려하여 해당 분진 등의 발산원을 제어할 수 있는 구조로 설치할 것
>   ③ 후드형식은 가능한 한 포위식 또는 부스식 후드를 설치할 것
>   ④ 외부식 또는 레시버식 후드를 설치할 때에는 해당 분진 등의 발산원에 가장 가까운 위치에 설치할 것

05 동영상은 타워크레인을 이용하여 강관(철제)비계를 운반하는 작업장면을 보여주고 있다. 재해예방대책을 3가지 쓰시오. ▶ 04/산, 05/산, 06/기, 07/기

> **길잡이**
> ▶ 상기 동영상에서의 재해발생원인(위험요인)
>   1) 신호수를 배치하지 않았다.
>   2) 작업 전에 일정한 신호방법을 정하지 않았다. (작업자간에 신호체계 미확립)
>   3) 동요 방지를 위한 보조로프를 사용하지 않았다.
>   4) 매단 화물의 흔들림방지 조치를 하지 않았다.
>   5) 작업자가 크레인의 권상하중 아래에 있었다..
>   6) 크레인의 작업범위 내에 장애물이 있었다..
>   7) 정격하중 이상의 화물을 매달았다.

Guide 1) 작업상황에 맞는 답을 3가지만 쓰면 됩니다. (문맥과 의미가 맞으면 정답으로 인정)
2) 상기 「재해예방대책」을 반대로 작성하면 「재해원인(위험요인)」이 되므로 연습하여 두시기 바랍니다.

해답
1) 신호수를 배치한다. (신호수를 배치하여 신호수의 신호에 따라 운반작업을 하도록 한다.)
2) 작업전에 일정한 신호방법을 미리 정하여 두고 통신장비(무전기 등)를 사용하여 신호하도록 한다.
3) 권상하중을 작업자 위로 통과시키지 않도록 한다.(크레인의 작업반경 내에는 작업자의 출입금지 조치를 한다.)
4) 보조(유도)로프를 사용하여 화물의 흔들림을 방지한다.
5) 안전모, 안전화 등 보호구를 착용한다.

06 동영상은 교량공사 중 작업자가 추락하는 사고장면을 보여주고 있다. 재해발생 요인 3가지를 쓰시오. ▶ 04/기, 09/기

해답
1) 추락방호망(안전방망) 미설치
2) 안전대 미착용
3) 안전난간 미설치 또는 설치불량

길잡이

1) **추락에 의한 위험방지 조치사항**(안전보건규칙 제42조)
: 추락하거나 넘어질 위험이 있는 장소(작업발판의 끝·개구부 등 제외)또는 기계·설비·선박블록 등에서 작업시 추락 방지대책
① (비계 조립하여)작업발판 설치
② (작업발설치 곤란시)추락방호망 설치
③ (추락방호망 설치곤란시)안전대 착용

2) **작업발판의 끝이나 개구부에서 추락방지대책**(안전보건규칙 제43조)
① 안전난간, 울타리, 수직형 추락방망 설치
② 덮개설치 및 개구부표시
③ (난간 등 설치곤란시)추락방호망 설치
④ (추락방호망 설치곤란시)안전대 착용

---

07 동영상은 NFB(No Fuse Breaker : 배선용차단기)의 전원투입작업을 하기 위해 중앙제어실에서 스피커를 통해 지시되는 작업내용을 듣다가 헷갈려 하며 놀라면서 뒤를 돌아보는 장면을 보여주고 있다. 동영상의 작업상황에 대한 안전대책을 3가지 쓰시오.
▶ 05/산, 09/산, 10/기

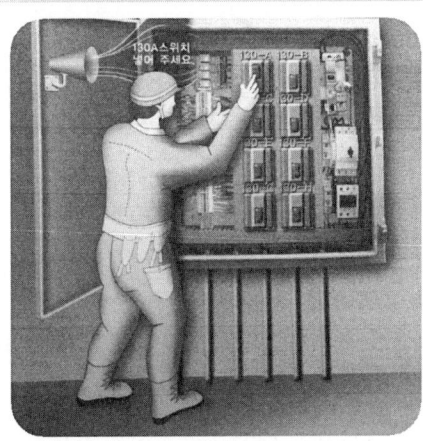

해답
1) 작업지시를 확실하게 확인한 후에 전원 투입작업을 실시하도록 한다.
2) 감전방지를 위해 절연장갑을 착용하고 작업을 한다.
3) 각 차단기별로 회로명을 확실하게 표기하여 오작동을 방지한다.

08 동영상은 화학실험실에서 방독마스크 등 보호구를 착용하지 않은 상태에서 화학물질을 취급하는 실험을 하다가 갑자기 고통스러워하는 장면을 보여주고 있다. 재해형태와 그 정의를 쓰시오.

 1) **재해형태** : 유해·위험물질 노출·접촉
2) **정의** : 유해·위험물질에 노출·접촉 또는 흡입하였거나 독성 동물에 쏘이거나 물린 경우

> **길잡이**
> ▶ 유해물질 취급장소에 적합한 바닥의 구조 10/산
> 1) 바닥은 불침투성 재료로 마감한다.
> 2) 신발과 바닥의 마찰로 인해 정전기가 발생하지 않는 구조 또는 재료로 한다.

09 동영상은 방독마스크의 정화통을 보여주고 있다. 방독마스크의 안전인증표시 외 추가표시사항 4가지를 쓰시오.

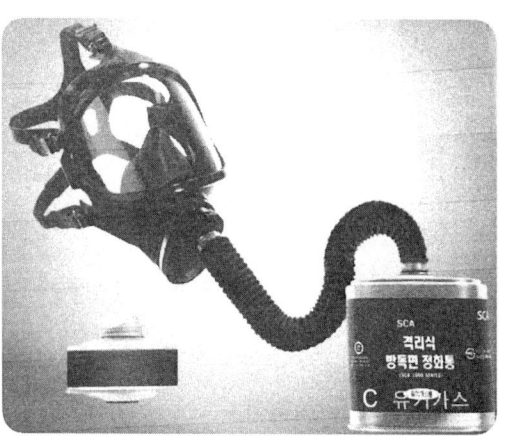

 1) 파과곡선도
2) 사용시간 기록카드
3) 정화통 외부측면의 표시색
4) 사용상 주의사항

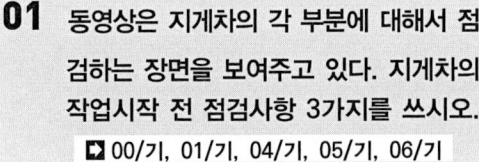

01 동영상은 지게차의 각 부분에 대해서 점검하는 장면을 보여주고 있다. 지게차의 작업시작 전 점검사항 3가지를 쓰시오.
➡ 00/기, 01/기, 04/기, 05/기, 06/기

> **길잡이**
> 1) 지게차에 의한 작업시 화물의 낙하에 의한 운전자의 머리를 보호하기 위한 방호장치 00/기 : 헤드가드(head guard)
> 2) 지게차 작업 중 사고를 발생시킬 수 있는 위험 point(위험요인) 00/기
>   ① 마스트(mast)가 전방 시야를 방해하여 다른 작업자가 지게차와 충돌할 수 있다.
>   ② 화물을 정해진 높이 이상으로 과적하여 운전자의 시야를 방해하여 다른 작업자가 지게차와 충돌, 화물의 낙하에 의해 다치게 할 수 있다.
>   ③ 화물을 불안정하게 적재하여 화물의 낙하 등에 의해 다른 작업자를 다치게 할 수 있다.
> 3) 지게차의 포크 밑에서 작업시 위험방지 조치사항 04/기, 05/기, 06/기 : 안전지주 또는 안전블록을 사용할 것

해답
1) 제동장치 및 조종장치 기능의 이상유무
2) 하역장치 및 유압장치 기능의 이상유무
3) 바퀴의 이상유무
4) 전조등·후미등·방향지시기 및 경고장치 기능의 이상유무

02 동영상은 박공지붕 설치작업장면(작업자 1명은 담배를 피우고 있고 작업자 1명은 슬레이트판이 쌓여져 있는 밑에서 휴식을 취하고 있으며 또 다른 작업자는 지붕 설치작업을 하고 있음)과 적치한 슬레이트 판이 무너져 휴식을 취하던 작업자가 추락하는 사고 발생장면을 보여주고 있다. 1) 재해발생원인과 2) 재해방지대책을 각각 2가지씩 쓰시오
➡ 04/기, 06/산, 07/산, 08/기

③ 추락방지망(안전방망)을 설치한다.
④ 박공지붕판을 한 곳에 과적하여 쌓아 놓지 않는다.
⑤ 위험한 장소에서 휴식을 취하지 않도록 한다.

해답
1) 재해발생원인(위험요인)
   ① 작업발판을 설치하지 않았다.
   ② 안전대부착설비 미설치 및 안전대를 착용하지 않았다.
   ③ 추락방지망을 설치하지 않았다.
   ④ 박공지붕판을 한곳에 과적하여 쌓아 놓았다.
   ⑤ 위험한 장소에서 휴식을 취하고 있었다.
2) 재해방지대책
   ① 작업발판을 설치한 후 작업을 실시한다.
   ② 안전대부착설비 및 지지로프를 설치하고 안전대를 착용한다.

03 동영상은 항타기·항발기의 작업장면을 보여주고 있다. 항타기·항발기의 도르래 위치에 대한 다음 ( )안에 알맞은 내용을 쓰시오. ▸ 07/기, 08/기

(1) 항타기 또는 항발기의 권상장치의 드럼축과 권상장치로부터 첫 번째 도르래의 축과의 거리를 권상장치의 드럼폭의 (①)이상으로 하여야 한다.

(2) 도르래는 권상장치의 드럼의 (②)을 지나야 하며 축과 (③)상에 있어야 한다.

해답
달비계 또는 높이 5m 이상의 비계를 조립·해체 및 변경작업시 준수사항
1) 근로자는 관리감독자의 지휘에 따라 작업하도록 할 것
2) 조립·해체 또는 변경의 시기·범위 및 절차를 그 작업에 종사하는 근로자에게 주지시킬 것
3) 조립·해체 또는 변경 작업구역하에는 해당 작업에 종사하는 근로자가 아닌 사람의 출입을 금지하고 그 내용을 보기 쉬운 장소에 게시할 것
4) 비, 눈, 그 밖의 기상상태의 불안정으로 인하여 날씨가 몹시 나쁜 경우에는 그 작업을 중지시킬 것
5) 비계재료의 연결·해체작업을 하는 경우에는 폭 20cm 이상의 발판을 설치하고, 근로자로 하여금 안전대를 사용하도록 하는 등 추락방지를 위한 조치를 할 것
6) 재료·기구 또는 공구 등을 올리거나 내리는 경우에는 근로자가 달줄 또는 달포대 등을 사용하도록 할 것

[주] 비계 등의 조립·해체 및 변경 : 안전보건규칙 제57조

해답
① 15배
② 중심
③ 수직면

[주] 항타기·항발기 도르래의 부착 등 : 안전보건규칙 제216조

04 동영상은 비계위에서 A작업자가 로프를 잡고 있고 밑에서 B작업자가 철제 파이프를 로프에 느슨하게 묶은 후에 위에 신호를 보내자 A작업자가 끌어올리다가 철재 파이프가 떨어져 밑에 B작업자가 다치는 사고발생 장면을 보여주고 있다. 동영상에서와 같이 비계를 조립하는 작업을 하는 경우 준수사항 3가지를 쓰시오.

05 동영상은 전신주의 형강을 교체하는 작업 장면(작업자 A는 형강을 교체하고 있으며 작업자 B는 재료를 올려주는 등 보조역할을 하고 있음)을 보여주고 있다. 동영상의 작업상황과 같은 활선작업을 할 경우 핵심위험요인을 2가지 쓰시오.

▶ 07/기

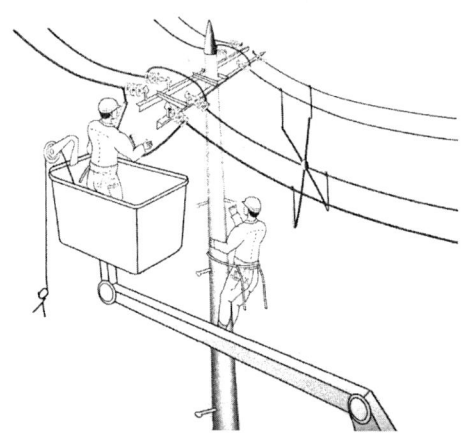

1) 활선작업에 필요한 절연용 안전장갑 등 보호구 미착용으로 활선에 접촉되어 감전 될 수 있다.
2) 크레인의 붐대가 고압활선에 접촉되어 감전될 수 있다.

06 동영상은 공기압축기(air compressor)로 기계에 칩 등을 청소하던 중에 눈에 이물질이 들어가는 사고발생 장면을 보여주고 있다. 동영상의 작업상황에서 착용해야 할 보호구 2가지를 쓰시오.

1) 보안경
2) 방진마스크

07 동영상의 사진은 가죽제 안전화를 보여주고 있다. 다음 [표]는 가죽제 안전화의 뒷굽높이를 제외한 몸통높이를 나타낸 것이다. 빈칸에 알맞은 수치를 쓰시오.

몸통높이(단위 mm)		
단화	중단화	장화
(①)	(②)	(③)

해답
① 113 미만
② 113 이상
③ 178 이상

[주] 가죽제안전화의 성능기준 : 보호구 안전인증 고시 별표2

08 동영상은 승강기를 보여주고 있다. 승강기에 설치해야 되는 방호장치 종류를 5가지 쓰시오.

해답
1) 과부하방지장치
2) 비상정지장치
3) 파이널 리미트 스위치(final limit switch)
4) 출입문 인터록(inter lock)
5) 속도조절기

09 동영상은 LPG 가스용기가 보관되어 있는 장소를 보여주고 있다. LPG 가스 등 가스용기를 설치·저장(보관)해서는 안 되는 장소를 3가지 쓰시오.

▶ 07/산, 10/산

1) 통풍 또는 환기가 불충분한 장소
2) 화기를 사용하는 장소 및 그 부근
3) 위험물·화약류 또는 가연성 물질을 취급하는 장소 및 그 부근

> **길잡이**
>
> ▶ 금속의 용접·용단 또는 가열에 사용되는 가스등의 용기 취급시 준수사항(안전보건규칙 제234조)
>   1) 다음 각 목의 어느 하나에 해당하는 장소에서 사용하거나 해당 장소에 설치·저장 또는 방치하지 않도록 할 것
>   ① 통풍이나 환기가 불충분한 장소
>   ② 화기를 사용하는 장소 및 그 부근
>   ③ 위험물 또는 인화성 액체를 취급하는 장소 및 그 부근
>   2) 용기의 온도를 섭씨 40도 이하로 유지할 것
>   3) 전도의 위험이 없도록 할 것
>   4) 충격을 가하지 않도록 할 것
>   5) 운반하는 경우에는 캡을 씌울 것
>   6) 사용하는 경우에는 용기의 마개에 부착되어 있는 유류 및 먼지를 제거할 것
>   7) 밸브의 개폐는 서서히 할 것
>   8) 사용 전 또는 사용 중인 용기와 그 밖의 용기를 명확히 구별하여 보관할 것
>   9) 용해아세틸렌의 용기는 세워 둘 것
>   10) 용기의 부식·마모 또는 변형상태를 점검한 후 사용할 것

산업안전기사 실기 작업형 — 2019년 제1회

01 동영상은 고압선로 근처에서 콘크리트 전주를 세우기 위해 항타기·항발기를 사용하여 항타작업을 하고 있다. 감전재해를 방지하기 위한 조치사항 2가지를 쓰시오.

해답
1) 충전전로에 절연용 방호구를 설치할 것
2) 항타기·항발기 등을 충전전로로부터 300 mm 이상 이격시키되, 대지전압이 50kV를 넘는 경우는 10kV 증가할 때마다 10cm씩 증가시킬 것
3) 방책을 설치하거나 감시인 배치 등의 조치를 할 것

[주] 충전전로 인근에서의 차량 · 기계장치 작업 : 안전보건규칙 제322조

02 동영상은 석면취급 작업장면(브레이크 라이닝패드 제작과정)을 보여주고 있다. 석면취급 작업 시 안전작업수칙을 3가지만 쓰시오. (단, 작업자는 석면의 유해성을 인지하고 있음)

해답
1) 석면분진이 퍼지지 아니하도록 석면을 사용하는 장소를 다른 작업장소와 격리하도록 할 것
2) 석면사용 설비는 밀폐된 장소에 설치하고 석면분진이 흩날릴 우려가 있는 작업을 행할 때에는 국소배기장치를 설치·가동할 것
3) 석면을 사용하거나 석면이 붙어 있는 물질을 이용하는 작업을 할 때에는 석면이 흩날리지 않도록 습기를 유지하여 행하도록 할 것
4) 석면취급 작업을 마친 근로자의 오염된 작업복은 석면전용의 탈의실에서만 벗도록 할 것
5) 석면작업장에서는 흡연 및 음식물을 섭취하지 않을 것

03 다음의 가스에 대한 퍼지(purge)의 목적을 각각 쓰시오. (6점)

(1) 가연성 및 조연성 가스
(2) 불활성 가스
(3) 독성 가스

해답
1) 화재·폭발사고 방지 및 산소결핍에 의한 질식사고 방지
2) 산소결핍에 의한 질식사고 방지
3) 중독사고 방지

길잡이

▶ 퍼지(purge)의 종류
1) 스위프 퍼지(sweep-through purge)
2) 압력 퍼지(pressure purge)
3) 진공 퍼지(vacuum purge)
4) 사이폰 퍼지(siphon purge)

04 동영상은 작업자가 분전반 작업(스위치가 ON으로 되어 있는 분전반을 맨손으로 드라이버를 사용하여 작업을 하고 있음) 중에 문틈에 손가락을 넣고 작업을 하다가 다른 작업자가 문을 닫아버려서 손을 다치는 사고가 발생하는 장면을 보여주고 있다. 동영상 화면에서 위험요인을 2가지 쓰시오.

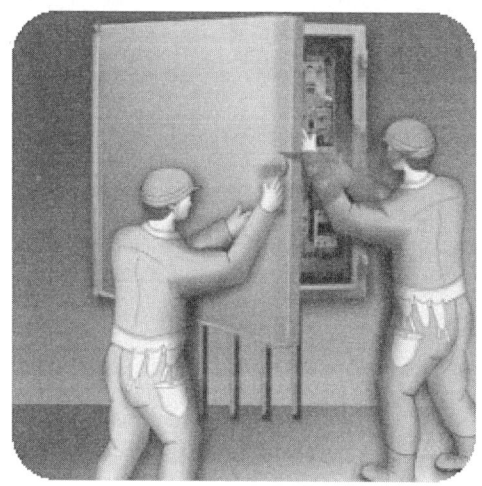

해답
1) 작업 중임을 나타내는 표지판을 설치하지 않았다.
2) 전원을 차단 후 작업하지 않았고, 절연장갑을 착용하지 않았다.

길잡이

▶ 분전반(panel board)
1) 분기 회로용의 배전반으로 과전류차단기, 주개폐기, 분기개폐기 등을 수납한 것
2) 건물 등에서 배전반으로부터 각 층으로 분기한 분기 간선에서 부하로 분기하는 곳에 설치하는 곳으로 과전류, 단락사고 등을 최소 범위로 방지한다.

05
동영상은 건물의 해체작업 장면을 보여주고 있다. 다음 물음에 답하시오.

(1) 해체 작업 시 작업자는 해체용 기계로부터 최소한의 얼마 이상 떨어져 있어야 하는가?
(2) 해체 건물의 높이 7m일 때 해체 건물과 해체용 기계 사이의 안전이격 거리를 계산하시오.

해답
1) 작업자의 해체용 기계의 이격거리 : 4m 이상
2) 해체 건물과 해체용 기계의 이격거리
   이격거리=0.5h=0.5×7=3.5m 이상

길잡이
▶ 해체작업시 작업계획서의 작성내용
1) 해체의 방법 및 해체순서도면
2) 가설설비, 방호설비, 환기설비 및 살수·방화설비 등의 방법
3) 사업장 내의 연락방법
4) 해체물의 처분계획
5) 해체작업용 기계·기구 등의 작업계획서
6) 해체작업용 화약류 등의 사용계획서
7) 그밖에 안전·보건에 관련된 사항

06
다음은 안전모의 시험항목에 대한 성능기준이다. ( ) 안에 알맞은 내용을 쓰시오.

항목	성능
1. 내관통성 시험	종류 AE, ABE의 안전모는 관통거리가 (①) 이하, 종류 AB 안전모는 관통거리가 (②) 이하이어야 한다(단, 관통거리에 모체의 두께가 포함된다).
2. 충격흡수성 시험	최고전달충격력이 (③)를 초과해서는 안 되며, 또한 모체와 착장체가 분리되거나 파손되지 않아야 한다.
3. 내전압성	종류 AE, ABE의 안전모는 교류 20kV에서 (④)간 견디고 또한 충전전류가 10mA 이하이어야 한다.
4. 내수성	종류 AE, ABE의 안전모는 질량 증가율이 (⑤) 미만이어야 한다.
5. 난연성	모체가 불꽃을 내며 (⑥) 이상 타지 않아야 한다.

 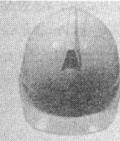 

해답
① 9.5mm
② 11.1mm
③ 4450N
④ 1분
⑤ 1%
⑥ 5초

07 동영상 화면은 VDT(영상표시단말기) 작업장면을 보여주고 있다. DVT 작업 시 올바른 작업자세를 3가지만 쓰시오.

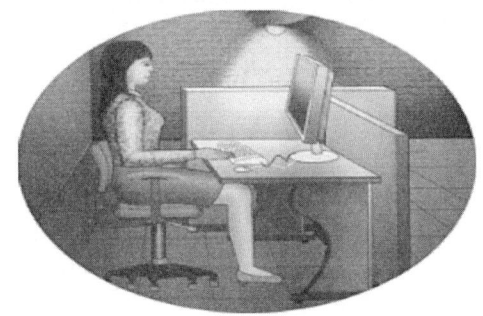

해답
1) 작업자의 시선이 모니터 상단에서 아래쪽 방향으로 10 ~ 15° 범위 이내로 유지되도록 할 것
2) 작업자의 손등과 아래팔이 수평이 되게 하여 손목이 아래 또는 위로 꺾이지 않도록 할 것
3) 작업자의 아래팔과 위팔의 각도는 90° 이상이 유지되도록 할 것
4) 작업자 무릎은 굽혀짐이 90° 전후가 되도록 하고 발바닥은 바닥면에 닿도록 하여 닿지 않을 경우에는 발바닥 받침대를 사용할 것

길잡이
1) VDT 작업을 할 때에 작업상 옳지 못한 문제점
① 작업자가 의자등받이에 충분히 지지되도록 의자 깊숙이 앉아있지 않다.
② 모니터의 위치가 보기 편한 위치에 조정되어 있지 않다.
③ 키보드의 위치가 조작하기 편한 곳에 놓여 있지 않다.
④ 전선의 엉킴, 꼬임, 짓눌림 등에 의해 전선피복이 손상될 수 있다.
⑤ 한 콘센트에 많은 전선이 인출되어 전기사용량이 많아 과부하로 화재가 발생될 수 있다.
⑥ 작업 전에 의자, 모니터, 화면, 키보드, 조명기구 등을 점검하지 않았다.

08 동영상 화면의 보호장구에 대한 다음 물음에 답하시오.
(1) 보호구 명칭 :
(2) 정의 :
(3) 갖추어야 할 일반구조 2가지 :

해답
1) **보호구 명칭** : 안전블록
2) **정의** : 안전그네와 연결하여 추락발생 시 추락을 억제할 수 있는 자동잠김장치가 갖추어져 있고 죔줄이 자동적으로 수축되는 장치를 말한다.
3) **갖추어야 할 일반구조**
① 안전블록을 부착하여 사용하는 안전대는 신체지지의 방법으로 안전그네만을 사용할 것
② 안전블록은 정격 사용 길이가 명시될 것
③ 안전블록의 줄은 합성섬유로프, 웨빙(webbing), 와이어로프이어야 하며, 와이어로프인 경우 최소지름 4mm 이상일 것

09 동영상은 작업자가 교류 아크용접 작업을 하는 장면을 보여주고 있다. 교류 아크용접 작업 시 작업자가 감전될 수 있는 경우 4가지를 쓰시오.

해답
1) 왼손에 안전장갑(절연장갑)을 착용하지 않아 감전될 수 있다.
2) 케이블이 손상, 노출되어서 신체에 접촉되어 감전될 수 있다.
3) 용접봉 홀더의 통전부분이 노출되어서 용접봉에 신체일부가 접촉되어 감전될 수 있다.
4) 전원스위치 개폐 시 접촉불량으로 인해 감전될 수 있다.

길잡이

▶ 교류아크용접기의 방호장치 및 착용보호구
1) 교류아크용접기의 방호장치 : 자동전격방지장치
2) 교류아크용접시 착용보호구
   ① 보호면(핸드실드형, 헬멧형 : 차광 및 화상방지)
   ② 보안경(차광보호구)
   ③ 절연장갑(화상 및 감전방지)
   ④ 가죽제 앞치마(작업자의 가슴에서 대퇴부까지 보호)
   ⑤ 각반 및 팔가림
   ⑥ 안전화(화상방지, 낙하방지, 감전방지)

산업안전기사 실기 작업형 — 2019년 제2회

01 동영상 화면은 방열복 및 방열장갑 등을 보여주고 있다. 방열복의 성능시험 항목 3가지를 쓰시오.

해답
1) 난연성 시험
2) 절연저항 시험
3) 내유성 시험
4) 내한성 시험
5) 열전도율 시험
6) 열충격성 시험
7) 광선시감투과율 시험

02 비계의 높이가 2m 이상인 작업장소에 설치하는 작업발판에 대한 다음 물음에 답하시오.

(1) 작업발판의 폭을 쓰시오.
(2) 발판재료간의 틈을 쓰시오.

해답
1) 작업발판의 폭 : 40cm 이상
2) 발판재료간의 틈(간격) : 3cm 이하

> **길잡이**
>
> ▶ **작업발판의 구조** 14/1(기)
> 1) 발판재료는 작업시의 하중을 견딜 수 있도록 견고한 것으로 할 것
> 2) 작업발판의 지지물은 하중에 의하여 파괴될 우려가 없는 것을 사용할 것
> 3) 작업발판재료는 뒤집히거나 떨어지지 아니하도록 둘 이상의 지지물에 연결하거나 고정시킬 것
> 4) 작업발판을 작업에 따라 이동시킬 때에는 위험방지에 필요한 조치를 할 것
> 5) 추락의 위험성이 있는 장소에는 안전난간을 설치할 것

03 동영상은 밀폐공간에서 작업하는 장면을 보여주고 있다. 밀폐공간에서 작업 시 작업자가 착용해야 할 보호구를 쓰시오.

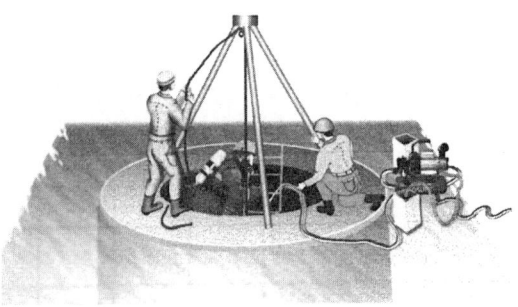

 송기마스크

> **길잡이**
>
> ▶ 밀폐공간 내에서 작업 시 안전수칙
> 1) 작업시작 전 유해가스농도 및 산소농도를 측정할 것
> 2) 작업시작 전 및 작업 중에 적정한 공기상태가 유지되도록 환기를 실시할 것
> 3) 환기 곤란 시는 공기호흡기 또는 송기마스크 등 호흡용 보호구를 착용할 것
> 4) 해당 작업장과 외부의 감시인 사이에 상시연락을 취할 수 있는 설비를 설치할 것

04 동영상은 작업자가 지게차의 포크 밑에서 지게차를 수리, 점검하는 장면을 보여주고 있다. 다음 물음에 답하시오.

(1) 지게차의 포크 밑에서 수리, 점검 작업 시 위험방지조치사항을 쓰시오.
(2) 지게차의 작업시작 전 점검사항을 4가지 쓰시오.

 1) 안전지주 또는 안전블록을 사용할 것
2) **지게차의 작업시작 전 점검사항**
　① 제동장치 및 조종장치 기능의 이상 유무
　② 하역장치 및 유압장치 기능의 이상 유무
　③ 바퀴의 이상 유무
　④ 전조등, 후미등, 방향지시기 및 경보장치 기능의 이상 유무

05 동영상은 항타기에 의한 말뚝박기 작업 장면을 보여주고 있다. 항타기·항발기를 조립할 때 사용 전 점검사항을 3가지만 쓰시오.

해답
1) 본체의 연결부의 풀림 또는 손상의 유무
2) 권상용 와이어로프, 드럼 및 도르래의 부착상태의 이상 유무
3) 권상장치의 브레이크 및 쐐기장치 기능의 이상 유무
4) 권상기의 설치상태의 이상 유무
5) 버팀의 방법 및 고정상태의 이상 유무

> **길잡이**
> ▶ 항타기, 항발기 작업 시 안전수칙 18/1(산)
> 1) 항타작업시는 작업반경내(말뚝길이의 1.5배 되는 거리)에 근로자의 출입을 금지한다.
> 2) 항타기의 운전은 신호에 의하여 작동하여야 한다.
> 3) 권상장치에 하중을 건 상태로 정지하여 둘 때는 쐐기장치 또는 역회전방지용 브레이크를 사용하여 제동하여 두는 등 확실하게 정지시켜 두어야 한다.
> 4) 운전자는 권상장치에 하중을 건 상태로 운전위치를 이탈하여서는 안 된다.
> 5) 작업구간의 인접한 곳에 고압선이 있으면 방호장치 후에 작업을 한다.

06 동영상은 산소결핍장소에서 작업하는 장면을 보여주고 있다. 산소결핍장소에서 작업 시 안전수칙 3가지를 쓰시오.

해답
1) 작업시작 전 유해가스농도 및 산소농도를 측정할 것
2) 작업시작 전 및 작업 중에 적정한 공기 상태가 유지되도록 환기를 실시할 것
3) 환기곤란 시는 공기호흡기 또는 송기마스크 등 호흡용 보호구를 착용할 것
4) 해당 작업장과 외부의 감시인 사이에 상시연락을 취할 수 있는 설비를 설치할 것

> **길잡이**
> ▶ 산소결핍 장소에 필요한 비상시 피난용구
> 1) 로프 및 구명밧줄
> 2) 도르래
> 3) 호흡용 보호구
> 4) 피재자 구조용 발판
> 5) 안전대(안전벨트)

07 롤러기의 방호장치인 급정지장치 조작부의 설치위치를 쓰시오.

(1) 손 조작시 :
(2) 복부 조작시 :
(3) 무릎 조작시 :

해답
1) 손 조작시 : 밑면에서 1.8m이내
2) 복부 조작시 : 밑면에서 0.8m 이상 1.1m 이내
3) 무릎 조작시 : 밑면에서 0.6m이내

08 동영상은 터널굴착 작업장면을 보여주고 있다. 다음 물음에 답하시오.

(1) 터널계측은 시공의 안전성을 사전에 확보하고 설계시의 조사치와 비교분석하여 현장조건에 적정하도록 수정·보완하는데 그 목적이 있다. 터널굴착 시 실시하는 계측항목을 3가지만 쓰시오.
(2) 터널굴착을 위한 발파작업 시 사용하는 발파공의 충진 재료에 대한 사용기준을 쓰시오.

해답
1) 터널 계측항목
① 터널 내 육안조사
② 내공변위 측정
③ 천단침하 측정
④ 록볼트 인발시험 및 축력 측정
⑤ 지표면 침하 측정
⑥ 지중변위 측정
⑦ 지중침하 측정
⑧ 지중수평변위 측정
⑨ 지하수위 측정
⑩ 뿜어붙이기 콘크리트 응력 측정
⑪ 터널 내 탄성파 속도 측정
⑫ 주변 구조물의 변형상태 조사

2) 발파공의 충진재료는 점토, 모래 등 발화성 또는 인화성의 위험이 없는 재료를 사용할 것

주) 1) 터널 계측항목 : 터널공사 표준안전작업지침 제25조(고용노동부 고시)
2) 발파의 작업기준 : 안전보건규칙 제348조

09 동영상 화면의 보호장구는 추락방지를 위해 착용해야 할 안전대이다. 안전대 종류의 명칭을 쓰시오.

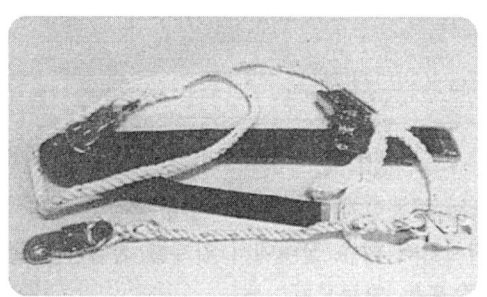

 U자걸이용 안전대

> **길잡이**
> ▶ 벨트식 안전대의 종류
> 1) U자걸이용 안전대 : 전신주 위에서 작업과 같이 발받침이 확보되어 있어도 불완전하여 체중의 일부를 U자걸이로 하여 안전대에 지지하여야만 작업을 할 수 있다.
> 2) 1개걸이용 안전대 : 안전대에 의지하지 않아도 작업발판이 확보되었을 때 사용한다.

실기 작업형
산업안전기사 · 2019년 제3회

01 동영상은 비계 위에 설치된 작업발판 위에서 작업하는 장면을 보여주고 있다. 다음 물음에 답하시오. ▶ 15/3(기)

(1) 작업발판의 폭 :
(2) 발판 틈새 :

> **길잡이**
> ▶ **작업발판의 구조** : 안전보건규칙 제56조
> 1) 발판재료는 작업시의 하중을 견딜 수 있도록 견고한 것으로 할 것
> 2) 작업발판의 폭은 40cm 이상으로 하고, 발판재료 간의 틈은 3cm 이하로 할 것
> 3) 추락의 위험성이 있는 장소에는 안전난간을 설치할 것(작업의 성질상 안전난간을 설치하는 것이 곤란한 때 작업의 필요상 임시로 안전난간을 해체함에 있어서 추락방지망을 치거나 근로자로 하여금 안전대를 사용하도록 하는 등 추락에 의한 위험방지조치를 한 때에는 제외)
> 4) 작업발판의 지지물은 하중에 의하여 파괴될 우려가 없는 것을 사용할 것
> 5) 작업발판 재료는 뒤집히거나 떨어지지 아니하도록 2이상의 지지물에 연결하거나 고정시킬 것
> 6) 작업발판을 작업에 따라 이동시킬 때에는 위험방지에 필요한 조치를 할 것

해답
1) 작업발판의 폭 : 40cm 이상
2) 발판 틈새 : 3cm 이하

02 동영상은 장갑을 낀 작업자가 연삭기를 사용하여 봉강의 연마작업을 하는 장면을 보여주고 있다. 연마작업 시 안전대책을 2가지만 쓰시오.

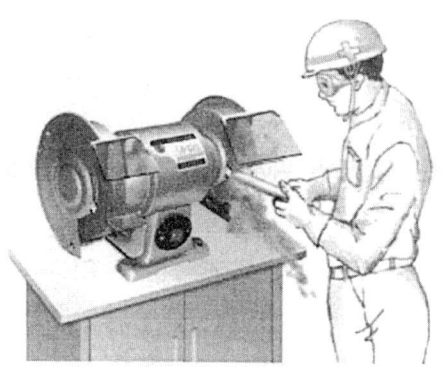

1) 연삭기 숫돌부위에 덮개를 설치할 것
2) 연마작업 시 장갑착용을 금할 것
3) 연마작업 시 파편이나 칩의 비래에 의한 위험방지를 위해 보안경을 착용할 것
4) 연삭숫돌에 표시되어 있는 최고사용 원주속도를 초과하여 사용하지 않을 것

> **길잡이**
> 1) 작업자가 봉강 연마작업 중 봉강이 튕겨서 작업자의 머리를 강타하는 사고가 발행하였을 경우 재해원인 분석 및 방호조치
>   ① 기인물 : 연삭기, 가해물 : 봉강
>   ② 연마작업 시 파편이나 칩의 비래에 의한 위험방지를 위해 설치하는 장치 : 칩비산방지 투명판
>   ③ 연마작업 시 숫돌과 가공면과의 각도 : 15 ~ 30°
> 2) 연삭기에 의한 재해형태
>   ① 숫돌에 인체접촉
>   ② 연삭분진이 눈에 튀어 들어가는 것
>   ③ 숫돌 파괴로 인한 파편의 비래
>   ④ 가공 중 공작물의 반발

03 동영상은 1만볼트에 인가된 배전반 점검 중에 사고가 발생한 장면을 보여주고 있다. 다음 물음에 답하시오.
(1) 기인물 :
(2) 가해물 :
(3) 사고유형(재해형태) :

1) 기인물 : 배전반
2) 가해물 : 전기 또는 전류
3) 사고유형(재해형태) : 감전

> **길잡이**
> 1) 감전의 정의 : 전기접촉이나 방전에 의해서 사람이 충격을 받는 것
> 2) 전기작업 시 착용보호구
>   ① 절연안전모
>   ② 절연용 안전장갑
>   ③ 절연화
> 3) 배전반의 수리, 점검작업 시 안전작업수칙
>   ① 충전부에 절연용 방호구를 설치하는 등 감전위험 방지조치를 할 것
>   ② 절연용 보호구(절연안전모, 절연고무장갑, 절연화 등)를 착용할 것

04 동영상은 회전중인 인쇄용 롤러를 걸레로 청소작업하는 장면을 보여주고 있다. 인쇄용 롤러의 청소작업 중 사고가 발생하였을 때 핵심위험요인(사고요인) 2가지를 쓰시오.

05 동영상은 LPG(액화석유가스)가 대기 중에 유출되어 점화원에 의해 폭발하는 장면을 보여주고 있다. 1) 폭발의 형태와 2) 정의를 쓰시오.

해답
1) 전원을 차단하여 롤러기를 정지시키지 않은 상태에서 청소를 하고 있기 때문에 롤러에 말려들어갈 수 있다.
2) 체중을 롤러에 걸쳐 닦고 있어서 손이 미끄러져 롤러에 말려들어갈 위험성이 있다.
3) 회전중인 롤러에 물려들어가는 쪽을 직접 손으로 눌러서 닦고 있기 때문에 걸레와 함께 손이 물려들어가게 된다.
4) 방호장치가 없어서 회전하는 롤러에 걸레의 윗부분이 넣어져서 손이 말려들어갈 수 있다.
5) 유기용제에 의해 중독될 수 있다.

해답
1) **폭발의 형태** : 증기운 폭발(UVCE : unconfined vapour cloud explosion)
2) **정의** : 다량의 가연성 가스 또는 기화하기 쉬운 가연성액체가 지표면에 유출되어 다량의 가연성 혼합기체가 형성되어 점화원에 의해 발생되는 폭발

길잡이
▶ LPG저장소에 설치하는 가스누설검지 경보장치
1) **검지센서의 설치위치** : 바닥에 인접한 곳(LPG는 공기보다 무거움)
2) **경보장치의 설정치** : LPG폭발하한치의 25% 이하

길잡이
▶ 롤러기 작업 시 안전작업수칙
1) 작업시작 전 전원을 차단한다.
2) 작업시 장갑을 착용하지 않는다.
3) 방독마스크, 보안경 등 보호구를 착용한다.

06 동영상의 컨베이어에 대한 방호장치를 3가지 쓰시오.

해답
1) 이탈 및 역주행방지장치
2) 비상정지장치
3) 덮개 또는 울

> **길잡이**
> 1) **이탈 및 역주행방지장치** : 컨베이어, 이송용 롤러 등(이하 컨베이어 등이라 함)을 사용하는 때에는 정전, 전압강하 등에 의한 화물 또는 운반구의 이탈 및 역주행을 방지하는 장치를 갖출 것(단, 무동력 상태 또는 수평상태로만 사용하여 근로자에게 위험을 미칠 우려가 없는 때에는 제외)
> 2) **비상정지장치** : 근로자의 신체가 말려드는 등 위험시와 비상시에는 즉시 운전을 정지시킬 수 있는 비상정지장치를 설치할 것
> 3) **덮개 또는 울** : 컨베이어 등으로부터 화물의 낙하로 인하여 근로자에게 위험을 미칠 우려가 있는 때에는 해당 컨베이어 등에 덮개 또는 울을 설치하는 등 낙하방지를 위한 조치를 할 것

07 동영상은 비계를 조립하여 작업발판을 설치하던 중 비계에서 추락하는 사고장면을 보여주고 있다. 비계에서 추락발생 원인을 3가지 쓰시오.

해답
1) 안전대를 착용하지 않았다.
2) 추락방호망을 설치하지 않았다.
3) 안전난간을 설치하지 않았다.

> **길잡이**
> ▶ 추락에 의한 안전방지
> 1) 추락하거나 넘어질 위험이 있는 장소(작업발판 끝, 개구부 등은 제외) 또는 기계, 설비, 선박블록 등에서 작업시 추락위험방지 조치사항
>   ① (비계를 조립하여) 작업발판 설치
>   ② 추락방호망 설치
>   ③ 안전대 착용
> 2) 작업발판 및 통로의 끝이나 개구부 등의 추락위험방지 조치사항
>   ① 안전난간, 울타리, 수직형 추락방망 또는 덮개설치 (덮개는 뒤집히거나 떨어지지 않도록 설치하고, 어두운 장소에서도 알아볼 수 있도록 개구부임을 표시할 것
>   ② 추락방호망 설치
>   ③ 안전대 착용

08 동영상은 열차의 점검, 수리 등을 하는 작업장면을 보여주고 있다. 열차의 점검, 수리 시 위험방지 조치사항을 3가지 쓰시오.

해답
1) 열차의 운전이 정지된 후 작업을 하도록 하고, 점검 등의 작업완료 후 열차운전을 시작하기 전에 반드시 작업자와 신호하여 접촉위험이 없음을 확인하고 운전을 재개하도록 할 것
2) 열차의 유동방지를 위하여 차륜막이 등 필요한 조치를 할 것
3) 노출된 열차충전부에 잔류하는 방전조치를 하거나 근로자에게 절연보호구를 지급하여 착용하도록 할 것
4) 열차의 상판에서 작업을 하는 경우에는 그 주변에 작업발판 또는 안전매트를 설치할 것

주) 열차의 점검, 수리 : 안전규칙 제409조

09 방독마스크의 정화통(흡수관) 속에 들어 있는 흡수제의 종류를 3가지 쓰시오.

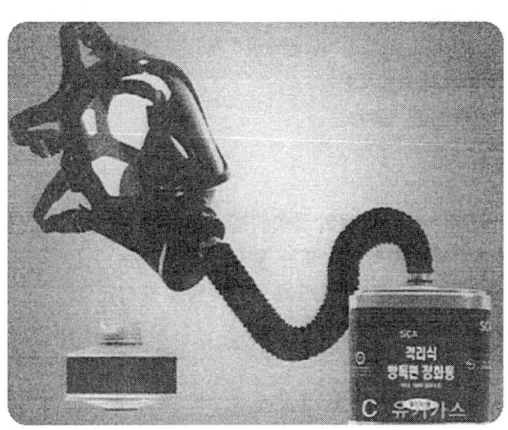

해답
1) 활성탄
2) 실리카겔
3) 소다라임

길잡이

▶ 방독마스크에 사용하는 흡수제의 종류

종류	대응독물	주성분
보통가스용 (할로겐가스용)	염소 및 할로겐류, 포스겐, 유기 및 산성가스	활성탄, 소다라임
산성가스용	염산, 할로겐화수소산, 탄산가스, 이산화질소, 산화질소	소다라임, 알칼리제제
유기가스용	유기가스 및 증기, 이황화탄소	활성탄
일산화탄소용	TEL, 일산화탄소	호프카라이트, 방습제
암모니아용	암모니아	큐프라마이트
아황산용	아황산 및 황산 미스트	산화금속, 알카리제제
청산용	청산 및 청화물 증기	산화금속, 알카리제제
황화수소용	황화수소	금속염류, 알카리제제

산업안전기사 실기 작업형 2020년 제1회

01 동영상은 작업자가 장갑을 끼고 둥근톱 기계로 목재를 절단하는 작업장면을 보여주고 있다. 목재가공용 둥근톱기계에 고정식 접촉예방장치를 설치하고자 할 때 다음 (   ) 안에 알맞은 내용을 쓰시오.

(1) 덮개 하단과 테이블 사이의 높이 : (①)
(2) 덮개 하단과 가공재 상면의 간격 : (②)

해답
① 25mm 이내
② 8mm 이하

> **길잡이**
> 1) 상기 동영상 작업상황에서의 위험 포인트
>   ① 장갑의 끝이 톱니에 걸려 손이 베인다.
>   ② 판재가 반발해 작업자가 부딪친다.
>   ③ 톱날에 작업자 손이 베인다.
> 2) 둥근톱기계 작업시 필요한 안전장치 및 보조장치
>   ① 톱날 덮개   ② 분할날
>   ③ 밀대   ④ 직각정규
>   ⑤ 평행조정기

02 동영상 화면은 대형관을 연결하기 위해 작업자 혼자서 아크용접작업을 하는 장면을 보여주고 있으며 용접작업 장소 주위에는 인화성 물질 통이 쌓여있다. 다음 물음에 답하시오.

(1) 아크용접 작업 시 눈 장해를 일으키는 유해광선의 종류를 쓰시오.
(2) 동영상에 나타나는 작업상황의 위험요인을 1) 작업현장과 2) 작업자의 측면으로 구분하여 쓰시오.

해답
1) 유해광선 : 자외선 및 적외선
2) 위험요인
  ① 용접장소 주위에 인화성 물질이 쌓여있어 화재의 위험이 있다.
  ② 작업자 단독작업으로 작업장의 상황파악이 용이하지 않으며 용접봉이 균열되거나 코드피복이 파손되어 감전될 수 있다.

03 동영상은 박공지붕 설치작업 도중에 휴식을 취하던 중 추락사고가 발생하는 장면을 보여주고 있다. 재해방지대책을 3가지 쓰시오.

해답
1) 작업발판을 설치한 후 작업을 실시한다.
2) 안전대부착설비 및 지지로프를 설치하고 안전대를 착용한다.
3) 추락방호망을 설치한다.
4) 박공지붕판을 한곳에 과적하여 쌓아 놓지 않는다.
5) 위험한 장소에서 휴식을 취하지 않는다.

04 동영상은 섬유기계의 점검 중 사고가 발생하는 장면(실을 감는 섬유기계가 실이 끊어지며 갑자기 정지하자 작업자가 그 원인을 찾기 위해 회전하는 대형회전체의 문을 열고 허리까지 내부로 집어넣고 내부를 점검할 때 갑자기 기계가 작동하여 작업자의 몸이 회전체에 끼이는 장면)이다. 섬유기계 작업 중에 착용하여야 할 안전보호구 3가지를 쓰시오.

해답
1) 안전모
2) 보안경
3) 방진마스크

길잡이
1) 상기 동영상에서의 기계설비의 위험점 : 끼임점
2) 섬유기계 내부점검 시 위험요인
   ① 섬유기계의 전원을 차단하지 않고 기계를 정지시키지 않은 채로 내부를 점검하고 있기 때문에 사고의 위험이 크다.
   ② 장갑을 착용하고 있어서 롤러에 끼일 위험이 있다.
3) 섬유기계 내부점검시 안전대책
   ① 섬유기계의 전원을 차단하여 기계를 정지시킨 후 내부점검을 한다.
   ② 점검 시 장갑 착용을 금한다.

05 동영상은 크레인을 이용하여 화물을 인양하던 중 사고가 발생하는 장면을 보여주고 있다. 크레인의 화물인양 작업 중 안전대책을 2가지 쓰시오.

해답
1) 화물의 흔들림을 방지하기 위하여 보조(유도)로프를 사용한다.
2) 신호수를 배치하고 작업자 간에 신호체계를 확립한다.
3) 작업 중에 안전모, 안전화 등 안전보호구를 착용시킨다.
4) 작업반경 내에 관계근로자 외의 자의 출입을 금지시킨다.
5) 화물을 확실하게 체결하여 화물이 낙하할 위험이 없도록 한다.

06 동영상은 작업자가 라이닝 패드(lining pad)를 약품으로 세척하는 작업장면(작업자가 손바닥이 고무로 코팅된 면장갑을 끼고 세척한 라이닝 패드를 약품이 들은 쇠통 속에 집어넣었다가 갈고리를 이용하여 꺼내는 등의 작업)을 보여주고 있다. 화학약품에 의한 세척작업 시 착용해야 할 보호구를 3가지 쓰시오.

해답
1) 고무장갑 및 고무장화
2) 방독마스크
3) 불침투성 보호복
4) 보안경

> 길잡이
> ▶ 유해화학물질이 인체에 흡입될 수 있는 경로
>   01/(기), 07/(산)
> 1) 호흡기(코, 입 등)
> 2) 피부점막
> 3) 소화기

07 동영상은 드릴작업 장면을 보여주고 있다. 동영상에 나타난 드릴작업시의 문제점(위험요인)을 3가지만 쓰시오.

해답
1) 공작물(일감)을 기기에 고정시키지 않고 손으로 잡고 작업을 하고 있어 드릴에 손을 다친다.
2) 보안경을 착용하지 않아 쇳가루가 눈에 들어가 눈을 다친다.
3) 작업복 중 팔에 씌운 토시가 드릴에 말려들어갈 위험이 있다.
4) 드릴작업을 하는 작업장 주변의 정리정돈이 불량하다.

길잡이

1) 드릴링 작업시 안전작업수칙
   ① 공작물을 견고하게 고정하고 가공물을 손으로 잡고 구멍을 뚫지 말 것
   ② 작은 구멍을 먼저 뚫은 뒤 큰 구멍을 뚫을 것
   ③ 안전모, 보안경 등 보호구를 착용할 것(장갑 착용금지)
2) 얇은 금속판(철판, 동판 등)에 구멍을 뚫을 경우 : 각목 등 나무판을 밑에 깔고 기구로 고정을 한 후 구멍을 뚫을 것

08 동영상은 아파트 건설현장에서 건설작업용 리프트의 운행장면을 보여주고 있다. 건설작업용 리프트의 방호장치 4가지를 쓰시오.

해답 리프트 방호장치
1) 권과방지장치
2) 과부하방지장치
3) 비상정지장치
4) 조작반의 잠금장치

[주] 리프트 방호장치(권과방지 등 무인작동의 제한) : 안전보건규칙 제151조, 제152조

길잡이

▶ 건설용 리프트 작업 시 안전수칙
1) 운반구의 이탈 등의 위험을 방지하기 위하여 권과방지를 위한 방호장치를 설치하도록 한다.
2) 리프트에 적재하중을 초과하는 하중을 걸어서 사용하지 않도록 한다.
3) 비상정지장치, 조작스위치 등 탑승조작장치가 설치되지 아니한 리프트의 운반구에 근로자를 탑승시키지 않도록 한다.
4) 관계근로자 외의 자가 리프트를 임의로 조작할 수 없도록 리프트 조작반에 잠금장치를 설치한다.

09 동영상은 펌프에 의해 수조에 물을 퍼 올리던 중 수조에서 작업하던 작업자가 감전되는 사고장면을 보여주고 있다. 사고방지대책 3가지를 쓰시오. ▶ 14(기)

해답
1) 작업 전에 모터와 전선의 접속부분 및 전선피복의 손상유무를 확인할 것
2) 물 등 도전성이 높은 습윤장소에서 사용하는 전선은 물기가 침입할 수 없는 것을 사용할 것
3) 전선의 접속개소는 전선의 절연성능 이상으로 절연될 수 있도록 테이프 등으로 충분히 피복할 것
4) 감전방지용 누전차단기를 설치할 것

산업안전기사 실기 작업형 — 2020년 제2회

01 동영상의 화면은 크랭크 프레스기로 판재에 구멍을 뚫는 작업장면을 보여주고 있다. 다음 물음에 답하시오.

(1) 프레스기에 급정지기구가 부착되어 있지 않을 경우에 유효한 프레스기의 방호장치의 명칭을 3가지만 쓰시오.
(2) 급정지기구가 부착되어 있어야만 유효한 프레스기의 방호장치 명칭을 2가지 쓰시오.

2) 급정지기구가 부착되어 있어야만 유효한 방호장치
 ① 양수조작식 방호장치
 ② 감응식 방호장치

 길잡이

▶ 프레스기에 금형 부착시 위험방지 조치사항
1) 금형에 안전울을 설치할 것
2) 상하 간의 틈새를 8mm 이하로 하여 손가락이 들어가지 않도록 할 것
3) 자동송급, 배출장치를 사용할 것

해답 1) 급정지기구가 부착되어 있지 않아도 유효한 방호장치
 ① 수인식 방호장치
 ② 손쳐내기식 방호장치
 ③ 게이트가스식 방호장치
 ④ 양수기동식 방호장치

02 동영상의 화면은 김치공장의 제조공정 중 무채를 썰어내는 작업장면을 보여주고 있다. 다음 물음에 답하시오.

(1) 무채를 썰어내는 부분에 형성되는 위험점(작업점)을 기술하시오.
(2) 동영상에서 발생될 수 있는 재해방지를 위한 안전대책(위험방지조치사항, 사고방지대책)을 3가지만 쓰시오.

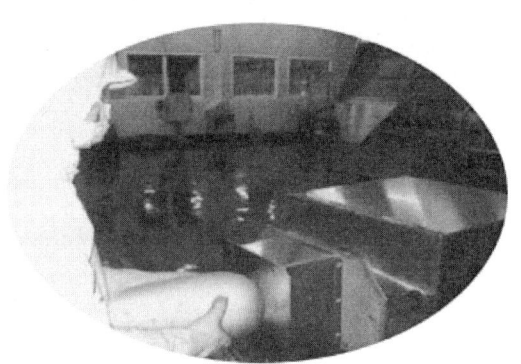

 1) 위험점 : 절단점
2) 안전대책
　① 위험점에 시건장치설치 또는 인터록(연동장치) 등 방호장치설치
　② 덮개설치
　③ 울설치

> **길잡이**
> ▶ **절단점**(cutting point) : 회전하는 운동부분 자체와 운동하는 기계자체에 위험이 형성되는 점
> 예 : 둥근톱날, 띠톱기계의 날, 밀링커터 등

03 작업자가 전주를 운반하던 중 전주에 부딪히는 사고가 발생하였다. 다음 물음에 답하시오.

(1) 재해형태 :
(2) 가해물 :
(3) 감전방지용 안전모 종류 2가지 :

 1) 재해형태 : 충돌
2) 가해물 : 전주
3) 감전방지용 안전모 종류 : AE, ABE

04 동영상은 고압(1만 볼트)으로 인가된 배전반의 점검, 수리작업 장면을 보여주고 있다. 배전반 작업 시 위험요인 2가지를 쓰시오.

05 동영상은 원통형 저장탱크의 퍼지작업 장면을 보여주고 있다. 퍼지작업의 종류 3가지를 쓰시오.

해답
1) 작업자가 절연장갑 등 절연용 보호구를 착용하지 않았다.
2) 전원을 차단하지 않고 작업을 하였다.

길잡이
▶ 배전반 점검, 수리작업 시 감전사고 발생 - 재해원인분석
1) 기인물 : 배전반
2) 가해물 : 전기 또는 전류
3) 재해형태(사고유형) : 감전

해답
1) 진공 퍼지
2) 압력 퍼지
3) 스위프 퍼지
4) 사이펀 퍼지

길잡이
▶ 퍼지(purge : 불활성화)의 목적
1) **가연성 및 조연성가스** : 화재, 폭발사고방지 및 산소결핍에 의한 질식사고 방지
2) **불활성가스** : 산소결핍에 의한 질식사고 방지
3) **독성가스** : 중독사고 방지

06 동영상은 크롬(Cr) 도금작업현장의 모습을 보여주고 있다. 크롬 및 크롬화합물 등 유해물질이 인체에 흡입될 수 있는 경로 2가지를 쓰시오.

해답
1) 호흡기(코, 입 등)
2) 소화기
3) 피부점막

> **길잡이**
> ▶ 유해물질, 약품 등 취급작업 시 착용보호구
> 1) 고무장갑 및 고무장화
> 2) 방독마스크
> 3) 불침투성 보호복

07 동영상은 터널굴착 작업장면을 보여주고 있다. 다음 물음에 답하시오.

(1) 터널계측은 시공의 안전성을 사전에 확보하고 설계시의 조사치와 비교분석하여 현장조건에 적정하도록 수정, 보완하는데 그 목적이 있다. 터널굴착 시 실시하는 계측항목을 3가지만 쓰시오.
(2) 터널굴착을 위한 발파작업 시 사용하는 발파공의 충진재료에 대한 사용기준을 쓰시오.

해답
1) 터널계측항목
  ① 터널 내 육안조사
  ② 내공변위 측정
  ③ 천단침하 측정
  ④ 록볼트 인발시험 및 축력측정
  ⑤ 지표면 침하측정
  ⑥ 지중변위 측정
  ⑦ 지중침하 측정
  ⑧ 지중수평변위 측정
  ⑨ 지하수위 측정
  ⑩ 뿜어붙이기 콘크리트 응력 측정
  ⑪ 터널 내 탄송파 속도 측정
  ⑫ 주변구조물의 변형상태 조사
2) 발파공의 충진재료 : 점토, 모래 등 발화성 또는 인화성의 위험이 없는 재료를 사용할 것

08 동영상은 항타기에 의한 말뚝박기 작업 장면을 보여주고 있다. 항타기·항발기 조립시 사용 전 점검사항 3가지를 쓰시오.

해답
1) 본체의 연결부위의 풀림 또는 손상의 유무
2) 권상용 와이어로프, 드럼 및 도르래의 부착상태의 이상 유무
3) 권상장치의 브레이크 및 쐐기장치 기능의 이상 유무
4) 권상기의 설치상태의 이상 유무
5) 버팀의 방법 및 고정상태의 이상 유무

> **길잡이**
> ▶ 항타기·항발기 작업시 안전수칙
> 1) 항타작업시는 작업반경 내 (말뚝길이의 1.5배 되는 거리)에 근로자의 출입을 금지한다.
> 2) 항타기의 운전은 신호에 의하여 작동하여야 한다.
> 3) 권상장치에 하중을 건 상태로 정지하여 둘 때는 쐐기장치 또는 역회전방지용 브레이크를 사용하여 제동하여 두는 등 확실하게 정지시켜 두어야 한다.
> 4) 운전자는 권상장치에 하중을 건 상태로 운전위치를 이탈하여서는 안 된다.
> 5) 작업구간의 인접한 곳에 고압선이 있으면 방호조치 후에 작업을 한다.

09 절단기 사용 시 착용하는 안전보호구 3가지를 쓰시오.

해답
1) 안전모
2) 보안경
3) 방진마스크

산업안전기사 실기 작업형 2020년 제3회

01 동영상 화면도는 사출성형기의 금형을 손으로 청소하다가 감전사고가 발생한 장면을 보여주고 있다. 재해발생 원인을 3가지만 쓰시오.

해답
1) 작업시 전원을 차단하지 않았다.
2) 절연고무장갑 등 보호구를 착용하지 않고 맨손으로 작업하였다.
3) 수공구 등을 사용하지 않고 손으로 청소를 하였다.
4) 작업지휘자를 배치하지 않았다.

길잡이

▶ 사출성형기 금형 청소시 감전방지대책
1) 작업시작 전에 전원을 차단할 것
2) 절연고무장갑 등 보호구를 착용할 것
3) 수공구 등을 사용하여 청소할 것
4) 작업지휘자를 배치한 후 작업할 것

02 동영상은 항타기·항발기에 의한 작업장면을 보여주고 있다. 항타기 및 항발기에 도르래의 부착 등에 대한 다음 ( ) 안에 알맞은 용어 또는 숫자를 쓰시오.

➡ 07/2(기)

(1) 항타기나 항발기에 도르래나 도르래 뭉치를 부착하는 경우에는 부착부가 받는 하중에 의하여 파괴될 우려가 없는 브라켓, 샤클 및 (①) 등으로 견고하게 부착하여야 한다.
(2) 항타기 또는 항발기의 권상장치의 드럼축과 권상장치로부터 첫 번째 도르래의 축간의 거리를 권상장치 드럼폭의 (②)배 이상으로 하여야 한다.
(3) 도르래는 권상장치의 드럼 (③)을 지나야 하며 축과 (④)에 있어야 한다.

해답
1) 와이어로프   2) 15
3) 중심   4) 수직면상

주 도르래의 부착 등 : 안전보건규칙 제216조

03 동영상의 화면과 관련된 화학설비 및 특수화학 설비에 대한 다음 물음에 답하시오.

(1) 특수화학설비를 설치할 때에 내부의 이상상태를 조기에 파악하기 위하여 설치해야 할 장치를 2가지 쓰시오.
(2) 화학설비 및 그 부속설비에 파열판을 설치해야 할 경우를 3가지 쓰시오.

> **길잡이**
> ▶ 특수화학설비 설치시 이상상태의 발생에 따른 폭발, 화재 또는 위험물의 누출을 방지하기 위하여 설치하는 장치(안전보건규칙 제275조)
> 1) 원재료 공급의 긴급차단장치
> 2) 제품 등의 긴급방출장치
> 3) 불활성가스의 주입이나 냉각용수 등의 공급장치

해답
1) 특수화학설비 내부의 이상상태를 조기에 파악하기 위한 장치
　① 온도계, 유량계, 압력계 등의 계측장비
　② 자동경보장치

2) 파열판을 설치해야 할 경우
　① 반응폭주 등 급격한 압력상승의 우려가 있는 경우
　② 독성물질의 누출로 인하여 주위의 작업환경을 오염시킬 우려가 있는 경우
　③ 운전 중 안전밸브에 이상물질이 누적되어 안전밸브가 작동되지 아니할 우려가 있는 경우

주) 1) 계측장치 등의 설치 : 안전보건규칙 제273조
　　2) 자동경보장치의 설치 등 : 안전보건규칙 제274조

04 동영상 화면은 자동차 부품을 도금한 후 세척하는 작업과정(작업자 1명이 담배를 피우며 작업을 하고 있고, 세정제가 바닥에 흘려져 있으며, 고무장화를 착용하지 않고 작업을 하고 있음)을 보여주고 있다. 위험예지 훈련을 할 경우 행동목표를 2가지 쓰시오.

해답
1) 작업 중에는 담배를 피우지 말자!
2) 세척작업 시는 고무장갑 및 고무장화를 착용하자!

길잡이
1) 세정제로 시너사용 시 발생할 수 있는 재해형태(사고유형) : 화재 및 폭발
2) 유기물질 등 화학물질 사용 작업 시 신체부위별 착용보호구
   ① 눈 : 보안경
   ② 손 : 불침투성 고무장갑
   ③ 피부 : 불침투성 보호의

05 동영상 화면은 아크용접작업을 하는 장면으로 보여주고 있다. 동영상에서 나타난 아크용접 작업 시 작업자의 감전위험 부위를 4가지 쓰시오.

해답
1) 왼손에 안전장갑(절연장갑)을 착용하지 않아 감전될 수 있다.
2) 케이블이 손상, 노출되어서 신체에 접촉되어 감전될 수 있다.
3) 용접봉 홀더의 통전부분이 노출되어서 용접봉에 신체일부가 접촉되어 감전될 수 있다.
4) 전원스위치 개폐 시 접촉 불량으로 인해 감전될 수 있다.

길잡이
1) 교류아크용접 작업 시 눈 보호 및 감전방지를 위한 보호구 [04/3(기), 05/3(산)]
   ① 차광보안경 또는 용접용 보안면(눈 보호)
   ② 용접용 안전장갑(감전방지용)
2) 유기물질 등 화학물질 사용 작업 시 신체부위별 착용보호구 [06/1(기)]
   ① 보안면
   ② 절연장갑
   ③ 가죽앞치마
   ④ 발덮개
   ⑤ 안전화

06 동영상은 이동식크레인에 의해 강재파이프를 인양하는 작업장면을 보여주고 있다. 위험요인 3가지를 쓰시오.

해답
1) 강재파이프 운반 시 흔들림을 방지하기 위한 보조로프(유도로프)를 사용하지 않아 낙하위험이 있다.
2) 인양 중인 강재파이프가 머리 위를 통과하여 낙하 시 부상의 위험이 있다.
3) 작업자가 안전모 등 보호구를 착용하지 않아 강재파이프 낙하 시 부상의 위험이 있다.
4) 화물을 확실하게 체결하지 않아 화물이 낙하할 위험이 있다.

07 동영상의 화면은 전신주의 형강을 교체하는 작업장면을 보여주고 있다. 동영상의 작업상황에서 위험요인을 3가지만 쓰시오.

해답
1) 작업자가 딛고 선 발판용 볼트가 빠져서 추락할 위험이 있다.
2) 절연용 안전장갑 등 보호구 미착용으로 활선에 접촉되어 감전될 위험이 있다.
3) 작업자가 흡연을 하는 등 작업에 집중하지 못하여 발이 미끄러져 추락할 위험이 있다.

길잡이
▶ 전선의 활선여부 확인방법
1) 테스터의 지시치 확인
2) 검전기에 의한 확인
3) 접지봉에 의한 접촉 확인

08 동영상은 스팀배관을 맨손으로 점검하던 중에 뜨거운 스팀이 누출되는 사고가 발생한 장면을 보여주고 있다. 1) 재해발생원인과 2) 재해유형을 쓰시오.

09 동영상은 지게차의 포크 위에 올라가 전구교체 작업을 하다가 감전되어 밑으로 떨어지는 사고장면을 보여주고 있다. 위험요인 3가지를 쓰시오.

 1) **재해발생원인** : 작업시 안전장갑 등의 보호구를 착용하지 않고 맨손으로 스팀배관을 점검한다.
2) **재해유형** : 화상(이상온도 노출, 접촉)

> **길잡이**
> ▶ 상기 동영상의 작업상황에서 위험요인
> 1) 작업자가 딛고 선 사다리가 불안정하여 떨어질 위험이 있다.
> 2) 보안경 미착용으로 플랜지부에 분출된 고압증기로 눈 손상의 위험이 있다.
> 3) 작업자세가 불안정하여 몸의 균형을 잃고 사다리에서 떨어질 위험이 있다.
> 4) 작업지휘자 또는 감시인을 배치하지 않았다.

1) 작업자가 사다리 등 안전한 작업발판 위에서 작업하지 않고 불안정한 포크 위에서 작업하기 때문에 추락의 위험이 있다.
2) 전원을 차단하지 않고 전구를 교체하여 감전의 위험이 있다.
3) 안전모, 절연장갑 등 보호구를 착용하지 않아 감전의 위험이 있다.

산업안전기사 실기 작업형 — 2020년 제4회

01 이동식크레인을 사용하여 작업을 하는 때에 작업시간 전 점검사항 3가지를 쓰시오.

 1) 권과방지장치 그밖에 경보장치의 기능
2) 브레이크, 클러치 및 조정장치
3) 와이어로프가 통하고 있는 곳 및 작업장소의 지반상태

[주] 작업시작 전 점검사항 : 안전보건규칙 별표3

> **길잡이**
> ▶ 크레인을 사용하여 작업을 하는 때에 작업시작 전 점검사항(안전보건규칙 별표3)
> 1) 권과방지장치, 브레이크, 클러치 및 운전장치의 기능
> 2) 주행로의 상측 및 트롤리(trolley)가 횡행하는 레일의 상태
> 3) 와이어로프가 통하고 있는 곳의 상태

02 동영상은 작업자가 드릴작업 중 칩을 입으로 불어서 제거하고, 손으로 제거하다가 드릴에 손을 다치는 사고 장면을 보여주고 있다. 동영상에 나타나는 위험요인 2가지만 쓰시오.

 1) 칩을 입으로 불어서 제거하다가 칩이 눈에 들어갈 위험이 있다.
2) 브러시를 사용하지 않고 손으로 칩을 제거하다가 손을 다친다.

03 유해(화학)물질 취급시 일반적 안전수칙 (주의사항) 3가지를 쓰시오.

해답
1) 생산공정 및 작업방법의 개선
2) 유해물질을 취급하는 설비의 밀폐화와 자동화
3) 유해한 생산공정의 격리와 원격조작의 채용
4) 국소배기에 의한 유해물질의 확산방지
5) 전체 환기에 의한 유해물질의 희석배출

04 동영상은 컨베이어의 작업장면을 보여주고 있다. 경사진 컨베이어에서 작업자 A는 물건(밀가루포대)을 컨베이어에 올리고 작업자 B(창모자를 쓰고 있음)는 컨베이어 중간쯤에서 컨베이어 위로 올라가 뒤돌아서서 올라오는 물건을 받다가 물건이 발에 걸려 넘어지는 사고가 발생하였다. 경사로 컨베이어 작업시 문제점 2가지와 사고발생시 우선적 조치사항을 쓰시오.

해답
1) 사고발생요인(문제점)
   ① 작업 전에 두 작업자 간의 신호방법을 정하지 않아서 컨베이어의 작업 중에 호흡이 일치하지 않는다.
   ② 작업자 B가 컨베이어 위에 올라가 작업하므로 실수로 미끄러져 넘어질(전도) 위험이 있다.
   ③ 안전모를 착용하지 않고 창모자를 쓰고 있기 때문에 전도 시 머리를 다칠 수 있다.
2) **사고발생 시 우선적 조치사항** : 비상정지장치를 작동하여 컨베이어 운전을 정지시키고 피해자를 응급조치한다.

05 동영상 화면은 선반작업 장면(작업자가 한 손은 기계 위에 올려놓고 한 손은 샌드페이퍼를 잡고 있으며, 작업 중에 옆을 보는 등 불안전한 행동을 하는 장면)을 보여주고 있다. 위험점과 명칭과 정의를 쓰시오.

해답
1) 위험점의 명칭 : 회전말림점
2) 회전말림점의 정의 : 회전축, 커플링 등과 같이 회전하는 물체에 장갑 및 작업복 등이 말려들 위험이 형성되는 점

> **길잡이**
> ▶ 상기 동영상의 작업상황에서의 재해발생요인
>   [04/2(기), 06/3(산)]
> 1) 손을 기계 위에 올려놓고 작업을 하고 있기 때문에 손이 미끄러져 회전물에 말려들어간다.
> 2) 샌드페이퍼를 회전물에 감아 손으로 잡고 있기 때문에 작업복과 손이 감겨들어간다.
> 3) 작업자가 옆눈질을 하는 등 작업에 집중하지 못하여 실수로 작업복과 손이 회전물에 말려들어간다.

06 동영상은 작업자가 스팀배관 플랜지를 점검하기 위해 이동식 사다리를 딛고 올라서서 배관플랜지를 분해하다가 사다리에서 추락하는 사고장면을 보여주고 있다. 위험점을 3가지만 쓰시오.

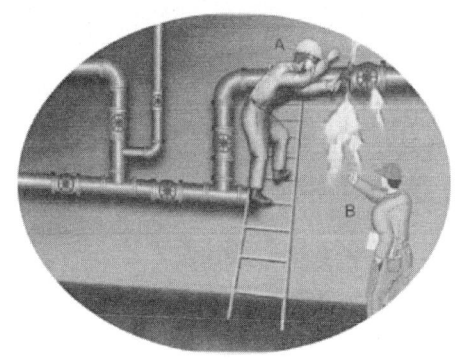

해답
1) 작업자가 딛고 선 사다리가 불안정하여 떨어질 위험이 있다.
2) 보안경 미착용으로 플랜지부에 분출된 고압증기로 눈 손상의 위험이 있다.
3) 작업자세가 불안정하여 몸의 균형을 잃고 사다리에서 떨어질 위험이 있다.

07 동영상은 원통형 저장탱크의 퍼지작업 장면을 보여주고 있다. 퍼지의 종류 2가지만 쓰시오.

해답
1) 사이펀 퍼지
2) 스위프 퍼지
3) 압력 퍼지
4) 진공 퍼지

08 동영상은 자동차부품(브레이크 라이닝)을 화학약품을 사용하여 세척하는 작업과정(세정제가 바닥에 흩어져 있으며, 고무장화 등을 착용하지 않고 작업을 하고 있음)을 보여주고 있다. 착용해야 할 보호구 3가지를 쓰시오.

해답
1) 보안경
2) 고무장화 및 고무장갑
3) 보호의

길잡이

▶ 유해물질이 인체에 흡입될 수 있는 경로
  [01/1(기), 07/3(산)]
1) 호흡기(코, 입 등)
2) 피부점막
3) 소화기

09 동영상은 작업자가 몸을 앞으로 기울인 채 손으로 프레스기의 이물질을 제거하던 중 실수로 페달을 밟아 손을 다치는 사고가 발생한 장면을 보여주고 있다. 프레스기의 이물질 제거 시 위험요인 또는 문제점을 3가지 쓰시오.

해답
1) 이물질 제거 중 페달을 잘못 밟아 슬라이드가 하강해 손을 다칠 위험이 있다.
2) 손으로 이물질을 제거하다가 손을 다칠 위험이 있다.
3) 입으로 이물질을 불어서 제거하려다가 손에 이물질이 들어가 눈을 다칠 위험이 있다.

길잡이

▶ 상기 동영상의 작업상황에 대한 안전대책
　[00/3(기), 07/1(기)]
1) 이물질 제거시는 손을 사용하지 말고 플라이어(pliers : 집게) 등의 수공구를 사용할 것
2) 프레스기의 정지 시에는 페달에 U자형 덮개를 씌울 것

산업안전기사 실기 작업형 — 2021년 제1회

01 동영상에서와 같이 컨베이어 등을 사용하여 작업을 할 때에 작업시작 전 점검사항을 3가지만 쓰시오.

해답
1) 원동기 및 풀리 기능의 이상 유무
2) 이탈 등의 방지장치 기능의 이상 유무
3) 비상정지장치 기능의 이상 유무
4) 원동기, 회전기, 기어 및 풀리 등의 덮개 또는 울 등의 이상 유무

[주] 작업시작 전 점검사항 : 안전보건규칙 별표3

02 동영상은 작업자가 전동권선기에 동선을 감는 작업 중에 기계가 정지하여 기계 내부를 손으로 점검하다가 사고가 발생하는 장면을 보여주고 있다. 동영상에 나타난 1) 재해형태와 2) 재해발생 원인을 2가지만 쓰시오.

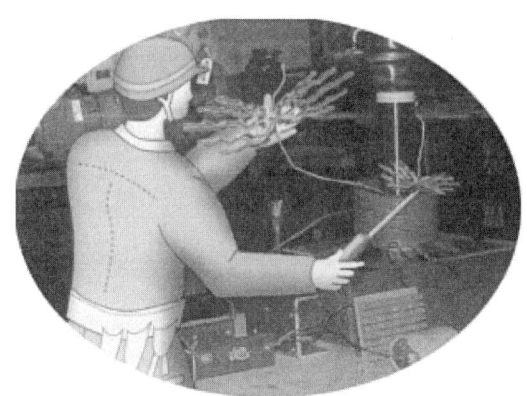

해답
1) 재해형태 : 감전
2) 재해발생원인
 ① 기계전원을 차단하지 않고 충전부 등을 점검함
 ② 절연용 보호구 미착용

03 동영상은 자동차부품(브레이크 라이닝)을 화학약품을 사용하여 세척하는 작업과정(세정제가 바닥에 흩어져 있으며, 고무장화 등을 착용하지 않고 작업을 하고 있음)을 보여주고 있다. 착용해야 할 보호구 3가지를 쓰시오.

1) 보안경
2) 고무장화 및 고무장갑
3) 보호의(불침투성 보호복)

> **길잡이**
> ▶ 유해물질이 인체에 흡입될 수 있는 경로
>   [01/1(기), 07/3(산)]
> 1) 호흡기(코, 입 등)
> 2) 피부점막
> 3) 소화기

04 동영상은 작업자가 둥근톱기계에 의해 합판을 절단하는 작업 중에 옆 눈질을 하는 등 부주의로 인해 손가락이 절단되는 사고가 발생하는 장면을 보여주고 있다. 사고원인을 2가지만 쓰시오.

1) 작업에 집중하지 않고 작업 중에 옆 눈질을 하는 등 작업태도가 불량하다.
2) 톱날접촉 예방장치(방호덮개) 등 방호장치를 설치하지 않았다.
3) 보안경, 방진마스크, 안전모 등 보호구를 착용하지 않았다.

> **길잡이**
> ▶ 목재가공용 둥근톱기계 방호장치인 고정식 접촉예방장치(덮개)구조
> 1) 덮개하단과 테이블 사이의 간격 : 25mm이내
> 2) 덮개하단과 가공재상면의 간격 : 8mm이내

05 동영상은 주유소에서 담뱃불이 점화원이 되어 화재, 폭발의 우려가 있는 장면(시동이 걸려있는 지게차 운전자가 담배를 피우며 주유원과 이야기를 나누고 있는 장면)을 보여주고 있다. 담뱃불과 같은 점화원을 무엇이라 하는지 기술하시오.

06 동영상은 작업자가 라이닝 패드(lining pad)를 약품으로 세척하는 작업장면(작업자가 손바닥이 고무로 코팅된 면장갑을 끼고 세척한 라이닝 패드를 약품이 들은 쇠통 속에 집어넣었다가 갈고리를 이용하여 꺼내는 등의 작업)을 보여주고 있다. 동영상의 작업상황에서 발생될 수 있는 재해형태를 쓰고 그 의미(정의)를 설명하시오.

해답 나화(裸火)

주 나화(裸火)
1) 난방, 담뱃불, 난로, 소각 등의 나화
2) 보일러, 토치램프(torch lamp) 등의 나화
3) 가스냉장고, FID 검출형 가스크로마토그래피 등의 작은 화염 등

길잡이
▶ 동영상의 작업상황에서 발생될 수 있는 재해의 원인과 결과 [08/(기)]
1) 재해원인 : 지게차에 인화성 물질인 경유를 주입하면서 지게차 운전자가 담배를 피우고 있다.
2) 결과 : 담뱃불이 점화원(착화원)이 되어 인화성 물질인 경유에 불이 붙어 화재, 폭발을 일으킬 수 있다.

해답
1) **재해형태** : 유해·위험물질 노출·접촉
2) **정의** : 유해·위험물질에 노출·접촉 또는 흡입하였거나, 독성 동물에 쏘이거나 물린 경우

길잡이
▶ 약품에 세척작업시 착용보호구
1) 고무장갑 및 고무장화
2) 방독마스크
3) 불침투성 보호복

07 동영상은 아파트 공사현장에서 작업자 등이 비계를 설치하는 작업장면을 보여주고 있다. 동영상의 작업상황에 추락사고를 발생시킬 수 있는 위험요인 3가지를 쓰시오.

해답
1) 작업발판 미설치
2) 안전난간 미설치
3) 추락방호망 미설치
4) 안전대부착 설비 미설치 및 안전대 미착용

08 동영상은 이동식비계 위에서 작업하는 장면을 보여주고 있다. 이동식비계를 조립하여 작업을 하는 경우 준수사항 3가지를 쓰시오.

해답
1) 이동식비계의 바퀴에는 뜻밖의 갑작스러운 이동 또는 전도를 방지하기 위하여 브레이크, 쐐기 등으로 바퀴를 고정시킨 다음 비계의 일부를 견고한 시설물에 고정하거나 아웃트리거(outrigger)를 설치하는 등 필요한 조치를 할 것
2) 승강용 사다리는 견고하게 설치할 것
3) 비계의 최상부에서 작업을 하는 경우에는 안전난간을 설치할 것
4) 작업발판은 항상 수평을 유지하고 작업발판 위에서 안전난간을 딛고 작업을 하거나 받침대 또는 사다리를 사용하여 작업하지 않도록 할 것

[주] 이동식 비계 : 안전보건규칙 제68조

09 동영상은 비계를 조립하여 가설통로를 설치하는 장면을 보여주고 있다. 가설통로의 구조에 대한 다음 ( ) 안에 알맞은 내용을 쓰시오.

(1) 견고한 구조로 할 것
(2) 경사는 (①) 이하로 할 것(계단을 설치하거나 높이 2m 미만의 가설통로로서 튼튼한 손잡이를 설치한 경우에는 그러하지 아니하다)
(3) 경사가 (②)를 초과하는 경우에는 미끄러지지 아니하는 구조로 할 것
(4) 추락의 위험이 있는 장소에는 안전난간을 설치할 것
(5) 수직갱에 가설된 통로의 길이가 15m 이상인 경우에는 (③)이내마다 계단참을 설치할 것
(6) 건설공사에 사용하는 높이 8m 이상인 비계다리에는 7m이내마다 계단참을 설치할 것

해답
1) 30°
2) 15°
3) 10m

주 가설통로의 구조 : 안전보건규칙 제23조

산업안전기사 실기 작업형
2021년 제2회

01 동영상은 작업자가 프레스기를 점검하고 있는 장면을 보여주고 있다. 프레스기 작업시작 전 점검사항 4가지를 쓰시오.

해답
1) 클러치 및 브레이크의 기능
2) 크랭크축, 플라이휠, 슬라이드, 연결봉 및 연결나사의 풀림 여부
3) 1행정 1정지기구, 급정지장치 및 비상정지장치의 기능
4) 슬라이드 또는 칼날에 의한 위험방지기구의 기능
5) 프레스의 금형 및 고정볼트 상태
6) 방호장치의 기능
7) 전단기의 칼날 및 테이블의 상태

[주] 작업시작 전 점검사항 : 안전보건규칙 별표3

02 동영상은 전로를 개로하여 해당 전로에 대한 수리작업 장면을 보여주고 있다. 충전전로에서의 전기작업 중 조치사항에 대한 다음 ( ) 안에 알맞은 내용을 쓰시오.

(1) 충전전로를 취급하는 근로자에게 그 작업에 적합한 (①)를 착용시킬 것
(2) 충전전로에 근접한 장소에서 전기작업을 하는 경우에는 해당 전압에 적합한 (②)를 설치할 것. 다만, 저압인 경우에는 해당 전기작업자가 (①)를 착용하되, 충전전로에 접촉할 우려가 없는 경우에는 (②)를 설치하지 아니할 수 있다.

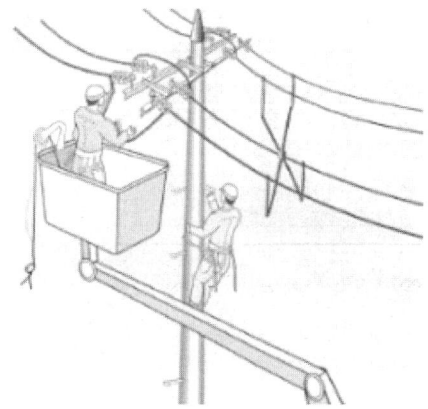

해답
1) 절연용 보호구
2) 절연용 방호구

[주] 충전전로에서의 전기작업 : 안전보건규칙 제321조

03 동영상은 선반의 샤프트를 샌드페이퍼를 사용하여 연마하는 작업 중에 손을 다치는 사고가 발생한 상황을 보여주고 있다. 다음 물음에 답하시오.

(1) 동영상의 작업상황에 대한 위험포인트(사고요인)를 3가지 쓰시오.
(2) 동영상에서 발생된 사고의 위험점을 쓰고 그 정의를 간략히 설명하시오.

04 동영상은 지게차를 이용하여 화물을 운반하는 장면을 보여주고 있다. 지게차(차량계 하역운반기계) 작업 시 작업계획서에 포함되어야 할 사항 2가지를 쓰시오.

해답
1) 해당 작업에 따른 추락, 낙하, 전도, 협착 및 붕괴 등의 위험예방대책
2) 차량계 하역운반기계 등의 운행경로 및 작업방법

[주] 사전조사 및 작업계획서의 내용 : 안전보건규칙 별표4

해답
1) 위험포인트
   ① 회전물에 샌드페이퍼를 감아 손으로 지지하고 있기 때문에 손이 감겨 들어간다.
   ② (작업에 집중하지 못하여) 옆 눈질을 하다 손이 말려들어간다.
   ③ 왼손을 기계 위에 올려놓고 있어 손이 미끄러져 말려들어간다.
   ④ 한 손으로 작업하고 있다가 손이 말려들어간다.
2) 위험점
   ① 위험점 : 회전말림점
   ② 회전말림점의 정의 : 회전축, 드릴축, 커플링 등과 같이 회전하는 부분에 작업복 등이 말려드는 위험이 형성되는 점

 **길잡이**
▶ 지게차의 작업시작 전 점검사항
1) 제동장치 및 조종장치 기능의 이상 유무
2) 하역장치 및 유압장치 기능의 이상 유무
3) 바퀴의 이상 유무
4) 전조등, 후미등, 방향지시기 및 경보장치 기능의 이상 유무

05 동영상은 마그네틱크레인을 이용하여 금형을 이동시키다가 사고가 발생되는 장면[작업자가 오른손으로 금형을 잡고 왼손으로 조정장치(전기배선 외관 피복이 벗겨져 있음)를 조정하다가 위를 바라보면서 이동 중에 넘어지고 오른손이 마그네틱 ON/OFF 봉을 건드려 금형을 발등에 떨어뜨리고 넘어지면서 뒤에 있는 금속제 다이에 머리를 부딪치는 사고장면과 크레인 훅에는 해지장치가 없고 작업자가 안전모를 착용하지 않고 목장갑을 착용한 장면 등)을 보여주고 있다. 동영상의 작업상황에서 사고발생의 위험요인 3가지를 쓰시오.

해답
1) 작업자가 양손을 동시에 사용하여 스위치를 보지 않고 조작하다가 실수로 오작동하여 화물을 떨어뜨릴 수 있다.
2) 작업지휘자(또는 신호수)를 배치하지 않고 단독으로 작업을 하고 있으므로 사고발생의 위험성이 크다.
3) 화물(프레스 금형)을 묶은 로프가 훅 끝에 불안정하게 걸쳐져 있고 해지장치를 하지 않았다.
4) 조정장치 전선피복이 벗겨져 있어 내부전선의 단선으로 호이스트가 오동작 될 수 있다.
5) 금형 바로 밑(작업반경 내)에서 조정장치를 조정하였다.

Guide 상기 [해답]은 작업상황과 사고장면을 추정하여 작성한 것이므로 실제로 작업형 시험문제를 풀 때는 동영상의 작업상황 또는 사고장면을 정확히 파악하여 [해답]을 작성하여야 합니다.

06 동영상 화면은 작업자 한 명이 용접에 필요한 보호장구(용접용 보안면, 용접용 가죽장갑, 용접용 앞치마 등)를 착용한 상태에서 아크용접작업을 하는 장면(작업자 주위에 빨간색과 주황색 드럼통이 보이고 작업장 바닥에 잡다한 물건들이 어지럽게 널려져 있으며 그곳으로 용접 시 발생하는 불티가 튀고 있는 장면)을 보여주고 있다. 동영상에서와 같은 용접작업 시 불안전한 요인 3가지를 쓰시오.

▶ 화재위험작업 시의 준수사항 (안전보건규칙 제241조)
1) 작업준비 및 작업절차 수립
2) 작업장 내 위험물의 사용, 보관현황 파악
3) 화기작업에 따른 인근 가연성물질에 대한 방호조치 및 소화기구 비치
4) 용접불티 비산방지덮개, 용접방화포 등 불꽃, 불티 등 비산방지조치
5) 인화성 액체의 증기 및 인화성 가스가 남아있지 않도록 환기 등의 조치
6) 작업근로자에 대한 화재예방 및 피난교육 등 비상조치

해답
1) 용접 시 발생하는 불티가 튀어 어지럽게 널려져 있는 주변 물체에 불이 붙을 수 있다(용접불꽃, 불티 등의 비산방지조치가 미흡하다).
2) 주변 가연성물질의 드럼통에 대한 방화조치가 되어있지 않고 소화기구가 비치되어 있지 않다.
3) 인화성액체의 증기 및 인화성가스가 용접작업장에 남아있지 않도록 환기 등의 조치를 하여야 하는데 환기조치가 미흡하다.

07 동영상은 2만볼트가 인가된 배전판에 절연내력시험기로 앞의 작업자가 시험을 하다가 뒤에 작업자가 감전사고를 당하는 사고사례 장면을 보여주고 있다. 1) 재해발생형태와 2) 가해물과 기인물을 쓰시오.

해답
1) 재해발생형태 : 감전(전류접촉)
2) 가해물 : 전기,
   기인물 : 배전판

> **길잡이**
> ▶ 동영상의 작업상황에서 감전재해를 방지하기 위한 안전수칙
> 1) 절연장갑, 절연화 등 절연용 보호구를 착용한 후 작업을 실시한다.
> 2) 작업지휘자가 지휘·하에 작업을 실시한다.
> 3) 작업시작 전 작업계획을 수립한 후 작업을 시행한다.
> 4) 충전부분에 절연용 방호구를 장착하는 등 감전방지조치를 한다.

08 동영상은 컨베이어의 작업장면을 보여주고 있다. 경사진 컨베이어에서 작업자 A는 물건(밀가루포대)을 컨베이어에 올리고 작업자 B(창모자를 쓰고 있음)는 컨베이어 중간쯤에서 컨베이어 위에 올라가 뒤돌아서서 올라오는 물건을 받다가 물건이 발에 걸려 넘어지는 사고가 발생하였다. 경사로 컨베이어 작업 시 문제점을 2가지만 쓰시오.

해답
1) 작업 전에 두 작업자 간의 신호방법을 정하지 않아서 컨베이어 작업 중에 호흡이 일치하지 않는다.
2) 작업자 B가 컨베이어 위에 올라가 작업하므로 실수로 미끄러져 넘어질 (전도) 위험이 있다.
3) 안전모를 착용하지 않고 창모자를 쓰고 있기 때문에 전도시 머리를 다칠 수 있다.

09 동영상은 화학실험실에서 근로자가 실험 중에 위험물질이 든 병을 잠시 바닥에 놓아두고 이동하려다가 미끄러져 병을 발로 차서 병이 깨지는 장면을 보여주고 있다. 다음 물음에 답하시오.

(1) 동영상에서와 같은 실험상황에 필요한 보호구 3가지를 쓰시오.
(2) 실험실(또는 작업장) 바닥이 갖추어야 할 조건 2가지를 쓰시오.

해답
1) 화학실험실 착용보호구
   ① 고무장갑 및 고무장화
   ② 불침투성 보호복
   ③ 방독마스크
2) 실험실 바닥이 갖추어야 할 조건
   ① 바닥은 불침투성 재료로 미끄럽지 않아야 한다.
   ② 이동통로에는 장애물이 없도록 하고 위험물질을 임시로 놓는 장소와 이동통로는 확실하게 구분시킨다.

산업안전기사 실기 작업형 — 2021년 제3회

01 동영상은 타워크레인을 이용하여 철제비계를 운반하던 중 신호수(안전모 미착용) 머리 위로 지나가고 다소 흔들이며 내리다가 철제비계가 신호수와 부딪히는 사고 장면을 보여주고 있다. 악천 후 및 강풍 시 타워크레인의 작업중지 등에 관한 다음 (   ) 안에 알맞은 수치를 쓰시오.

(1) 설치, 수리, 점검 또는 해체작업을 중지하여야 하는 순간 풍속 : (①)m/sec
(2) 운전작업을 중지하여야 하는 순간 풍속 : (②)m/sec

해답
1) 10
2) 15

주) 악천 후 및 강풍 시 작업중지 : 안전보건규칙 제37조

02 동영상은 교류아크 용접작업 중 감전사고가 발생한 사고장면을 보여주고 있다. 교류아크 용접작업 중 사고방지를 위해 착용해야 할 보호구 4가지를 쓰시오.

해답
1) 용접용 보안면
2) 내전압용 절연장갑
3) 안전화
4) 가죽제 앞치마
5) 각반 및 팔가림

03 동영상은 압쇄기에 의해 건물을 해체하는 장면을 보여주고 있다. 해체작업 시 작업계획서에 포함해야 할 사항 3가지를 쓰시오.

해답
1) 해체의 방법 및 해체순서 도면
2) 가설설비, 방호설비, 환기설비 및 살수·방화설비 등의 방법
3) 사업장 내 연락방법
4) 해체물의 처분계획
5) 해체작업용 기계·기구 등의 작업계획서
6) 해체작업용 화약류 등의 사용계획서

[주] 사전조사 및 작업계획서 내용 : 안전보건규칙 별표4

04 동영상은 지게차를 운행하기 전에 운전자가 바퀴를 발로 차는 등 유압장치, 조정장치, 경보등 등을 점검하는 장면으로 보여주고 있다. 산업안전보건법령상 지게차의 작업시작 전 점검사항 3가지를 쓰시오.

해답
1) 제동장치 및 조종장치 기능의 이상 유무
2) 하역장치 및 유압장치 기능의 이상 유무
3) 바퀴의 이상 유무
4) 전조등, 후미등, 방향지시기 및 경보장치 기능의 이상 유무

[주] 작업시작 전 점검사항 : 안전보건규칙 별표3

05 동영상은 인쇄윤전기를 청소하다가 손이 말려들어가는 사고장면을 보여주고 있다. 인쇄윤전기에 형성되는 1) 위험점의 종류와 2) 정의를 쓰시오.

해답
1) 위험점 : 물림점
2) 정의 : 회전하는 두 개의 회전체가 서로 반대방향으로 맞물려 들어가는 위험점

06 다음은 방열복 내열원단의 시험성능 기준이다. ( ) 안에 알맞은 내용을 쓰시오.

(1) 난연성 : 잔염 및 잔진 시간이 (①)초 미만이고 녹거나 떨어지지 말아야 하며, 탄화 길이가 (②)mm 이내일 것
(2) 절연저항 : 표면과 이면의 절연저항이 (③)MΩ 이상일 것

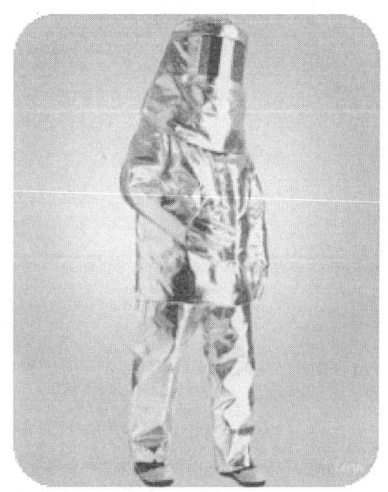

해답
1) 2
2) 102
3) 1

주 방열복의 성능기준 : 보호구 안전인증 고시 별표8

07 동영상은 단무지 공장에서 물이 무릎 정도로 차있는 상태에서 수중펌프 작동과 동시에 작업자가 감전사고가 발생하는 장면을 보여주고 있다. 감전방지대책 3가지를 쓰시오.

08 동영상은 TBM(Tunnel Boring Machine)기계에 의해 터널내부를 굴착하여 컨베이어로 굴착토를 운반하는 중에 분진이 날리는 장면과 방진마스크를 착용하지 않는 작업자 5~6명 정도가 작업하는 장면을 보여주고 있다. 터널굴착 작업 시 근로자 입장에서의 위험요인 2가지를 쓰시오.

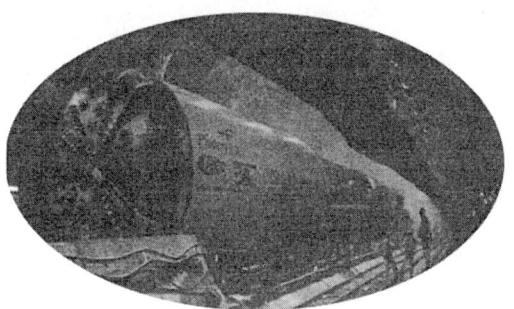

해답
1) 작업 전 모터와 전선의 접속부분 및 전선피복의 손상유무를 확인할 것
2) 물 등 도전성이 높은 습윤장소에서 사용하는 전선은 물기가 침입할 수 없는 것을 사용할 것
3) 전선의 접속개소는 전선의 절연기능 이상으로 절연될 수 있도록 테이프 등으로 충분히 피복할 것
4) 감전방지용 누전차단기를 설치할 것

해답
1) 분진을 제거하기 위한 환기장치 및 살수장치를 설치하지 않았다.
2) 방진마스크 및 보안경 등 보호구를 착용하지 않았다.
3) 컨베이어에 화물의 낙하를 방지하기 위한 덮개 또는 울을 설치하지 않았다.

길잡이

▶ 터널굴착 작업 시 작업계획서의 내용 (안전보건규칙 별표4)
1) 굴착의 방법
2) 터널지보공 및 복공의 시공방법과 용수의 처리방법
3) 환기 또는 조명시설을 하는 때의 방법

09 다음은 낙하물방지망의 설치기준에 대한 사항이다. ( ) 안에 알맞은 내용 또는 수치를 쓰시오.

(1) 높이 (①)m이내마다 설치하고, 내민 길이는 벽면으로부터 (②)m 이상으로 할 것
(2) 수평면과의 각도는 (③)도 이상 (④)도 이하를 유지할 것

 ① 10   ② 2
　　　 ③ 20   ④ 30

주 낙하물에 의한 위험방지 : 안전보건규칙 제14조

길잡이
▶ 물체가 떨어지거나 날아올 위험이 있는 경우 위험방지 조치사항(안전보건규칙 제14조 제2항)
1) 낙하물방지망, 수직보호망 또는 방호선반의 설치
2) 출입금지구역의 설정
3) 보호구의 착용

산업안전기사 실기 작업형
2022년 제1회

01 동영상은 선반의 샤프트를 샌드페이퍼를 사용하여 연마하는 작업 중에 손을 다치는 사고가 발생한 상황을 보여주고 있다. 다음 물음에 답하시오.

1) 동영상의 작업상황에 대한 위험 포인트(사고요인)를 3가지 쓰시오.
2) 동영상에서 발생된 사고의 위험점을 쓰고 그 정의를 간략히 설명하시오.

해답

1) 위험 포인트
   ① 회전물에 샌드페이퍼를 감아 손으로 지지하고 있기 때문에 손이 감겨들어간다.
   ② (작업에 집중하지 못하여) 옆 눈질을 하다 손이 말려들어간다.
   ③ 왼손을 기계 위에 올려놓고 있어 손이 미끄러져 말려들어간다.
   ④ 한 손으로 작업하고 있다가 손이 말려들어간다.

2) ① 위험점 : 회전말림점
   ② 회전말림점의 정의 : 회전축, 드릴축, 커플링 등과 같이 회전하는 부분에 작업복 등이 말려드는 위험이 형성되는 점

02 굴착작업시 지반의 붕괴 등에 의한 위험방지를 위해 흙막이 지보공을 설치한다. 흙막이지보공을 설치한 때에 정기점검 사항을 4가지 쓰시오.

해답
1) 부재의 손상, 변형, 부식, 변위 및 탈락의 유무와 상태
2) 버팀대의 긴압의 정도
3) 부재의 접속부, 부착부 및 교차부의 상태
4) 침하의 정도

[주] 붕괴 등의 위험방지 : 안전보건규칙 제347조

03 동영상은 단무지 공장에서 저장고에 작업자의 무릎정도 물이 차 있는 상태에서 수중펌프를 작동함과 동시에 작업자가 감전되는 사고 장면을 보여주고 있다. 습윤한 장소에서 이동전선 등에 대한 점검사항 2가지를 쓰시오.

해답
1) 전선의 피복 또는 외장의 손상유무 점검
2) 접속부분의 절연상태 점검
3) 절연저항 측정여부

길잡이

▶ 상기 동영상의 작업상황에 대한 감전방지대책
1) 작업 전에 모터와 전선의 접속부분 및 전선 피복의 손상유무를 확인할 것
2) 물 등 전도성이 높은 습윤장소에서 사용하는 전선은 물기가 침입할 수 없는 것을 사용할 것
3) 전선의 접속개소는 전선의 절연성능 이상으로 절연될 수 있도록 테이프 등으로 충분히 피복할 것
4) 감전방지용 누전차단기를 설치할 것

04 동영상은 항타기·항발기를 사용하여 전주를 세우는 작업 중에 인접된 곳에 있는 고압전선로에 항타기가 접촉되어 스파크가 발생되는 장면을 보여주고 있다. 항타기·항발기를 고압전선 주위에서 작업할 경우 안전작업수칙 2가지를 쓰시오.

해답
1) 충전전로 인근에서 차량 등의 작업이 있는 경우에는 차량 등을 충전전로의 충전부로부터 300cm 이상 이격시키되 대지 전압이 50kV 넘는 경우에는 10kV 증가할 때마다 10cm씩 증가시킬 것
2) 충전전로의 전압에 적합한 절연용 방호구 등을 설치한 경우에는 이격거리를 절연용 방호구 앞면까지로 할 것
3) 울타리를 설치할 것
4) 감시인을 배치할 것

[주] 충전전로 인근에서 차량 기계장치 작업 : 안전보건규칙 제322조

05 동영상은 이동식 비계 최상층에서 작업자 A(안전모 착용, 안전대 미착용)가 작업을 하고 있고, 작업자 B가 이동식 비계를 미는 중에 이동식 비계가 심하게 흔들리며 작업자 A가 넘어지는 장면을 보여주고 있다. 동영상의 상황에서 위험요인 2가지를 쓰시오.

해답
1) 이동식 비계 바퀴에 뜻밖의 갑작스러운 이동 또는 전도를 방지하기 위하여 브레이크, 쐐기 등으로 바퀴를 고정시키지 않고 아웃트리거를 설치하였으나 제대로 고정시키지 않았다.
2) 이동식 비계의 최상부에 작업자를 탑승한 상태로 이동식 비계를 이동시켰다.

06 동영상은 천장크레인을 이용하여 프레스 금형을 운반하는 작업장면(작업자가 한 손으로 스위치를 보지 않고 조작하며 다른 한 손으로는 금형을 잡고 있음. 면장갑은 착용, 안전모는 미착용)을 보여주고 있다. 작업상황에서의 위험요인을 3가지 쓰시오.

해답
1) 작업자가 양손을 동시에 사용하여 스위치를 보지 않고 조작하다가 실수로 오작동하여 화물을 떨어트릴 수 있다.
2) 작업지휘자(또는 신호수)를 배치하지 않고 단독으로 작업을 하고 있으므로 사고발생의 위험성이 크다.
3) 화물(프레스 금형)을 묶은 로프가 훅 끝에 불안정하게 걸쳐져 있고 해지장치를 하지 않았다.
4) 화물의 흔들림을 방지하기 위한 보조기구를 사용하지 않았다.
5) 안전모 등 보호구를 착용하지 않았다.

Guide
1) 위험요인을 쓰는 문제는 답을 길게 쓰거나 짧게 쓰거나에 상관없이 문맥과 의미가 맞으면 정답으로 인정됩니다.
2) 위험요인을 반대로 작성하면 안전대책(위험방지 조치사항)이 됨을 유의하여 항상 연습하여 두기 바랍니다.

07 동영상은 작업자가 고소작업대의 최상층에 탑승한 상태에서 이동하는 장면을 보여주고 있다. 산업안전보건법상 고소작업대를 이동하는 경우 준수사항 3가지를 쓰시오.

해답
1) 작업대를 가장 낮게 내릴 것
2) 작업대를 올린 상태에서 작업자를 태우고 이동하지 말 것
3) 이동통로의 요철상태 또는 장애물의 유무 등을 확인할 것

[주] 고소작업대 설치 등의 조치 : 안전보건규칙 제186조

08 산업안전보건법상 누전에 대한 감전위험을 방지하기 위하여 해당 전로의 정격에 적합하고 감도가 양호하며 확실하게 작동하는 감전방지용 누전차단기를 설치하여야 하는 조건 3가지를 쓰시오.

해답
1) 대지전압이 150V를 초과하는 이동형 또는 휴대형 전기기계, 기구
2) 물 등 도전성이 높은 액체가 있는 습윤 장소에서 사용하는 저압용 전기기계, 기구
3) 철판, 철골 위 등 도전성이 높은 장소에서 사용하는 이동형 또는 휴대형 전기기계, 기구
4) 임시배선의 전로가 설치되는 장소에서 사용하는 이동형 또는 휴대형 전기기계, 기구

[주] 누전차단기에 의한 감전방지 : 안전보건규칙 제304조

09 산업안전보건법상 방열복 내열원단의 시험성능 기준에 관련된 다음 ( ) 안에 알맞은 내용을 쓰시오.

(1) 난연성 : 잔염 및 잔진 시간이 (①)초 미만이고 녹거나 떨어지지 말아야 하며, 탄화 길이가 (②)mm 이내일 것
(2) 절연저항 : 표면과 이면의 절연저항이 (③)㏁ 이상일 것

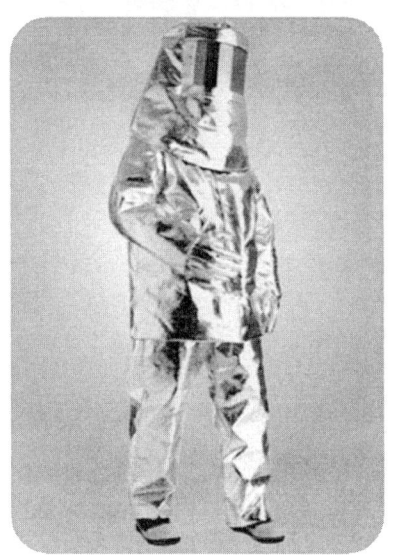

해답 ① 2   ② 102   ③ 1

길잡이

▶ 방염복의 시험성능기준

항목	시험성능기준
1. 난연성	잔염 및 잔진 시간이 2초 미만이고 녹거나 떨어지지 말아야 하며, 탄화길이가 102mm 이내일 것
2. 절연저항	표면과 이면의 절연저항이 1㏁ 이상일 것
3. 인장강도	인장강도는 가로, 세로 방향으로 각각 25kg 이상일 것
4. 내열성	균열 또는 부풀음이 없을 것
5. 내한성	피복이 벗겨져 떨어지지 않을 것

산업안전기사 실기 작업형
2022년 제2회

01 동영상은 컨베이어 벨트 점검도중에 손이 말려들어가는 사고장면을 보여주고 있다. 예방대책 2가지를 쓰시오.

해답
1) 전원을 차단한 후에 점검할 것
2) 비상정지장치 등 방호장치를 설치할 것

> **길잡이** 컨베이어의 작업시작 전 점검사항
> (안전보건규칙 별표3)
> 1) 원동기 및 풀리 기능의 이상 유무
> 2) 이탈 등의 방지장치 기능의 이상 유무
> 3) 비상정지장치 기능의 이상 유무
> 4) 원동기·회전축·기어 및 풀리 등의 덮개 또는 울 등의 이상 유무

02 동영상 화면은 지게차의 운반작업 장면을 보여주고 있다. 지게차를 사용하여 작업을 하는 때에 작업시작 전 점검사항을 4가지 쓰시오. ▶ 06.4.29 기사

해답
1) 제동장치 및 조종장치 기능의 이상 유무
2) 하역장치 및 유압장치 기능의 이상 유무
3) 바퀴의 이상 유무
4) 전조등·후미등·방향지시기 및 경보장치 기능의 이상 유무

주 지게차의 작업시작 전 점검사항 : 안전보건규칙 별표3

03 항타기·항발기에 사용되는 권상용 와이어로프의 폐기 기준 3가지를 쓰시오.

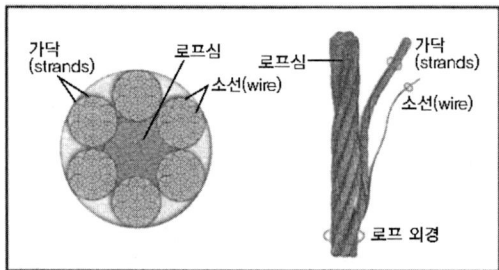

해답
1) 이음매가 있는 것
2) 와이어로프의 한 꼬임(strand)에서 끊어진 소선의 수가 10% 이상인 것
3) 지름의 감소가 공칭지름의 7%를 초과하는 것
4) 꼬인 것
5) 심하게 변형 또는 부식된 것
6) 열과 전기충격에 의해 손상된 것

[주] 이음매가 있는 권상용 와이어로프의 사용금지 : 안전보건규칙 제210조

04 충전전로 인근에서 차량, 기계장치 등의 작업을 할 경우 준수사항 3가지를 쓰시오.

해답
1) 충전전로로부터 300cm 이상 이격시킬 것. 대지전압이 50kV를 넘는 경우는 10kV 증가할 때부터 10cm씩 증가시켜 이격시키도록 할 것
2) 차량에 접촉되지 않도록 방책을 설치할 것
3) 감시인을 배치할 것
4) 충전전로에 절연용 방호구를 설치할 것

05 동영상은 크레인으로 큰 파이프를 인양하던 중에 파이프가 흔들려서 지상 근로자에게 부딪치는 장면을 보여주고 있다. 동영상의 작업상황에 대한 위험요인 2가지를 쓰시오.

[해답]
1) 파이프 인양시 흔들림을 방지하기 위한 유도(보조)로프를 사용하지 않았다.
2) 작업반경(위험반경) 내에 출입금지 조치를 하지 않았다.
3) 파이프 양쪽 끝부분에 2군데를 묶어서 흔들거리지 않게 수평으로 들어올리지 않았다(2줄걸이를 하지 않고 1줄걸이를 하여 들어올렸다).
4) 파이프를 인양하는 이동경로 설정이 잘못되었다.

06 동영상은 교량하부를 점검하던 중에 추락사고가 발생하는 장면을 보여주고 있다. 추락방호망 설치기준에 관한 다음 ( ) 안에 알맞은 내용을 쓰시오.

(1) 추락방호망의 설치 위치는 가능하면 작업면으로부터 가까운 지점에 설치하여야 하며, 작업면으로부터 망의 설치지점까지의 수직거리는 (①)m를 초과하지 아니할 것
(2) 추락방호망은 (②)으로 설치하고 망의 처짐은 짧은 변 길이의 (③)% 이상이 되도록 할 것
(3) 건축물 등의 바깥쪽으로 설치하는 경우 추락방호망의 내민 길이는 벽면으로부터 (④)m 이상 되도록 할 것. 다만, 그물코가 20mm 이하인 추락보호망을 사용한 경우에는 제14조 제3항에 따른 낙하물 방지망을 설치한 것으로 본다.

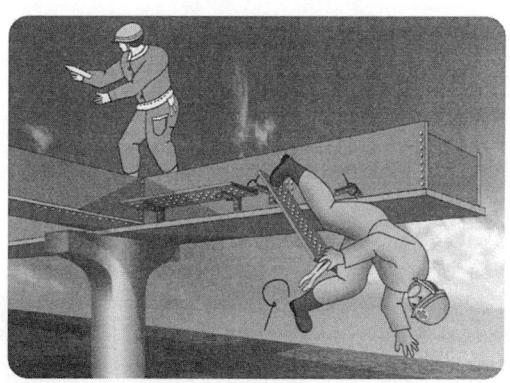

[해답]
① 10   ② 수평
③ 12   ④ 3

[주] 추락방호망 설치기준 : 안전보건규칙 제42조 2항

07 고소작업대를 사용하는 경우 준수사항 2가지를 쓰시오.

다만, 작업대에 안전대 부착설비를 설치하고 안전대를 연결하였을 때에는 그러하지 아니하다.

 고소작업대 사용시 준수사항 : 안전보건규칙 제186조

> **길잡이**
> ▶고소작업대를 이용하는 경우 준수사항(안전보건규칙 제186조 3항)
> 1) 작업대를 가장 낮게 내릴 것
> 2) 작업대를 올린 상태에서 작업자를 태우고 이동하지 말 것. 다만, 이동 중 전도 등의 위험예방을 위하여 유도하는 사람을 배치하고 짧은 구간을 이동하는 경우에는 그러하지 아니하다.
> 3) 이동통로의 요철상태 또는 장애물의 유무 등을 확인할 것

해답
1) 작업자가 안전모, 안전대 등의 보호구를 착용하도록 할 것
2) 관계자가 아닌 사람이 작업구역에 들어오는 것을 방지하기 위하여 필요한 조치를 할 것
3) 안전한 작업을 위하여 적정수준의 조도를 유지할 것
4) 전로(電路)에 근접하여 작업을 하는 경우에는 작업감시자를 배치하는 등 감전사고를 방지하기 위하여 필요한 조치를 할 것
5) 작업대를 정기적으로 점검하고 붐 · 작업대 등 각 부위의 이상 유무를 확인할 것
6) 전환스위치는 다른 물체를 이용하여 고정하지 말 것
7) 작업대는 정격하중을 초과하여 물건을 싣거나 탑승하지 말 것
8) 작업대의 붐대를 상승시킨 상태에서 탑승자는 작업대를 벗어나지 말 것.

07 동영상은 아파트 공사현장에서 작업자가 비계 위에서 작업을 하다가 밑으로 떨어지는 사고장면을 보여주고 있다. 추락발생원인 2가지를 쓰시오.

1) 작업발판 미설치
2) 추락방호망 미설치
3) 안전대부착설비 미설치 및 안전대 미착용

09 공기압축기를 가동할 때 작업시작 전 점검사항 2가지를 쓰시오.

해답
1) 공기저장 압력용기의 외관 상태
2) 드레인밸브(drain valve)의 조작 및 배수
3) 압력방출장치의 기능
4) 언로드밸브(unloading valve)의 기능
5) 윤활유의 상태
6) 회전부의 덮개 또는 울
7) 그밖에 연결부위의 이상 유무

주 작업시작 전 점검사항 : 안전보건규칙 별표3

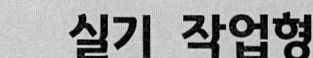

산업안전기사 실기 작업형 — 2022년 제3회

01 동영상은 말비계 위에서 거푸집 설치작업을 하고 있다. 작업자가 말비계 위에 올라가 작업하던 중에 발을 헛디뎌 말비계에서 떨어지는 장면을 보여주고 있다. 말비계를 조립하여 사용시 준수사항에 대한 ( ) 안에 알맞은 내용을 쓰시오.

(1) 지주부재(支柱部材)의 하단에는 미끄럼 방지장치를 하고, 근로자가 양측 끝부분에 올라서서 작업하지 않도록 할 것
(2) 지주부재와 수평면의 기울기를 (①)도 이하로 하고, 지주부재와 지주부재 사이를 고정시키는 (②)를 설치할 것
(3) 말비계의 높이가 2m를 초과하는 경우에는 작업발판의 폭을 (③)cm 이상으로 할 것

해답
1) 75
2) 보조부재
3) 40

[주] 말비계 조립시 준수사항 : 안전보건규칙 제67조

02 동영상은 자동차 잭을 올리고 작업자 A가 밑에 들어가 누워서 점검하던 중에 작업자 B가 운전석 위에 올라가 시동 키를 켜는 순간에 작업자 A가 사고를 당하는 장면을 보여주고 있다. 산업안전보건법령상, 차량계 건설기계의 붐·암 등이 갑자기 내려옴으로써 발생하는 위험을 방지하기 위하여, 사업주가 해당 작업에 종사하는 근로자에게 사용하도록 해야 하는 방호장치 2가지를 쓰시오.

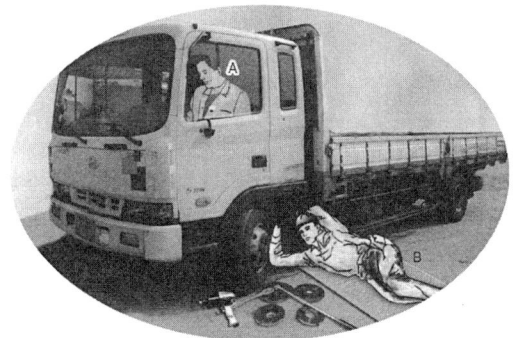

해답
1) 안전지지대
2) 안전블록

길잡이
▶ 상기 동영상 작업상황에서의 위험요인 및 안전대책
1) 위험요인
① 운전자 A가 밑에 있는 B의 작업을 알지 못해 차를 움직여 B가 다친다.
② 운전자 A가 클러치 페달을 밟아 차량 하부의 클러치 레버에 B의 손가락이 끼여 다친다.

③ 차량바퀴에 바퀴 멈춤이 없어서 경사진 노면에서는 차량이 움직여 B가 다친다.
④ B의 주위에 방호울을 설치하지 않아 다른 차량이 옆을 지나칠 때 B가 다친다.

2) 안전대책
① 차량 점검 전에 운전자는 차량시동을 끄고 하차하여 주변을 경계하도록 할 것
② 차량 바퀴에 정지목을 괴어서 차량이 움직이지 않도록 할 것

03 동영상 화면은 자동차 부품을 도금한 후 세척하는 작업과정(작업자 1명이 담배를 피우며 작업을 하고 있고, 세정제가 바닥에 흘려져 있으며, 고무장화를 착용하지 않고 작업을 하고 있음)을 보여주고 있다. 위험예지훈련을 할 경우 행동목표를 2가지 쓰시오. ▶ 04.10.기, 06.7.기

04 동영상은 용접작업 장면을 보여주고 있다. 위험요인(불안전한 요소) 3가지를 쓰시오.

해답
1) 용접작업장 주위에 인화성 물질이 쌓여 있으므로 화재의 위험성이 있다.
2) 용접작업시 불꽃, 불피 등의 비산방지 조치가 되어있지 않다.
3) 가연성 물질에 대한 방호조치가 되어 있지 않고 소화기구도 비치되어 있지 않다.

해답
1) 작업 중에는 담배를 피우지 말자
2) 세척작업 시는 고무장갑 및 고무장화를 착용하자

길잡이
▶ 상기 동영상의 작업상황에서 위험요인
1) 작업 중 흡연을 하였다.
2) 보호구(안전모, 고무장갑 및 고무장화 등)를 착용하지 않았다.

05 동영상은 지게차(forklift)의 작업장면을 보여주고 있다. 지게차 안정도에 대해 ( ) 안에 알맞은 내용을 쓰시오.

(1) 지게차는 다음 각 호에 해당하는 지면에서 중심선이 지면의 기울어진 방향과 평행할 경우 앞이나 뒤로 넘어지지 아니하여야 한다.
  ① 지게차의 최대하중상태에서 쇠스랑을 가장 높이 올린 경우 기울기가 (①)(지게차의 최대하중이 5톤 이상인 경우에는 (②)인 지면
  ② 지게차의 기준부하상태에서 주행할 경우 기울기가 (③)인 지면
(2) 지게차는 다음 각 호에 해당하는 지면에서 중심선이 지면의 기울어진 방향과 직각으로 교차할 경우 옆으로 넘어지지 아니하여야 한다.
  ① 지게차의 최대하중에서 쇠스랑을 가장 높이 올리고 마스트를 가장 뒤로 기울인 경우 기울기가 (④)인 지면
  ② 지게차의 기준무부하 상태에서 주행할 경우 구배가 지게차의 최고주행속도에 1.1을 곱한 후 15를 더한 값인 지면. 다만, 규격이 5000kg 미만인 경우에는 최대기울기가 100분의 50, 5000kg 이상인 경우에는 최대기울기가 100분의 40인 지면을 말한다.

해답
1) 4% 또는 4/100
2) 3.5% 또는 3.5/100
3) 18% 또는 18/100
4) 6% 또는 6/100

06 건설용 리프트의 방호장치 3가지를 쓰시오.

해답
1) 과부하방지장치
2) 권과방지장치
3) 비상정지장치

주 리프트의 방호장치 : 안전보건규칙 제151조

길잡이

▶리프트 작업시 위험요인(불완전 요소 등)
1) 리프트 운행 중 보호구(안전모 등) 미착용
2) 화물의 적재 불량 및 적재하중 초과
3) 개구부가 개방된 채로 운행하는 등 화물운행(운반)방법 불량
4) 탑승자의 탑승위치(출입문 쪽) 부적합
5) 각 층의 운행통로에 안전시설 미설치로 인해 대기 중인 작업자가 안전난간 밖으로 머리를 내밀음
6) 리프트의 불안전한 속도조작

07 동영상은 고압선의 충전전로 인근에 있는 전선로에서 작업을 하고 있다. 다음 ( ) 안에 알맞은 내용을 쓰시오.

> 충전전로를 취급하는 근로자에게 그 작업에 적합한 (①)를 착용시킬 것
> (1) 충전전로에 근접한 전기작업을 하는 경우에는 해당 전압에 적합한 (②)를 설치할 것. 다만, 저압인 경우에는 해당 전기작업자가 (①)를 착용하되, 충전전로에 접촉할 우려가 없는 경우에는 (②)를 설치하지 아니할 수 있다.
> (2) 고압 및 특별고압의 전로에서 전기작업을 하는 근로자에게 활선작업용 기구 및 장치를 사용하도록 할 것
> (3) 근로자가 (②)의 설치·해체작업을 하는 경우에는 (①)를 착용하거나 활선작업용 기구 및 장치를 사용하도록 할 것
> (4) 유격자가 아닌 근로자가 충전전로 인근의 높은 곳에서 작업을 할 때에 근로자의 몸 또는 긴 도전성 물체가 방호되지 않는 충전전로에서 대지전압이 50kV 이하인 경우에는 (③)cm 이내로, 대지전압이 50kV를 넘는 경우에는 10kV당 10cm씩 더한 거리 이내로 각각 접근할 수 없도록 할 것

 1) 절연용 보호구
2) 절연용 방호구
3) 300

주 충전전로에서의 전기작업 : 안전보건규칙 제321조

> **길잡이**
> 상기 동영상의 작업상황에서의 대책 중 관리적 대책
> 1) 고압선 근처에서 작업시는 감전사고 방지를 위한 안전수칙을 제정하여 지키도록 할 것
> 2) 감시인(또는 작업지휘자)을 배치하여 작업을 감시하도록 할 것
> 3) 작업준비를 충분히 하고 작업계획을 세워서 작업계획에 따라 작업을 하도록 할 것

08 동영상 화면 속의 사진(그림)의 (1) 안전대 명칭과 (2) ①, ②의 명칭을 쓰시오.

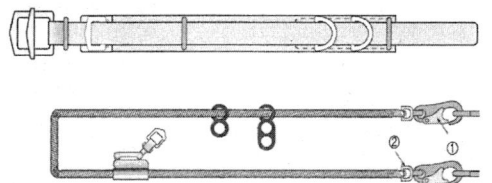

 1) U자걸이용 안전대
2) ① 훅
② 보조훅

09 동영상은 승강기를 설치하기 전에 개구부 내부의 피트 청소작업 중에 작업자가 추락하는 사고장면을 보여주고 있다. 재해원인 3가지를 쓰시오.

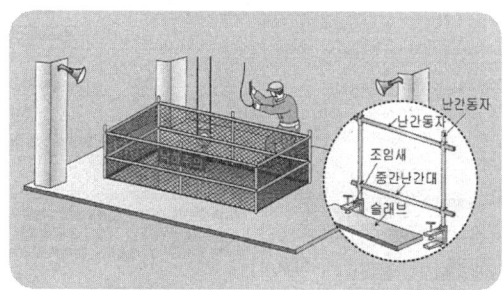

1) 안전난간 · 울타리 및 수직형추락방망 등 미설치
2) 추락방호망 미설치
3) 안전대 미착용

[주] 개구부 등의 방호조치 : 안전보건규칙 제43조

▶ 추락 · 전도 위험이 있는 장소(작업발판 끝 · 개구부 등 제외)에서 작업시 추락위험 방지대책(안전보건규칙 제42조)
  1) (비계를 조립하여) 작업발판 설치
  2) 추락방호망 설치
  3) 안전대 착용

산업안전기사 실기 작업형 — 2023년 제1회

01 동영상은 석면의 취급 작업과정 장면을 보여주고 있다. 석면분진에 장시간 노출 시 발생위험이 높은 직업성 질병 3가지를 쓰시오.

1) 석면폐증
2) 폐암
3) 악성중피종

> **길잡이** 석면의 제조, 사용 작업시 석면분진의 발산과 오염방지를 위한 작업수칙의 내용(안전보건규칙 제482조)
> 1) 진공청소기 등을 이용한 작업장 바닥의 청소방법
> 2) 작업자의 왕래와 외부기류 또는 기계진동 등에 의하여 분진이 날리는 것을 방지하기 위한 조치
> 3) 분진이 쌓일 염려가 있는 깔개 등을 작업장 바닥에 방치하는 행위를 방지하기 위한 조치
> 4) 분진이 확산되거나 작업자가 분진에 노출될 위험이 있는 경우에는 선풍기 사용금지
> 5) 용기에 석면을 넣거나 꺼내는 작업
> 6) 석면을 담은 용기의 운반
> 7) 여과집진방식 집진장치의 여과재 교환
> 8) 해당 작업에 사용된 용기 등의 처리
> 9) 이상 사태가 발생한 경우의 응급조치
> 10) 보호구의 사용, 점검, 보관 및 청소
> 11) 그 밖에 석면분진의 발산을 방지하기 위하여 필요한 조치

02 동영상은 가스용접기를 이용하여 대형관을 연결하기 위해 작업자 혼자서 용접작업을 하는 장면(용접장소 주위에는 인화성 물질용기 등이 쌓여 있고 아세틸렌 가스용기가 눕혀져 있으며 가스호스가 팽팽하게 당겨져 있는 상태임)을 보여주고 있다. 위험요인 2가지 쓰시오.

1) 가스용접 장소 주위에 인화성 물질이 쌓여 있어 화재, 폭발의 위험이 있다.
2) 가스용기가 눕혀져 있으며 용접작업 중에 가스호스를 강하게 잡아당겨 가스누설로 화재, 폭발의 위험이 있다.

03 동영상은 강관비계를 조립하는 장면을 보여주고 있다. 산업안전보건법상 강관비계의 구조에 관한 다음 (   ) 안에 알맞은 내용을 쓰시오.

1) 비계기둥의 간격은 띠장방향에서는 (①) m 이하, 장선방향에서는 (②)m 이하로 할 것
2) 띠장간격은 (③)m 이하로 할 것
3) 비계기둥의 제일 윗부분으로부터 (④)m 되는 지점 밑부분의 비계기둥은 2개의 강관으로 묶어 세울 것
4) 비계기둥 간의 적재하중은 (⑤)kg을 초과하지 않도록 할 것

해답
1) 1.85
2) 1.5
3) 2
4) 31
5) 400

[주] 강관비계의 구조 : 안전보건규칙 제60조

04 동영상은 자동차를 정비하기 위해 작업자 A가 잭으로 들어올린 자동차 밑에 들어가 샤프트를 점검하던 중 작업자 B가 자동차에 올라 엔진을 시동하여 작업자 A의 팔이 샤프트에 말려드는 사고발생 장면을 보여주고 있다. 동영상의 작업상황에 대한 안전대책을 3가지 쓰시오.

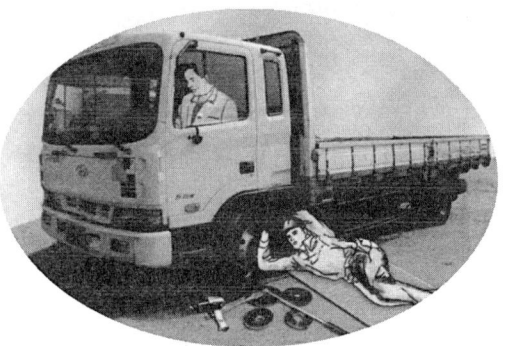

해답
1) 기동장치에 잠금장치를 하고 시동열쇠를 별도로 관리할 것
2) 정비작업 중임을 나타내는 표지판을 설치할 것
3) 작업지휘자를 배치할 것
4) 작업자가 안전모, 보안경 등 보호구를 착용할 것

길잡이 상기 동영상의 작업상황에 대한 위험요인
1) 시동열쇠를 별도로 관리하지 않았다.
2) 「정비작업 중 시동금지」 표지판을 설치하지 않았다 (정비작업 중임을 나타내는 표지판을 설치하지 않았다).
3) 작업지휘자(또는 감시인)를 배치하지 않았다.
4) 작업자가 안전모, 보안경 등 보호구를 착용하지 않았다.

05
거푸집 동바리에 대한 다음 물음에 답하시오.

1) 규격화, 부품화된 수직재, 수평재 및 가새재 등의 부재를 현장에서 조립하여 거푸집으로 지지하는 동바리 형식의 이름을 쓰시오.
2) 거푸집 동바리와 관련된 다음 ( ) 안에 알맞은 내용을 쓰시오.

동바리 최상단과 최하단의 수직재와 받침철물은 서로 밀착되도록 설치하고 수직재와 받침철물의 연결부의 겹침길이는 받침철물 전체 길이의 ( ) 이상 되도록 할 것

해답
1) 시스템 동바리
2) 3분의 1

[주] 시스템 동바리의 설치기준 : 안전보건규칙 제332조 제11호

06
산업안전보건법상 용융(鎔融)한 고열의 광물(이하 "용융고열물"이라 함)을 취급하는 피트(고열의 금속찌꺼기를 물로 처리하는 것은 제외)에 대하여 수증기 폭발을 방지하기 위하여 조치할 사항 2가지를 쓰시오.

해답
1) 지하수가 내부로 새어드는 것을 방지할 수 있는 구조로 할 것. 다만, 내부에 고인 지하수를 배출할 수 있는 설비를 설치할 경우는 그러하지 아니하다.
2) 작업용수 또는 빗물 등이 내부로 새어드는 것을 방지할 수 있는 격벽 등의 설비를 주위에 설치할 것

[주] 용융고열물 취급피트의 수증기 폭발방지 : 안전보건규칙 제248조

07 동영상은 고열작업장에서 작업하는 장면(안전모 등 보호구 미착용)을 보여주고 있다. 다음 물음에 답하시오.
1) 산업안전보건법상 고열의 정의를 쓰시오.
2) 고열작업에 의한 화상과 열중증을 방지하기 위하여 착용하는 보호구 2가지를 쓰시오.

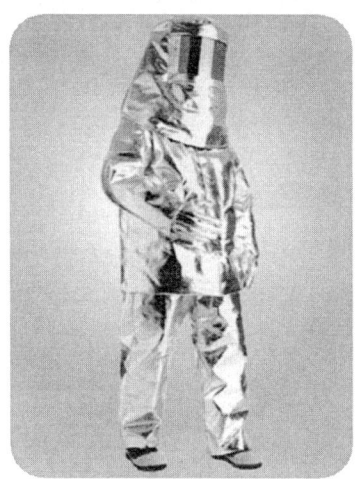

해답
1) 고열 : 열에 의하여 근로자에게 열경련, 열탈진 또는 열사병 등의 건강장해를 유발할 수 있는 더운 온도를 말한다.
2) 보호구 명칭
   ① 방열복
   ② 방열장갑

[주] 고열의 정의 : 안전보건규칙 제558조

08 동영상은 작업자가 교량에서 공구를 들고 점검하던 중에 공구를 떨어뜨리는 장면을 보여주고 있다.
1) 추락방지 예방대책과
2) 낙하재해 예방대책을 각각 1가지씩 쓰시오.

해답
1) 추락재해 예방대책
   ① 작업발판 설치
   ② 추락방지망 설치
   ③ 안전대 착용
2) 낙하재해 예방대책
   ① 낙하물 방지망, 수직보호망 또는 방호선반의 설치
   ② 출입금지구역의 설정
   ③ 보호구의 착용

[주] 1) 추락의 방지 : 안전보호규칙 제42조
2) 낙하물에 의한 위험의 방지 : 안전보건규칙 제14조

09 동영상은 절연고속 작업차에서 충전전로에 절연용 방호구를 설치하는 작업장면을 보여주고 있다. 산업안전보건법상 근로자가 노출된 충전부 또는 그 부근에서 작업함으로써 감전될 우려가 있는 경우에는 작업 전에 해당 전로를 차단하여야 하는데 전로를 차단하지 않아도 되는 경우 3가지를 쓰시오.

해답
1) 생명유지장치, 비상경보설비, 폭발위험장소의 환기설비, 비상조명설비 등의 장치, 설비의 가동이 중지되어 사고의 위험이 증가되는 경우
2) 기기의 설계상 또는 작동상 제한으로 전로차단이 불가능한 경우
3) 감전, 아크 등으로 인한 화상, 화재, 폭발의 위험이 없는 것으로 확인된 경우

[주] 정전전로에서의 전기작업 : 안전보건규칙 제319조

산업안전기사 실기 작업형 — 2023년 제2회

01 동영상 화면은 장갑을 끼고 둥근톱 기계로 목재를 세로로 절단하는 작업장면을 보여주고 있다. 다음 물음에 답하시오.

(1) 동영상의 작업상황에서 위험의 point(핵심위험요인)를 3가지만 쓰시오.
(2) 목재가공용 둥근톱 기계에 고정식 접촉예방장치를 설치하고자 할 때 다음 ( ) 안에 알맞은 내용을 쓰시오.
① 덮개 하단과 테이블 사이의 간격 : (①)
② 덮개 하단과 가공재 상면의 간격 : (②)

해답 1) 위험의 point
① 장갑의 끝이 톱니에 걸려 손이 베인다.
② 판재가 반발해 작업자가 부딪친다.
③ 톱날에 작업자 손이 베인다.
④ 톱밥이 눈에 들어가 눈을 다친다.
⑤ 벨트에 손, 발이 말려들어 간다.
⑥ 샌들을 신고 있어 발을 다친다.

2) ① 25mm 이내
② 8mm 이하

> **길잡이** 둥근톱 기계작업 시 필요한 안전장치 및 보조장치
> 1) 톱날덮개
> 2) 분할날
> 3) 밀대
> 4) 직각정규
> 5) 평행조정기

02 작업자가 전기부품을 유지물질에 담가서 절연처리를 한 후 건조작업을 하고 있다. 작업자가 다음 부위에 착용해야 할 보호구 명칭을 쓰시오.
1) 눈 :
2) 손 :
3) 피부 :

해답 1) 보안경
2) 절연고무장갑
3) 절연보호의

03 동영상은 장갑을 낀 작업자가 연삭기를 사용하여 봉강의 연마작업을 하는 장면을 보여주고 있다. 연마작업 시 안전대책을 2가지만 쓰시오.

해답
1) 연삭기 숫돌부위에 덮개를 설치할 것
2) 연마작업 시 장갑 착용을 금할 것
3) 연마작업 시 파편이나 칩의 비래에 의한 위험방지를 위해 보안경을 착용할 것
4) 연삭숫돌에 표시되어 있는 최고사용 원주속도를 초과하여 사용하지 않을 것

04 동영상은 VDT(영상표시단말기) 작업장면을 보여주고 있다. 1) VDT 작업유해인자 조사 2가지와 2) 신규사업 시 최초 검사기한을 쓰시오.

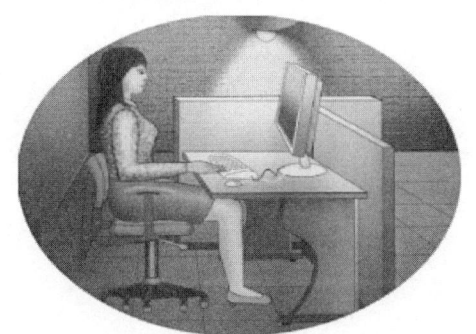

해답
1) VDT 작업유해인자 조사내용
 ① 작업이 근골격에 미치는 영향
 ② 작업의 위험성 평가
2) 신규사업 시 최초 검사기간 : 2년

05 동영상은 크레인으로 배관을 운반하는 도중에 매달린 물체(배관)가 흔들리며 H 빔(골조)에 부딪치는 장면과 신호수의 불안전한 행동(안전모 등 보호구 미착용 상태, 신호방법 불량 등)을 보여주고 있다. 위험요인을 3가지만 쓰시오.

해답
1) 화물의 운반시 흔들림을 방지하기 위한 보조(유도)로프를 사용하지 않았다.
2) 무전기 등을 사용하여 신호하지 않고 일정한 신호방법을 미리 정하여 두지 않아서 신호전달이 제대로 이루어지지 않았다.
3) 신호수가 안전모 등 보호구를 착용하지 않았다.
4) 화물의 이동경로에 강구조물이 위치하는 등 이동경로 설정이 잘못되었다.
5) 화물을 확실하게 체결하지 않아 화물이 낙하할 위험이 있다.

06 동영상은 운전 중인 인쇄롤러를 전면에서 양손으로 걸레를 잡고 있는 장면을 보여주고 있다. 다음 물음에 답하시오.
1) 롤러기에 형성되는 위험점의 명칭을 쓰고, 그 위험점의 정의를 쓰시오.
2) 동영상의 롤러기 청소작업 중 발생되는 재해형태(사고유형)를 쓰고, 그 재해형태의 정의를 쓰시오.

해답
1) ① **위험점** : 물림점
   ② **물림점의 정의** : 회전하는 두 개의 회전체에 물려들어갈 위험성이 형성되는 점
2) ① **재해형태** : 협착(끼임)
   ② **협착의 정의** : 물건에 끼워진 상태 또는 말려든 상태

길잡이 상기 동영상의 작업상황에 대한 핵심위험요인(재해발생원인)
1) 전원을 차단하여 롤러기를 정지시키지 않은 상태에서 청소를 하고 있기 때문에 롤러에 말려 들어갈 수 있다.
2) 체중을 롤러에 걸쳐 닦고 있어서 손이 미끄러져 롤러에 말려들어 갈 위험이 있다.
3) 회전 중인 롤러의 물려들어 가는 쪽을 직접 손으로 눌러서 닦고 있기 때문에 걸레와 함께 손이 물려들어가게 된다.
4) 방호장치가 없어서 회전하는 롤러에 걸레의 윗부분이 넣어져서 손이 말려들어 갈 수 있다.
5) 유기용제에 의해 중독될 수 있다.

---

07 산업안전보건법상 공기압축기의 작업시작 전 점검사항 3가지를 쓰시오(단, 그 밖의 연결부위의 이상 유무는 제외한다).

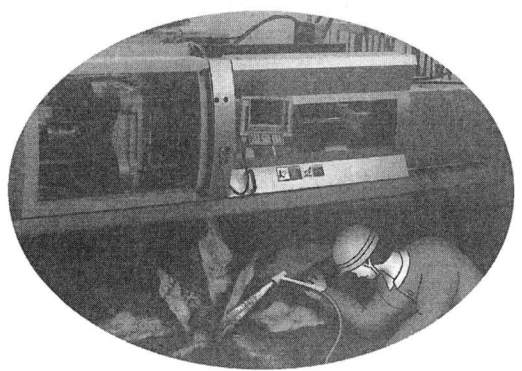

해답
1) 공기저장 압력용기의 외관 상태
2) 드레인 밸브(drain valve)의 조작 및 배수
3) 압력방출장치의 기능
4) 언로드 밸브(unloading valve)의 기능
5) 윤활유의 상태
6) 회전부의 덮개 또는 울
7) 그 밖의 연결부위의 이상 유무

[주] 작업시작 전 점검사항 : 안전보건규칙 [별표3]

08 동영상은 크레인(작업장 바닥에 고정된 레일을 따라 주행하는 크레인)의 화물 인양작업 장면을 보여주고 있다. 다음 물음에 답하시오.

1) 동영상에 나오는 크레인의 명칭을 쓰시오.
2) 크레인의 새들(saddle) 돌출부와 주변 구조물 사이의 안전공간이 ( )cm 이상 되도록 바닥에 표시하는 등 안전공간을 확보하여야 한다. ( ) 안에 알맞은 수치를 쓰시오.

09 동영상의 화면은 펌프작업 장면을 보여주고 있다. 다음 물음에 답하시오.

1) 물 등 도전성이 높은 액체에 의한 습윤장소에서 펌프작업 중 감전사고가 발생하였다. 감전방지 대책을 3가지만 쓰시오.
2) 인체가 물에 젖어 있을 경우에 감전되기 쉬운 이유를 설명하시오.

해답
1) 갠트리 크레인
2) 40

주] 크레인의 수리 등의 작업 : 안전보건규칙 제139조

해답
1) 감전방지대책
① 작업 전에 모터와 전선의 접속부분 및 전선피복의 손상 유무를 확인할 것
② 물 등 도전성이 높은 습윤장소에서 사용하는 전선은 물기가 침입할 수 없는 것을 사용할 것
③ 전선의 접속개소는 전선의 절연성능 이상으로 절연될 수 있도록 테이프 등으로 충분히 피복할 것
④ 감전방지용 누전차단기를 설치할 것
2) 인체가 물에 젖어 있을 경우 피부저항이 1/25로 감소되어 감전되기 쉽다.

산업안전기사 실기 작업형
2023년 제3회

01 동영상은 작업자가 드릴작업 중 칩을 입으로 불어서 제거하고, 손으로 제거하다가 드릴에 손을 다치는 사고 사례 장면을 보여주고 있다. 동영상에 나타나는 위험요인을 2가지만 쓰시오.

해답
1) 칩을 입으로 불어서 제거하다가 칩이 눈에 들어갈 위험이 있다.
2) 브러시를 사용하지 않고 손으로 칩을 제거하다가 손을 다친다.

02 동영상은 작업자가 전동권선기에 동선을 감는 작업 중에 기계가 정지하여 기계 내부를 손으로 적먹하다가 사고가 발생하는 장면을 보여주고 있다. 동영상에 나타난 1) 재해형태와 2) 재해발생원인 1가지를 쓰시오.

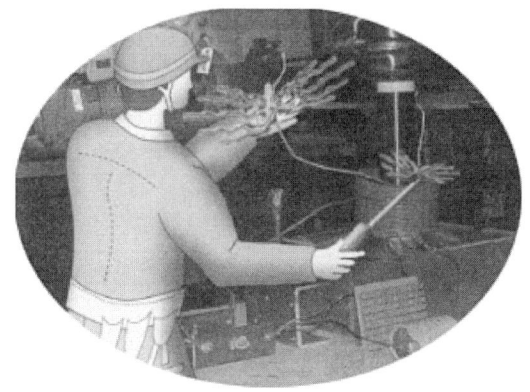

해답
1) 재해원인 : 감전
2) 재해발생원인 : 절연용 보호구 미착용

03 산업안전보건법상 밀폐공간에서 작업을 할 때에 실시하는 특별안전보건 교육내용 3가지를 쓰시오.

04 교류아크용접기의 방호장치인 자동전격 방지기의 종류 3가지를 쓰시오.

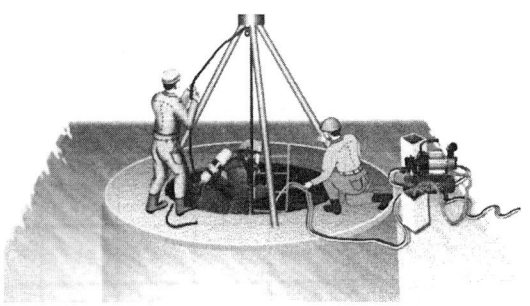

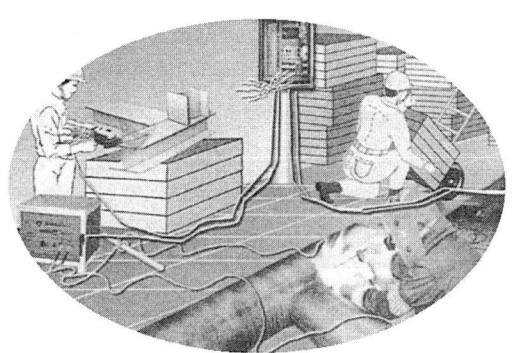

해답
1) 산소농도 측정 및 작업환경에 관한 사항
2) 사고시의 응급처치 및 비상시 구출에 관한 사항
3) 보호구 착용 및 보호장비 사용에 관한 사항
4) 작업내용, 안전작업방법 및 절차에 관한 사항
5) 장비, 설비 및 시설 등의 안전점검에 관한 사항

주 특별교육 대상 작업별 교육내용 : 시행규칙 [별표5]

길잡이 밀폐공간 작업시 착용보호구
1) 송기마스크 또는 공기호흡기
2) 안전모
3) 안전화

해답
1) 내장형(SP)
2) 외장형(SPB)
3) 저저항 시동형(L형)
4) 고저항 시동형(H형)

05 동영상은 인화성 액체가 들어있는 200L 용 드럼통이 적재된 저장창고에서 작업자가 인화성 물질이 든 운반용 캔(40L)을 운반하던 중 휴식을 취하려고 드럼통 옆에서 웃옷을 벗는 순간 "펑" 소리와 함께 폭발이 발생한 상황이다. 동영상에서 폭발의 원인이 되는 발화원의 명칭과 발화원이 발생되는 원인을 2가지 쓰시오.

06 동영상은 사출성형기의 금형작업중 노즐부의 잔류물을 제거하다가 감전사고가 발생하는 장면을 보여주고 있다.
1) 기인물과 2) 가해물을 쓰시오.

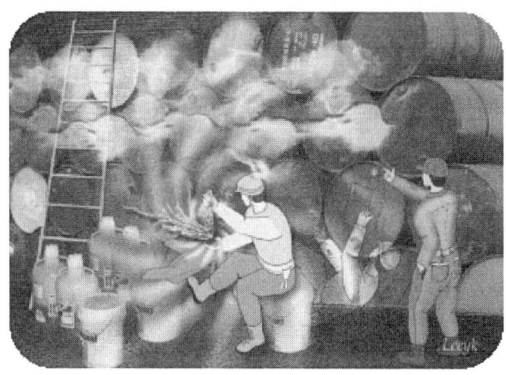

해답
1) 기인물 : 사출성형기
2) 가해물 : 전기

> **길잡이** 사출성형기 금형청소시 감전방지대책
> 1) 작업시작 전에 전원을 차단할 것
> 2) 절연고무장갑 등 보호구를 착용할 것
> 3) 수공구 등을 사용하여 청소할 것
> 4) 작업지휘자를 배치한 후 작업할 것

해답
1) 발화원 : 정전기
2) 발화원이 발생되는 원인
 ① 작업복이 정전작업복이 아니기 때문에 작업복을 벗을 때에 정전기가 발생하였다.
 ② 안전화의 바닥과 작업면 바닥 사이의 마찰에 의해서 정전기가 발생하였다.

> **길잡이**
> 1) 동영상의 작업상황에서 폭발재해를 발생시키는 위험 point 및 대책
> ① 위험의 point : 인화성 액체에서 발생한 기화증기가 정전기에 의한 불꽃방전으로 인화성 폭발하였다.
> ② 대책 : 인화성 물질 등의 저장창고에서 작업시는 인체의 제전조치를 한 후 작업을 실시할 것
> 2) 인화성 및 폭발성 물질 저장고 문 앞에서 신발에 물을 묻히는 이유 : 신발과 바닥면의 마찰 등에 의한 정전기의 대전을 방지하기 위해서이다.

07 산업안전보건법상 사다리식 통로 등을 설치하는 경우 준수사항 3가지를 쓰시오.

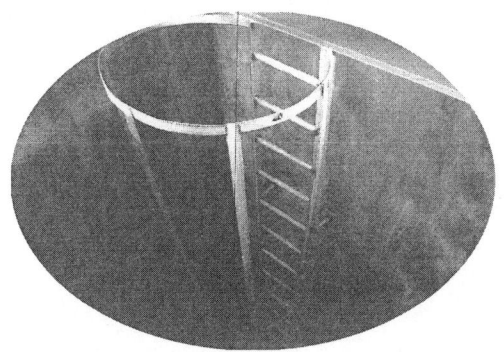

해답
1) 견고한 구조로 할 것
2) 심한 손상, 부식 등이 없는 재료를 사용할 것
3) 발판의 간격은 일정하게 할 것
4) 발판과 벽과의 사이는 15cm 이상의 간격을 유지할 것
5) 폭은 30cm 이상으로 할 것
6) 사다리가 넘어지거나 미끄러지는 것을 방지하기 위한 조치를 할 것
7) 사다리의 상단은 걸쳐놓은 지점으로부터 60cm 이상 올라가도록 할 것
8) 사다리식 통로의 길이가 10cm 이상인 경우 5m 이내마다 계단참을 설치할 것
9) 사다리식 통로의 기울기는 75° 이하로 할 것. 다만, 고정식 사다리식 통로의 기울기는 90° 이하로 하고, 그 높이가 7m 이상인 경우 바닥으로부터 높이가 2.5m 되는 지점부터 등받이울을 설치할 것
10) 접이식 사다리 기둥은 사용시 접혀지거나 펼쳐지지 않도록 철물 등을 사용하여 견고하게 조치할 것

주 사다리식 통로 등의 구조 : 안전보건규칙 제24조

08 동영상은 이동식 비계 상부에서 작업자가 작업하는 장면을 보여주고 있다. 동영상의 작업상황에서 위험요인 3가지를 쓰시오.

해답
1) 비계의 일부를 견고한 시설물에 고정하거나 바퀴를 고정하지 않아 추락위험이 있다.
2) 이동식 비계 상부에서 작업자가 탑승한 상태에서 비계를 이동하다가 추락할 수 있다.
3) 이동식 비계 최상부에 설치한 안전난간이 규격에 맞지 않아 위험하다.

09 동영상의 화면은 작업자가 낙하물 방지망을 설치하는 장면을 보여주고 있다. 다음 물음에 답하시오.

1) 낙하물 방지망의 설치, 보수작업을 하는 작업자의 추락을 방지하기 위한 조치사항을 쓰시오.
2) 낙하물 방지망의 설치 높이는 (①)m 이내마다 1개소씩 설치하고, 건물 밖으로 내민 길이는 벽면으로부터 (②)m 이상으로 하며, 수평면과의 각도는 (③)°를 유지할 것.

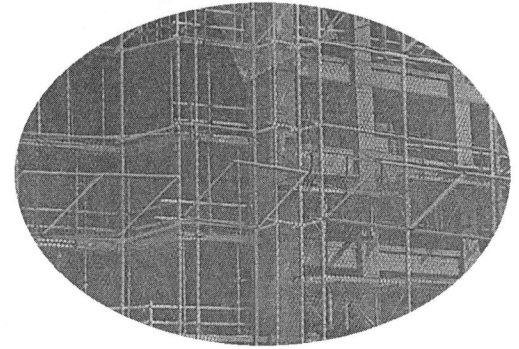

해답
1) 안전대 착용
2) ① 10
   ② 2
   ③ 20~30

[주] 낙하물에 의한 위험의 방지 : 안전보건규칙 제14조

산업안전기사 실기 작업형 2024년 제1회

01 동영상은 이동식 크레인을 사용하여 길이가 긴 철근을 인양하는 작업장면을 보여주고 있다. 이동식 크레인을 사용하여 화물 인양작업을 하고 작업 시작 전 점검사항 3가지를 쓰시오

해답

1) 권과방지장치나 그 밖의 경보장치의 기능
2) 브레이크·클러치 및 조정장치의 기능
3) 와이어로프가 통하고 있는 곳 및 작업장소의 지반상태

[주] 작업시작 전 점검사항 : 안전보건규칙[별표 3]

법규문제로 동영상을 볼 필요가 없는 문제입니다

02 작업자가 선박 탱크 내부에 들어가 슬러지를 제거하는 작업 도중에 의식을 잃는 사고가 발생하였다. 사고 방지에 필요한 비상시 피난 용구를 3가지만 쓰시오. (6점)

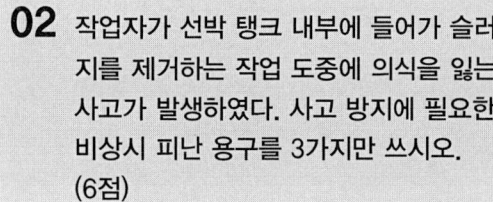

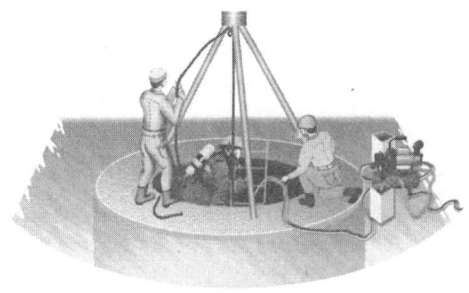

해답

1) 로프 및 구명밧줄
2) 도르래
3) 호흡용 보호구
4) 피재자 구조용 발판
5) 안전벨트(안전대)

1) 동영상은 밀폐공간(지하공간, 선박탱크 내부, … 등)에서 작업을 하는 경우 필요한 피난용구를 쓰는 문제입니다
2) 피난용구 5가지를 모두 암기하십시오

03 동영상은 지게차의 작업장면을 보여주고 있다. 다음 물음에 답하시오

1) 지게차 마스트를 뒤로 기울일 경우 마스트 후방으로 물건이 떨어지는 것을 막아주는 짐받이들의 이름을 쓰시오.
2) 지게차 헤드가드(head guard)가 갖춰야하는 조건을 1가지만 쓰시오.

해답

1) 백레스트 (backrest)
2) 지게차
   ① 강도는 지게차의 최대하중의 2배 값(4톤을 넘는 값에 대해서는 4톤)의 등분포정하중(等分布靜荷重)에 견딜 수 있을 것
   ② 상부들의 각 개구의 폭 또는 길이가 16cm 미만일 것
   ③ 운전자가 앉거나 서서 조작하는 지게차 헤드가드는 한국산업표준에서 정하는 높이 기준 이상일 것 (입식 : 1.88m, 좌식 : 0.903m)

> 법규 문제입니다. 지게차가 갖추어야 할 조건은 2가지만 암기하면 됩니다.

04 동영상은 전주를 세우는 작업장면을 보여주고 있다. 감전 재해를 예방하기 위한 대책 3가지를 쓰시오

해답

1) 충전전로의 충전부로부터 300cm 이상 이격 시킬 것(대지전압이 50KV를 넘는 경우에는 10KV 증가할 때마다 이격거리는 10cm 씩 증가)
2) 충전전로에 절연용 방호구를 설치할 것
3) 절연용 보호구를 착용할 것
4) 고압 및 특별고압의 전로에서 전기작업시에는 활선작업용 기구 및 장치를 사용하도록 할 것
5) 충전전로 인근에서 차량 등의 작업시에는 근로자가 차량등의 어느부분과도 접촉하지 않도록 울타리를 설치하거나 감시인을 배치 할 것

> 상기 문제에 대한[해답]은 법규 내용을 정리한 것입니다 실제 시험 중 정답을 작성할 때에는 동영상의 작업상황을 정확히 파악하여 문제에 해당되는 법규 내용을 써야합니다

05 동영상은 주유소에서 지게차에 주유하는 동안에 시동이 걸려있는 지게차 운전자가 담배를 피우며 다른 작업자와 이야기를 나누는 장면을 보여주고 있다. 동영상의 상황에서 1) 지게차운전자의 사고요인인 불안전한 행동을 자세히 쓰고 2) 발생가능한 재해형태를 쓰시오

06 동영상은 가스보관실에 잘 정리된 가스용기 등을 보여주고 있다 가스 장치실을 설치하는 경우 구조적 설치요건 3가지를 쓰시오

해답

1) 가스가 누출된 경우에는 그 가스가 정체되지 않도록 할 것
2) 지붕과 천장에는 가벼운 불연성 재료를 사용할 것
3) 벽에는 불연성 재료를 사용할 것

주) 가스장치실의 구조 등: 안전보건규칙 제 292조

법규 문제는 동영상의 작업상황이나 사고장면을 참고로 하면 됩니다 자세히 관찰할 필요는 없습니다

해답

1) 불안전한 행동: 공기중에 인화성 증기가 존재하는 장소에서 점화원(담배 불)을 생성하고 있다
2) 재해형태 : 화재 · 폭발

> **길잡이**
>
> ▶ 나화(裸火)
> 1) 난방, 담뱃불, 난로, 소각 등의 나화
> 2) 보일러, torch lamp 등의 나화
> 3) 가스냉장고, FID 검출형 가스크로마토그래피 등의 작은 화염 등

담배 불 같은 점화원을 무엇이라고 하는지(나화)를 묻는 문제가 출제됩니다

07 동영상은 사출성형을 위한 금형 방전가공기의 금형작업 중 감전사고가 발생되는 장면(전원을 켜서 방전가공기로 금형작업을 시작한 후 기계에서 연기가 피어오르고 재료에서 물이 계속 흘러나와서 작업자가 맨손으로 걸레를 들고 물이 흐르고 있는 기계(전원이 켜진 상태)를 닦다가 걸레를 치우고 맨손으로 금형을 살짝 건드리는 순간(뒤로 넘어지는 장면)을 보여주고 있다
1) 재해발생 형태와 2) 재해발생원인 2가지를 쓰시오

2) 감전사고를 발생하게 한 기인물: 사출성형기 또는 금형 방전 가충기

 1) 재해발생원인을 쓰는 문제는 동영상의 사고발생 장면을 자세히 살펴야 합니다
2) [길잡이] 내용도 시험에 출제되었던 내용입니다

08 인체에 해로운 분진, 흄(fume), 미스트(mist), 증기 또는 가스상태의 물질(분진 등)을 배출하기 위한 국소배기장치의 루트의 설치기준 3가지를 쓰시오

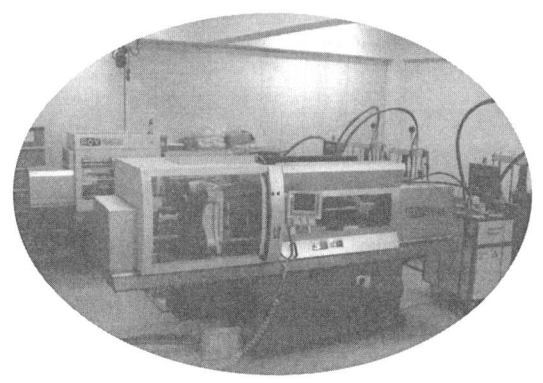

1) 재해발생형태 : 감전(전류접촉)
2) 재해발생원인(사고요인, 위험요인)
   ① 전원을 차단하지 않은 상태에서 기계를 닦는 작업을 하였다
   ② 절연용 보호구(절연용 장갑)를 사용하지 않았다

길잡이

1) 상기 동영상의 작업상황에서 감전방지대책
   ① 작업시작 전에 원을 차단할 것.
   ② 안전보호구를 착용할 것.
   ③ 감시인(또는 작업지휘자)을 배치할 것.
   ④ 금형에서 이물질을 제거할 때에는 전용공구를 사용할 것

1) 유해물질이 발생하는 곳마다 설치할 것
2) 유해인자의 발생형태와 비중, 작업방법 등을 고려하여 해당 분진등의 발산원(發散源)을 제어할 수 있는 구조로 설치할 것
3) 후드(hood) 형식은 가능하면 포위식 또는 부스식 후드를 설치할 것
4) 외부식 또는 리시버식 후드는 해당 분진등의 발산원에 가장 가까운 위치에 설치할 것

주 후드 설치 기준 : 안전보건규칙 제 72조

동영상(작업상황, 사고장면 등)과 관계없는 법규에 관한 문제입니다

09 동영상은 작업자가 계단을 올라가다가 안전난간 아래에 설치된 발끝막이판을 쳐다보는 장면을 보여주고 있다 발끝막이판의 설치요건을 구체적으로 쓰시오

발끝막이판 설치요건 : 바닥면 등(바닥면, 발판 또는 경사로 표면 등)으로부터 10cm 이상의 높이를 유지할 것

> 길잡이
>
> ▶안전난간의 구조 및 설치요건(안전보건규칙 제 13조)
>   1) 구성 : 상부난간대, 중간난간대, 발끝막이판 및 난간기둥
>   2) 상부난간대 : 바닥면 등(바닥면, 발판 또는 경사로의 표면)으로부터 90cm 이상 지점에 설치
>   ① 상부난간대를 120cm 이하에 설치 : 중간난간대는 상부난간대와 바닥면 등의 중간에 설치
>   ② 상부난간대를 120cm 이상에 설치 : 중간난간대를 2단이상으로 균등하게 설치(난간의 상하간격: 60 cm 이하)
>   3) 발끝막이판의 높이 : 바닥면에서 10cm 이상
>   4) 난간대의 지름: 2.7cm 이상
>   5) 안전난간의 지지하중 : 100Kg 이상의 하중에 견딜 수 있는 구조

 1) 안전난간 중 발끝막이판의 높이를 묻는 문제입니다
2) 길잡이에 안전난간의 구조에 관한 내용에서 특히 숫자를 잘 알아두십시오

산업안전기사 실기 작업형 — 2024년 제2회

01 동영상은 가솔린이 남아있는 화학설비(탱크)에 등유를 주입하는 장면을 보여주고 있다.

산업안전보건법상 사업주는 가솔린이 남아 있는 화학설비(위험물을 저장하는 것으로 한정), 탱크로리, 드럼 등에 등유나 경유를 주입하는 작업을 하는 경우에는 미리 그 내부를 깨끗하게 씻어내고 가솔린의 증기를 불활성 가스로 바꾸는 등 안전한 상태로 되어 있는지를 확인한 후에 그 작업을 해야 한다.

다만, 다음 각 호의 조치를 하는 경우에는 그렇지 않다. ( )에 알맞은 것을 쓰시오.

1) 등유나 경유를 주입하기 전에 탱크·드럼 등과 주입설비 사이에 접속선이나 접지선을 연결하여 (①)를 줄이도록 할 것
2) 등유나 경유를 주입하는 경우에는 그 액표면의 높이가 주입관의 선단의 높이를 넘을 때까지 주입속도를 초당 (②) m 이하로 할 것

 해답

① 전위차
② 1

주) 가솔린이 남아 있는 설비에 등유 등의 주입 : 안전보건규칙 제228조

02 동영상은 거푸집 동바리의 설치장면을 보여주고 있다
산업안전보건법상 거푸집 동바리 관계되는 ( )안에 알맞는 용어 또는 숫자를 쓰시오

1) 규격화·부품화된 수직재, 수평재 및 가새재 등의 부재를 현장에서 조립하여 거푸집으로 지지하는 동바리 형식의 명칭 : (①)
2) 동바리 최상단과 최하단의 수직재와 받침철물은 서로 밀착되도록 설치하고 수직재와 받침철물의 연결부의 겹침길이는 받침철물 전체길이의 (3분의 1 = 1/3) 이상 되도록 할 것

해답

① 시스템 동바리
② 3분의1, 또는 1/3

㈜ 거푸집 동바리 등의 안전조치 : 안전보건규칙 제 332조

길잡이

▶ 시스템동바리 설치방법(안전보건규칙 제 332조)
1) 수평재는 수직제와 직각으로 설치하여야 하며, 흔들리지 않도록 견고하게 설치할 것
2) 연결철물을 사용하여 수직제를 견고하게 연결하고, 연결 부위가 탈락 또는 꺾어지지 않도록 한 것
3) 수직 및 수평하중에 의한 동바리본체의 변위로부터 구조적 안전성이 확보되도록 조립도에 따라 수직재 및 수평재에는 가새재를 견고하게 설치하도록 할 것
4) 동바리 최상단과 최하단의 수직재와 반침철물은 서로 밀착되도록 설치하고 수직재와 받침철물의 연결부의 겹침길이는 받침철물 전체길이의 3분의 1 이상 되도록 할 것

03 동영상은 둥근톱기계 작업중에 사고가 발생되는 장면(보안경 및 방진마스크를 착용하지 않은 작업자가 톱날접촉예방장치가 없는 둥근톱기계를 이용하여 나무판자를 절단작업중에 작업에 집중하지 않고 곁눈질을 하다가 빨간색 반코팅 장갑을 낀 손가락이 둥근톱기계에 들어가는 사고장면)을 보여주고 있다
방호장치 자율안전기준 고시상 목재가공용 둥근톱기계에 고정식 접촉예방장치를 설치하고자 할 때 다음 ( )안에 알맞은 내용을 쓰시오. 단, 단위 및 범위를 쓰시오

1) 덮개하단과 테이블 사이의 간격(높이) : (①)
2) 덮개하단과 가공재 상면의 간격 : (②)

해답

① 25mm 이내
② 8 mm 이하

길잡이

1) 상기 동영상의 작업상황에서 발생할수 있는 핵심위험요인
   ① 장갑의 끝이 톱니에 걸려 손가락이 절단된다
   ② 안전모 미착용으로 판재가 반발해 작업자 머리를 다칠 수 있다.
   ③ 톱날접촉예방장치(보호덮개)를 설치하지 않아 톱날에 작업자 손이 베인다
2) 둥근톱기계 작업시 필요한 안전장치 및 보조장치
   ① 톱날덮개
   ② 분할날
   ③ 밀대
   ④ 직각정규
   ⑤ 평행조정기

04 동영상은 전신주 형강의 교체작업장면을 보여주고 있다. 활선작업시 근로자가 착용해야 할 절연용 보호구 3가지를 쓰시오

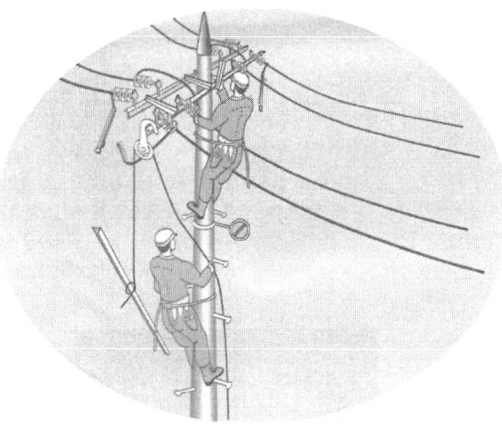

해답

절연용 보호구
1) 절연 안전모(AE · ABE)
2) 절연용 고무장갑
3) 절연용 고무장화

길잡이

▶충전전로에서의 전기작업(활선작업)시 조치사항
 (안전보건규칙 제321조)
  1) 절연용 보호구를 착용시킬 것
  2) 절연용 방호구를 설치할것
  3) 고압 및 특별고압의 전로에서 전기작업시는 활선 작업용 기구 및 활선작업용 장치를 사용하도록 할 것
  4) 충전전로 대지전압이 50KV 이하인 경우에는 이격거리를 300cm 이내로 할 것 (50KV 초과시는 10KV 당 10cm씩 이격거리를 추가할 것)

05 동영상은 화학실험실에서 작업자가 황산(H_2SO_4)을 비커에 따르다가 손에 묻는 장면과 황산갈색병을 잠시 바닥에 놓아두고 이동하려다가 미끄러져 병을 발로 차서 병이 깨지는 장면을 보여주고 있다. 황산 등 위험물질이 인체에 흡수되는 경로 3가지를 쓰시오

해답

1) 호흡기
2) 소화기
3) 피부

길잡이

1) 위험물질을 취급하는 실험실(또는 작업장) 바닥이 갖추어야 할 조건
 ① 바닥은 불침투성 재료로 미끄럽지 않아야 한다.
 ② 청소하기 쉬운 구조로 하여야 한다
 ③ 이동통로에는 장애물이 없도록 하고 위험물질을 임시로 놓는 장소와 이동통로는 확실하게 구분시킨다.(①, ② 항 : 산업안전보건법상의 바닥의 조건)
2) 위험물 취급작업시 착용보호구
 ① 고무장갑 및 고무장화
 ② 방독마스크
 ③ 불침투성 보호복

출제율이 높은 편입니다. 동영상의 작업상황을 잘 파악하여 답을 쓸 수 있어야 합니다.

06 동영상 화면은 지게차의 운반작업 장면을 보여주고 있다. 지게차를 사용하여 작업을 하는 때에 작업시작 전 점검사항을 4가지 쓰시오

🗨 해답

1) 제동장치 및 조종장치 기능의 이상 유무
2) 하역장치 및 유압장치 기능의 이상 유무
3) 바퀴의 이상 유무
4) 전조등·후미등·방향지시기 및 경보장치 기능의 이상 유무

[주] 지게차의 작업시작 전 점검사항 : 안전보건규칙 [별표3]

07 동영상은 작업자가 베레스트 탱크 내에서 슬러지 제거작업 중에 가스질식으로 의식을 잃는 사고가 발생한 상황이다. 다음 물음에 답하시오.
➡ 04.02.산, 06.01.기

1) 동영상에서와 같은 작업상황에서 작업을 할 때에 안전작업수칙을 3가지 쓰시오.
2) 동영상에서 사고방지에 필요한 비상시 피난용구를 4가지만 쓰시오.

🗨 해답

1) 안전작업수칙
   ① 작업 전 산소농도 및 유해가스 농도를 측정한다.
   ② 작업시작 전 및 작업 중에 당해 작업장을 적정한 공기상태가 유지되도록 환기하여야 한다. (환기 곤란시는 송기마스크를 착용할 것.)
   ③ 작업지휘자(관리감독자)등 작업감시자를 배치한다.
2) 비상시 피난용구
   ① 로프 및 구명밧줄
   ② 도르래
   ③ 호흡용 보호구
   ④ 안전대 (안전벨트)
   ⑤ 피재자 구조용 발판

> 🖐 **길잡이**
>
> ▶ 동영상 작업상황에서의 위험 point(핵심위험요인)
>   1) 탱크 내가 산소 결핍상태로 되어 있어 호흡이 곤란하여 질식한다.
>   2) 탱크 내부로 내려가다가 사다리에서 발을 헛디뎌 추락한다.
>   3) 탱크 내에 유해가스가 포함되어 있어 중독된다.
>   4) 가연성 가스가 포함되어 있어 회중전등을 사용하였을 경우 폭발한다.
>   5) 탱크 내가 어두워서 부딪친다.

08 산업안전보건법상 안전난간이 관련된 다음 질문에 답하시오.
단, 단위 및 범위를 포함할 것

1) 발끝막이판의 높이 :
2) 난간대의 지름 :

> **길잡이**
>
> ▶ **안전난간의 구조 및 설치요건**(안전보건규칙, 제13조)
> 1) 상부난간대, 중간난간대, 발끝막이판 및 난간기둥으로 구성할 것(중간난간대, 발끝막이판 및 난간기둥은 이와 비슷한 구조 및 성능을 가진 것으로 대체할 수 있다.)
> 2) 상부난간대는 바닥면, 발판 또는 경사로의 표면(이하 "바닥면 등"이라 한다)으로부터 90cm 이상 지점에 설치하고, 상부난간대를 120cm 이하에 설치하는 경우 중간난간대는 상부난간대와 바닥면 등의 중간에 설치하여야 하며, 120cm 이상 지점에 설치하는 경우에는 중간난간대를 2단 이상으로 균등하게 설치하고 난간의 상하간격은 60cm이하가 되도록 할 것
> 3) 발끝막이판은 바닥면 등으로부터 10cm 이상의 높이를 유지할 것 (물체가 떨어지거나 날아올 위험이 없거나 그 위험을 방지할 수 있는 망을 설치하는 등 필요한 예방조치를 한 장소를 제외한다.)
> 4) 난간기둥은 상부난간대와 중간난간대를 견고하게 떠받칠 수 있도록 적정 간격을 유지할 것
> 5) 상부난간대와 중간난간대는 난간길이 전체에 걸쳐 바닥면 등과 평행을 유지할 것
> 6) 난간대는 지름 2.7cm 이상의 금속제 파이프나 그 이상의 강도를 가진 재료일 것
> 7) 안전난간은 구조적으로 가장 취약한 지점에서 가장 취약한 방향으로 작용하는 100kg 이상의 하중에 견딜 수 있는 튼튼한 구조일 것

해답

1) 바닥면 등으로부터 10cm 이상
2) 2.7cm 이상

09 동영상은 작업자 2명이 방진마스크, 보안경 등 보호구를 착용하지 않은 상태에서 휴대용 연삭기로 길이가 긴 대리석 돌판을 연마하는 작업장면 (작업자는 덮개가 낡은 연삭기 측면을 사용하여 연마작업을 하고있으며 가구중에 가공물이 떨어지기도 하고 작업장에는 이동전선등이 어지럽게 널려져 있다) 을 보여주고 있다. 1) 연마 작업측면 2) 감전 측면에서의 위험요인을 각각 2가지씩 쓰시오

해답

1) 연마작업 측면에서의 위험요인
   ① 보안경 및 방진마스크 등 보호구 미착용
   ② 대리석 등 연마가공물 미고정
   ③ 연삭기 측면 사용
2) 감전 측면에서의 위험요인
   ① 물기가 있는 습윤장소에 절연효과가 있는 이동전선을 사용하지 않음
   ② 통로바닥이 충전부와 이동전선들이 어지럽게 널려져 있음

동영상이 작업상황에서 위험요인을 찾는 문제는 2번 3번 동영상 화면을 자세하게 관찰하여야 합니다. 비춰주는 화면에 정답이 있습니다

산업안전기사 실기 작업형 2024년 제3회

01 동영상은 크랭크 프레스기로 철판에 구멍을 뚫는 작업 중에 면장갑을 착용한 손을 다치는 사고장면을 보여주고 있다. 프레스기에 급정지장치가 부착되어 있지 않을 경우에 방호장치 3가지를 쓰시오

길잡이

1) 급정지기구가 부착되어 있어야만 유효한 프레스기(마찰식 클러치 부착 프레스)의 방호장치
   ① 양수조작시 방호장치
   ② 감응식 방호장치

2) 프레스기의 행정길이에 따른 방호장치

구분	방호장치
1행정 1정지식(크랭크프레스)	양수조작식, 게이트 가드식
행정길이(stroke) 가 40mm 이상의 프레스	손쳐내기식, 수인식
슬라이드 작동 중 정지 가능한 구조 (마찰 프레스)	감응식(광전자식)

3) 프레스기에 금형 부착시 점검사항
   ① 펀치와 다이의 평행도
   ② 다이와 볼스터의 평행도
   ③ 펀치와 볼스터면의 평행도
   ④ 다이홀더와 펀치의 직각도
   ⑤ 생크홀과 펀치의 직각도

해답

급정지장치가 부착되어 있지 않을 경우 유효한 프레스기 방호장치
1) 수인식 방호장치
2) 손쳐내기식 방호장치
3) 게이트가드식 방호장치
4) 양수기동식 방호장치

02 산업안전보건법상 중량물의 취급작업 시 작업계획서의 작성내용에 관련된 다음 ( ) 안에 알맞은 내용을 쓰시오

1) (①) 위험을 예방할 수 있는 안전대책
2) (②) 위험을 예방할 수 있는 안전대책
3) (③) 위험을 예방할 수 있는 안전대책
4) (④) 위험을 예방할 수 있는 안전대책
5) (⑤) 위험을 예방할 수 있는 안전대책

해답

① 추락
② 낙하
③ 전도
④ 협착
⑤ 붕괴

주) 사전조사 및 작업계획서 내용 : 안전보건규칙[별표4]

03 산업안전보건법상 이동식 크레인을 사용하여 작업을 하는 때에 작업시작 전 점검사항 3가지를 쓰시오

해답

1) 권과방지장치 나 그밖의 경보장치의 기능
2) 브레이크·클러치 및 조종장치의 기능
3) 와이어로프가 통하고 있는 곳 및 작업장소의 지반상태

주) 이동식 크레인의 작업시작전 점검사항 : 안전보건규칙 [별표 3] 제 5호

04 동영상은 스팀배관의 보수를 위해 플라이어로 배관 플랜지 부분을 점검하던 중에 스팀이 누출되는 장면 (작업자는 안전모와 장갑은 착용하고 있으며 보안경은 착용하지 않은 상태)을 보여주고 있다. 동영상에서 확인할 수 있는 배관 점검작업중 확인할 수 있는 불안전한 행동 및 불안전한 상태 2가지를 쓰시오 단, 작업감시자 미배치, 안전교육 미실시, 주변 정리정돈 미실시 등은 제외한다.

해답

1) 점검중 전원을 차단하지 않고 출입금지 표지판을 설치하지 않았다
2) 발열장갑, 발열복, 보안경 등 보호구를 착용하지 않았다

05 다음 [보기] 내용은 산업안전보건법상 충전전로에서의 전기작업에 관한사항이다. (   )안에 알맞는 내용을 쓰시오

[보기]
1) 충전로를 취급하는 근로자에게 그 작업에 적합한 (①)를 착용시킬 것
2) 충전전로에 근접한 장소에서 전기작업을 하는 경우에는 해당 전압에 적합한 (②)를 설치할 것. 다만, 저압인 경우에는 해당 전기작업자가 (①)을 착용하되, 충전전로에 접촉할 우려가 없는 경우에는 (②)를 설치하지 아니할 수 있다.
3) 고압 및 특별고압의 전로에서 전기작업을 하는 근로자에게 (③)를 사용하도록 할 것

해답

① 절연용 보호구
② 절연용 방호구
③ 활선작업용 기구 및 장치

주) 충전전로에서의 전기작업 : 안전보건규칙 제 321조

06 동영상은 접선물림방향으로 벨트체인이 돌아가는 공조기에 작업하다가 작업자 손이 끼이는 사고장면을 보여주고 있다. 동영상의 작업상황에서 위험요인 3가지를 쓰시오. 단, 작업감시자(유도자) 미배치, 안전교육 미실시, 주변정리정돈 미실시 등은 제외한다

07 동영상은 작업자가 황산(H_2SO_4)을 비커에 따르는 실험장면은 보여주고있다. 동영상에서 발생할 수 있는 재해를 「산업재해 기록 분류에 관한 지침」에 따라 분류할 때 1) 재해발생형태및 2) 그 정의를 각각 쓰시오

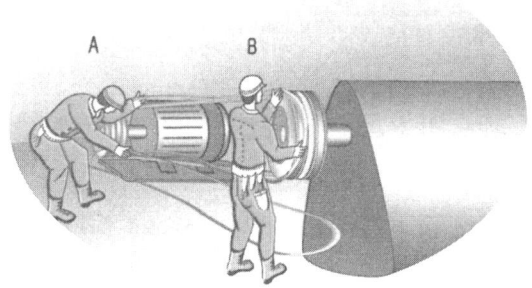

해답

1) 기계회전부위에 덮개 또는 울을 설치하지 않았다
2) 보안경을 착용하지 않았다
3) 작업에 집중하지 못하고 있다

해답

1) 재해발생형태 : 유해·위험물질 노출·접촉
2) 정의 : 유해위험물질에 노출·접촉 또는 흡입하였거나 독성동물에 쏘이거나 물린 경우

08
동영상은 보일러의 안전한 가동을 위하여 방호장치인 압력방출장치를 점검하는 모습을 보여주고 있다. 보일러의 압력방출장치 점검에 대한 다음 (   )안에 알맞은 내용을 쓰시오

[보기]
보일러의 안전한 가동을 위하여 보일러 규격에 맞는 압력방출장치를 1개 또는 2개 이상 설치하고 (①)이하에서 작동되도록 하여야 한다. 다만, 압력방출장치가 2개 이상 설치된 경우에는 (①) 이하에서 1개가 작동되고 다른 압력방출장치는 (①)(②)배 이하에서 작동되도록 부착하여야 한다.

해답
① 최고사용압력
② 1.05

(주) 보일러의 압력방출장치 : 안전보건규칙 제 116조

09
동영상은 압쇄기에 의해 건물을 해체하는 작업장면을 보여주고 있다 압쇄기 사용시 주의 사항 3가지를 쓰시오

해답
1) 압쇄기의 중량이 차체의 지지력을 초과하는 것은 부착을 금지한다
2) 압쇄기 연결구조부는 수시로 보수점검을 한다
3) 압쇄기 작업반경내에는 출입금지조치를 하여야 한다
4) 압쇄기 부착과 해체는 경험이 많은 사람이 실시한다

산업안전기사 실기(2025)
필답형+작업형 4주완성

초판 1쇄 발행 2023년 04월 10일
초판 2쇄 발행 2024년 03월 20일
초판 3쇄 발행 2025년 03월 20일

지은이 | 경국현
펴낸이 | 이주연

펴낸곳 | **명인북스**
등 록 | 제 409-2021-000031호

주 소 | 인천시 서구 완정로65번안길 10, 114동 605호
전 화 | 032-565-7338
팩 스 | 032-565-7348
E-mail | phy4029@naver.com
정 가 | 36,000원

ISBN 979-11-988678-4-1(13530)

이 책에서 내용의 일부 또는 도해를 다음과 같은 행위자들이 사전 승인없이 인용할 경우에는
저작권법 제93조 「손해배상청구권」에 적용 받습니다.
① 단순히 공부할 목적으로 부분 또는 전체를 복제하여 사용하는 학생 또는 복사업자
② 공공기관 및 사설교육기관(학원, 인정직업학교), 단체 등에서 영리를 목적으로
   복제·배포하는 대표, 또는 당해 교육자
③ 디스크 복사 및 기타 정보 재생 시스템을 이용하여 사용하는 자

※ 파본은 구입하신 서점에서 교환해 드립니다.